# 대학일반수학

# CALCULUS

한동환 · 권세계 지음

북스힐

# 머리말

수학은 우리 일상에서 보이지 않게 존재하며, 과학, 공학, 경제학 등 다양한 분야에서 그 중요성을 입증해 왔습니다. 그중에서도 미적분학은 변화와 운동을 이해하는 핵심 도구로서, 자연의 복잡한 현상을 수학적으로 표현하고 분석하는 데 큰 역할을 합니다. 본서는 특히 대학 1학년 학생들을 대상으로 하여, 미적분학을 처음 접하는 학습자들이 쉽게 접근할 수 있도록 기획되었습니다.

오늘날 우리는 인공지능(AI) 시대를 살아가고 있습니다. AI 기술의 급속한 발전과 함께 데이터 분석, 머신러닝, 최적화 등 다양한 분야에서 수학의 중요성은 그 어느 때보다 커지고 있습니다. 특히 미적분학은 복잡한 데이터 처리, 알고리즘 설계, 예측 모델 구축 등에서 중요한 역할을 하고 있으며, AI와 같은 첨단 기술의 기반을 이루는 필수적인 학문입니다. 이 책은 단순한 이론을 넘어서, 4차 산업혁명 시대에 필수적인 수학적 사고를 기르는 데 중점을 두고 있습니다.

이 책은 기초 개념과 다양한 문제들을 차근차근 다루며, 독자가 미적분의 기본 원리와 그 적용 방법을 명확히 이해할 수 있도록 구성되었습니다. 각 장은 이론적인 설명뿐만 아니라 다양한 예제와 연습 문제를 통해 실질적인 이해를 돕고자 하였습니다. 특히, 처음으로 미적분을 배우는 대학 1학년생의 눈높이에 맞춘 설명과 구성으로, 기초를 튼튼히 다질 수 있도록 하였습니다. 또한, 복잡한 개념들을 직관적으로 설명하여 독자가 미적분학의 매력과 유용성을 깊이 느낄 수 있도록 노력했습니다.

미적분학은 처음 접할 때는 어려울 수 있지만, 이를 숙달하게 되면 수학적 사고의 기초를 다질 수 있을 뿐 아니라, AI와 같은 복잡한 문제 해결에도 큰 도움을 줄 것입니다.

학습 과정에서 어려움이 있을 수 있지만, 끊임없는 도전과 연습을 통해 여러분은 미적분의 개념을 더욱 명확하게 이해하고, 실제 문제 해결 능력을 키울 수 있을 것입니다. 이 책이 대학 1학년 여러분의 학습에 조금이나마 도움이 되길 진심으로 바라며, 여러분의 성공을 기원합니다.

끝으로 이 책이 나오기까지 여러분들의 도움이 있었습니다. 특히 이 책을 출판해 주신 북스힐 출판사의 세심한 편집과 출판 과정에서의 협조 덕분에 독자들에게 더 나은 모습으로 다가갈 수 있게 되어 깊은 감사의 말씀을 전합니다.

# 차 례

## CHAPTER 07 적 분



## CHAPTER 08 적분의 응용



## CHAPTER 09 급 수

CHAPTER

# 01

# 행 렬

## 1.1 연립일차방정식

방정식은 미지수를 포함하는 등식이다. 예를 들어 미지수 $x, y$에 대하여 다음 등식은 모두 방정식이다.

$$x+y+2=0$$

$$x^2+y^2=5$$

방정식을 만족시키는 미지수의 값을 방정식의 해라고 하는데

$$x=1,\ y=-3$$

은 방정식 $x+y+2=0$의 한 해이고,

$$x=1,\ y=2$$

는 방정식 $x^2+y^2=5$의 한 해이다.

주어진 방정식의 모든 해들의 모임을 그 방정식의 해집합(solution set)이라 하고, 방정식의 해집합을 구하는 과정을 방정식을 푼다고 한다.

방정식 중에서 특히 각각의 미지수의 차수가 1인 방정식을 일차방정식(linear equation)이라고 한다. 일반적으로 $n$개의 미지수 $x_1, x_2, \cdots, x_n$과 실수 $a_1, a_2, \cdots, a_n, b$에 대하여 다음과 같은 형태로 나타내어지는 식을 일차방정식이라고 한다.

$$a_1x_1+a_2x_2+\cdots+a_nx_n=b$$

예를 들어 $x+y+1=0$은 일차방정식이고, $x^2+y^2=5$는 일차방정식이 아니다.

미지수 $x_1, x_2, \cdots, x_n$에 대하여 유한개의 일차방정식의 모임인

$$\begin{aligned}
a_{11}x_1+a_{12}x_2+\cdots+a_{1n}x_n &= b_1\\
a_{21}x_1+a_{22}x_2+\cdots+a_{2n}x_n &= b_2\\
\vdots \qquad \vdots \qquad\quad \vdots \qquad\quad \vdots \quad &\quad \vdots\\
a_{m1}x_1+a_{m2}x_2+\cdots+a_{mn}x_n &= b_m
\end{aligned}$$

을 연립일차방정식(system of linear equations)이라고 한다.

연립일차방정식의 미지수 $x_1, x_2, \cdots, x_n$에 어떤 수 $s_1, s_2, \cdots, s_n$을 각각 대입하였을 때, 각 방정식이 모두 성립하면 $(s_1, s_2, \cdots, s_n)$을 이 연립일차방정식의 해라고 한다.

예를 들어

$$x_1 - 2x_2 + 3x_3 = 4$$

$$2x_1 + 3x_2 - x_3 = 8$$

의 $x_1, x_2, x_3$에 각각 3, 1, 1을 대입하면 두 방정식이 모두 성립하므로 (3, 1, 1)은 위의 연립일차방정식의 해이다.

**참고** 미지수가 $x_1, x_2$인 경우는 미지수를 $x, y$로 표시하고, 미지수가 $x_1, x_2, x_3$인 경우는 미지수를 $x, y, z$로 표시한다.

연립일차방정식의 해 전체의 집합을 연립일차방정식의 해집합이라고 하며, 동일한 해집합을 갖는 두 연립일차방정식을 동치라고 한다. 예를 들어 다음 두 연립일차방정식은 (2,1)을 해로 가지므로 동치이다.

$$\begin{cases} x + y = 3 \\ x - y = 1 \end{cases} \qquad \begin{cases} x + y = 3 \\ 3x + y = 7 \end{cases}$$

일반적으로 연립일차방정식이 최소한 하나의 해를 가지면 해가 존재한다 하고, 해를 갖는 경우는 유일한 해를 갖는 경우, 무수히 많은 해를 갖는 경우로 나눌 수 있다. 해를 갖지 않는 경우는 해가 존재하지 않는다 한다.

다음으로 각각의 유형에 대하여 예를 들어 살펴보자.

### ■ 해를 갖는 경우

해를 갖는 경우는 유일한 해를 갖는 경우와 무수히 많은 해를 갖는 경우로 나눌 수 있다.

(1) 유일한 해를 갖는 경우

연립일차방정식

$$\begin{cases} x + \ y = \ 3 \\ 3x - 2y = -1 \end{cases}$$

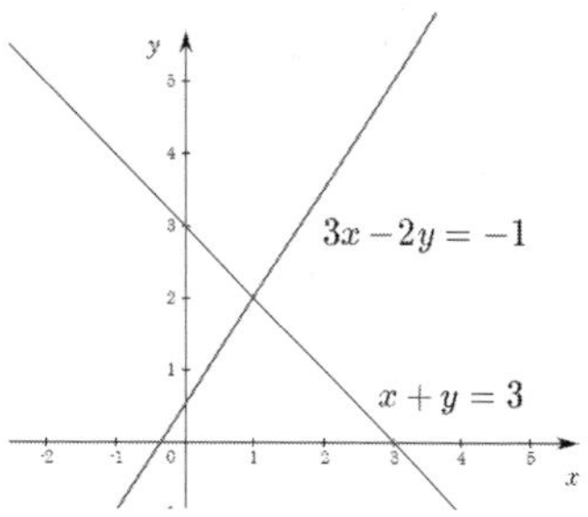


에서 두 방정식의 그래프를 각각 $l_1$, $l_2$라 하면, $l_1$, $l_2$는 한 점 (1,2)에서만 만난다.

따라서 주어진 연립일차방정식은 유일한 해 (1,2)를 갖는다.

(2) 무수히 많은 해를 갖는 경우

연립일차방정식

$$\begin{cases} x + \ y = 3 \\ 3x + 3y = 9 \end{cases}$$

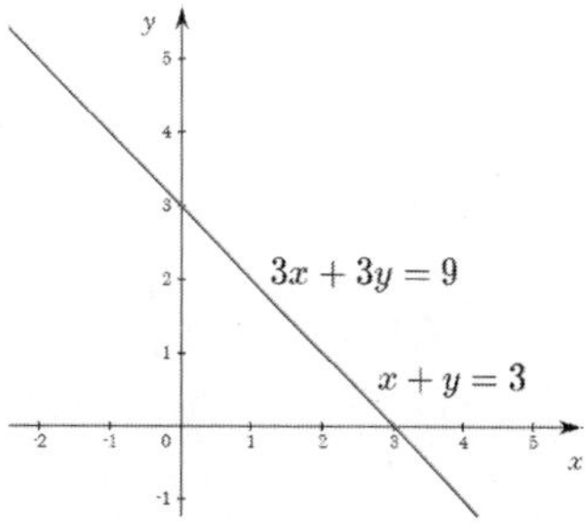


에서 두 방정식의 그래프를 각각 $l_3$, $l_4$라 하면, $l_3$, $l_4$는 같은 직선이 된다.

따라서 주어진 연립일차방정식은 무수히 많은 해를 갖는다.

■ **해를 갖지 않는 경우**

연립일차방정식

$$\begin{cases} x + \ y = 3 \\ 3x + 3y = 6 \end{cases}$$

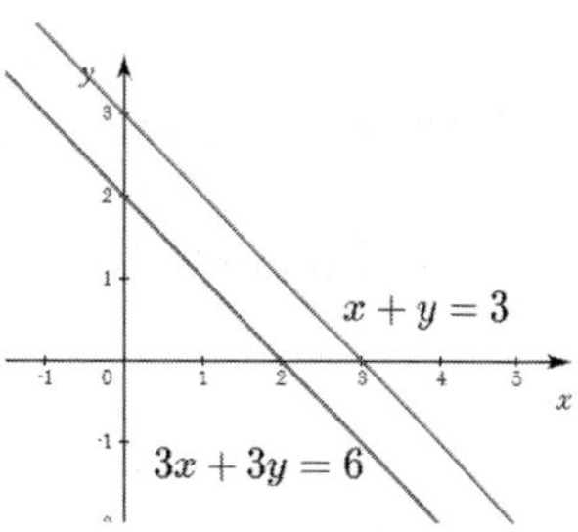


에서 두 방정식의 그래프를 각각 $l_5$, $l_6$이라 하면, $l_5$, $l_6$은 평행하다.

따라서 주어진 연립일차방정식은 해를 갖지 않는다.

**예제 1.1.1**

다음 연립일차방정식의 해집합을 구하시오.

(1) $\begin{cases} x+\ \ y= \ \ 3 \\ x-2y=-3 \end{cases}$ (2) $\begin{cases} \ \ 2x-\ \ y=2 \\ -4x+2y=3 \end{cases}$ (3) $\begin{cases} \ \ 2x-3y=-2 \\ -2x+3y=\ \ 2 \end{cases}$

**풀이**

(1) 해가 (1,2)로 유일하다. (2) 해가 없다. (3) 해가 무수히 많다.

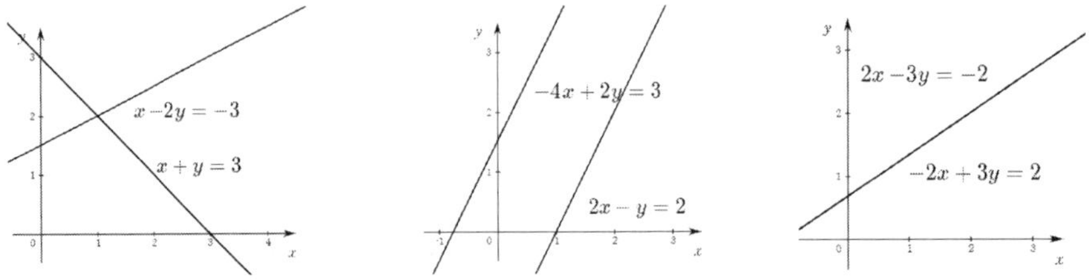


다음으로 매개변수로 표현되는 해집합을 구해보자. 다음 연립일차방정식

$$\begin{cases} x-5y+2z=1 \\ \qquad y+\ \ z=2 \end{cases}$$

는 미지수의 개수는 3이고 방정식의 개수는 2이다. 이런 경우에는 남는 하나의 미지수에 임의의 실수를 부여하는 방법으로 해를 구한다.

$z=t$라 놓으면

$$y=2-z=2-t$$

$$x=1+5y-2z=1+5(2-t)-2t=11-7t$$

로 표현된다. 따라서 주어진 연립일차방정식의 해는 다음과 같다.

$$x=11-7t$$

$$y=2-t$$

$$z=t \qquad (\text{단, } t\text{는 임의의 실수})$$

**예제 1.1.2**

다음 연립일차방정식의 해집합을 구하시오.

$$\begin{cases} x_1+2x_2-5x_3+3x_4+6x_5=0 \\ \qquad\ \ x_2+\ \ x_3+\ \ x_4+7x_5=6 \\ \qquad\qquad\qquad\qquad x_4+2x_5=2 \end{cases}$$

**풀이**

연립일차방정식의 미지수의 개수는 5이고 방정식의 개수는 3이다. 이런 경우에는 2개의 남는 미지수에 임의의 실수를 부여하는 방법으로 해를 구하면 된다. 먼저 $x_5 = t$로 놓으면 $x_4 = 2 - 2t$가 된다. 위의 값을 두 번째 식에 대입하면

$$x_2 + x_3 = 6 - x_4 - 7x_5 = 6 - (2 - 2t) - 7t = 4 - 5t$$

가 된다. $x_3 = s$로 놓으면 $x_2 = 4 - s - 5t$가 되므로 첫 번째 식에 $x_2, x_3, x_4, x_5$를 대입하면

$$\begin{aligned} x_1 &= -2x_2 + 5x_3 - 3x_4 - 6x_5 \\ &= -2(4 - s - 5t) + 5s - 3(2 - 2t) - 6t \\ &= -14 + 7s + 10t \end{aligned}$$

가 된다. 따라서 주어진 연립일차방정식의 해는 다음과 같다.

$$\begin{aligned} x_1 &= -14 + 7s + 10t \\ x_2 &= 4 - s - 5t \\ x_3 &= s \\ x_4 &= 2 - 2t \\ x_5 &= t \end{aligned}$$

## 연습문제 1.1

01 다음 방정식 중에서 일차방정식인 것을 찾고, 일차방정식이 아니면 그 이유를 설명하시오.

(1) $x+5y=1$

(2) $x+2y+yz=1$

(3) $x=y-2z$

(4) $x^{-2}+y-2z=1$

(5) $xy+yz+zx=2$

(6) $x+\sqrt{4}\,y+\frac{1}{2}z=5$

02 다음 연립일차방정식의 해집합을 구하시오.

(1) $\begin{cases} x+2y=5 \\ 2x-\ \ y=0 \end{cases}$

(2) $\begin{cases} x+\ \ y=2 \\ 3x-2y=1 \end{cases}$

(3) $\begin{cases} x+2y=1 \\ 2x+4y=5 \end{cases}$

(4) $\begin{cases} 3x-2y=1 \\ 12x-8y=4 \end{cases}$

(5) $\begin{cases} x+\ \ y-2z=1 \\ 2x+\ \ y+\ \ z=6 \\ x+2y-2z=2 \end{cases}$

03 다음 연립일차방정식의 해집합을 구하시오.

(1) $\begin{cases} x+y+3z=5 \\ \quad\ y+2z=3 \end{cases}$

(2) $\begin{cases} x_1+2x_2-5x_3+3x_4+6x_5=14 \\ \qquad\qquad\ \ x_3 \qquad\ \ +x_5=-6 \\ \qquad\qquad\qquad\quad\ x_4+x_5=2 \end{cases}$

## 1.2 행렬의 정의와 연산

자연수 $m, n$에 대하여 $m \times n$개의 실수 $a_{11}, a_{12,} \cdots, a_{mn}$을 다음과 같이 직사각형 모양으로 배열한 것을 **행렬**(matrix)이라고 하며, 그 각각의 수를 행렬의 성분이라고 한다.

$$A = \begin{pmatrix} a_{11} & a_{12} & \cdots & a_{1n} \\ a_{21} & a_{22} & \cdots & a_{2n} \\ \vdots & \vdots & \ddots & \vdots \\ a_{m1} & a_{m2} & \cdots & a_{mn} \end{pmatrix}$$

행렬 $A$의 $i$ 번째 가로줄

$$(a_{i1}\, a_{i2} \cdots a_{in}) \quad (1 \le i \le m)$$

을 $A$의 $i$행 또는 $i$번째 **행벡터**라 한다. 행렬 $A$의 $j$ 번째 세로줄

$$\begin{pmatrix} a_{1j} \\ a_{2j} \\ \vdots \\ a_{mj} \end{pmatrix} \quad (1 \le j \le n)$$

을 $A$의 $j$열 또는 $j$번째 **열벡터**라 한다.

$m$개의 행과 $n$개의 열을 갖는 행렬 $A$를 크기가 $m \times n$인 행렬이라 하고, $m$ by $n$행렬이라고 읽는다. 행렬은 보통 대문자 $A, B, C, \cdots$를 사용하여

$$A = (a_{ij})_{m \times n}$$

으로 나타내는데, $a_{ij}$를 행렬 $A$의 $i$행 $j$열의 원소라 한다. 이 장에서는 행렬의 원소 $a_{ij}$가 실수인 경우에 대하여 다룬다.

예를 들어

$$A = \begin{pmatrix} -2 & 0 & 3 \\ 4 & 1 & -8 \\ 6 & -7 & 5 \end{pmatrix} = (a_{ij})_{3 \times 3}$$

이라 하면, 행렬 $A$의 크기는 $3\times3$이고 $a_{11}=-2$, $a_{22}=1$, $a_{32}=-7$이다. 행렬을 문자로 표현할 때 원소는 일반적으로 그에 상응하는 소문자를 사용한다.

예를 들면

$$B=(b_{ij})_{m\times n},\quad C=(c_{ij})_{m\times n},\quad D=(d_{ij})_{m\times n}$$

**예제 1.2.1**

다음 행렬에 대하여 물음에 답하시오.

$$A=\begin{pmatrix}7&-1&5\\1&2&3\end{pmatrix},\ B=\begin{pmatrix}1&0\\9&3\\-2&5\end{pmatrix}$$

(1) 두 행렬의 크기를 구하시오.
(2) 행렬 $A$의 2열을 구하시오.
(3) 행렬 $B$의 3행을 구하시오.
(4) 성분 $a_{23}$, $b_{31}$을 구하시오.

**풀이**

(1) $A: 2\times3$, $B: 3\times2$

(2) $\begin{pmatrix}-1\\2\end{pmatrix}$

(3) $(-2\ 5)$

(4) $a_{23}=3$, $b_{31}=-2$

## 행렬의 종류

모든 원소가 0인 행렬을 **영행렬**이라 하고 $O$ 또는 $O_{m\times n}$으로 나타낸다.

$$\text{영행렬}:\ O=\begin{pmatrix}0&0\\0&0\end{pmatrix},\ O_{2\times4}=\begin{pmatrix}0&0&0&0\\0&0&0&0\end{pmatrix},\ \cdots$$

행의 수와 열의 수가 같은 행렬을 **정방행렬**이라 한다. 행과 열의 수가 $n$개인 행렬을 $n$차 정방행렬이라 한다.

$$정방행렬 : \begin{pmatrix} 1 & 2 \\ 3 & 4 \end{pmatrix}, \begin{pmatrix} 1 & 2 & 3 \\ 4 & 5 & 6 \\ 7 & 8 & 9 \end{pmatrix}, \cdots$$

정방행렬에서 $a_{ii}$를 주대각성분이라 한다. 대각성분 외의 모든 원소가 0인 행렬을 **대각행렬**이라 한다.

$$대각행렬 : \begin{pmatrix} 1 & 0 \\ 0 & 2 \end{pmatrix}, \begin{pmatrix} 3 & 0 & 0 \\ 0 & 4 & 0 \\ 0 & 0 & 5 \end{pmatrix}, \cdots$$

$n$차 정방 대각행렬 중에서 대각성분이 모두 1인 행렬을 **단위행렬**이라 부르고, $I_n$이라 표현한다.

$$단위 행렬 : I_2 = \begin{pmatrix} 1 & 0 \\ 0 & 1 \end{pmatrix}, I_3 = \begin{pmatrix} 1 & 0 & 0 \\ 0 & 1 & 0 \\ 0 & 0 & 1 \end{pmatrix}, \cdots$$

행렬 $A$에서 행과 열의 성분의 위치를 바꾼 행렬을 $A$의 **전치행렬**이라 하고 $A^T$로 표현한다.

$$A = \begin{pmatrix} 1 & 2 & 3 \\ 4 & 5 & 6 \end{pmatrix}, A^T = \begin{pmatrix} 1 & 4 \\ 2 & 5 \\ 3 & 6 \end{pmatrix}$$

정방행렬에서 대각선 아래 성분이 모두 0인 행렬을 **상삼각행렬**이라 하고, 대각선위의 모든 성분이 0인 행렬을 **하삼각행렬**이라 한다. 상삼각행렬 또는 하삼각행렬을 **삼각행렬**이라 한다.

$$상삼각행렬 : \begin{pmatrix} 1 & 2 \\ 0 & 3 \end{pmatrix}, \begin{pmatrix} 1 & 2 & 3 \\ 0 & 4 & 5 \\ 0 & 0 & 6 \end{pmatrix}, \cdots$$

$$하삼각행렬 : \begin{pmatrix} 1 & 0 \\ 2 & 3 \end{pmatrix}, \begin{pmatrix} 1 & 0 & 0 \\ 2 & 3 & 0 \\ 4 & 5 & 6 \end{pmatrix}, \cdots$$

### 행렬의 상등

크기가 같은 두 행렬 $A = (a_{ij})$, $B = (b_{ij})$에 대하여 두 행렬의 모든 성분이 같으면

두 행렬은 '같다'라 하고 $A = B$로 나타낸다. 즉,

$$\text{모든 } i, j\text{에서 } a_{ij} = b_{ij}\text{이면 } A = B$$

적어도 한 성분만 달라도 두 행렬은 서로 다른 행렬이다.

**예제 1.2.2**

다음 두 행렬 $A$, $B$가 $A = B$이기 위한 $x$, $y$, $z$를 구하시오.

$$A = \begin{pmatrix} 1 & 2 & 3 \\ 4 & 5 & 6 \\ 7 & 8 & 9 \end{pmatrix} \qquad B = \begin{pmatrix} 1 & 2 & 3 \\ x & y & 6 \\ z & 8 & 9 \end{pmatrix}$$

**풀이**

$$x = 4,\ y = 5,\ z = 7$$

**예제 1.2.3**

다음 두 행렬 $A$, $B$가 $A = B$이기 위한 $w$, $x$, $y$, $z$를 구하시오.

$$A = I_3 \qquad B = \begin{pmatrix} w & 0 & 0 \\ x & y & 0 \\ 0 & 0 & z \end{pmatrix}$$

**풀이**

$$w = 1,\ x = 0,\ y = 1,\ z = 1$$

### 행렬의 연산 - 상수의 곱

행렬 $A = (a_{ij})$와 실수 $r$에 대하여

$$rA = (ra_{ij})$$

이다. 즉, $rA$는 행렬 $A$의 모든 성분에 $r$을 곱하여 만든 행렬이다.

**예제 1.2.4**

행렬 $A=\begin{pmatrix} 2 & -1 & 5 \\ 1 & 0 & -3 \end{pmatrix}$일 때 $10A$와 $-A$를 각각 구하시오.

**풀이**

$$10A = 10\begin{pmatrix} 2 & -1 & 5 \\ 1 & 0 & -3 \end{pmatrix} = \begin{pmatrix} 20 & -10 & 50 \\ 10 & 0 & -30 \end{pmatrix}$$

$$-A = (-1)\begin{pmatrix} 2 & -1 & 5 \\ 1 & 0 & -3 \end{pmatrix} = \begin{pmatrix} -2 & 1 & -5 \\ -1 & 0 & 3 \end{pmatrix}$$

## 행렬의 연산 - 합과 차

크기가 같은 두 행렬 $A=(a_{ij})$, $B=(b_{ij})$에 대하여 합과 차는 다음과 같이 연산한다.

$$A+B=(a_{ij}+b_{ij})$$

$$A-B=(a_{ij}-b_{ij})=A+(-1)B$$

즉, 두 행렬의 같은 위치에 있는 성분끼리 연산한다.

**예제 1.2.5**

다음 행렬에 대하여 물음에 답하시오.

$$A=\begin{pmatrix} 2 & 3 \\ -1 & 1 \end{pmatrix} \quad B=\begin{pmatrix} 3 & 1 \\ 0 & 2 \end{pmatrix} \quad C=\begin{pmatrix} 1 & 3 \\ 2 & -1 \\ 3 & 5 \end{pmatrix} \quad D=\begin{pmatrix} 0 & 2 \\ 1 & 1 \\ 0 & 2 \end{pmatrix}$$

(1) $A+B$ (2) $B+C$ (3) $C-D$

(4) $2A+3B$ (5) $5D-2C$

**풀이**

(1) $A+B=\begin{pmatrix} 2 & 3 \\ -1 & 1 \end{pmatrix}+\begin{pmatrix} 3 & 1 \\ 0 & 2 \end{pmatrix}=\begin{pmatrix} 5 & 4 \\ -1 & 3 \end{pmatrix}$

(2) 행렬 $B$의 크기는 $2\times2$이고 행렬 $C$의 크기는 $3\times2$이므로 크기가 다른 두 행렬은 덧셈 연산을 할 수 없다.

(3) $C-D=\begin{pmatrix}1 & 3\\ 2 & -1\\ 3 & 5\end{pmatrix}-\begin{pmatrix}0 & 2\\ 1 & 1\\ 0 & 2\end{pmatrix}=\begin{pmatrix}1 & 1\\ 1 & -2\\ 3 & 3\end{pmatrix}$

(4) $2A+3B=2\begin{pmatrix}2 & 3\\ -1 & 1\end{pmatrix}+3\begin{pmatrix}3 & 1\\ 0 & 2\end{pmatrix}=\begin{pmatrix}4 & 6\\ -2 & 2\end{pmatrix}+\begin{pmatrix}9 & 3\\ 0 & 6\end{pmatrix}=\begin{pmatrix}13 & 9\\ -2 & 8\end{pmatrix}$

(5) $5D-2C=5\begin{pmatrix}0 & 2\\ 1 & 1\\ 0 & 2\end{pmatrix}-2\begin{pmatrix}1 & 3\\ 2 & -1\\ 3 & 5\end{pmatrix}=\begin{pmatrix}0 & 10\\ 5 & 5\\ 0 & 10\end{pmatrix}+\begin{pmatrix}-2 & -6\\ -4 & 2\\ -6 & -10\end{pmatrix}=\begin{pmatrix}-2 & 4\\ 1 & 7\\ -6 & 0\end{pmatrix}$

---

행렬의 덧셈과 뺄셈은 실수의 연산에서 성립했던 교환법칙과 결합법칙이 성립하고 또 합에 대한 항등원과 역원을 가지는 것을 알 수 있다.

**정리 1.2.1 행렬연산의 성질**

행렬 $A, B, C$의 크기가 모두 같고 $\alpha, \beta$가 실수일 때, 다음이 성립한다.

(1) $A+B=B+A$

(2) $(A+B)+C=A+(B+C)$

(3) $A+O=O+A=A$

(4) $A-A=O$

(5) $(\alpha+\beta)A=\alpha A+\beta A$

(6) $(\alpha\beta)A=\alpha(\beta A)$

(7) $\alpha(A+B)=\alpha A+\alpha B$

**예제 1.2.6**

두 행렬 $A=\begin{pmatrix}2 & 3\\ -1 & 1\end{pmatrix}$, $B=\begin{pmatrix}3 & 1\\ 0 & 2\end{pmatrix}$에 대하여

(1) $A+X=B$를 만족하는 행렬 $X$를 구하시오.

(2) $2A-2X=B$를 만족하는 행렬 $X$를 구하시오.

**풀이**

(1) $A+X=B$

$$X=B-A=\begin{pmatrix}3 & 1\\ 0 & 2\end{pmatrix}-\begin{pmatrix}2 & 3\\ -1 & 1\end{pmatrix}=\begin{pmatrix}1 & -2\\ 1 & 1\end{pmatrix}$$

(2) $2A-2X=B$

$$2X=2A-B=2\begin{pmatrix} 2 & 3 \\ -1 & 1 \end{pmatrix}-\begin{pmatrix} 3 & 1 \\ 0 & 2 \end{pmatrix}=\begin{pmatrix} 1 & 5 \\ -2 & 0 \end{pmatrix}$$

$$X=\frac{1}{2}\begin{pmatrix} 1 & 5 \\ -2 & 0 \end{pmatrix}=\begin{pmatrix} \frac{1}{2} & \frac{5}{2} \\ -1 & 0 \end{pmatrix}$$

---

**예제 1.2.7**

두 행렬 $A=\begin{pmatrix} 2 & 3 \\ -1 & 1 \end{pmatrix}$, $B=\begin{pmatrix} 3 & 1 \\ 0 & 2 \end{pmatrix}$에 대하여 다음 두 식을 만족하는 행렬 $X$와 $Y$를 각각 구하시오.

$$\begin{cases} X+Y=A \\ X-Y=B \end{cases}$$

**풀이**

두 식을 더하면 $2X=A+B$

$$X=\frac{1}{2}(A+B)=\frac{1}{2}\begin{pmatrix} 5 & 4 \\ -1 & 3 \end{pmatrix}=\begin{pmatrix} \frac{5}{2} & 2 \\ -\frac{1}{2} & \frac{3}{2} \end{pmatrix}$$

두 식을 빼면 $2Y=A-B$

$$Y=\frac{1}{2}(A-B)=\frac{1}{2}\begin{pmatrix} -1 & 2 \\ -1 & -1 \end{pmatrix}=\begin{pmatrix} -\frac{1}{2} & 1 \\ -\frac{1}{2} & -\frac{1}{2} \end{pmatrix}$$

---

## 행렬의 연산 - 곱

두 행렬 $A=(a_{ij})_{m\times l}$, $B=(b_{ij})_{l\times n}$에 대하여 두 행렬의 곱 $AB$는 다음과 같이 정의된다.

$$AB=(c_{ij})_{m\times n}$$

$$c_{ij}=\sum_{k=1}^{l}a_{ik}b_{kj}=a_{i1}b_{1j}+a_{i2}b_{2j}+\cdots+a_{il}b_{lj}$$

### 예제 1.2.8

두 행렬 $A=\begin{pmatrix}1&2\\0&3\end{pmatrix}$, $B=\begin{pmatrix}2&-1\\1&0\end{pmatrix}$에 대하여 두 행렬의 곱 $AB$와 $BA$를 각각 구하시오.

**풀이**

$$AB=\begin{pmatrix}1&2\\0&3\end{pmatrix}\begin{pmatrix}2&-1\\1&0\end{pmatrix}=\begin{pmatrix}4&-1\\3&0\end{pmatrix}$$

$$BA=\begin{pmatrix}2&-1\\1&0\end{pmatrix}\begin{pmatrix}1&2\\0&3\end{pmatrix}=\begin{pmatrix}2&1\\1&2\end{pmatrix}$$

### 예제 1.2.9

두 행렬 $C=\begin{pmatrix}1&0&-1\\0&2&1\end{pmatrix}$, $D=\begin{pmatrix}1&2\\0&1\\3&-1\end{pmatrix}$에 대하여 두 행렬의 곱 $CD$와 $DC$를 각각 구하시오.

**풀이**

$$CD=\begin{pmatrix}1&0&-1\\0&2&1\end{pmatrix}\begin{pmatrix}1&2\\0&1\\3&-1\end{pmatrix}=\begin{pmatrix}-2&3\\3&1\end{pmatrix}$$

$$DC=\begin{pmatrix}1&2\\0&1\\3&-1\end{pmatrix}\begin{pmatrix}1&0&-1\\0&2&1\end{pmatrix}=\begin{pmatrix}1&4&1\\0&2&1\\3&-2&-4\end{pmatrix}$$

### 예제 1.2.10

두 행렬 $A=\begin{pmatrix}5&-1\\1&3\end{pmatrix}$, $B=\begin{pmatrix}3&1\\-1&0\\2&5\end{pmatrix}$ 에 대하여 두 행렬의 곱 $AB$와 $BA$를 각각 구하시오.

**풀이**

행렬 $A$의 크기는 $2\times2$이고, 행렬 $B$의 크기는 $3\times2$이므로 두 행렬의 곱 $AB$는 불가능하고 $BA$만 가능하다.

$$BA=\begin{pmatrix}3&1\\-1&0\\2&5\end{pmatrix}\begin{pmatrix}5&-1\\1&3\end{pmatrix}=\begin{pmatrix}16&0\\-5&1\\15&13\end{pmatrix}$$

**주의** 두 행렬의 곱 $AB$가 정의되었다고 해서 반드시 $BA$가 정의되는 것은 아니며, 일반적으로 $AB\neq BA$이다.

**정리 1.2.2 행렬의 덧셈과 곱셈의 성질**

곱과 합이 정의되는 행렬 $A, B, C$와 실수 $k$에 대하여 다음이 성립한다.

(1) $(AB)C = A(BC)$ (결합법칙)

(2) $A(B+C) = AB + AC$ , $(A+B)C = AC + BC$ (분배법칙)

(3) $k(AB) = (kA)B = A(kB)$

**예제 1.2.11**

세 행렬 $A = \begin{pmatrix} -1 & 2 & 3 \\ 3 & 0 & -1 \end{pmatrix}$, $B = \begin{pmatrix} 2 & 0 \\ 1 & 2 \end{pmatrix}$, $C = \begin{pmatrix} 2 & -3 \\ -1 & 2 \\ 0 & 1 \end{pmatrix}$일 때, $BAC$, $A^TB + CB$를 각각 구하시오.

**풀이**

$$BAC = \begin{pmatrix} 2 & 0 \\ 1 & 2 \end{pmatrix}\begin{pmatrix} -1 & 2 & 3 \\ 3 & 0 & -1 \end{pmatrix}\begin{pmatrix} 2 & -3 \\ -1 & 2 \\ 0 & 1 \end{pmatrix} = \begin{pmatrix} 2 & 0 \\ 1 & 2 \end{pmatrix}\begin{pmatrix} -4 & 10 \\ 6 & -10 \end{pmatrix} = \begin{pmatrix} -8 & 20 \\ 8 & -10 \end{pmatrix}$$

$$A^TB + CB = (A^T + C)B = \begin{pmatrix} 1 & 0 \\ 1 & 2 \\ 3 & 0 \end{pmatrix}\begin{pmatrix} 2 & 0 \\ 1 & 2 \end{pmatrix} = \begin{pmatrix} 2 & 0 \\ 4 & 4 \\ 6 & 0 \end{pmatrix}$$

**예제 1.2.12**

행렬 $A = \begin{pmatrix} 1 & 2 \\ 0 & 3 \end{pmatrix}$일 때, $A^3$을 구하시오.

**풀이**

$$A^2 = \begin{pmatrix} 1 & 2 \\ 0 & 3 \end{pmatrix}\begin{pmatrix} 1 & 2 \\ 0 & 3 \end{pmatrix} = \begin{pmatrix} 1 & 8 \\ 0 & 9 \end{pmatrix}$$

$$A^3 = A^2A = AA^2 = \begin{pmatrix} 1 & 26 \\ 0 & 27 \end{pmatrix}$$

## 연습문제 1.2

**01** 다음 등식이 성립하도록 $x$와 $y$의 값을 구하시오.

(1) $\begin{pmatrix} x+2y \\ 2x-y \end{pmatrix} = \begin{pmatrix} 2 \\ 5 \end{pmatrix}$ (2) $\begin{pmatrix} 0 & x+y \\ x-y & 0 \end{pmatrix} = \begin{pmatrix} 0 & -2 \\ 4 & 0 \end{pmatrix}$

**02** $A = \begin{pmatrix} 2 & 3 & 1 \\ 3 & 2 & 1 \end{pmatrix}$, $B = \begin{pmatrix} -1 & 2 & 0 \\ 3 & -2 & 4 \end{pmatrix}$에 대하여 다음을 구하시오.

(1) $3A-2B$ (2) $-2A+3B$

**03** $A = \begin{pmatrix} 3 & -1 \\ -4 & 0 \end{pmatrix}$, $B = \begin{pmatrix} -1 & 2 \\ 4 & 3 \end{pmatrix}$일 때, 다음 등식을 만족하는 행렬 $X$를 구하시오.

(1) $3X+2A = 2X+3B$ (2) $\frac{1}{2}(X-4A) = 2(X+B)$

**04** $A = \begin{pmatrix} 1 & 6 \\ 3 & -2 \end{pmatrix}$, $B = \begin{pmatrix} 3 & -4 \\ 1 & 2 \end{pmatrix}$에 대하여 다음을 만족하는 행렬 $X$, $Y$를 구하시오.

(1) $\begin{cases} X+Y=A \\ X-Y=B \end{cases}$ (2) $\begin{cases} 2X+Y=A \\ X-2Y=-B \end{cases}$

**05** $A$, $B$는 $5\times 4$행렬, $C$, $D$, $E$는 각각 $4\times 3$, $3\times 5$, $5\times 3$행렬이라 할 때, 다음 중 연산이 정의되는 것을 구분하고, 그 결과에 대한 행렬의 크기를 판별하시오.

(1) $AC+E$ (2) $(A+B)C$

(3) $(BC)D$ (4) $CD-AC$

(5) $DE-C$ (6) $D(A-B)$

**06** $A = \begin{pmatrix} 2 & 1 \\ 7 & 4 \end{pmatrix}$, $B = \begin{pmatrix} 1 & -2 \\ 5 & 3 \end{pmatrix}$에 대하여 다음을 구하시오.

(1) $AB$ (2) $BA$

(3) $B^T A^T$ (4) $(AB)^T$

**07** $A = \begin{pmatrix} 2 & -2 \\ 1 & 0 \end{pmatrix}$, $B = \begin{pmatrix} a & -2 \\ 1 & 1 \end{pmatrix}$에 대하여 $AB=BA$가 성립하도록 $a$의 값을 구하시오.

**08** 두 행렬 $A$와 $B$에 대하여 다음이 성립할 때, $A^2+B^2$을 구하시오.

$$A+B=\begin{pmatrix}2 & 1\\ 0 & 3\end{pmatrix} \qquad AB+BA=\begin{pmatrix}3 & 1\\ 2 & -1\end{pmatrix}$$

**09** 다음을 만족하는 두 행렬 $A$와 $B$에 대하여 $A^2-B^2$을 구하시오.

$$A+B=\begin{pmatrix}1 & 2\\ 4 & 0\end{pmatrix} \qquad A-B=\begin{pmatrix}3 & 4\\ 0 & 2\end{pmatrix}$$

**10** 영행렬이 아닌 $2\times 2$ 행렬 중에서 $A^2=O$이 되는 행렬 $A$ 중 하나의 예를 구하시오.

## 1.3 행렬과 연립일차방정식

이 절에서는 연립일차방정식을 행렬을 이용하여 나타내고, 이 행렬을 이용하여 해를 구하는 방법에 대하여 알아보자.

예를 들어, 두 개의 미지수와 두 개의 방정식을 포함하는 다음 연립일차방정식

$$\begin{cases} 2x+3y=\ \ 5 \\ -x+7y=-1 \end{cases}$$

은 행렬의 곱, 행렬의 상등에 관한 정의에 의하여

$$A=\begin{pmatrix} 2 & 3 \\ -1 & 7 \end{pmatrix},\quad X=\begin{pmatrix} x \\ y \end{pmatrix},\quad B=\begin{pmatrix} 5 \\ -1 \end{pmatrix}$$

일 때, 행렬방정식

$$AX=B$$

로 표현된다. 이 때 $A$를 계수행렬, $X$를 미지수행렬, $B$를 상수행렬이라 한다.

일반적으로 $m$개의 방정식과 $n$개의 미지수를 포함하는 연립일차방정식, 즉

$$\begin{cases} a_{11}x_1+a_{12}x_2+\cdots+a_{1j}x_j+\cdots+a_{1n}x_n=b_1 \\ a_{21}x_1+a_{22}x_2+\cdots+a_{2j}x_j+\cdots+a_{2n}x_n=b_2 \\ \quad\vdots \qquad\quad \vdots \qquad\qquad\quad \vdots \qquad\qquad\quad \vdots \quad\ \vdots \\ a_{i1}x_1+a_{i2}x_2+\cdots+a_{ij}x_j+\cdots+a_{in}x_n=b_i \\ \quad\vdots \qquad\quad \vdots \qquad\qquad\quad \vdots \qquad\qquad\quad \vdots \quad\ \vdots \\ a_{m1}x_1+a_{m2}x_2+\cdots+a_{mj}x_j+\cdots+a_{mn}x_n=b_m \end{cases}$$

은 다음 행렬

$$A=(a_{ij})_{m\times n},\quad X=\begin{pmatrix} x_1 \\ \vdots \\ x_n \end{pmatrix},\quad B=\begin{pmatrix} b_1 \\ \vdots \\ b_m \end{pmatrix}$$

에 대하여

$$AX=B$$

로 표현된다. 역으로 연립일차방정식이 $AX=B$로 나타내어지고

$$A = (a_{ij})_{m \times n}$$

이면, 이 연립일차방정식의 방정식과 미지수의 개수는 $m$, $n$이다.

계수 행렬 $A$에 상수행렬 $B$를 붙여서 만든 행렬

$$(A \mid B) = \left(\begin{array}{cccc|c} a_{11} & a_{12} & \cdots & a_{1n} & b_1 \\ a_{21} & a_{22} & \cdots & a_{2n} & b_2 \\ \vdots & \vdots & \ddots & \vdots & \vdots \\ a_{m1} & a_{m2} & \cdots & a_{mn} & b_m \end{array}\right)$$

을 연립일차방정식의 **계수확대행렬**이라 한다.

$m$개의 방정식을 만족하는 $n$개의 미지수 $x_1$, $x_2$, $\cdots$, $x_n$을 찾는 것을 연립일차방정식의 해를 구한다고 한다. 해를 구하는 원리는 모두 같지만 $n \geq 4$인 경우에는 해를 손으로 직접 구하는데 시간이 많이 소요된다. 일반적으로 해를 구하는 원리를 컴퓨터프로그램에 적용하여 기계적으로 풀이를 한다. 이 절에서는 해를 구하는 원리를 설명하고 $n \leq 3$인 경우에 대하여 직접 해를 구해보도록 한다.

### 기본 행연산

주어진 행렬에서 행에 대한 다음 작용을 기본 행연산이라 한다.

(1) 두 행을 서로 교환한다.
(2) 한 행 전체를 상수배 한다.
(3) 한 행 전체에 상수를 곱하여 다른 행에 더한다.

기본 행연산은 그 작용이 어디에서 왔는지 알면 그 작용의 의미를 쉽게 이해할 수 있다. 예를 들어, 연립방정식

$$\begin{cases} 2x + y = 4 \\ x - 3y = -5 \end{cases}$$

의 해를 구하기 위하여

(1) 두 연립방정식의 순서를 교환한다.

$$\begin{cases} x - 3y = -5 \\ 2x + y = 4 \end{cases}$$

(2) 첫 번째 방정식 양변에 3을 곱한다.

$$\begin{cases} 6x + 3y = 12 \\ x - 3y = -5 \end{cases}$$

(3) 미지수 $x$를 소거하기 위하여 두 번째 식에 $-2$를 곱하여 첫 번째식에 더한다.

$$\begin{cases} 7y = 14 \\ x - 3y = -5 \end{cases}$$

(1)~(3) 중 어떤 작용을 가해도 구하는 해는 같다.

기본 행연산은 지금까지 언급한 연립일차방정식의 해를 구하는 과정을 상기하면 된다. 단 빼는 연산이 없다는 것과 나누는 연산이 없다는 것에 주의해야 한다. 빼는 연산은 '-1을 곱하여 더하는 연산'이고, 나누는 연산은 '역수를 곱하는 것'으로 한다.

### 행제형 행렬

주어진 행렬의 각 행에서 처음으로 0이 아닌 성분을 그 행의 선두요소라 한다. 주어진 행렬 $A$가 기본 행연산을 이용하여 아래의 (1), (2), (3)을 모두 만족하는 행렬이 되면 이 행렬을 $A$의 **기약행제형**이라 하고 $A_R$로 나타낸다. 여기서 (1), (2)를 만족하고 선두요소의 아래에 있는 열의 요소가 모두 0인 행렬을 **행제형**이라 한다.

(1) 각 행의 선두요소는 1이다.
(2) 위 행의 선두요소는 아래 행의 선두요소보다 앞쪽(왼쪽)에 위치한다.
(3) 각 행의 선두요소의 위에 있는 행의 요소와 아래에 있는 행의 요소는 모두 0이다.

예를 들면, 다음 행렬들은 기약행제형과 행제형 행렬이다.

$$\text{기약행제형 : } \begin{pmatrix}1&0\\0&1\end{pmatrix}, \begin{pmatrix}1&0&0\\0&1&0\\0&0&1\end{pmatrix}, \begin{pmatrix}1&0&0&4\\0&1&0&7\\0&0&1&-1\end{pmatrix}, \begin{pmatrix}0&1&-2&0&1\\0&0&0&1&3\\0&0&0&0&0\\0&0&0&0&0\end{pmatrix}, \cdots$$

$$\text{행제형 : } \begin{pmatrix}1&2\\0&1\end{pmatrix}, \begin{pmatrix}1&1&0\\0&1&0\\0&0&0\end{pmatrix}, \begin{pmatrix}1&4&3&7\\0&1&6&2\\0&0&1&5\end{pmatrix}, \begin{pmatrix}0&1&2&6&0\\0&0&1&-1&0\\0&0&0&0&1\end{pmatrix}, \cdots$$

이제 행렬 $A=\begin{pmatrix}2&1\\-1&3\end{pmatrix}$을 기약행제형으로 만들어 보자.

$\begin{pmatrix}2&1\\-1&3\end{pmatrix}$

} 1행의 선두요소 2를 1로 만들기 위해 1행에 2행을 더한다.

$\begin{pmatrix}1&4\\-1&3\end{pmatrix}$

} 1행 선두요소 1 아래에 있는 성분을 0으로 만들기 위해 2행에 1행을 더한다.

$\begin{pmatrix}1&4\\0&7\end{pmatrix}$

} 2행 선두요소 7을 1로 만들기 위해 2행에 $\frac{1}{7}$을 곱한다.

$\begin{pmatrix}1&4\\0&1\end{pmatrix}$

} 2행 선두요소 1 위에 있는 성분을 0으로 만들기 위해 2행에 -4를 곱하여 1행에 더한다.

$\begin{pmatrix}1&0\\0&1\end{pmatrix}$

$$A_R=\begin{pmatrix}1&0\\0&1\end{pmatrix}$$

이것이 $A$의 기약행제형 행렬 $A_R$이다.

기본 행연산을 수행할 때 다음 기호를 사용하도록 한다.

(1) $R_1 \leftrightarrow R_2$ : 1행과 2행을 교환한다. 이때, 다른 행에는 변함이 없다.

(2) $kR_1$ : 1행에 상수 $k$를 곱한다. 이때, 다른 행에는 변함이 없다.

(3) $kR_1+R_2$ : 1행에 상수 $k$를 곱하여 2행에 더한다. 이때, 1행에 변함이 없고 2행만 변한다.

**예제 1.3.1**

다음 주어진 행렬의 기약행제형을 구하시오.

(1) $A=\begin{pmatrix}2&-1&4\\1&2&3\end{pmatrix}$ (2) $B=\begin{pmatrix}2&0&-3\\-1&2&1\\3&2&4\end{pmatrix}$

**풀이**

기본 행연산을 적용하는 순서는 각자 다를 수 있다.

(1) $$\begin{pmatrix} 2 & -1 & 4 \\ 1 & 2 & 3 \end{pmatrix} \xrightarrow{R_1 \leftrightarrow R_2} \begin{pmatrix} 1 & 2 & 3 \\ 2 & -1 & 4 \end{pmatrix} \xrightarrow{-2R_1+R_2} \begin{pmatrix} 1 & 2 & 3 \\ 0 & -5 & -2 \end{pmatrix} \xrightarrow{-\frac{1}{5}R_2} \begin{pmatrix} 1 & 2 & 3 \\ 0 & 1 & \frac{2}{5} \end{pmatrix} \xrightarrow{-2R_2+R_1} \begin{pmatrix} 1 & 0 & \frac{11}{5} \\ 0 & 1 & \frac{2}{5} \end{pmatrix}$$

$$= A_R$$

(2) $$\begin{pmatrix} 2 & 0 & -3 \\ -1 & 2 & 1 \\ 3 & 2 & 4 \end{pmatrix} \xrightarrow{R_2+R_1} \begin{pmatrix} 1 & 2 & -2 \\ -1 & 2 & 1 \\ 3 & 2 & 4 \end{pmatrix} \xrightarrow[-3R_1+R_3]{R_1+R_2} \begin{pmatrix} 1 & 2 & -2 \\ 0 & 4 & -1 \\ 0 & -4 & 10 \end{pmatrix} \xrightarrow{\frac{1}{4}R_2} \begin{pmatrix} 1 & 2 & -2 \\ 0 & 1 & -\frac{1}{4} \\ 0 & -4 & 10 \end{pmatrix}$$

$$\xrightarrow[4R_2+R_3]{-2R_2+R_1} \begin{pmatrix} 1 & 0 & -\frac{3}{2} \\ 0 & 1 & -\frac{1}{4} \\ 0 & 0 & 9 \end{pmatrix} \xrightarrow{\frac{1}{9}R_3} \begin{pmatrix} 1 & 0 & -\frac{3}{2} \\ 0 & 1 & -\frac{1}{4} \\ 0 & 0 & 1 \end{pmatrix} \xrightarrow[\frac{1}{4}R_3+R_2]{\frac{3}{2}R_3+R_1} \begin{pmatrix} 1 & 0 & 0 \\ 0 & 1 & 0 \\ 0 & 0 & 1 \end{pmatrix} = B_R$$

---

## 가우스-조던(Gauss-Jordan) 소거법

연립일차방정식 $AX = B$에서 계수행렬에 상수행렬을 추가한 행렬

$$(A \mid B)$$

를 계수확대행렬이라 한다. 가우스-조던 소거법에 의하여 연립일차방정식의 해를 구하는 절차는 다음과 같다.

(1) 계수확대행렬을 작성한다.

(2) 계수확대행렬을 기본 행연산을 이용하여 기약행제형으로 만든다.

$$(A \mid B) \rightarrow \cdots \rightarrow (A_R \mid C)$$

(3) 기약행제형으로부터 연립일차방정식을 유도하여 해를 구한다. 즉

$$A_R X = C$$

로부터 해를 구한다.

## 가우스 소거법

계수확대행렬을 행제형 상태에서 방정식을 유도하여 해를 구하는 소거법을 가우스 소거법이라고 한다.

**예제 1.3.2**

다음 연립일차방정식의 해를 가우스-조던 소거법으로 구하시오.

$$\begin{cases} 2x + y = 4 \\ x - 3y = -5 \end{cases}$$

**풀이**

계수확대행렬로부터 기약행제형을 만들어 보면

$$\left(\begin{array}{cc|c} 2 & 1 & 4 \\ 1 & -3 & -5 \end{array}\right) \xrightarrow{R_1 \leftrightarrow R_2} \left(\begin{array}{cc|c} 1 & -3 & -5 \\ 2 & 1 & 4 \end{array}\right) \xrightarrow{-2R_1 + R_2} \left(\begin{array}{cc|c} 1 & -3 & -5 \\ 0 & 7 & 14 \end{array}\right)$$

$$\xrightarrow{\frac{1}{7}R_2} \left(\begin{array}{cc|c} 1 & -3 & -5 \\ 0 & 1 & 2 \end{array}\right) \xrightarrow{3R_2 + R_1} \left(\begin{array}{cc|c} 1 & 0 & 1 \\ 0 & 1 & 2 \end{array}\right)$$

이다.

$$\begin{pmatrix} 1 & 0 \\ 0 & 1 \end{pmatrix} \begin{pmatrix} x \\ y \end{pmatrix} = \begin{pmatrix} 1 \\ 2 \end{pmatrix}$$

$$\begin{pmatrix} x \\ y \end{pmatrix} = \begin{pmatrix} 1 \\ 2 \end{pmatrix}$$

로부터 구하는 해는 $x = 1$, $y = 2$이다.

위 예제의 연립일차방정식의 해를 가우스 소거법으로 구해보자. 연립일차방정식의 확대계수행렬을 행제형 상태로 만들면

$$\left(\begin{array}{cc|c} 2 & 1 & 4 \\ 1 & -3 & -5 \end{array}\right) \xrightarrow{R_1 \leftrightarrow R_2} \left(\begin{array}{cc|c} 1 & -3 & -5 \\ 2 & 1 & 4 \end{array}\right) \xrightarrow{-2R_1 + R_2} \left(\begin{array}{cc|c} 1 & -3 & -5 \\ 0 & 7 & 14 \end{array}\right) \xrightarrow{\frac{1}{7}R_2} \left(\begin{array}{cc|c} 1 & -3 & -5 \\ 0 & 1 & 2 \end{array}\right)$$

이므로

$$x - 3y = -5, \ y = 2$$

가 되어 구하는 해는 $x = 1$, $y = 2$이다.

### 예제 1.3.3

다음 연립방정식의 해를 가우스-조던 소거법으로 구하시오.

$$\begin{cases} x+2y-3z=1 \\ -2x-3y+z=3 \end{cases}$$

**풀이**

계수확대행렬로부터 기약행제형을 만들면

$$\left(\begin{array}{ccc|c} 1 & 2 & -3 & 1 \\ -2 & -3 & 1 & 3 \end{array}\right) \xrightarrow{2R_1+R_2} \left(\begin{array}{ccc|c} 1 & 2 & -3 & 1 \\ 0 & 1 & -5 & 5 \end{array}\right) \xrightarrow{-2R_2+R_1} \left(\begin{array}{ccc|c} 1 & 0 & 7 & -9 \\ 0 & 1 & -5 & 5 \end{array}\right)$$

이고

$$\begin{pmatrix} 1 & 0 & 7 \\ 0 & 1 & -5 \end{pmatrix}\begin{pmatrix} x \\ y \\ z \end{pmatrix} = \begin{pmatrix} -9 \\ 5 \end{pmatrix}$$

$$\begin{cases} x+7z=-9 \\ y-5z=5 \end{cases}$$

이다. 임의의 실수 $t$에 대하여 $z=t$라 놓으면 다음과 같다.

$$\begin{cases} x=-9-7t \\ y=5+5t \\ z=t \end{cases}$$

### 예제 1.3.4

다음 연립방정식의 해를 가우스-조던 소거법으로 구하시오.

$$\begin{cases} 2x+4y+z=-1 \\ x+3y-2z=2 \\ 3x+7y-z=0 \end{cases}$$

**풀이**

계수확대행렬로부터 기약행제형을 만들면

$$\left(\begin{array}{ccc|c} 2 & 4 & 1 & -1 \\ 1 & 3 & -2 & 2 \\ 3 & 7 & -1 & 0 \end{array}\right) \xrightarrow{R_1 \leftrightarrow R_2} \left(\begin{array}{ccc|c} 1 & 3 & -2 & 2 \\ 2 & 4 & 1 & -1 \\ 3 & 7 & -1 & 0 \end{array}\right) \xrightarrow[-3R_1+R_3]{-2R_1+R_2} \left(\begin{array}{ccc|c} 1 & 3 & -2 & 2 \\ 0 & -2 & 5 & -5 \\ 0 & -2 & 5 & -6 \end{array}\right)$$

$$\xrightarrow{-\frac{1}{2}R_2} \left(\begin{array}{ccc|c} 1 & 3 & -2 & 2 \\ 0 & 1 & -\frac{5}{2} & \frac{5}{2} \\ 0 & -2 & 5 & -6 \end{array}\right) \xrightarrow[2R_2+R_3]{-3R_2+R_1} \left(\begin{array}{ccc|c} 1 & 0 & \frac{11}{2} & -\frac{11}{2} \\ 0 & 1 & -\frac{5}{2} & \frac{5}{2} \\ 0 & 0 & 0 & -1 \end{array}\right)$$

로부터

$$\begin{pmatrix} 1 & 0 & \frac{11}{2} \\ 0 & 1 & -\frac{5}{2} \\ 0 & 0 & 0 \end{pmatrix}\begin{pmatrix} x \\ y \\ z \end{pmatrix}=\begin{pmatrix} -\frac{11}{2} \\ \frac{5}{2} \\ -1 \end{pmatrix}$$

이고 3행을 기준으로 $0=-1$이 되어 모순이다. 따라서 해가 존재하지 않는다.

---

**예제 1.3.5**

다음 연립방정식의 해를 가우스-조던 소거법으로 구하시오.

$$\begin{cases} 2x-y-\ z=\ 3 \\ \ x+y+2z=\ 1 \\ -2x+y+\ z=-3 \end{cases}$$

**풀이**

계수확대행렬로부터 기약행제형을 만들면

$$\left(\begin{array}{ccc|c} 2 & -1 & -1 & 3 \\ 1 & 1 & 2 & 1 \\ -2 & 1 & 1 & -3 \end{array}\right) \xrightarrow{R_1 \leftrightarrow R_2} \left(\begin{array}{ccc|c} 1 & 1 & 2 & 1 \\ 2 & -1 & -1 & 3 \\ -2 & 1 & 1 & -3 \end{array}\right) \xrightarrow[2R_1+R_3]{-2R_1+R_2} \left(\begin{array}{ccc|c} 1 & 1 & 2 & 1 \\ 0 & -3 & -5 & 1 \\ 0 & 3 & 5 & -1 \end{array}\right)$$

$$\xrightarrow{-\frac{1}{3}R_2} \left(\begin{array}{ccc|c} 1 & 1 & 2 & 1 \\ 0 & 1 & \frac{5}{3} & -\frac{1}{3} \\ 0 & 3 & 5 & -1 \end{array}\right) \xrightarrow[-3R_2+R_3]{-R_2+R_1} \left(\begin{array}{ccc|c} 1 & 0 & \frac{1}{3} & \frac{4}{3} \\ 0 & 1 & \frac{5}{3} & -\frac{1}{3} \\ 0 & 0 & 0 & 0 \end{array}\right)$$

로부터

$$\begin{pmatrix} 1 & 0 & \frac{1}{3} \\ 0 & 1 & \frac{5}{3} \\ 0 & 0 & 0 \end{pmatrix}\begin{pmatrix} x \\ y \\ z \end{pmatrix}=\begin{pmatrix} \frac{4}{3} \\ -\frac{1}{3} \\ 0 \end{pmatrix}$$

$$\begin{cases} x+\frac{1}{3}z=\ \frac{4}{3} \\ y+\frac{5}{3}z=-\frac{1}{3} \end{cases}$$

이다. 임의의 실수 $t$에 대하여 $z=t$라 놓으면 다음과 같다.

$$\begin{cases} x = \frac{4}{3} - \frac{1}{3}t \\ y = -\frac{1}{3} - \frac{5}{3}t \\ z = t \end{cases}$$

**예제 1.3.6**

다음 연립방정식의 해를 가우스 소거법으로 구하시오.

$$\begin{cases} -2x_3 + 7x_5 = 12 \\ 2x_1 + 4x_2 - 10x_3 + 6x_4 + 12x_5 = 28 \\ 2x_1 + 4x_2 - 5x_3 + 6x_4 - 5x_5 = -1 \end{cases}$$

**풀이**

계수확대행렬로부터 행제형을 만들면

$$\left(\begin{array}{ccccc|c} 0 & 0 & -2 & 0 & 7 & 12 \\ 2 & 4 & -10 & 6 & 12 & 28 \\ 2 & 4 & -5 & 6 & -5 & -1 \end{array}\right) \xrightarrow{R_1 \leftrightarrow R_2} \left(\begin{array}{ccccc|c} 2 & 4 & -10 & 6 & 12 & 28 \\ 0 & 0 & -2 & 0 & 7 & 12 \\ 2 & 4 & -5 & 6 & -5 & -1 \end{array}\right) \xrightarrow{\frac{1}{2}R_1} \left(\begin{array}{ccccc|c} 1 & 2 & -5 & 3 & 6 & 14 \\ 0 & 0 & -2 & 0 & 7 & 12 \\ 2 & 4 & -5 & 6 & -5 & -1 \end{array}\right)$$

$$\xrightarrow{-2R_1 + R_3} \left(\begin{array}{ccccc|c} 1 & 2 & -5 & 3 & 6 & 14 \\ 0 & 0 & -2 & 0 & 7 & 12 \\ 0 & 0 & 5 & 0 & -17 & -29 \end{array}\right) \xrightarrow{-\frac{1}{2}R_2} \left(\begin{array}{ccccc|c} 1 & 2 & -5 & 3 & 6 & 14 \\ 0 & 0 & 1 & 0 & -\frac{7}{2} & -6 \\ 0 & 0 & 5 & 0 & -17 & -29 \end{array}\right)$$

$$\xrightarrow{-5R_2 + R_3} \left(\begin{array}{ccccc|c} 1 & 2 & -5 & 3 & 6 & 14 \\ 0 & 0 & 1 & 0 & -\frac{7}{2} & -6 \\ 0 & 0 & 0 & 0 & \frac{1}{2} & 1 \end{array}\right) \xrightarrow{2R_3} \left(\begin{array}{ccccc|c} 1 & 2 & -5 & 3 & 6 & 14 \\ 0 & 0 & 1 & 0 & -\frac{7}{2} & -6 \\ 0 & 0 & 0 & 0 & 1 & 2 \end{array}\right)$$

로부터

$$\begin{cases} x_1 + 2x_2 - 5x_3 + 3x_4 + 6x_5 = 14 \\ x_3 - \frac{7}{2}x_5 = -6 \\ x_5 = 2 \end{cases}$$

이다. 임의의 실수 $s, t$에 대하여 $x_2 = s, x_4 = t$라 놓으면 다음과 같다.

$$\begin{cases} x_1 = 7 - 2s - 3t \\ x_2 = s \\ x_3 = 1 \\ x_4 = t \\ x_5 = 2 \end{cases} \quad \text{혹은} \quad \begin{pmatrix} x_1 \\ x_2 \\ x_3 \\ x_4 \\ x_5 \end{pmatrix} = \begin{pmatrix} 7 \\ 0 \\ 1 \\ 0 \\ 2 \end{pmatrix} + s\begin{pmatrix} -2 \\ 1 \\ 0 \\ 0 \\ 0 \end{pmatrix} + t\begin{pmatrix} -3 \\ 0 \\ 0 \\ 1 \\ 0 \end{pmatrix}$$

### 행렬의 위수

행렬 $A$를 행제형 또는 기약행제형으로 나타내었을 때, 행의 모든 성분이 0이 아닌 행의 수를 그 행의 **위수**(rank)라 하고, rank$(A)$로 쓴다.

**예제 1.3.7**

다음 행렬의 위수를 구하시오.

$$A=\begin{pmatrix} -2 & -3 & -1 \\ 0 & 1 & 7 \\ 1 & 2 & 4 \end{pmatrix}$$

**풀이**

행렬 $A$를 행제형으로 바꾸면

$$\begin{pmatrix} -2 & -3 & -1 \\ 0 & 1 & 7 \\ 1 & 2 & 4 \end{pmatrix} \xrightarrow{R_1 \leftrightarrow R_3} \begin{pmatrix} 1 & 2 & 4 \\ 0 & 1 & 7 \\ -2 & -3 & -1 \end{pmatrix} \xrightarrow{2R_1+R_3} \begin{pmatrix} 1 & 2 & 4 \\ 0 & 1 & 7 \\ 0 & 1 & 7 \end{pmatrix} \xrightarrow{-R_2+R_3} \begin{pmatrix} 1 & 2 & 4 \\ 0 & 1 & 7 \\ 0 & 0 & 0 \end{pmatrix}$$

이고, 1행과 2행은 모든 성분이 0이 아니다. 따라서 rank$(A)=2$이다.

여러 예제에서 보았듯이 연립일차방정식은 해가 존재하지 않는 경우도 있고, 해가 존재하는 경우에는 여러 개의 해가 존재하는 경우도 있다. 연립일차방정식의 해의 존재성을 계수행렬의 위수와 계수확대행렬의 위수를 써서 표현하면 다음과 같다.

**정리 1.3.1**

$n$개의 미지수와 $m$개의 방정식으로 된 연립일차방정식의 계수행렬을 $A$, 계수확대행렬을 $C$라 할 때, 다음이 성립한다.

(1) 해를 가질 필요충분조건은 rank$(A)=$ rank$(C)$이다.
(2) rank$(A)=$ rank$(C)=n$이면 유일한 해를 가진다.
(3) rank$(A)=$ rank$(C)=r<n$이면 $r$개의 변수가 나머지 $n-r$개의 변수로 표시되어 해는 무수히 많다.

### 예제 1.3.8

다음 연립방정식의 해의 존재성에 대하여 논하시오.

$$\begin{cases} x+2y+3z=14 \\ 2x-3y+2z=\ 2 \\ 3x+\ y-\ z=\ 2 \end{cases}$$

**풀이**

연립일차방정식의 계수행렬을 $A$, 계수확대행렬을 $C$라 할 때,

$$\left(\begin{array}{ccc|c} 1 & 2 & 3 & 14 \\ 2 & -3 & 2 & 2 \\ 3 & 1 & -1 & 2 \end{array}\right) \xrightarrow{\cdots} \left(\begin{array}{ccc|c} 1 & 2 & 3 & 14 \\ 0 & 1 & 2 & 8 \\ 0 & 0 & 1 & 3 \end{array}\right)$$

$\text{rank}(A)=\text{rank}(C)=3$이고 미지수의 개수도 3이므로 유일한 해를 가진다.

### 예제 1.3.9

다음 연립방정식의 해의 존재성에 대하여 논하시오.

$$\begin{cases} -x+y+3z=-2 \\ \qquad y+2z=\ 4 \end{cases}$$

**풀이**

연립일차방정식의 계수행렬을 $A$, 계수확대행렬을 $C$라 할 때,

$$\left(\begin{array}{ccc|c} -1 & 1 & 3 & -2 \\ 0 & 1 & 2 & 4 \end{array}\right) \xrightarrow{-R_1} \left(\begin{array}{ccc|c} 1 & -1 & -3 & 2 \\ 0 & 1 & 2 & 4 \end{array}\right)$$

$\text{rank}(A)=\text{rank}(C)=2$이고 미지수의 개수는 3이므로 $3-2=1$로부터 두 개의 변수가 임의의 한 변수로 표시되므로 해는 무수히 많다.
실제로, 임의의 실수 $t$에 대하여 $z=t$라 놓으면 다음과 같다.

$$\begin{cases} x=6+\ t \\ y=4-2t \\ z=\qquad t \end{cases}$$

**예제 1.3.10**

다음 연립방정식의 해의 존재성에 대하여 논하시오.

$$\begin{cases} x - 2y = 1 \\ -2x + 4y = 3 \end{cases}$$

**풀이**

연립일차방정식의 계수행렬을 $A$, 계수확대행렬을 $C$라 할 때,

$$\left(\begin{array}{cc|c} 1 & -2 & 1 \\ -2 & 4 & 3 \end{array}\right) \xrightarrow{2R_1 + R_2} \left(\begin{array}{cc|c} 1 & -2 & 1 \\ 0 & 0 & 5 \end{array}\right)$$

로부터

$$\text{rank}(A) = 1,\ \text{rank}(C) = 2,\ \text{rank}(A) \neq \text{rank}(C)$$

이다. 따라서 연립일차방정식의 해는 존재하지 않는다.

## 연습문제 1.3

**01** 다음 연립일차방정식을 행렬을 이용하여 $AX=B$ 형태로 표현하시오.

(1) $\begin{cases} 5x+3y=8 \\ 2x-\ \ y=1 \end{cases}$ (2) $\begin{cases} 7x+2y-3z=\ \ 6 \\ -5x-\ \ y+4z=-2 \end{cases}$

(3) $\begin{cases} 2x+3y-\ \ z=\ \ 4 \\ -x+5y-3z=\ \ 1 \\ 5x-\ \ y+5y=-1 \end{cases}$ (4) $\begin{cases} x \qquad\ -3z=-2 \\ \quad 2y+\ \ z=\ \ 3 \\ \ -5y+7z=\ \ 2 \end{cases}$

**02** 가우스 소거법에 의하여 다음 연립일차방정식의 해를 구하시오.

(1) $\begin{cases} x+y=2 \\ 2x-y=1 \end{cases}$ (2) $\begin{cases} x+2y=\ \ 5 \\ 3x-2y=-1 \end{cases}$

(3) $\begin{cases} 2x+3y=7 \\ x-2y=0 \end{cases}$ (4) $\begin{cases} -2x+3y=1 \\ 3x+5y=8 \end{cases}$

(5) $\begin{cases} 2x+y=\ \ 7 \\ x-y=-1 \end{cases}$ (6) $\begin{cases} 5x+2y=-7 \\ 3x-\ \ y=-2 \end{cases}$

(7) $\begin{cases} 7x+\ \ y=\ \ 5 \\ 3x-5y=13 \end{cases}$ (8) $\begin{cases} 5x+3y=2 \\ x-5y=6 \end{cases}$

**03** 가우스-조던 소거법에 의하여 다음 연립일차방정식의 해를 구하시오.

(1) $\begin{cases} x-\ \ y=1 \\ 3x+2y=8 \end{cases}$ (2) $\begin{cases} x+5y=-4 \\ 4x-2y=\ \ 6 \end{cases}$

(3) $\begin{cases} 3x+2y=\ \ 8 \\ 2x-5y=-1 \end{cases}$ (4) $\begin{cases} 5x-2y=6 \\ 3x+\ \ y=8 \end{cases}$

(5) $\begin{cases} 2x+5y=\ \ 12 \\ x-3y=-5 \end{cases}$ (6) $\begin{cases} 5x-3y=2 \\ 2x+\ \ y=3 \end{cases}$

(7) $\begin{cases} 9x-2y=\ \ 3 \\ 5x+2y=11 \end{cases}$ (8) $\begin{cases} 2x+5y=19 \\ 3x-2y=\ \ 0 \end{cases}$

**04** 가우스-조던 소거법에 의하여 다음 연립일차방정식의 해를 구하시오.

(1) $\begin{cases} x+\ \ y+\ \ z=3 \\ 2x-\ \ y+3z=4 \\ 3x+2y-\ \ z=4 \end{cases}$ (2) $\begin{cases} 2x-3y+5z=7 \\ 5x \qquad\ -3z=2 \\ x+2y+3z=4 \end{cases}$

(3) $\begin{cases} 3x+\ \ y-\ \ z=\ \ 2 \\ 4x+3y-2z=\ \ 4 \\ 5x-2y-4z=-11 \end{cases}$ (4) $\begin{cases} 3x+\ \ y+5z=2 \\ -2x+7y+2z=1 \\ 7x-3y+3z=8 \end{cases}$

(5) $\begin{cases} -x-2y+3z=-4 \\ 7x+2y-z=-8 \\ 5x+3y+2z=-17 \end{cases}$ (6) $\begin{cases} 4x+5y+2z=2 \\ 2x-y+7z=6 \\ -3x+5y-z=17 \end{cases}$

**05** 다음 행렬의 위수를 구하시오.

(1) $\begin{pmatrix} 2 & 3 \\ 4 & 4 \end{pmatrix}$ (2) $\begin{pmatrix} 1 & 5 \\ 5 & 1 \end{pmatrix}$ (3) $\begin{pmatrix} 5 & 3 & 1 \\ 2 & -1 & 4 \end{pmatrix}$

(4) $\begin{pmatrix} 0 & 1 & 0 \\ 1 & 0 & 0 \\ 0 & 0 & 1 \end{pmatrix}$ (5) $\begin{pmatrix} 3 & -3 & 0 \\ 1 & 4 & 5 \\ 4 & 4 & 8 \end{pmatrix}$ (6) $\begin{pmatrix} 6 & 1 & 8 & 3 \\ 2 & 3 & 0 & 2 \\ 4 & -1 & -8 & -3 \end{pmatrix}$

**06** 행렬의 위수를 이용하여 다음 연립일차방정식의 해의 존재성에 대하여 설명하시오.

(1) $\begin{cases} 2x-3y=-1 \\ 5x+4y=9 \end{cases}$ (2) $\begin{cases} x+y=1 \\ 2x+2y=5 \end{cases}$

(3) $\begin{cases} x+2y-z=3 \\ 2x+4y-2z=6 \\ 3x+6y-3z=9 \end{cases}$ (4) $\begin{cases} x+y+z=1 \\ 2x+2y+2z=2 \\ x-y+z=0 \\ x+y+z=3 \end{cases}$

## 1.4 행렬식의 정의와 성질

이 절에서는 주어진 정방행렬에 실수를 하나 대응시키는 방법에 대하여 알아보고 이들의 성질에 대하여 살펴보자.

**정의 1.4.1 소행렬**

주어진 정방행렬 $A$에서 $i$행과 $j$열을 제거하고 남은 행렬을 $ij$-**소행렬**(minor matrix)이라 하고 $M_{ij}(A)$ 또는 간단히 $M_{ij}$로 나타낸다.

**예제 1.4.1**

다음 행렬 $A$에서 $M_{12}$, $M_{23}$, $M_{31}$을 각각 구하시오.

$$A = \begin{pmatrix} 3 & -2 & 1 \\ 5 & 0 & 4 \\ 6 & 1 & 2 \end{pmatrix}$$

**풀이**

행렬 $A$에서 $M_{12}$는 1행과 2열을 제거하고 남은 $2 \times 2$행렬이다.

$$M_{12} = \begin{pmatrix} 5 & 4 \\ 6 & 2 \end{pmatrix}$$

행렬 $A$에서 $M_{23}$은 2행과 3열을 제거하고 남은 $2 \times 2$행렬이다.

$$M_{23} = \begin{pmatrix} 3 & -2 \\ 6 & 1 \end{pmatrix}$$

행렬 $A$에서 $M_{31}$은 3행과 1열을 제거하고 남은 $2 \times 2$행렬이다.

$$M_{31} = \begin{pmatrix} -2 & 1 \\ 0 & 4 \end{pmatrix}$$

**정의 1.4.2 행렬식**

$n$차 정방행렬 $A = (a_{ij})$에 대하여 다음과 같은 정의에 의하여 대응하는 실수 $|A|$ 또는 $\det(A)$를 $A$의 **행렬식**이라 한다.

(1) $n=1$일 때,

$$|A|=a_{11}$$

(2) $n \geq 2$일 때,

$$|A|=\sum_{j=1}^{n}(-1)^{1+j}a_{1j}|M_{1j}|$$
$$=a_{11}|M_{11}|-a_{12}|M_{12}|+\cdots+(-1)^{1+n}a_{1n}|M_{1n}|$$

**참고** 이것은 1행에 대한 소행렬식 전개이다. 그러나 임의의 행이나 열을 택하여 전개하여도 $|A|$는 같은 값을 가진다. 예를 들어

$$|A|=-a_{21}|M_{21}|+a_{22}|M_{22}|+\cdots+(-1)^{2+n}a_{2n}|M_{2n}|$$
$$=-a_{12}|M_{12}|+a_{22}|M_{22}|+\cdots+(-1)^{n+2}a_{n2}|M_{n2}|$$

**예제 1.4.2**

다음 행렬의 행렬식을 구하시오.

$$A=\begin{pmatrix}2 & -3\\ 1 & 5\end{pmatrix}$$

**풀이**

$$|A|=\sum_{j=1}^{2}(-1)^{1+j}a_{1j}|M_{1j}|=a_{11}|M_{11}|-a_{12}|M_{12}|$$
$$=2\times5-(-3)\times1=10-(-3)=13$$

**참고** 행렬식을 구하기 위해서는 정의에 따라 소행렬식을 전개하는 일련의 과정을 거쳐야 하지만 $n=2$인 경우는 다음과 같은 사실이 알려져 있다.

$$A=\begin{pmatrix}a_{11} & a_{12}\\ a_{21} & a_{22}\end{pmatrix}$$

일 때, 다음과 같다.

$$|A|=\begin{vmatrix}a_{11} & a_{12}\\ a_{21} & a_{22}\end{vmatrix}=a_{11}a_{22}-a_{21}a_{12}$$

**예제 1.4.3**

다음 행렬의 행렬식을 구하시오.

$$A=\begin{pmatrix} 2 & 0 & 5 \\ -1 & 3 & 1 \\ 4 & 1 & -2 \end{pmatrix}$$

**풀이**

1행에 대한 소행렬식 전개를 하고 위의 참고 방법을 이용하여 행렬식을 구하면 다음과 같다.

$$\begin{aligned} |A| &= 2\begin{vmatrix} 3 & 1 \\ 1 & -2 \end{vmatrix} - 0\begin{vmatrix} -1 & 1 \\ 4 & -2 \end{vmatrix} + 5\begin{vmatrix} -1 & 3 \\ 4 & 1 \end{vmatrix} \\ &= 2(-6-1)-0(2-4)+5(-1-12)=-79 \end{aligned}$$

**참고** $n=3$인 경우에도 행렬식 계산에 다음과 같은 사실이 알려져 있다.

$$\begin{aligned} |A| &= \left|\begin{matrix} a_{11} & a_{12} & a_{13} \\ a_{21} & a_{22} & a_{23} \\ a_{31} & a_{32} & a_{33} \end{matrix}\right| \begin{matrix} a_{11} & a_{12} \\ a_{21} & a_{22} \\ a_{31} & a_{23} \end{matrix} \\ &= (a_{11}a_{22}a_{33}+a_{12}a_{23}a_{31}+a_{13}a_{21}a_{23})-(a_{31}a_{22}a_{13}+a_{32}a_{23}a_{11}+a_{33}a_{21}a_{12}) \end{aligned}$$

$n=2,3$인 경우에 참고와 같이 행렬식을 계산하는 방법을 Sarrus 방법이라 한다. 그러나 $n \geq 4$인 경우에 행렬식을 구하는데 Sarrus 방법을 적용할 수 없음을 유의해야 한다.

**예제 1.4.4**

다음 행렬식을 구하시오.

$$\begin{vmatrix} 5 & 3 & 1 \\ -1 & 0 & 2 \\ 0 & 1 & -1 \end{vmatrix}$$

**풀이**

소행렬을 이용한 전개 대신에 Sarrus 방법을 이용하면 다음과 같다.

$$\begin{aligned} \begin{vmatrix} 5 & 3 & 1 \\ -1 & 0 & 2 \\ 0 & 1 & -1 \end{vmatrix} &= \{5\times 0\times(-1)+3\times 2\times 0+1\times(-1)\times 1\} \\ &\quad -\{0\times 0\times 1+1\times 2\times 5+(-1)\times(-1)\times 3\}=-14 \end{aligned}$$

**정리 1.4.1 행렬식의 성질**

(1) $|A| = |A^T|$

(2) $B$가 $A$의 한 행을 $k$배하여 얻은 행렬이면 $|B| = k|A|$이다.

(3) $A$가 $n$차 정방행렬일 때, $B = kA$이면 $|B| = k^n|A|$이다.

(4) $B$가 $A$의 두 행을 교환하여 얻은 행렬이면 $|B| = -|A|$이다.

(5) $B$가 $A$의 한 행을 상수배하여 다른 행에 더하여 얻은 행렬이면 $|B| = |A|$이다.

(6) 어느 한 행의 원소가 모두 0인 행렬의 행렬식은 0이다.

(7) 어느 두 행이 같거나, 두 행이 비례하면 그 행렬의 행렬식은 0이다.

(8) 삼각행렬의 행렬식은 대각에 있는 원소들의 곱이다.

(9) $|AB| = |A||B| = |B||A| = |BA|$

**참고** 행렬식의 성질에서 행에 대하여 성립하는 성질은 열에 대하여 적용해도 같은 결과를 얻는다.

이제 이 성질들이 어떻게 행렬식의 계산을 간단하게 하는지 차례대로 알아보도록 하자.

다음 행렬 $A$에 대하여

$$A = \begin{pmatrix} 2 & 1 \\ 3 & 4 \end{pmatrix}, \quad |A| = 5$$

일 때 다음 행렬식은 $|A|$를 이용하여 구할 수 있다.

(1) $\begin{vmatrix} 2 & 3 \\ 1 & 4 \end{vmatrix} = |A^T| = |A| = 5$

(2) $\begin{vmatrix} 20 & 10 \\ 3 & 4 \end{vmatrix} = 10|A| = 50$

(3) $\begin{vmatrix} 10 & 5 \\ 15 & 20 \end{vmatrix} = |5A| = 5^2|A| = 125$

(4) $\begin{vmatrix} 3 & 4 \\ 2 & 1 \end{vmatrix} = -\begin{vmatrix} 2 & 1 \\ 3 & 4 \end{vmatrix} = -|A| = -5$

(5) $\begin{vmatrix} 2 & 1 \\ 23 & 14 \end{vmatrix} = \begin{vmatrix} 2 & 1 \\ 3 & 4 \end{vmatrix} = |A| = 5$

(6) $\begin{vmatrix} 0 & 0 \\ 3 & 4 \end{vmatrix} = 0$

(7) $\begin{vmatrix} 2 & 1 \\ 18 & 9 \end{vmatrix} = \begin{vmatrix} 2 & 1 \\ 0 & 0 \end{vmatrix} = 0$

(8) $\begin{vmatrix} 2 & 1 \\ 0 & 4 \end{vmatrix} = 8$ , $\begin{vmatrix} 2 & 0 \\ 3 & 4 \end{vmatrix} = 8$

(9) $B = \begin{pmatrix} 3 & -1 \\ 4 & 2 \end{pmatrix}$일 때, $AB = \begin{pmatrix} 10 & 0 \\ 25 & 5 \end{pmatrix}$, $BA = \begin{pmatrix} 3 & -1 \\ 14 & 12 \end{pmatrix}$이고,

$|A| = 5$, $|B| = 10$, $|AB| = 50$, $|BA| = 50$이므로,

$|AB| = |A||B| = |B||A| = |BA| = 50$ 이다.

**참고** 1. 성질 (5)를 이용하여 가능한 많은 원소가 0이 되게 한 다음 행렬식을 구하는 것이 간편하다.

2. 성질 (1), (4)를 이용하여 가능한 0을 많이 포함하는 행이나 열을 1행에 놓고 소행렬식 전개하면 행렬식 구하는 것이 간편하다.

## 예제 1.4.5

다음 행렬식을 구하시오.

(1) $\begin{vmatrix} 5 & 3 & 2 \\ 3 & -1 & 1 \\ 0 & 2 & 0 \end{vmatrix}$

(2) $\begin{vmatrix} 1 & 5 & -3 & 2 \\ 0 & 3 & 2 & 1 \\ 0 & -2 & 4 & 2 \\ 0 & -1 & 3 & 1 \end{vmatrix}$

**풀이**

(1) $\begin{vmatrix} 5 & 3 & 2 \\ 3 & -1 & 1 \\ 0 & 2 & 0 \end{vmatrix} \overset{R_1 \leftrightarrow R_3}{=} -\begin{vmatrix} 0 & 2 & 0 \\ 3 & -1 & 1 \\ 5 & 3 & 2 \end{vmatrix} = -(-2)\begin{vmatrix} 3 & 1 \\ 5 & 2 \end{vmatrix} = 2$

(2) $\begin{vmatrix} 1 & 5 & -3 & 2 \\ 0 & 3 & 2 & 1 \\ 0 & -2 & 4 & 2 \\ 0 & -1 & 3 & 1 \end{vmatrix} \overset{\text{전치}}{=} \begin{vmatrix} 1 & 0 & 0 & 0 \\ 5 & 3 & -2 & -1 \\ -3 & 2 & 4 & 3 \\ 2 & 1 & 2 & 1 \end{vmatrix} = \begin{vmatrix} 3 & -2 & -1 \\ 2 & 4 & 3 \\ 1 & 2 & 1 \end{vmatrix} \overset{R_3 + R_1}{=} \begin{vmatrix} 4 & 0 & 0 \\ 2 & 4 & 3 \\ 1 & 2 & 1 \end{vmatrix} = 4\begin{vmatrix} 4 & 3 \\ 2 & 1 \end{vmatrix} = -8$

**예제 1.4.6**

$\begin{vmatrix} a & b \\ c & d \end{vmatrix} = 10$일 때 $\begin{vmatrix} 2a+b & 2c+d \\ 3b & 3d \end{vmatrix}$를 구하시오.

**풀이**

$$\begin{vmatrix} 2a+b & 2c+d \\ 3b & 3d \end{vmatrix} = 3\begin{vmatrix} 2a+b & 2c+d \\ b & d \end{vmatrix} \overset{-R_2+R_1}{=} 3\begin{vmatrix} 2a & 2c \\ b & d \end{vmatrix} = 6\begin{vmatrix} a & c \\ b & d \end{vmatrix} \overset{\text{전치}}{=} 6\begin{vmatrix} a & b \\ c & d \end{vmatrix} = 60$$

**예제 1.4.7**

다섯자리 자연수 21375, 38798, 34162, 40223, 79154가 모두 19의 배수임을 이용하여 다음 행렬식이 19의 배수임을 보이시오.

$$\begin{vmatrix} 2 & 3 & 3 & 4 & 7 \\ 1 & 8 & 4 & 0 & 9 \\ 3 & 7 & 1 & 2 & 1 \\ 7 & 9 & 6 & 2 & 5 \\ 5 & 8 & 2 & 3 & 4 \end{vmatrix}$$

**풀이**

$$\begin{vmatrix} 2 & 3 & 3 & 4 & 7 \\ 1 & 8 & 4 & 0 & 9 \\ 3 & 7 & 1 & 2 & 1 \\ 7 & 9 & 6 & 2 & 5 \\ 5 & 8 & 2 & 3 & 4 \end{vmatrix} \overset{10R_4+R_5}{=} \begin{vmatrix} 2 & 3 & 3 & 4 & 7 \\ 1 & 8 & 4 & 0 & 9 \\ 3 & 7 & 1 & 2 & 1 \\ 7 & 9 & 6 & 2 & 5 \\ 75 & 98 & 62 & 23 & 54 \end{vmatrix} \overset{100R_3+R_5}{=} \begin{vmatrix} 2 & 3 & 3 & 4 & 7 \\ 1 & 8 & 4 & 0 & 9 \\ 3 & 7 & 1 & 2 & 1 \\ 7 & 9 & 6 & 2 & 5 \\ 375 & 798 & 162 & 223 & 154 \end{vmatrix}$$

$$\overset{1000R_2+R_5}{=} \begin{vmatrix} 2 & 3 & 3 & 4 & 7 \\ 1 & 8 & 4 & 0 & 9 \\ 3 & 7 & 1 & 2 & 1 \\ 7 & 9 & 6 & 2 & 5 \\ 1375 & 8798 & 4162 & 223 & 9154 \end{vmatrix}$$

$$\overset{10000R_1+R_5}{=} \begin{vmatrix} 2 & 3 & 3 & 4 & 7 \\ 1 & 8 & 4 & 0 & 9 \\ 3 & 7 & 1 & 2 & 1 \\ 7 & 9 & 6 & 2 & 5 \\ 21375 & 38798 & 34162 & 40223 & 79154 \end{vmatrix}$$

5행의 모든 원소가 19의 배수이므로 행렬식은 19의 배수이다.

## 연습문제 1.4

**01** 다음 행렬식을 계산하시오.

(1) $\begin{vmatrix} 1 & 2 & 3 \\ 0 & 5 & -4 \\ 1 & -2 & 3 \end{vmatrix}$ (2) $\begin{vmatrix} 1 & 0 & 1 \\ 2 & 5 & -2 \\ 3 & -4 & 3 \end{vmatrix}$

(3) $\begin{vmatrix} 2 & -1 & 3 \\ 0 & 2 & 5 \\ 0 & 1 & -1 \end{vmatrix}$ (4) $\begin{vmatrix} 2 & -1 & 3 \\ 0 & 4 & 10 \\ 0 & 10 & -10 \end{vmatrix}$

(5) $\begin{vmatrix} 2 & 0 & 1 \\ 0 & -5 & 1 \\ 1 & 2 & 3 \end{vmatrix}$ (6) $\begin{vmatrix} 1 & 2 & 3 \\ 0 & -5 & 1 \\ 2 & 0 & 1 \end{vmatrix}$

(7) $\begin{vmatrix} 1 & 2 & 3 \\ 3 & 1 & 10 \\ 2 & 0 & 1 \end{vmatrix}$ (8) $\begin{vmatrix} 17 & 21 & 19 \\ 51 & -13 & -27 \\ 0 & 0 & 0 \end{vmatrix}$

(9) $\begin{vmatrix} 31 & 32 & 33 \\ 1 & -1 & 2 \\ 31 & 32 & 33 \end{vmatrix}$ (10) $\begin{vmatrix} 1 & 2 & 3 \\ 10 & 20 & 30 \\ 100 & 200 & 300 \end{vmatrix}$

(11) $\begin{vmatrix} 2 & 1 & 3 \\ 0 & -1 & -2 \\ 0 & 0 & 5 \end{vmatrix}$ (12) $\begin{vmatrix} 2 & 0 & 0 \\ 7 & -1 & 0 \\ 9 & -3 & 5 \end{vmatrix}$

**02** 다음 행렬식을 계산하시오.

(1) $\begin{vmatrix} 1 & 3 & 1 & 2 \\ 2 & 0 & -2 & -4 \\ -1 & 1 & 0 & 1 \\ 2 & 5 & 3 & 6 \end{vmatrix}$ (2) $\begin{vmatrix} 3 & 2 & 0 & 0 \\ 6 & 8 & 0 & 0 \\ 0 & 0 & 4 & 7 \\ 0 & 0 & 2 & 5 \end{vmatrix}$

**03** 다음에서 $a$의 값을 구하시오.

(1) $\begin{vmatrix} a-1 & 0 & 0 \\ 0 & a-2 & 0 \\ 0 & 0 & a-3 \end{vmatrix} = 0$ (2) $\begin{vmatrix} 1 & a & a \\ a & 1 & 0 \\ a & 0 & 1 \end{vmatrix} = 0$

**04** 행렬 $A$의 크기가 $n \times n$이고 $\det(A) = a$일 때, 실수 $k$에 대하여 $\det(kA)$를 구하시오.

**05** $\det(A)=-2$, $\det(B)=3$일 때, 다음 행렬식을 구하시오. 단, 행렬 $A, B$는 3차 정방행렬이다.

(1) $\det(-A^T)$　　(2) $\det(-2A)$　　(3) $\det(AB^T)$

(4) $\det(A^2B^2)$　　(5) $\det(AA^T)$　　(6) $\det(3AB)$

**06** $\begin{vmatrix} a & b & c \\ x & y & z \\ 1 & 2 & 3 \end{vmatrix}=5$일 때, 다음 행렬식을 구하시오.

(1) $\begin{vmatrix} a & 1 & x \\ b & 2 & y \\ c & 3 & z \end{vmatrix}$　　(2) $\begin{vmatrix} x & y & z \\ 2 & 4 & 6 \\ a & b & c \end{vmatrix}$

(3) $\begin{vmatrix} 1 & 2 & 3 \\ x-2 & y-4 & z-6 \\ a & b & c \end{vmatrix}$　　(4) $\begin{vmatrix} 2a & 2b & 2c \\ 1 & 2 & 3 \\ 1+x & 2+y & 3+z \end{vmatrix}$

**07** 정방행렬 $A$에 대하여 $A^2=A$이면 $|A|=0$ 또는 $|A|=1$임을 보이시오.

## 1.5 역행렬과 크래머 공식

이 절에서는 연립일차방정식의 계수행렬이 정방행렬이고 행렬식이 0이 아닌 경우에 해를 구하는 다른 방법을 알아본다.

**정의 1.5.1**

(1) $n$차 정방행렬 $A$에 대하여, $n$차 정방행렬 $B$가 존재하여

$$AB = BA = I_n$$

일 때, $A$를 **가역행렬**이라 하고, $B$를 $A$의 **역행렬**이라 한다. $B = A^{-1}$로 나타낸다.

(2) 가역이 아닌 행렬을 **비가역행렬**이라 한다.

**정리 1.5.1**

가역행렬 $A$의 역행렬은 오직 한 개 존재한다.

**증명** 행렬 $B$와 $C$를 행렬 $A$의 역행렬이라 하자. 그러면 행렬의 곱에 관한 결합법칙과 역행렬의 정의에 의하여

$$B = BI = B(AC) = (BA)C = IC = C$$

이므로 $B = C$이다. 따라서 행렬 $A$의 역행렬은 오직 한 개만 존재한다.

**예제 1.5.1**

행렬 $A = \begin{pmatrix} 2 & -5 \\ -1 & 3 \end{pmatrix}$에 대하여 $B = \begin{pmatrix} 3 & 5 \\ 1 & 2 \end{pmatrix}$는 $B = A^{-1}$임을 보이시오.

**풀이**

$AB = BA = I$임을 보이면 된다. 실제로

$$AB=\begin{pmatrix}2&-5\\-1&3\end{pmatrix}\begin{pmatrix}3&5\\1&2\end{pmatrix}=\begin{pmatrix}1&0\\0&1\end{pmatrix}=I_2$$

$$BA=\begin{pmatrix}3&5\\1&2\end{pmatrix}\begin{pmatrix}2&-5\\-1&3\end{pmatrix}=\begin{pmatrix}1&0\\0&1\end{pmatrix}=I_2$$

가 되어 $B=A^{-1}$이고, $A=B^{-1}$이다.

---

역행렬의 존재여부에 대하여 다음과 같은 사실이 있다.

**정리 1.5.2**

행렬 $A=\begin{pmatrix}a&b\\c&d\end{pmatrix}$에 대하여 $|A|=ad-bc\neq 0$이면 역행렬 $A^{-1}$은 다음과 같다.

$$A^{-1}=\frac{1}{ad-bc}\begin{pmatrix}d&-b\\-c&a\end{pmatrix}$$

**정리 1.5.3**

정방행렬 $A$와 $B$의 역행렬을 각각 $A^{-1}$, $B^{-1}$이라고 하면 다음이 성립한다.

(1) $(A^{-1})^{-1}=A$ (2) $(AB)^{-1}=B^{-1}A^{-1}$

**증명** 행렬 $A$가 가역행렬이면

(1) $A$의 역행렬이 $A^{-1}$이므로

$$AA^{-1}=A^{-1}A=I$$

이다. $A^{-1}$의 관점에서 보면

$$(A^{-1})A=A(A^{-1})=I$$

$A$는 $A^{-1}$의 역행렬이다. 따라서 $(A^{-1})^{-1}=A$이다.

(2) 곱셈에 관한 결합법칙에 의하여

$$(AB)(B^{-1}A^{-1}) = A(BB^{-1})A^{-1} = AIA^{-1} = AA^{-1} = I$$

$$(B^{-1}A^{-1})(AB) = B^{-1}(A^{-1}A)B = B^{-1}IB = B^{-1}B = I$$

이다. 따라서 $(AB)^{-1} = B^{-1}A^{-1}$ 이다.

**예제 1.5.2**

두 행렬 $A = \begin{pmatrix} 0 & -1 \\ 1 & 2 \end{pmatrix}$, $B = \begin{pmatrix} 1 & 2 \\ 0 & 1 \end{pmatrix}$에 대하여 $A^{-1}$, $B^{-1}$을 구하고, 이를 이용하여 $(AB)^{-1}$을 구하시오.

**풀이**

$A^{-1} = \begin{pmatrix} 2 & 1 \\ -1 & 0 \end{pmatrix}$이고, $B^{-1} = \begin{pmatrix} 1 & -2 \\ 0 & 1 \end{pmatrix}$이다.

$$(AB)^{-1} = B^{-1}A^{-1} = \begin{pmatrix} 1 & -2 \\ 0 & 1 \end{pmatrix}\begin{pmatrix} 2 & 1 \\ -1 & 0 \end{pmatrix} = \begin{pmatrix} 4 & 1 \\ -1 & 0 \end{pmatrix}$$

**정의 1.5.2**

정방행렬 $A = (a_{ij})$에서 $A_{ij}$를 $a_{ij}$의 **여인수**라 하고 다음과 같이 정의한다.

$$A_{ij} = (-1)^{i+j}|M_{ij}|$$

**예제 1.5.3**

다음 행렬에서 $A_{23}$, $A_{31}$을 구하시오.

$$A = \begin{pmatrix} 2 & -1 & 3 \\ 1 & 4 & 2 \\ 0 & 2 & 1 \end{pmatrix}$$

**풀이**

$$A_{23} = (-1)^{2+3}\begin{vmatrix} 2 & -1 \\ 0 & 2 \end{vmatrix} = (-1)^5 \times 4 = -4$$

$$A_{31} = (-1)^{3+1}\begin{vmatrix} -1 & 3 \\ 4 & 2 \end{vmatrix} = (-1)^4 \times (-14) = -14$$

**정리 1.5.4**

$A=(a_{ij})$가 정방행렬일 때, 다음이 성립한다.

(1) $A$가 가역이기 위한 필요충분조건은 $|A|\neq 0$이다.

(2) $A$가 가역일 때, $A$의 역행렬 $A^{-1}$은 다음과 같이 주어진다.

$$A^{-1}=\frac{1}{|A|}(A_{ij})^T\ ,\ (i,j=1,2,\cdots,n)$$

이제 가역행렬의 역행렬을 구하여 보자.

**예제 1.5.4**

행렬 $A=\begin{pmatrix}1&2\\3&4\end{pmatrix}$의 역행렬을 구하시오.

**풀이**

$|A|=-2\neq 0$이므로 $A$의 역행렬이 존재한다.

$$A_{11}=(-1)^{1+1}|4|=4,\ A_{12}=(-1)^{1+2}|3|=-3$$

$$A_{21}=(-1)^{2+1}|2|=-2,\ A_{22}=(-1)^{2+2}|1|=1$$

이므로

$$A^{-1}=\frac{1}{-2}\begin{pmatrix}4&-3\\-2&1\end{pmatrix}^T=\frac{1}{-2}\begin{pmatrix}4&-2\\-3&1\end{pmatrix}=\begin{pmatrix}-2&1\\\frac{3}{2}&-\frac{1}{2}\end{pmatrix}$$

**예제 1.5.5**

다음 행렬 $B$의 역행렬을 구하시오.

$$B=\begin{pmatrix}2&-1&3\\1&0&2\\-2&3&1\end{pmatrix}$$

**풀이**

$|B|=2\neq 0$이므로 $B$의 역행렬이 존재한다.

$$B_{11}=(-1)^{1+1}\begin{vmatrix}0&2\\3&1\end{vmatrix}=-6,\ B_{12}=(-1)^{1+2}\begin{vmatrix}1&2\\-2&1\end{vmatrix}=-5,\ B_{13}=(-1)^{1+3}\begin{vmatrix}1&0\\-2&3\end{vmatrix}=3,$$

$$B_{21}=(-1)^{2+1}\begin{vmatrix}-1&3\\3&1\end{vmatrix}=10,\ B_{22}=(-1)^{2+2}\begin{vmatrix}2&3\\-2&1\end{vmatrix}=8,\ B_{23}=(-1)^{2+3}\begin{vmatrix}2&-1\\-2&3\end{vmatrix}=-4,$$

$$B_{31}=(-1)^{3+1}\begin{vmatrix}-1&3\\0&2\end{vmatrix}=-2,\ B_{32}=(-1)^{3+2}\begin{vmatrix}2&3\\1&2\end{vmatrix}=-1,\ B_{33}=(-1)^{3+3}\begin{vmatrix}2&-1\\1&0\end{vmatrix}=1$$

이므로

$$B^{-1}=\frac{1}{2}\begin{pmatrix}-6&-5&3\\10&8&-4\\-2&-1&1\end{pmatrix}^T=\frac{1}{2}\begin{pmatrix}-6&10&-2\\-5&8&-1\\3&-4&1\end{pmatrix}=\begin{pmatrix}-3&5&-1\\-\frac{5}{2}&4&-\frac{1}{2}\\\frac{3}{2}&-2&\frac{1}{2}\end{pmatrix}$$

---

**예제 1.5.6**

다음 행렬의 역행렬을 구하시오.

(1) $\begin{pmatrix}3&-1\\5&2\end{pmatrix}$ (2) $\begin{pmatrix}1&0&-1\\0&2&1\\-2&1&0\end{pmatrix}$

**풀이**

(1) $\begin{vmatrix}3&-1\\5&2\end{vmatrix}=11\neq 0$

$$\begin{pmatrix}3&-1\\5&2\end{pmatrix}^{-1}=\frac{1}{11}\begin{pmatrix}2&1\\-5&3\end{pmatrix}$$

(2) $\begin{vmatrix}1&0&-1\\0&2&1\\-2&1&0\end{vmatrix}=-5\neq 0$

$$\begin{pmatrix}1&0&-1\\0&2&1\\-2&1&0\end{pmatrix}^{-1}=\frac{1}{-5}\begin{pmatrix}-1&-2&4\\-1&-2&-1\\2&-1&2\end{pmatrix}^T=-\frac{1}{5}\begin{pmatrix}-1&-1&2\\-2&-2&-1\\4&-1&2\end{pmatrix}$$

---

**참고** 행렬 $A$의 행렬식이 0이 아닌 경우 행렬 $A$의 역행렬은 기본 행 연산을 이용하여 다음과 같이 구할 수 있다.

$$(A \mid I)\to(\text{기본 행 연산})\to(I \mid B)\Rightarrow B=A^{-1}$$

**예제 1.5.7**

기본 행 연산을 이용하여 다음 행렬 $A$의 역행렬을 구하시오.

$$A=\begin{pmatrix} 2 & 1 & -1 \\ -3 & -1 & 2 \\ -2 & 1 & 2 \end{pmatrix}$$

**풀이**

행렬 $A$의 역행렬은 기본 행 연산을 이용하여 다음과 같이 구할 수 있다.

$$\left(\begin{array}{ccc|ccc} 2 & 1 & -1 & 1 & 0 & 0 \\ -3 & -1 & 2 & 0 & 1 & 0 \\ -2 & 1 & 2 & 0 & 0 & 1 \end{array}\right) \xrightarrow{R_2+R_1} \left(\begin{array}{ccc|ccc} -1 & 0 & 1 & 1 & 1 & 0 \\ -3 & -1 & 2 & 0 & 1 & 0 \\ -2 & 1 & 2 & 0 & 0 & 1 \end{array}\right)$$

$$\xrightarrow{-R_1} \left(\begin{array}{ccc|ccc} 1 & 0 & -1 & -1 & -1 & 0 \\ -3 & -1 & 2 & 0 & 1 & 0 \\ -2 & 1 & 2 & 0 & 0 & 1 \end{array}\right) \xrightarrow[2R_1+R_3]{3R_1+R_2} \left(\begin{array}{ccc|ccc} 1 & 0 & -1 & -1 & -1 & 0 \\ 0 & -1 & -1 & -3 & -2 & 0 \\ 0 & 1 & 0 & -2 & -2 & 1 \end{array}\right)$$

$$\xrightarrow{R_2 \leftrightarrow R_3} \left(\begin{array}{ccc|ccc} 1 & 0 & -1 & -1 & -1 & 0 \\ 0 & 1 & 0 & -2 & -2 & 1 \\ 0 & -1 & -1 & -3 & -2 & 0 \end{array}\right) \xrightarrow{R_2+R_3} \left(\begin{array}{ccc|ccc} 1 & 0 & -1 & -1 & -1 & 0 \\ 0 & 1 & 0 & -2 & -2 & 1 \\ 0 & 0 & -1 & -5 & -4 & 1 \end{array}\right)$$

$$\xrightarrow{-R_3} \left(\begin{array}{ccc|ccc} 1 & 0 & -1 & -1 & -1 & 0 \\ 0 & 1 & 0 & -2 & -2 & 1 \\ 0 & 0 & 1 & 5 & 4 & -1 \end{array}\right) \xrightarrow{R_3+R_1} \left(\begin{array}{ccc|ccc} 1 & 0 & 0 & 4 & 3 & -1 \\ 0 & 1 & 0 & -2 & -2 & 1 \\ 0 & 0 & 1 & 5 & 4 & -1 \end{array}\right)$$

$$A^{-1}=\begin{pmatrix} 4 & 3 & -1 \\ -2 & -2 & 1 \\ 5 & 4 & -1 \end{pmatrix}$$

### 역행렬과 연립일차방정식의 해

정방행렬 $A$에 대하여 $|A| \neq 0$일 때, 연립일차방정식 $AX=B$의 해 $X$는 다음과 같이 구할 수 있다.

$$A^{-1}AX=A^{-1}B$$

$$X=A^{-1}B$$

**예제 1.5.8**

다음 연립일차방정식의 해를 역행렬을 이용하여 구하시오.

$$\begin{cases} 3x + 2y = 10 \\ -x + 5y = \ \ 8 \end{cases}$$

**풀이**

연립일차방정식을 $AX = B$라 하면

$$\begin{pmatrix} 3 & 2 \\ -1 & 5 \end{pmatrix}\begin{pmatrix} x \\ y \end{pmatrix} = \begin{pmatrix} 10 \\ 8 \end{pmatrix}$$

$$X = A^{-1}B = \begin{pmatrix} 3 & 2 \\ -1 & 5 \end{pmatrix}^{-1}\begin{pmatrix} 10 \\ 8 \end{pmatrix} = \frac{1}{17}\begin{pmatrix} 5 & -2 \\ 1 & 3 \end{pmatrix}\begin{pmatrix} 10 \\ 8 \end{pmatrix} = \frac{1}{17}\begin{pmatrix} 34 \\ 34 \end{pmatrix} = \begin{pmatrix} 2 \\ 2 \end{pmatrix}$$

이므로 $x = 2$, $y = 2$이다.

**예제 1.5.9**

주어진 역행렬을 이용하여 다음 연립일차방정식의 해를 구하시오.

$$\begin{cases} 2x + y - \ z = 1 \\ -3x - y + 2z = 1, \\ -2x + y + 2z = 6 \end{cases} \begin{pmatrix} 2 & 1 & -1 \\ -3 & -1 & 2 \\ -2 & 1 & 2 \end{pmatrix}^{-1} = \begin{pmatrix} 4 & 3 & -1 \\ -2 & -2 & 1 \\ 5 & 4 & -1 \end{pmatrix}$$

**풀이**

연립일차방정식을 $AX = B$라 하면

$$\begin{pmatrix} 2 & 1 & -1 \\ -3 & -1 & 2 \\ -2 & 1 & 2 \end{pmatrix}\begin{pmatrix} x \\ y \\ z \end{pmatrix} = \begin{pmatrix} 1 \\ 1 \\ 6 \end{pmatrix}$$

$$X = A^{-1}B = \begin{pmatrix} 4 & 3 & -1 \\ -2 & -2 & 1 \\ 5 & 4 & -1 \end{pmatrix}\begin{pmatrix} 1 \\ 1 \\ 6 \end{pmatrix} = \begin{pmatrix} 1 \\ 2 \\ 3 \end{pmatrix}$$

이므로 $x = 1$, $y = 2$, $z = 3$이다.

**정리 1.5.5 크래머(cramer) 공식**

연립일차방정식 $AX=B$에서 $|A|\neq 0$일 때, $A_j$는 계수행렬 $A$에서 $j$열의 원소가 $B$의 원소로 바뀐 행렬이라 하자. 그러면 구하는 해는

$$x_j = \frac{|A_j|}{|A|},\ j=1, 2, \cdots, n \text{이다.}$$

**예제 1.5.10**

크래머 공식을 이용하여 다음 연립방정식의 해를 구하시오.

$$\begin{cases} 3x+5y=-2 \\ 2x-7y=\ \ 9 \end{cases}$$

**풀이**

연립일차방정식을 $AX=B$라 하면,

$$\begin{pmatrix} 3 & 5 \\ 2 & -7 \end{pmatrix}\begin{pmatrix} x \\ y \end{pmatrix}=\begin{pmatrix} -2 \\ 9 \end{pmatrix}$$

$|A|=-31\neq 0$일 때,

$$x=\frac{|A_1|}{|A|}=\frac{1}{-31}\begin{vmatrix} -2 & 5 \\ 9 & -7 \end{vmatrix}=\frac{1}{-31}\times -31=1$$

$$y=\frac{|A_2|}{|A|}=\frac{1}{-31}\begin{vmatrix} 3 & -2 \\ 2 & 9 \end{vmatrix}=\frac{1}{-31}\times 31=-1$$

이므로 $x=1, y=-1$이다.

**예제 1.5.11**

다음 연립일차방정식에서 해를 구하시오.

$$\begin{cases} 2x+\ \ y+3z=\ 5 \\ -3x\qquad +5z=\ 7 \\ \qquad -5y+2z=19 \end{cases}$$

**풀이**

연립일차방정식 $AX=B$라 하면,

$$\begin{pmatrix} 2 & 1 & 3 \\ -3 & 0 & 5 \\ 0 & -5 & 2 \end{pmatrix}\begin{pmatrix} x \\ y \\ z \end{pmatrix}=\begin{pmatrix} 5 \\ 7 \\ 19 \end{pmatrix}$$

$|A|=101 \neq 0$일 때,

$$x=\frac{|A_1|}{|A|}=\frac{1}{101}\begin{vmatrix} 5 & 1 & 3 \\ 7 & 0 & 5 \\ 19 & -5 & 2 \end{vmatrix}=\frac{1}{101}\times 101=1$$

$$y=\frac{|A_2|}{|A|}=\frac{1}{101}\begin{vmatrix} 2 & 5 & 3 \\ -3 & 7 & 5 \\ 0 & 19 & 2 \end{vmatrix}=\frac{1}{101}\times -303=-3$$

$$z=\frac{|A_3|}{|A|}=\frac{1}{101}\begin{vmatrix} 2 & 1 & 5 \\ -3 & 0 & 7 \\ 0 & -5 & 19 \end{vmatrix}=\frac{1}{101}\times 202=2$$

이므로 $x=1$, $y=-3$, $z=2$이다.

## 연습문제 1.5

**01** 다음 행렬이 가역행렬인지를 판단하고, 가역이면 역행렬을 구하시오.

(1) $\begin{pmatrix} -1 & 5 \\ 2 & 3 \end{pmatrix}$ (2) $\begin{pmatrix} 1 & -2 \\ 2 & 4 \end{pmatrix}$ (3) $\begin{pmatrix} 3 & 2 & 1 \\ 0 & 2 & 2 \\ 0 & -1 & -1 \end{pmatrix}$

(4) $\begin{pmatrix} 2 & 0 & 0 \\ 1 & 4 & 0 \\ 5 & 4 & 0 \end{pmatrix}$ (5) $\begin{pmatrix} 2 & 0 & -1 \\ 5 & 1 & 0 \\ 0 & 1 & 3 \end{pmatrix}$ (6) $\begin{pmatrix} 2 & -1 & 3 \\ 1 & 0 & -2 \\ -1 & 1 & 2 \end{pmatrix}$

**02** 행렬 $\begin{pmatrix} a+4 & 4 \\ 3 & a \end{pmatrix}$가 가역이기 위한 $a$의 값을 구하시오.

**03** 정방행렬 $A$에 대하여 $A^T = A^{-1}$을 만족하면 $A$의 행렬식은 $1$ 또는 $-1$ 임을 보이시오.

**04** 정방행렬 $A$가 어떤 상수 $k$에 대하여 $A^k = 0$을 만족하면 행렬 $A$는 역행렬을 가지지 않음을 보이시오.

**05** 다음 행렬 $A$에 대하여 $|A^{-1}|$을 구하시오.

$$A = \begin{pmatrix} 1 & 1 & 0 \\ 1 & 0 & 0 \\ 1 & 2 & 2 \end{pmatrix}$$

**06** 다음 행렬 $A$의 역행렬이 존재하기 위한 $a$의 값을 구하고 $A^{-1}$을 구하시오.

$$A = \begin{pmatrix} 1 & 1 & 0 \\ 1 & 0 & 0 \\ 1 & 2 & a \end{pmatrix}$$

**07** $n$차 정방행렬 $A, B$에 대하여 $|A| = -4$, $|B| = 3$일 때, 다음을 구하시오.

(1) $|(2A)^{-1}|$ (2) $|B^{-1}A|$

**08** 주어진 역행렬을 이용하여 다음 연립일차방정식의 해를 구하시오.

(1) $\begin{cases} x+2y=4 \\ 3x+4y=-2 \end{cases}$, $\begin{pmatrix} 1 & 2 \\ 3 & 4 \end{pmatrix}^{-1} = \begin{pmatrix} -2 & 1 \\ \frac{3}{2} & -\frac{1}{2} \end{pmatrix}$

(2) $\begin{cases} -x \quad\quad +3z=0 \\ 2x+y-z=7 \\ 2x+3y \quad\quad =12 \end{cases}$, $\begin{pmatrix} -1 & 0 & 3 \\ 2 & 1 & -1 \\ 2 & 3 & 0 \end{pmatrix}^{-1} = \frac{1}{9}\begin{pmatrix} 3 & 9 & -3 \\ -2 & -6 & 5 \\ 4 & 3 & -1 \end{pmatrix}$

**09** 역행렬을 이용하여 다음 연립일차방정식의 해를 구하시오.

(1) $\begin{cases} x+5y=-4 \\ 4x-2y=6 \end{cases}$

(2) $\begin{cases} 3x+2y=8 \\ 2x-5y=-1 \end{cases}$

(3) $\begin{cases} 2x-3y+5z=7 \\ 5x \quad\quad -3z=2 \\ x+2y+3z=4 \end{cases}$

(4) $\begin{cases} -x-2y+3z=-4 \\ 7x+2y-z=-8 \\ 5x+3y+2z=-17 \end{cases}$

**10** 크래머 공식을 이용하여 다음 연립방정식의 해를 구하시오.

(1) $\begin{cases} 5x-3y=2 \\ 2x+y=3 \end{cases}$

(2) $\begin{cases} 9x-2y=3 \\ 5x+2y=11 \end{cases}$

(3) $\begin{cases} 3x+y-z=2 \\ 4x+3y-2z=4 \\ 5x-2y-4z=-11 \end{cases}$

(4) $\begin{cases} 4x+5y+2z=2 \\ 2x-y+7z=6 \\ -3x+5y-z=17 \end{cases}$

CHAPTER

# 02

# 벡 터

## 2.1 벡터의 연산

**벡터**(vector)란 물체의 속도, 물체에 작용하는 힘과 같이 크기와 방향을 모두 가지는 양을 의미한다. 단순히 크기만 나타내는 양을 **스칼라**(scalar)라 한다.

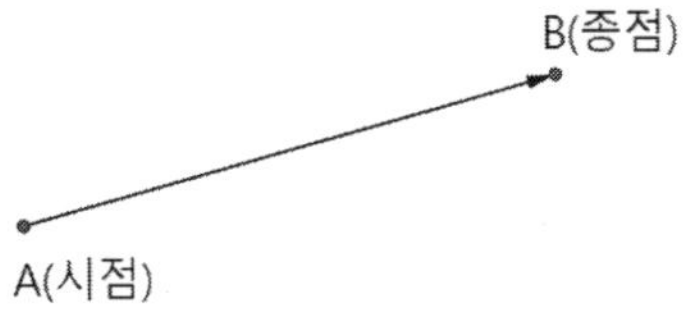


방향이 점 $A$에서 점 $B$로 향하고 크기가 선분 $AB$의 길이인 벡터를 벡터 $AB$라 하고, 기호로

$$\overrightarrow{AB}$$

와 같이 나타낸다. 이 때 점 $A$와 점 $B$를 각각 벡터 $\overrightarrow{AB}$의 시점과 종점이라 한다. 또 벡터 $\overrightarrow{AB}$의 크기를 기호로

$$|\overrightarrow{AB}|$$

와 같이 나타낸다. 한편, 벡터를 한 문자로 나타낼 때에는 $\vec{a}$, $\vec{b}$, $\vec{c}$, $\cdots$와 같이 나타내고 벡터의 크기는 $|\vec{a}|$, $|\vec{b}|$, $|\vec{c}|$, $\cdots$와 같이 나타낸다. 특히 크기가 0인 벡터를 **영벡터**(zero vector)라 하고 0 또는 $\vec{0}$으로 나타낸다.

**예제 2.1.1**

다음 그림에서 $|\overrightarrow{AB}|=|\overrightarrow{AE}|=1$이라면 다음 벡터들의 크기를 구하시오.

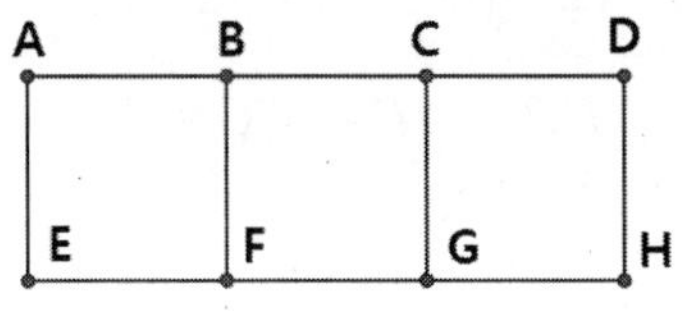

(1) $|\overrightarrow{AC}|$ (2) $|\overrightarrow{CB}|$ (3) $|\overrightarrow{EH}|$
(4) $|\overrightarrow{BG}|$ (5) $|\overrightarrow{EC}|$ (6) $|\overrightarrow{HA}|$

**풀이**

(1) $|\overrightarrow{AC}|= 2$ (2) $|\overrightarrow{CB}|= 1$ (3) $|\overrightarrow{EH}|= 3$
(4) $|\overrightarrow{BG}|= \sqrt{2}$ (5) $|\overrightarrow{EC}|= \sqrt{5}$ (6) $|\overrightarrow{HA}|= \sqrt{10}$

## 벡터의 상등

두 벡터 $\vec{a}$, $\vec{b}$의 크기와 방향이 모두 같을 때 두 벡터 $\vec{a}$, $\vec{b}$는 '서로 같다'라 하고, 기호로

$$\vec{a} = \vec{b}$$

와 같이 나타낸다.

**예제 2.1.2**

다음 중 벡터 $\overrightarrow{BC}$와 서로 같은 벡터를 모두 찾으시오.

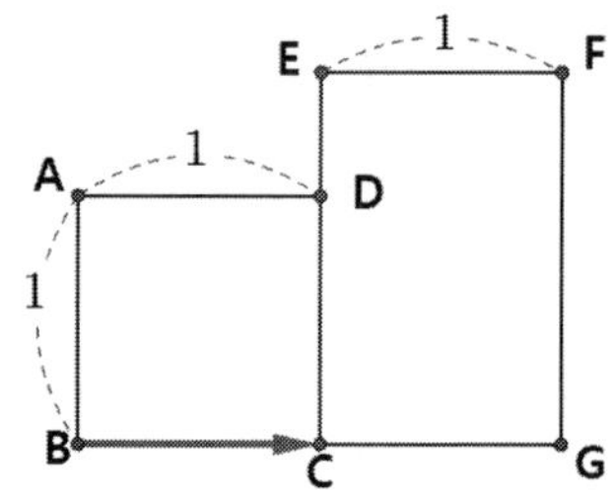


**풀이**

크기와 방향이 모두 같을 때 두 벡터는 서로 같다.

$$\overrightarrow{BC}= \overrightarrow{AD}= \overrightarrow{CG}= \overrightarrow{EF}$$

### 벡터의 스칼라곱

스칼라 $k$가 주어질 때 벡터 $\overrightarrow{AB}$의 크기를 $k$배, 즉 $k\overrightarrow{AB}$는
$k>0$일 때,

$$\overrightarrow{AB}\text{의 방향과 같고 크기가 } k|\overrightarrow{AB}|\text{이고,}$$

$k<0$일 때,

$$\overrightarrow{AB}\text{의 방향과 반대이고 크기가 } |k||\overrightarrow{AB}|\text{이다.}$$

한 벡터가 다른 벡터의 0이 아닌 스칼라배이면 두 벡터를 나타내는 화살표는 서로 평행하므로 이런 경우 두 벡터가 서로 **평행**(parallel)하다고 한다.

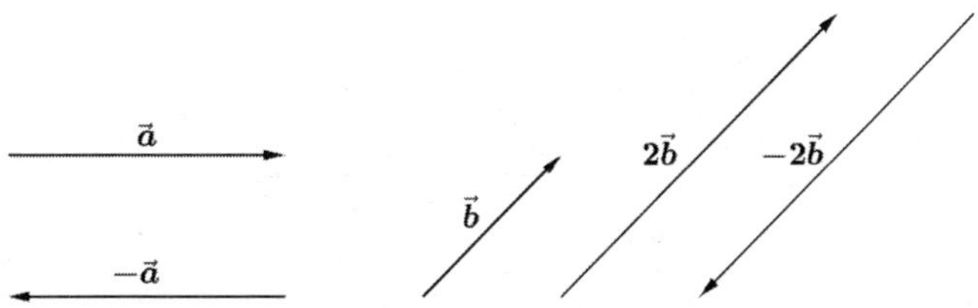


**예제 2.1.3**

다음 그림에서 벡터 $\overrightarrow{AB}$를 $\vec{a}$로 나타낸다면 다음 벡터들을 $\vec{a}$를 이용하여 표현하시오.

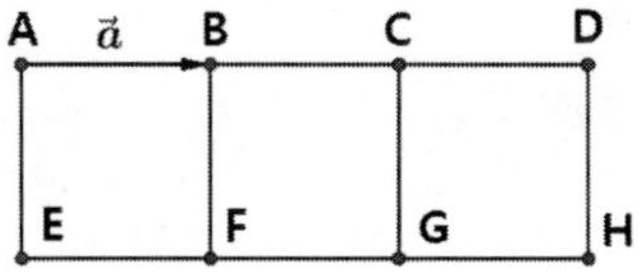


(1) $\overrightarrow{AC}$ (2) $\overrightarrow{FG}$ (3) $\overrightarrow{FE}$
(4) $\overrightarrow{DB}$ (5) $\overrightarrow{EG}$ (6) $\overrightarrow{HE}$

**풀이**

(1) $\overrightarrow{AC}=2\vec{a}$ (2) $\overrightarrow{FG}=\vec{a}$ (3) $\overrightarrow{FE}=-\vec{a}$
(4) $\overrightarrow{DB}=-2\vec{a}$ (5) $\overrightarrow{EG}=2\vec{a}$ (6) $\overrightarrow{HE}=-3\vec{a}$

### 벡터의 합과 차

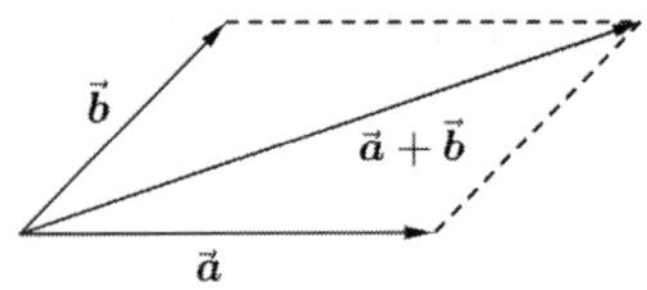


두 벡터 $\vec{a}$, $\vec{b}$의 합 벡터 $\vec{c}$는 벡터 $\vec{a}$의 종점과 $\vec{b}$의 시점을 일치시키고 $\vec{a}$의 시점을 시점으로, $\vec{b}$의 종점을 종점으로 하는 벡터로 정의하고

$$\vec{c}=\vec{a}+\vec{b}$$

로 나타낸다. 두 벡터의 합은 평행사변형을 이용하여 나타낼 수 있다.

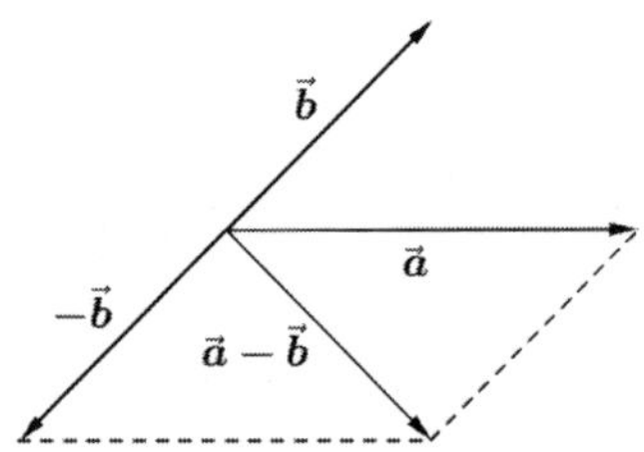


두 벡터 $\vec{a}$, $\vec{b}$의 차 벡터 $\vec{d}$는 두 벡터 $\vec{a}$, $-\vec{b}$의 합 벡터

$$\vec{d}=\vec{a}-\vec{b}=\vec{a}+(-\vec{b})$$

로 나타낸다.

**예제 2.1.4**

다음 벡터들의 합과 차를 구하시오.

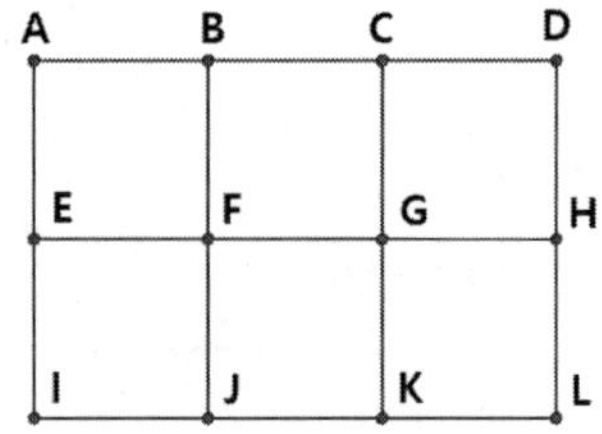

(1) $\overrightarrow{AB}+\overrightarrow{AE}$ (2) $\overrightarrow{IK}+\overrightarrow{IF}$
(3) $\overrightarrow{FH}-\overrightarrow{FC}$ (4) $\overrightarrow{LK}-\overrightarrow{BL}$
(5) $\overrightarrow{IG}+\overrightarrow{BG}$ (6) $-\overrightarrow{FD}-\overrightarrow{KF}$

**풀이**

단, 벡터들의 합과 차는 상등한 다른 벡터들로 표현 가능하다.

(1) $\overrightarrow{AB}+\overrightarrow{AE}=\overrightarrow{AF}$ (2) $\overrightarrow{IK}+\overrightarrow{IF}=\overrightarrow{IH}$
(3) $\overrightarrow{FH}-\overrightarrow{FC}=\overrightarrow{FK}$ (4) $\overrightarrow{LK}-\overrightarrow{BL}=\overrightarrow{KA}$
(5) $\overrightarrow{IG}+\overrightarrow{BG}=\overrightarrow{IL}$ (6) $-\overrightarrow{FD}-\overrightarrow{KF}=\overrightarrow{DK}$

---

일반적으로 벡터의 합과 실수배에 대하여 다음 성질이 성립한다.

**정리 2.1.1**

벡터 $\vec{a}$, $\vec{b}$, $\vec{c}$와 실수 $m$, $n$에 대하여

(1) $\vec{a}+\vec{b}=\vec{b}+\vec{a}$ (2) $\vec{a}+(\vec{b}+\vec{c})=(\vec{a}+\vec{b})+\vec{c}$
(3) $\vec{a}+\vec{0}=\vec{0}+\vec{a}=\vec{a}$ (4) $\vec{a}+(-\vec{a})=(-\vec{a})+\vec{a}=\vec{0}$
(5) $m(n\vec{a})=(mn)\vec{a}$ (6) $(m+n)\vec{a}=m\vec{a}+n\vec{a}$
(7) $m(\vec{a}+\vec{b})=m\vec{a}+m\vec{b}$

**예제 2.1.5**

다음 식을 간단히 하시오.

(1) $\vec{a}+2(\vec{a}+3\vec{b})$ (2) $\frac{2}{3}(\vec{a}-2\vec{b})+\frac{1}{2}\left(-\frac{2}{3}\vec{a}+\vec{b}\right)$

**풀이**

(1) $\vec{a}+2(\vec{a}+3\vec{b})=3\vec{a}+6\vec{b}$
(2) $\frac{2}{3}(\vec{a}-2\vec{b})+\frac{1}{2}\left(-\frac{2}{3}\vec{a}+\vec{b}\right)=\frac{1}{3}\vec{a}-\frac{5}{6}\vec{b}$

---

## 연습문제 2.1

01 다음 그림에서 $|\overrightarrow{AB}| = |\overrightarrow{AE}| = 1$이라면 다음 벡터들의 크기를 구하시오.

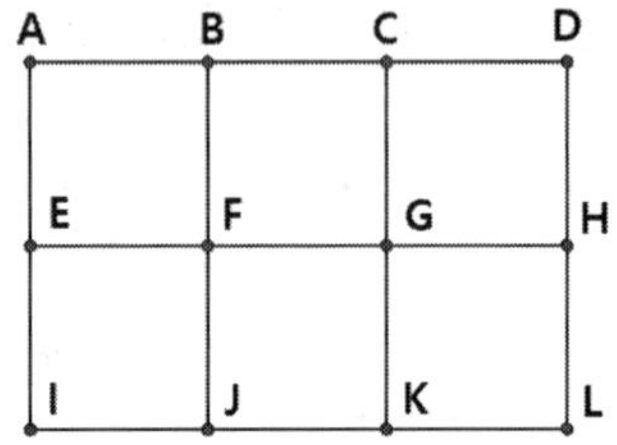


(1) $|\overrightarrow{AJ}|$ (2) $|\overrightarrow{DI}|$ (3) $|\overrightarrow{CI}|$

(4) $|\overrightarrow{BH}|$ (5) $|\overrightarrow{AC} + \overrightarrow{AF}|$ (6) $|\overrightarrow{IJ} + \overrightarrow{IC}|$

02 다음 벡터들의 연산 결과를 다음 그림에서 찾으시오.

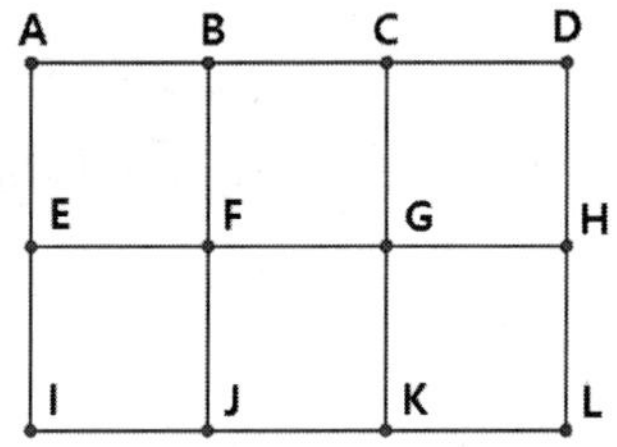


(1) $2\overrightarrow{AB} + 2\overrightarrow{AE}$ (2) $3\overrightarrow{EF} - \overrightarrow{EJ}$

(3) $\frac{1}{2}\overrightarrow{FH} + \frac{1}{2}\overrightarrow{IC}$ (4) $\frac{2}{3}\overrightarrow{LI} - \frac{1}{2}\overrightarrow{BL}$

(5) $2\overrightarrow{AB} + \frac{1}{2}\overrightarrow{AK} - \frac{1}{2}\overrightarrow{JD}$ (6) $\frac{1}{3}\overrightarrow{HE} - \frac{1}{2}\overrightarrow{DL} - \overrightarrow{IC}$

## 2.2 좌표공간에서의 벡터

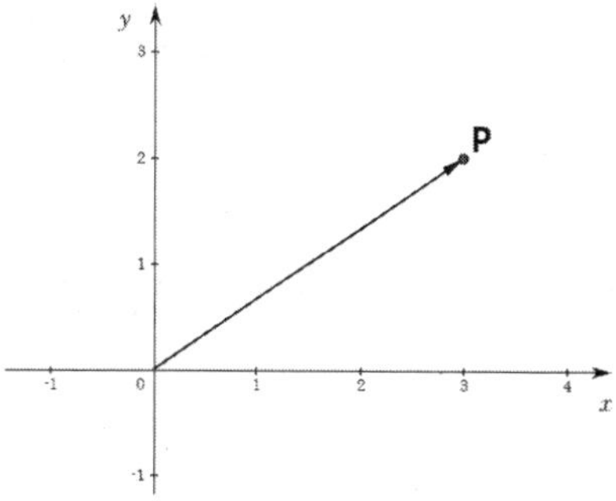


좌표공간에서 원점을 기준으로 특정 위치 점 $P$를 나타내기 위해 벡터를 사용할 수 있다. 점 $P$의 위치는 $x$축 방향으로 3칸, $y$축 방향으로 2칸 이동한 것으로 다음과 같이 벡터로 표현할 수 있다.

$$\overrightarrow{OP} = (3,2) = \begin{pmatrix} 3 \\ 2 \end{pmatrix}$$

평면이나 공간에서 원점을 기준으로 벡터 $\overrightarrow{OP}$를 원점에 대한 점 $P$의 **위치벡터**(position vector)라 한다. 점 $P$의 좌표 $(x, y)$를 벡터 $\overrightarrow{OP}$의 **성분**(component)이라 하고, $x$, $y$는 각각 벡터 $\overrightarrow{OP}$의 $x$성분, $y$성분이라 한다. $\overrightarrow{OP} = (x, y)$일 때 2차원 벡터라 하고, $\overrightarrow{OP} = (x, y, z)$일 때 3차원 벡터라 한다.

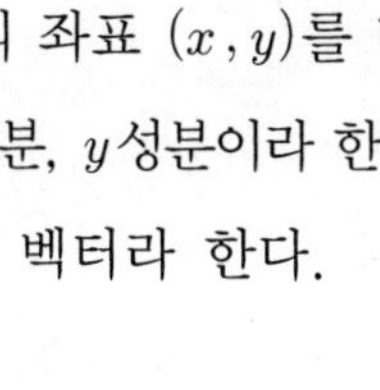


2차원 직교좌표 평면에서 두 점 $E_1(1, 0)$, $E_2(0, 1)$의 원점에 대한 위치벡터 $\overrightarrow{OE_1}$, $\overrightarrow{OE_2}$를 각각 다음과 같이 나타낸다.

$$\overrightarrow{OE_1} = (1, 0) = \begin{pmatrix} 1 \\ 0 \end{pmatrix} = \vec{i}$$

$$\overrightarrow{OE_2} = (0, 1) = \begin{pmatrix} 0 \\ 1 \end{pmatrix} = \vec{j}$$

두 벡터 $\vec{i}$, $\vec{j}$를 이용하면 2차원 상의 벡터를 간단하게 나타낼 수 있다. 벡터 $\vec{v}$의 성분이 $(x, y)$이면 벡터 $\vec{v}$는 다음과 같이 나타낼 수 있다.

$$\vec{v} = x\vec{i} + y\vec{j}$$

또한 2차원 공간에 놓여 있는 두 점 $P(x_1, y_1)$과 $Q(x_2, y_2)$를 잇는 벡터 $\overrightarrow{PQ}$를

$$\overrightarrow{PQ} = (x_2 - x_1)\vec{i} + (y_2 - y_1)\vec{j}$$

로 나타낼 수 있다.

**예제 2.2.1**

다음 벡터를 두 벡터 $\vec{i}$, $\vec{j}$를 이용하여 표현하시오.

(1) 두 점 $O(0, 0)$, $A(1, 2)$를 잇는 벡터 $\overrightarrow{OA}$

(2) 두 점 $A(1, 2)$, $B(5, 4)$를 잇는 벡터 $\overrightarrow{AB}$

(3) 두 점 $C(-3, 2)$, $D(1, -1)$을 잇는 벡터 $\overrightarrow{DC}$

**풀이**

(1) $\overrightarrow{OA} = (1-0)\vec{i} + (2-0)\vec{j} = \vec{i} + 2\vec{j}$

(2) $\overrightarrow{AB} = (5-1)\vec{i} + (4-2)\vec{j} = 4\vec{i} + 2\vec{j}$

(3) $\overrightarrow{DC} = ((-3)-1)\vec{i} + (2-(-1))\vec{j} = -4\vec{i} + 3\vec{j}$

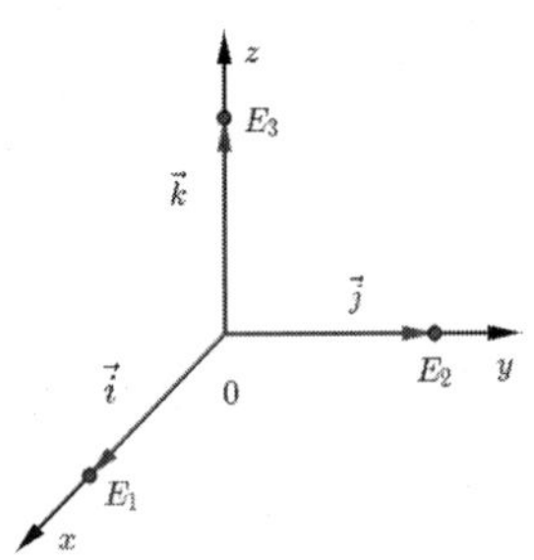


3차원 직교좌표 공간에서 세 점 $E_1(1, 0, 0)$, $E_2(0, 1, 0)$, $E_3(0, 0, 1)$의 원점에 대한

위치벡터 $\overrightarrow{OE_1}$, $\overrightarrow{OE_2}$, $\overrightarrow{OE_3}$를 각각 다음과 같이 나타낸다.

$$\overrightarrow{OE_1} = (1, 0, 0) = \begin{pmatrix} 1 \\ 0 \\ 0 \end{pmatrix} = \vec{i}$$

$$\overrightarrow{OE_2} = (0, 1, 0) = \begin{pmatrix} 0 \\ 1 \\ 0 \end{pmatrix} = \vec{j}$$

$$\overrightarrow{OE_3} = (0, 0, 1) = \begin{pmatrix} 0 \\ 0 \\ 1 \end{pmatrix} = \vec{k}$$

세 벡터 $\vec{i}$, $\vec{j}$, $\vec{k}$를 이용하면 3차원 상의 벡터를 간단하게 나타낼 수 있다. 벡터 $\vec{v}$의 성분이 $(x, y, z)$이면 벡터 $\vec{v}$는 다음과 같이 나타낼 수 있다.

$$\vec{v} = x\vec{i} + y\vec{j} + z\vec{k}$$

또한 3차원 공간에 놓여 있는 두 점 $P(x_1, y_1, z_1)$와 $Q(x_2, y_2, z_2)$를 잇는 벡터 $\overrightarrow{PQ}$를

$$\overrightarrow{PQ} = (x_2 - x_1)\vec{i} + (y_2 - y_1)\vec{j} + (z_2 - z_1)\vec{k}$$

로 나타낼 수 있다.

**예제 2.2.2**

다음 벡터를 세 벡터 $\vec{i}$, $\vec{j}$, $\vec{k}$를 이용하여 표현하시오.

(1) 두 점 $O(0, 0, 0)$, $A(1, 2, 3)$을 잇는 벡터 $\overrightarrow{OA}$

(2) 두 점 $A(1, 2, 3)$, $B(5, 4, 1)$을 잇는 벡터 $\overrightarrow{AB}$

(3) 두 점 $C(-3, 2, 5)$, $D(1, -1, 1)$을 잇는 벡터 $\overrightarrow{DC}$

**풀이**

(1) $\overrightarrow{OA} = (1-0)\vec{i} + (2-0)\vec{j} + (3-0)\vec{k} = \vec{i} + 2\vec{j} + 3\vec{k}$

(2) $\overrightarrow{AB} = (5-1)\vec{i} + (4-2)\vec{j} + (1-3)\vec{k} = 4\vec{i} + 2\vec{j} - 2\vec{k}$

(3) $\overrightarrow{DC} = ((-3)-1)\vec{i} + (2-(-1))\vec{j} + (5-1)\vec{k} = -4\vec{i} + 3\vec{j} + 4\vec{k}$

### 벡터의 크기

벡터 $\vec{v}$의 성분이 $(x, y)$일 때, 벡터의 크기를 구하는 방법은

$$|\vec{v}| = \sqrt{x^2 + y^2}$$

이고, 벡터 $\vec{v}$의 성분이 $(x, y, z)$일 때, 벡터의 크기를 구하는 방법은

$$|\vec{v}| = \sqrt{x^2 + y^2 + z^2}$$

이다. 벡터의 크기가 1인 벡터를 **단위 벡터**라 한다.

**예제 2.2.3**

다음 벡터의 크기를 구하시오.

(1) $\vec{i}$

(2) $2\vec{j}$

(3) $3\vec{i} + 2\vec{k}$

(4) 두 점 $A(5, -1)$, $B(1, 3)$을 잇는 벡터 $\overrightarrow{AB}$

(5) 두 점 $C(2, -1, 1)$, $D(0, 2, -1)$을 잇는 벡터 $\overrightarrow{DC}$

**풀이**

(1) $|\vec{i}| = \sqrt{1^2 + 0^2} = 1$

(2) $|2\vec{j}| = \sqrt{0^2 + 2^2} = 2$

(3) $|3\vec{i} + 2\vec{k}| = \sqrt{3^2 + 0^2 + 2^2} = \sqrt{13}$

(4) $\overrightarrow{AB} = -4\vec{i} + 4\vec{j}$, $|\overrightarrow{AB}| = \sqrt{(-4)^2 + 4^2} = \sqrt{32} = 4\sqrt{2}$

(5) $\overrightarrow{DC} = 2\vec{i} - 3\vec{j} + 2\vec{k}$, $|\overrightarrow{DC}| = \sqrt{2^2 + (-3)^2 + 2^2} = \sqrt{17}$

## 벡터의 연산

**정리 2.2.1**

두 벡터 $\vec{a}=(x_1, y_1)$, $\vec{b}=(x_2, y_2)$ 와 $m$에 대하여 다음이 성립한다.

(1) $\vec{a}=\vec{b}$ 이면 $x_1=x_2$이고 $y_1=y_2$이다.

(2) $m\vec{a}=m(x_1, y_1)=(mx_1, my_1)$

(3) $\vec{a}+\vec{b}=(x_1+x_2, y_1+y_2)$

(4) $\vec{a}-\vec{b}=(x_1-x_2, y_1-y_2)$

(5) $|\vec{a}|=\sqrt{(x_1)^2+(y_1)^2}$

**예제 2.2.4**

두 벡터 $\vec{a}=2\vec{i}+\vec{j}$, $\vec{b}=3\vec{i}-2\vec{j}$일 때 다음을 구하시오.

(1) $|5\vec{a}|$

(2) $\vec{a}+\vec{b}$

(3) $\vec{a}-\vec{b}$

(4) $3\vec{a}-2\vec{b}$

**풀이**

(1) $|5\vec{a}|=|10\vec{i}+5\vec{j}|=\sqrt{10^2+5^2}=\sqrt{125}=5\sqrt{5}$

(2) $\vec{a}+\vec{b}=5\vec{i}-\vec{j}$

(3) $\vec{a}-\vec{b}=-\vec{i}+3\vec{j}$

(4) $3\vec{a}-2\vec{b}=7\vec{j}$

**정리 2.2.2**

두 벡터 $\vec{a}=(x_1, y_1, z_1)$, $\vec{b}=(x_2, y_2, z_2)$와 $m$에 대하여 다음이 성립한다.

(1) $\vec{a}=\vec{b}$이면 $x_1=x_2$이고 $y_1=y_2$이고 $z_1=z_2$이다.

(2) $m\vec{a}=m(x_1, y_1, z_1)=(mx_1, my_1, mz_1)$

(3) $\vec{a}+\vec{b}=(x_1+x_2, y_1+y_2, z_1+z_2)$

(4) $\vec{a}-\vec{b}=(x_1-x_2, y_1-y_2, z_1-z_2)$

(5) $|\vec{a}|=\sqrt{(x_1)^2+(y_1)^2+(z_1)^2}$

## 예제 2.2.5

두 벡터 $\vec{a}=3\vec{i}-\vec{j}+2\vec{k}$, $\vec{b}=-\vec{i}+2\vec{j}-\vec{k}$일 때 다음을 구하시오.

(1) $|3\vec{b}|$

(2) $2\vec{a}-\vec{b}$

(3) $-\vec{a}+2\vec{b}$

(4) $\dfrac{\vec{a}}{|\vec{a}|}$

**풀이**

(1) $|3\vec{b}|=|-3\vec{i}+6\vec{j}-3\vec{k}|=\sqrt{(-3)^2+6^2+(-3)^2}=\sqrt{54}=3\sqrt{6}$

(2) $2\vec{a}-\vec{b}=7\vec{i}-4\vec{j}+5\vec{k}$

(3) $-\vec{a}+2\vec{b}=-5\vec{i}+5\vec{j}-4\vec{k}$

(4) $\dfrac{\vec{a}}{|\vec{a}|}=\dfrac{1}{\sqrt{3^2+(-1)^2+2^2}}(3\vec{i}-\vec{j}+2\vec{k})=\dfrac{3}{\sqrt{14}}\vec{i}-\dfrac{1}{\sqrt{14}}\vec{j}+\dfrac{2}{\sqrt{14}}\vec{k}$

## 연습문제 2.2

**01** 다음 벡터를 두 벡터 $\vec{i}$, $\vec{j}$를 이용하여 표현하시오.

(1) 두 점 $A(-4,-7)$, $B(10,6)$을 잇는 벡터 $\overrightarrow{AB}$

(2) 두 점 $C(9,-2)$, $D(-5,-1)$을 잇는 벡터 $\overrightarrow{DC}$

**02** 다음 벡터를 세 벡터 $\vec{i}$, $\vec{j}$, $\vec{k}$를 이용하여 표현하시오.

(1) 두 점 $A(-3,5,10)$, $B(7,0,-5)$를 잇는 벡터 $\overrightarrow{AB}$

(2) 두 점 $C(2,-2,-9)$, $D(1,-4,3)$을 잇는 벡터 $\overrightarrow{DC}$

**03** 세 벡터 $\vec{a}=\vec{i}-2\vec{j}+3\vec{k}$, $\vec{b}=2\vec{j}-5\vec{k}$, $\vec{c}=-3\vec{i}+9\vec{k}$일 때 다음을 구하시오.

(1) $\vec{a}+\vec{b}+\vec{c}$

(2) $\vec{a}-\vec{b}-\vec{c}$

(3) $2\vec{a}-3\vec{b}+5\vec{c}$

(4) $-\vec{a}+2\vec{b}-3\vec{c}$

(5) $|\vec{b}+\vec{c}|$

(6) $\dfrac{\vec{a}+\vec{b}}{|\vec{a}+\vec{b}|}$

**04** $|2\vec{i}+m\vec{j}-3\vec{k}|=5$가 되도록 $m$의 값을 구하시오.

**05** 벡터 $\vec{a}=3\vec{i}-\vec{j}+2\vec{k}$와 방향은 반대이고 크기가 2인 벡터를 구하시오.

## 2.3 벡터의 내적

벡터의 내적은 선형 대수학에서 중요한 개념 중 하나이며 두 벡터간의 연산을 나타내는 것이다. 벡터의 내적은 다양한 응용 분야에서 사용되며 벡터의 방향, 크기 그리고 벡터간의 관계를 이해하는데 유용하다. 벡터의 내적은 보통 '·' 기호로 표시하며, 다음과 같이 정의한다.

**정의 2.3.1**

$n$차원의 두 벡터 $\vec{a}=(a_1, a_2, \cdots, a_n)$, $\vec{b}=(b_1, b_2, \cdots, b_n)$일 때, $\vec{a}$와 $\vec{b}$의 **내적**은 다음과 같이 정의한다.

$$\vec{a} \cdot \vec{b} = a_1b_1 + a_2b_2 + \cdots + a_nb_n$$

**예제 2.3.1**

다음 두 벡터의 내적을 구하시오.

(1) $\vec{a}=(1, 2)$, $\vec{b}=(3, 4)$

(2) $\vec{a}=(5, -1, 3)$, $\vec{b}=(2, 4, -2)$

**풀이**

(1) $\vec{a} \cdot \vec{b} = 1\times3+2\times4=11$

(2) $\vec{a} \cdot \vec{b} = 5\times2+(-1)\times4+3\times(-2)=0$

**정리 2.3.1 내적의 성질**

벡터 $\vec{a}$, $\vec{b}$, $\vec{c}$와 스칼라 $k$에 대하여 다음이 성립한다.

(1) $\vec{a} \cdot \vec{b} = \vec{b} \cdot \vec{a}$

(2) $\vec{a} \cdot (\vec{b}+\vec{c}) = \vec{a} \cdot \vec{b} + \vec{a} \cdot \vec{c}$

(3) $(k\vec{a}) \cdot \vec{b} = k(\vec{a} \cdot \vec{b}) = \vec{a} \cdot (k\vec{b})$

(4) $\vec{a} \cdot \vec{a} = |\vec{a}|^2$

**증명** (1) 두 벡터 $\vec{a}=a_1\vec{i}+a_2\vec{j}+a_3\vec{k}$, $\vec{b}=b_1\vec{i}+b_2\vec{j}+b_3\vec{k}$라 하면

$$\begin{aligned}\vec{a}\cdot\vec{b}&=a_1b_1+a_2b_2+a_3b_3\\&=b_1a_1+b_2a_2+b_3a_3=\vec{b}\cdot\vec{a}\end{aligned}$$

(2) $\vec{c}=c_1\vec{i}+c_2\vec{j}+c_3\vec{k}$라 하면

$$\begin{aligned}\vec{a}\cdot(\vec{b}+\vec{c})&=\left(a_1\vec{i}+a_2\vec{j}+a_3\vec{k}\right)\cdot\left((b_1+c_1)\vec{i}+(b_2+c_2)\vec{j}+(b_3+c_3)\vec{k}\right)\\&=a_1(b_1+c_1)+a_2(b_2+c_2)+a_3(b_3+c_3)\\&=a_1b_1+a_2b_2+a_3b_3+a_1c_1+a_2c_2+a_3c_3\\&=\vec{a}\cdot\vec{b}+\vec{a}\cdot\vec{c}\end{aligned}$$

(3) (1), (2)와 같은 방법으로 증명할 수 있다.

(4) $\vec{a}\cdot\vec{a}=\left(a_1\vec{i}+a_2\vec{j}+a_3\vec{k}\right)\cdot\left(a_1\vec{i}+a_2\vec{j}+a_3\vec{k}\right)$

$$=a_1^2+a_2^2+a_3^2=\left(\sqrt{a_1^2+a_2^2+a_3^2}\right)^2=|\vec{a}|^2$$

**정리 2.3.2**

0이 아닌 두 벡터 $\vec{a}$, $\vec{b}$에 대하여

$$\vec{a}\cdot\vec{b}=|\vec{a}||\vec{b}|\cos\theta$$

이다. 여기서 $\theta$는 두 벡터의 사잇각이다.

**증명**

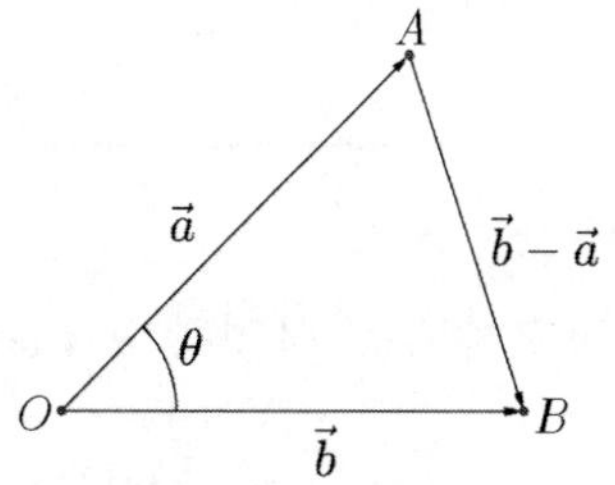


$\overrightarrow{OA}=\vec{a}$, $\overrightarrow{OB}=\vec{b}$라 하고 두 벡터의 사잇각을 $\theta$라 하자.

$\overrightarrow{AB} = \vec{b} - \vec{a}$이고 $\triangle OAB$에 대한 코사인 제 2법칙을 적용하면

$$|\vec{b} - \vec{a}|^2 = |\vec{a}|^2 + |\vec{b}|^2 - 2|\vec{a}||\vec{b}|\cos\theta$$

이고 내적의 성질로부터

$$|\vec{b} - \vec{a}|^2 = (\vec{b} - \vec{a}) \cdot (\vec{b} - \vec{a}) = |\vec{b}|^2 - 2(\vec{a} \cdot \vec{b}) + |\vec{a}|^2$$

이다. 두 식을 비교해보면

$$\vec{a} \cdot \vec{b} = |\vec{a}||\vec{b}|\cos\theta$$

이다.

### 예제 2.3.2

다음 두 벡터의 내적을 구하시오.

(1) $|\vec{a}| = 2$, $|\vec{b}| = 3$, 두 벡터의 사잇각 $\theta = 30^\circ$

(2) $|\vec{a}| = 5$, $|\vec{b}| = 6$, 두 벡터의 사잇각 $\theta = 90^\circ$

**풀이**

(1) $\vec{a} \cdot \vec{b} = 2 \times 3 \times \cos 30^\circ = 3\sqrt{3}$

(2) $\vec{a} \cdot \vec{b} = 5 \times 6 \times \cos 90^\circ = 0$

### 정리 2.3.3

0이 아닌 두 벡터 $\vec{a}$, $\vec{b}$가 직교하기 위한 필요충분조건은

$$\vec{a} \cdot \vec{b} = 0$$

이다.

**증명** 두 벡터 $\vec{a}$, $\vec{b}$가 직교하므로 사잇각 $\theta = 90^\circ$이다.

$$\vec{a} \cdot \vec{b} = |\vec{a}||\vec{b}|\cos 90^\circ = 0$$

**예제 2.3.3**

다음 두 벡터 $\vec{a}=(2,-1,0)$, $\vec{b}=(1,2,2)$일 때, 두 벡터의 사잇각 $\theta$를 구하시오.

**풀이**

두 벡터의 내적이 $\vec{a}\cdot\vec{b}=0$이므로 두 벡터의 사잇각 $\theta=90^\circ$ 이다.

**예제 2.3.4**

다음 두 벡터 $\vec{a}=2x\vec{i}+\vec{j}-\vec{k}$와 $\vec{b}=\vec{i}-x\vec{j}+\vec{k}$가 수직일 때, $x$를 구하시오.

**풀이**

두 벡터가 수직이면 내적이 $\vec{a}\cdot\vec{b}=0$이므로

$$\vec{a}\cdot\vec{b}=2x\times1+1\times(-x)+(-1)\times1=x-1=0$$

이다. 그러므로 $x=1$ 이다.

**정의 2.3.2 정사영**

영벡터가 아닌 평행하지 않은 두 벡터 $\vec{a}$, $\vec{b}$에 대하여 벡터 $\vec{b}$를 벡터 $\vec{a}$ 위로 투영시킨 벡터를 '벡터 $\vec{b}$의 벡터 $\vec{a}$ 위로의 **정사영**(projection)'이라 하고

$$\mathrm{Proj}_{\vec{a}}\vec{b}$$

로 나타낸다.

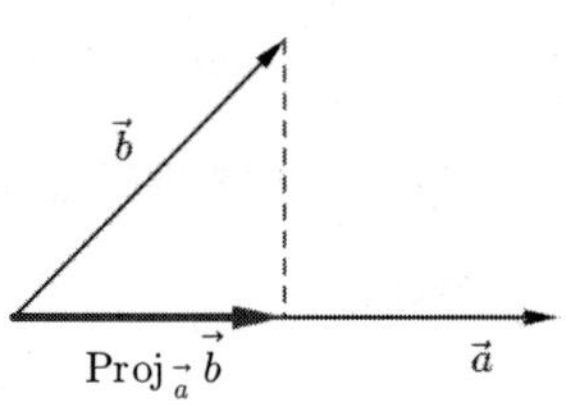

**정리 2.3.4 벡터의 정사영과 벡터의 분해**

0이 아닌 벡터 $\vec{a}$에 대하여

(1) 벡터 $\vec{b}$에서 $\vec{a}$로의 정사영은 다음과 같이 주어진다.

$$\mathrm{Proj}_{\vec{a}}\vec{b}=\frac{\vec{a}\cdot\vec{b}}{|\vec{a}|^2}\vec{a}$$

(2) 벡터 $\vec{b}$는 $\vec{a}$와 평행한 벡터 $\mathrm{Proj}_{\vec{a}}\vec{b}$와 수직인 벡터 $\vec{b}-\mathrm{Proj}_{\vec{a}}\vec{b}$로 유일하게 분해된다.

### 예제 2.3.5

두 벡터 $\vec{a}=\vec{i}+2\vec{j}$, $\vec{b}=2\vec{i}-3\vec{j}$일 때 $\mathrm{Proj}_{\vec{a}}\vec{b}$, $\mathrm{Proj}_{\vec{b}}\vec{a}$를 각각 구하시오.

**풀이**

$$\begin{aligned}\mathrm{Proj}_{\vec{a}}\vec{b}&=\frac{\vec{a}\cdot\vec{b}}{|\vec{a}|^2}\vec{a}=\frac{\vec{a}\cdot\vec{b}}{\vec{a}\cdot\vec{a}}\vec{a}\\&=\frac{2-6}{1+4}(\vec{i}+2\vec{j})=-\frac{4}{5}(\vec{i}+2\vec{j})=-\frac{4}{5}\vec{i}-\frac{8}{5}\vec{j}\end{aligned}$$

$$\begin{aligned}\mathrm{Proj}_{\vec{b}}\vec{a}&=\frac{\vec{a}\cdot\vec{b}}{|\vec{b}|^2}\vec{b}=\frac{\vec{a}\cdot\vec{b}}{\vec{b}\cdot\vec{b}}\vec{b}\\&=\frac{2-6}{4+9}(2\vec{i}-3\vec{j})=-\frac{4}{13}(2\vec{i}-3\vec{j})=-\frac{8}{13}\vec{i}+\frac{12}{13}\vec{j}\end{aligned}$$

### 예제 2.3.6

두 벡터 $\vec{a}=2\vec{i}-\vec{j}+3\vec{k}$, $\vec{b}=\vec{i}+2\vec{j}-\vec{k}$일 때 벡터 $\vec{a}$에 평행한 벡터 $\mathrm{Proj}_{\vec{a}}\vec{b}$와 수직인 벡터 $\vec{b}-\mathrm{Proj}_{\vec{a}}\vec{b}$를 각각 구하시오.

**풀이**

$$\mathrm{Proj}_{\vec{a}}\vec{b}=\frac{\vec{a}\cdot\vec{b}}{|\vec{a}|^2}\vec{a}=\frac{\vec{a}\cdot\vec{b}}{\vec{a}\cdot\vec{a}}\vec{a}$$

$$= \frac{2-2-3}{4+1+9}(2\vec{i}-\vec{j}+3\vec{k}) = -\frac{3}{14}(2\vec{i}-\vec{j}+3\vec{k})$$

$$= -\frac{3}{7}\vec{i}+\frac{3}{14}\vec{j}-\frac{9}{14}\vec{k}$$

$$\vec{b}-\mathrm{Proj}_{\vec{a}}\vec{b} = (\vec{i}+2\vec{j}-\vec{k})-\left(-\frac{3}{7}\vec{i}+\frac{3}{14}\vec{j}-\frac{9}{14}\vec{k}\right)$$

$$= \frac{10}{7}\vec{i}+\frac{25}{14}\vec{j}-\frac{5}{14}\vec{k}$$

---

## 연습문제 2.3

01 다음 두 벡터의 내적을 구하시오.

(1) $\vec{a}=(-1,1)$, $\vec{b}=(1,-1)$

(2) $\vec{a}=(5,-1)$, $\vec{b}=(-3,7)$

(3) $\vec{a}=(2,1,0)$, $\vec{b}=(1,0,-1)$

(4) $\vec{a}=(3,2,-1)$, $\vec{b}=(0,-2,-4)$

02 두 벡터의 사잇각을 구하시오.

(1) $\vec{a}=(2,-1,3)$, $\vec{b}=(3,2,1)$

(2) $\vec{a}=(5,0,-5)$, $\vec{b}=(1,9,1)$

03 다음 두 벡터가 직교하도록 $\alpha$의 값을 구하시오.

(1) $\vec{a}=(2,-1,1)$, $\vec{b}=(1,-\alpha,\alpha)$

(2) $\vec{a}=\alpha\vec{i}+\vec{j}+\vec{k}$, $\vec{b}=\vec{i}+\alpha\vec{j}+4\vec{k}$

04 두 벡터 $\vec{a}=3\vec{i}+\vec{j}-\vec{k}$, $\vec{b}=\vec{i}+2\vec{j}+3\vec{k}$일 때 $\mathrm{Proj}_{\vec{a}}\vec{b}$와 $\mathrm{Proj}_{\vec{b}}\vec{a}$를 각각 구하시오.

05 두 벡터 $\vec{a}=\vec{i}-2\vec{j}+\vec{k}$, $\vec{b}=-3\vec{i}+\vec{j}+2\vec{k}$일 때 벡터 $\vec{a}$평행한 벡터 $\mathrm{Proj}_{\vec{a}}\vec{b}$와 수직인 벡터 $\vec{b}-\mathrm{Proj}_{\vec{a}}\vec{b}$를 각각 구하시오.

06 두 벡터 $\vec{a}=\alpha\vec{i}+\vec{j}+\vec{k}$, $\vec{b}=\vec{i}+\alpha\vec{j}+\vec{k}$의 사잇각이 $\frac{\pi}{3}$일 때 $\alpha$의 값을 구하시오.

07 두 벡터 $\vec{a}$, $\vec{b}$에 대하여 $|\vec{a}|=2$, $|\vec{b}|=2$이고 두 벡터의 사잇각이 $\frac{\pi}{6}$일 때 다음을 구하시오.

(1) $\vec{a}\cdot\vec{b}$ (2) $|\vec{a}+\vec{b}|^2$ (3) $|\vec{a}-\vec{b}|^2$

## 2.4 벡터의 외적

벡터의 외적 역시 선형 대수학에서 중요한 개념 중 하나이며 두 벡터간의 연산을 나타내는 것이다. 벡터의 외적은 두 벡터에 동시에 직교하는 벡터를 구할 때 사용한다. 벡터의 외적은 보통 '×'기호로 표시하며, 다음과 같이 정의한다.

**정의 2.4.1 외적의 정의**

두 벡터 $\vec{a}=a_1\vec{i}+a_2\vec{j}+a_3\vec{k}$, $\vec{b}=b_1\vec{i}+b_2\vec{j}+b_3\vec{k}$ 일 때, $\vec{a}$와 $\vec{b}$의 **외적**(cross product)은 다음과 같이 정의한다.

$$\begin{aligned}\vec{a}\times\vec{b} &= (a_2b_3-a_3b_2)\vec{i}-(a_1b_3-a_3b_1)\vec{j}+(a_1b_2-a_2b_1)\vec{k}\\ &=\begin{vmatrix}\vec{i} & \vec{j} & \vec{k}\\ a_1 & a_2 & a_3\\ b_1 & b_2 & b_3\end{vmatrix} \quad \text{(1행에 관한 여인수 전개)}\end{aligned}$$

두 벡터 사이의 내적은 그 결과가 실수지만 두 벡터를 외적한 결과가 벡터이므로 외적을 벡터적(vector product)이라 부르기도 한다.

**예제 2.4.1**

두 벡터 $\vec{a}=3\vec{i}-2\vec{j}+\vec{k}$, $\vec{b}=5\vec{i}-\vec{k}$일 때 다음을 구하시오.

(1) $\vec{a}\times\vec{a}$

(2) $\vec{b}\times\vec{b}$

(3) $\vec{a}\times\vec{b}$

(4) $\vec{b}\times\vec{a}$

**풀이**

(1) $\vec{a}\times\vec{a}=\begin{vmatrix}\vec{i} & \vec{j} & \vec{k}\\ 3 & -2 & 1\\ 3 & -2 & 1\end{vmatrix}=0$

(2) $\vec{b}\times\vec{b}=\begin{vmatrix}\vec{i} & \vec{j} & \vec{k}\\ 5 & 0 & -1\\ 5 & 0 & -1\end{vmatrix}=0$

(3) $\vec{a}\times\vec{b}=\begin{vmatrix}\vec{i} & \vec{j} & \vec{k}\\ 3 & -2 & 1\\ 5 & 0 & -1\end{vmatrix}=\begin{vmatrix}-2 & 1\\ 0 & -1\end{vmatrix}\vec{i}-\begin{vmatrix}3 & 1\\ 5 & -1\end{vmatrix}\vec{j}+\begin{vmatrix}3 & -2\\ 5 & 0\end{vmatrix}\vec{k}=2\vec{i}+8\vec{j}+10\vec{k}$

(4) $\vec{b}\times\vec{a}=\begin{vmatrix}\vec{i} & \vec{j} & \vec{k}\\ 5 & 0 & -1\\ 3 & -2 & 1\end{vmatrix}=\begin{vmatrix}0 & -1\\ -2 & 1\end{vmatrix}\vec{i}-\begin{vmatrix}5 & -1\\ 3 & 1\end{vmatrix}\vec{j}+\begin{vmatrix}5 & 0\\ 3 & -2\end{vmatrix}\vec{k}=-2\vec{i}-8\vec{j}-10\vec{k}$

---

벡터의 외적은 대수적, 기하학적 성질들을 가지고 있는데, 그 대수적인 특징을 먼저 살펴보자.

**정리 2.4.1 외적의 대수적 성질**

$\vec{a}$, $\vec{b}$, $\vec{c}$가 3차원 벡터이고 $m$이 실수일 때 다음이 성립한다.

(1) $\vec{a}\times\vec{a}=0$

(2) $(m\vec{a})\times\vec{b}=\vec{a}\times(m\vec{b})=m(\vec{a}\times\vec{b})$

(3) $(\vec{a}\times\vec{b})=-(\vec{b}\times\vec{a})$

(4) $\vec{a}\times(\vec{b}+\vec{c})=(\vec{a}\times\vec{b})+(\vec{a}\times\vec{c})$

(5) $|\vec{a}\times\vec{b}|^2=|\vec{a}|^2|\vec{b}|^2-(\vec{a}\cdot\vec{b})^2$

**증명** (1) 벡터 $\vec{a}=a_1\vec{i}+a_2\vec{j}+a_3\vec{k}$라 하면

$$\vec{a}\times\vec{a}=\begin{vmatrix}\vec{i} & \vec{j} & \vec{k}\\ a_1 & a_2 & a_3\\ a_1 & a_2 & a_3\end{vmatrix}\overset{-R_2+R_3}{=}\begin{vmatrix}\vec{i} & \vec{j} & \vec{k}\\ a_1 & a_2 & a_3\\ 0 & 0 & 0\end{vmatrix}=0$$

(2) 벡터 $\vec{b}=b_1\vec{i}+b_2\vec{j}+b_3\vec{k}$라 하면

$$(m\vec{a})\times\vec{b}=\begin{vmatrix}\vec{i} & \vec{j} & \vec{k}\\ ma_1 & ma_2 & ma_3\\ b_1 & b_2 & b_3\end{vmatrix}=m\begin{vmatrix}\vec{i} & \vec{j} & \vec{k}\\ a_1 & a_2 & a_3\\ b_1 & b_2 & b_3\end{vmatrix}=m(\vec{a}\times\vec{b})$$

$$=\begin{vmatrix}\vec{i} & \vec{j} & \vec{k}\\ a_1 & a_2 & a_3\\ mb_1 & mb_2 & mb_3\end{vmatrix}=\vec{a}\times(m\vec{b})$$

(3) 행렬식에서 두 행의 위치를 바꾸면 부호가 바뀐다.

$$\vec{a}\times\vec{b}=\begin{vmatrix}\vec{i} & \vec{j} & \vec{k}\\ a_1 & a_2 & a_3\\ b_1 & b_2 & b_3\end{vmatrix}\overset{R_2\leftrightarrow R_3}{=}-\begin{vmatrix}\vec{i} & \vec{j} & \vec{k}\\ b_1 & b_2 & b_3\\ a_1 & a_2 & a_3\end{vmatrix}=-(\vec{b}\times\vec{a})$$

(4) 벡터 $\vec{c}=c_1\vec{i}+c_2\vec{j}+c_3\vec{k}$라 하면

$$\begin{aligned}\vec{a}\times(\vec{b}+\vec{c}) &= \begin{vmatrix}\vec{i} & \vec{j} & \vec{k}\\ a_1 & a_2 & a_3\\ b_1+c_1 & b_2+c_2 & b_3+c_3\end{vmatrix}\\ &= \{a_2(b_3+c_3)-a_3(b_2+c_2)\}\vec{i}\\ &\quad -\{a_1(b_3+c_3)-a_3(b_1+c_1)\}\vec{j}\\ &\quad +\{a_1(b_2+c_2)-a_2(b_1+c_1)\}\vec{k}\\ &= \left\{(a_2b_3-a_3b_2)\vec{i}-(a_1b_3-a_3b_1)\vec{j}+(a_1b_2-a_2b_1)\vec{k}\right\}\\ &\quad +\left\{(a_2c_3-a_3c_2)\vec{i}-(a_1c_3-a_3c_1)\vec{j}+(a_1c_2-a_2c_1)\vec{k}\right\}\\ &= \begin{vmatrix}\vec{i} & \vec{j} & \vec{k}\\ a_1 & a_2 & a_3\\ b_1 & b_2 & b_3\end{vmatrix}+\begin{vmatrix}\vec{i} & \vec{j} & \vec{k}\\ a_1 & a_2 & a_3\\ c_1 & c_2 & c_3\end{vmatrix}=(\vec{a}\times\vec{b})+(\vec{a}\times\vec{c})\end{aligned}$$

(5) $$\begin{aligned}|\vec{a}\times\vec{b}| &= (a_2b_3-a_3b_2)^2+(a_1b_3-a_3b_1)^2+(a_1b_2-a_2b_1)^2\\ &= (a_1^2+a_2^2+a_3^2)(b_1^2+b_2^2+b_3^2)-(a_1b_1+a_2b_2+a_3b_3)\\ &= |\vec{a}|^2|\vec{b}|^2-(\vec{a}\cdot\vec{b})^2\end{aligned}$$

벡터 외적의 기하하적 의미를 살펴보자.

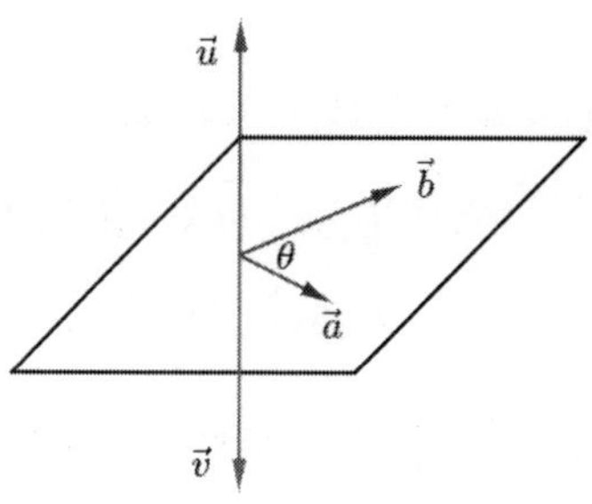


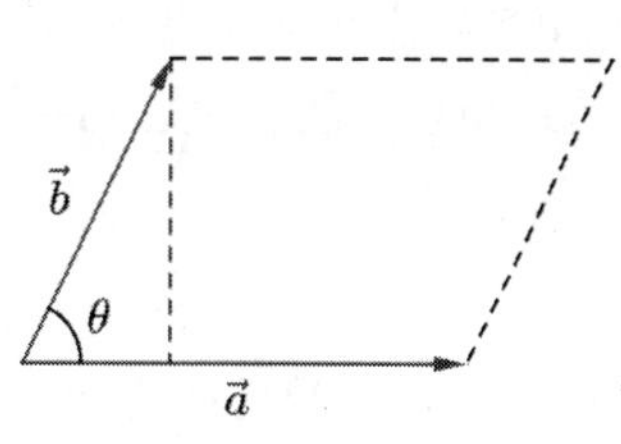

**정리 2.4.2 외적의 기하학적 의미**

$\vec{a}$, $\vec{b}$가 3차원 벡터일 때

(1) $\vec{a}\times\vec{b}$는 두 벡터 $\vec{a}$, $\vec{b}$와 수직이다.

(2) $|\vec{a}\times\vec{b}|=|\vec{a}||\vec{b}|\sin\theta$, 단 $\theta$는 두 벡터 $\vec{a}$와 $\vec{b}$의 사잇각이다.

(3) $|\vec{a}\times\vec{b}|$는 두 벡터 $\vec{a}$와 $\vec{b}$로 만들어진 평행사변형의 넓이이다.

(4) $|\vec{a}\times\vec{b}|=0$이기 위한 필요충분조건은 두 벡터 $\vec{a}$와 $\vec{b}$가 평행이다.

**증명** (1) 두 벡터 $\vec{a}=a_1\vec{i}+a_2\vec{j}+a_3\vec{k}$, $\vec{b}=b_1\vec{i}+b_2\vec{j}+b_3\vec{k}$이면

$$\vec{a}\times\vec{b}=(a_2b_3-a_3b_2)\vec{i}-(a_1b_3-a_3b_1)\vec{j}+(a_1b_2-a_2b_1)\vec{k}$$

이므로

$$\vec{a}\cdot(\vec{a}\times\vec{b})=a_1(a_2b_3-a_3b_2)-a_2(a_1b_3-a_3b_1)+a_3(a_1b_2-a_2b_1)=0$$

$$\vec{b}\cdot(\vec{a}\times\vec{b})=b_1(a_2b_3-a_3b_2)-b_2(a_1b_3-a_3b_1)+b_3(a_1b_2-a_2b_1)=0$$

이다. 두 벡터의 내적이 0이면 $\vec{a}\perp(\vec{a}\times\vec{b})$, $\vec{b}\perp(\vec{a}\times\vec{b})$이다.

(2) 정리 2.4.1 (5)에 의하여

$$\begin{aligned}|\vec{a}\times\vec{b}|^2 &= |\vec{a}|^2|\vec{b}|^2-(\vec{a}\cdot\vec{b})^2\\ &= |\vec{a}|^2|\vec{b}|^2-(|\vec{a}||\vec{b}|\cos\theta)^2\\ &= |\vec{a}|^2|\vec{b}|^2(1-\cos^2\theta)=|\vec{a}|^2|\vec{b}|^2\sin^2\theta\end{aligned}$$

인데 $|\vec{a}\times\vec{b}|\geq 0$, $0\leq\theta\leq\pi$이므로 다음을 알 수 있다.

$$|\vec{a}\times\vec{b}|=|\vec{a}||\vec{b}|\sin\theta$$

(3) $|\vec{a}\times\vec{b}|$은 $|\vec{a}|$와 $|\vec{b}|\sin\theta$의 곱으로 표현 가능하다. 여기서 $|\vec{a}|$는 평행사변형의 밑변, $|\vec{b}|\sin\theta$는 평행사변형의 높이이면 $|\vec{a}\times\vec{b}|$는 평행사변형의 넓이이다.

(4) $\vec{a}$와 $\vec{b}$가 평행하면 $\theta=0^\circ$이고, $\sin 0^\circ=0$이므로 $|\vec{a}\times\vec{b}|=0$이다.

### 예제 2.4.2

두 벡터 $\vec{a}=-\vec{i}+3\vec{j}+2\vec{k}$, $\vec{b}=\vec{i}-\vec{j}-5\vec{k}$일 때, 두 벡터에 모두 수직인 벡터를 구하시오.

**풀이**

두 벡터 $\vec{a}$, $\vec{b}$와 모두 수직인 벡터는 $\vec{a}\times\vec{b}$이다.

$$\vec{a}\times\vec{b}=\begin{vmatrix}\vec{i}&\vec{j}&\vec{k}\\-1&3&2\\1&-1&-5\end{vmatrix}=\begin{vmatrix}3&2\\-1&-5\end{vmatrix}\vec{i}-\begin{vmatrix}-1&2\\1&-5\end{vmatrix}\vec{j}+\begin{vmatrix}-1&3\\1&-1\end{vmatrix}\vec{k}$$

$$=-13\vec{i}-3\vec{j}-2\vec{k}$$

### 예제 2.4.3

두 벡터 $\vec{a}$, $\vec{b}$의 크기가 각각 3, 5이고 두 벡터의 사잇각 $\theta$가 $45^\circ$일 때, $|\vec{a}\times\vec{b}|$를 구하시오.

**풀이**

$$|\vec{a}\times\vec{b}|=|\vec{a}||\vec{b}|\sin\theta=3\times5\times\frac{\sqrt{2}}{2}=\frac{15}{2}\sqrt{2}$$

### 예제 2.4.4

두 벡터 $\vec{a}=2\vec{i}+2\vec{j}-\vec{k}$, $\vec{b}=\vec{i}-\vec{k}$로 이루어진 평행사변형의 넓이를 구하시오.

**풀이**

두 벡터 $\vec{a}$와 $\vec{b}$로 만들어진 평행사변형의 넓이는 $|\vec{a}\times\vec{b}|$이므로

$$\vec{a}\times\vec{b}=\begin{vmatrix}\vec{i}&\vec{j}&\vec{k}\\2&2&-1\\1&0&-1\end{vmatrix}=\begin{vmatrix}2&-1\\0&-1\end{vmatrix}\vec{i}-\begin{vmatrix}2&-1\\1&-1\end{vmatrix}\vec{j}+\begin{vmatrix}2&2\\1&0\end{vmatrix}\vec{k}=-2\vec{i}+\vec{j}-2\vec{k}$$

이고

$$|\vec{a}\times\vec{b}|=\sqrt{(-2)^2+1^2+(-2)^2}=3$$

이므로 평행사변형의 넓이는 3이다.

**예제 2.4.5**

세 점 $O(0,0,0)$, $A(1,2,3)$, $B(-1,0,2)$일 때, 삼각형 $OAB$의 넓이를 구하시오.

**풀이**

두 벡터 $\overrightarrow{OA}=(1,2,3)$, $\overrightarrow{OB}=(-1,0,2)$이고 두 벡터로 만들어진 삼각형 넓이는 평행사변형 넓이의 $\frac{1}{2}$이다.

$$\overrightarrow{OA}\times\overrightarrow{OB}=\begin{vmatrix}\vec{i} & \vec{j} & \vec{k}\\ 1 & 2 & 3\\ -1 & 0 & 2\end{vmatrix}=\begin{vmatrix}2 & 3\\ 0 & 2\end{vmatrix}\vec{i}-\begin{vmatrix}1 & 3\\ -1 & 2\end{vmatrix}\vec{j}+\begin{vmatrix}1 & 2\\ -1 & 0\end{vmatrix}\vec{k}=4\vec{i}-5\vec{j}+2\vec{k}$$

$$\triangle OAB=\frac{1}{2}|\overrightarrow{OA}\times\overrightarrow{OB}|=\frac{1}{2}\sqrt{4^2+(-5)^2+2^2}=\frac{1}{2}\sqrt{45}=\frac{3}{2}\sqrt{5}$$

이므로 삼각형 $OAB$의 넓이는 $\frac{3}{2}\sqrt{5}$이다.

다음은 내적과 외적을 포함하는 삼중적에 대하여 알아보자.

**정의 2.4.2 삼중적의 정의**

세 벡터 $\vec{a}$, $\vec{b}$, $\vec{c}$에 대하여

$$\vec{a}\cdot(\vec{b}\times\vec{c})$$

를 스칼라 **삼중적**(scalar triple product)이라 한다.

세 벡터 $\vec{a}=a_1\vec{i}+a_2\vec{j}+a_3\vec{k}$, $\vec{b}=b_1\vec{i}+b_2\vec{j}+b_3\vec{k}$, $\vec{c}=c_1\vec{i}+c_2\vec{j}+c_3\vec{k}$일 때

$$\begin{aligned}\vec{a}\cdot(\vec{b}\times\vec{c})&=\vec{a}\cdot\begin{vmatrix}\vec{i} & \vec{j} & \vec{k}\\ b_1 & b_2 & b_3\\ c_1 & c_2 & c_3\end{vmatrix}\\ &=\left(a_1\vec{i}+a_2\vec{j}+a_3\vec{k}\right)\cdot\left(\begin{vmatrix}b_2 & b_3\\ c_2 & c_3\end{vmatrix}\vec{i}-\begin{vmatrix}b_1 & b_3\\ c_1 & c_3\end{vmatrix}\vec{j}+\begin{vmatrix}b_1 & b_2\\ c_1 & c_2\end{vmatrix}\vec{k}\right)\\ &=a_1\begin{vmatrix}b_2 & b_3\\ c_2 & c_3\end{vmatrix}-a_2\begin{vmatrix}b_1 & b_3\\ c_1 & c_3\end{vmatrix}+a_3\begin{vmatrix}b_1 & b_2\\ c_1 & c_2\end{vmatrix}=\begin{vmatrix}a_1 & a_2 & a_3\\ b_1 & b_2 & b_3\\ c_1 & c_2 & c_3\end{vmatrix}\end{aligned}$$

이므로 세 벡터의 삼중적은 각 벡터의 성분을 행으로 갖는 행렬의 행렬식과 같음을 알 수 있다.

**예제 2.4.6**

세 벡터 $\vec{a}=\vec{i}-\vec{j}+2\vec{k}$, $\vec{b}=2\vec{i}-5\vec{k}$, $\vec{c}=-3\vec{j}-\vec{k}$의 스칼라 삼중적 $\vec{a}\cdot(\vec{b}\times\vec{c})$를 구하시오.

**풀이**

$$\begin{aligned}\vec{a}\cdot(\vec{b}\times\vec{c}) &= \begin{vmatrix}1 & -1 & 2\\ 2 & 0 & -5\\ 0 & -3 & -1\end{vmatrix}\\ &= 1\begin{vmatrix}0 & -5\\ -3 & -1\end{vmatrix}-(-1)\begin{vmatrix}2 & -5\\ 0 & -1\end{vmatrix}+2\begin{vmatrix}2 & 0\\ 0 & -3\end{vmatrix}\\ &= -29\end{aligned}$$

**정리 2.4.3 삼중적의 성질**

세 벡터 $\vec{a}$, $\vec{b}$, $\vec{c}$가 이웃하는 세 변인 평행육면체의 부피 $V$는

$$V=\|\vec{a}\cdot(\vec{b}\times\vec{c})\|$$

이다.

**증명**

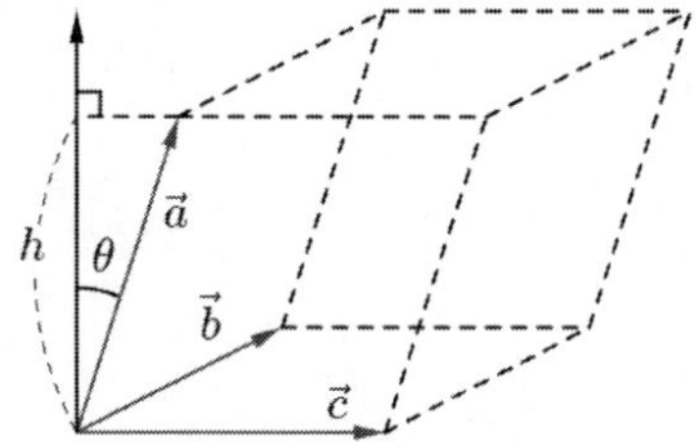


평행육면체의 높이 $h$는 $\vec{b}\times\vec{c}$ 위로의 $\vec{a}$의 정사영 $\mathrm{Proj}_{\vec{b}\times\vec{c}}\vec{a}$의 크기이므로

$$h=\left|\mathrm{Proj}_{\vec{b}\times\vec{c}}\vec{a}\right|=\frac{|\vec{a}\cdot(\vec{b}\times\vec{c})|}{|\vec{b}\times\vec{c}|}$$

이다. 또한 밑면에 있는 평행사변형의 넓이는 $|\vec{b}\times\vec{c}|$이므로 평행육면체의 부피 $V$는

$$V=\frac{|\vec{a}\cdot(\vec{b}\times\vec{c})|}{|\vec{b}\times\vec{c}|}\times|\vec{b}\times\vec{c}|=|\vec{a}\cdot(\vec{b}\times\vec{c})|$$

이다. 부피는 양수이므로

$$V=||\vec{a}\cdot(\vec{b}\times\vec{c})||$$

이다.

**예제 2.4.7**

세 벡터 $\vec{a}=2\vec{i}+3\vec{k}$, $\vec{b}=5\vec{i}-1\vec{k}$, $\vec{c}=-2\vec{j}-\vec{k}$를 세 변으로 하는 평행육면체의 부피를 구하시오.

**풀이**

평행육면체의 부피를 $V$라 하면

$$V=||\vec{a}\cdot(\vec{b}\times\vec{c})||=\left|\begin{vmatrix}2&0&3\\5&0&-1\\0&-2&-1\end{vmatrix}\right|=|-34|=34$$

이다.

## 연습문제 2.4

**01** 다음 두 벡터의 외적을 구하시오.

(1) $\vec{a}=(1,0,1)$, $\vec{b}=(-1,1,0)$ (2) $\vec{a}=(2,1,-1)$, $\vec{b}=(1,3,2)$

(3) $\vec{a}=2\vec{i}+\vec{j}$, $\vec{b}=\vec{i}-\vec{k}$ (4) $\vec{a}=3\vec{i}+2\vec{j}-\vec{k}$, $\vec{b}=-\vec{i}+5\vec{j}+2\vec{k}$

**02** 두 벡터 $\vec{a}=5\vec{i}-\vec{j}+2\vec{k}$, $\vec{b}=2\vec{i}+3\vec{j}-\vec{k}$에 대하여 외적 $\vec{a}\times\vec{b}$를 구하고, $(\vec{a}\times\vec{b})\perp\vec{a}$와 $(\vec{a}\times\vec{b})\perp\vec{b}$임을 보이시오.

**03** 두 벡터 $\vec{a}=-3\vec{i}-\vec{j}-2\vec{k}$, $\vec{b}=4\vec{i}-7\vec{j}-3\vec{k}$일 때, 두 벡터에 모두 수직인 벡터를 구하시오.

**04** 두 벡터 $\vec{a}=\vec{i}+7\vec{j}-5\vec{k}$, $\vec{b}=-2\vec{i}+\vec{j}-2\vec{k}$로 이루어진 평행사변형의 넓이를 구하시오.

**05** 세 점 $O(0,0,0)$, $A(4,-2,3)$, $B(-5,1,-2)$일 때, 삼각형 $OAB$의 넓이를 구하시오.

**06** 세 점 $A(1,2,3)$, $B(2,-1,1)$, $C(-1,0,2)$일 때, 삼각형 $ABC$의 넓이를 구하시오.

**07** 주어진 세 벡터를 변으로 하는 평행육면체의 부피를 구하시오.

(1) $\vec{a}=(1,1,0)$, $\vec{b}=(0,-1,4)$, $\vec{c}=(2,2,2)$

(2) $\vec{a}=(3,1,1)$, $\vec{b}=(1,4,1)$, $\vec{c}=(1,1,5)$

**08** 다음을 계산하시오.

(1) $\vec{k}\cdot(\vec{j}\times\vec{k})$ (2) $\vec{i}\cdot(\vec{j}\times(-\vec{k}))$

(3) $(\vec{i}\times\vec{j})\cdot(\vec{i}\times\vec{j})$ (4) $(\vec{i}\times\vec{k})\times(\vec{j}\times\vec{i})$

## 2.5 직선과 평면의 방정식

좌표공간에서 직선의 방정식을 벡터를 이용하여 나타낼 수 있다.

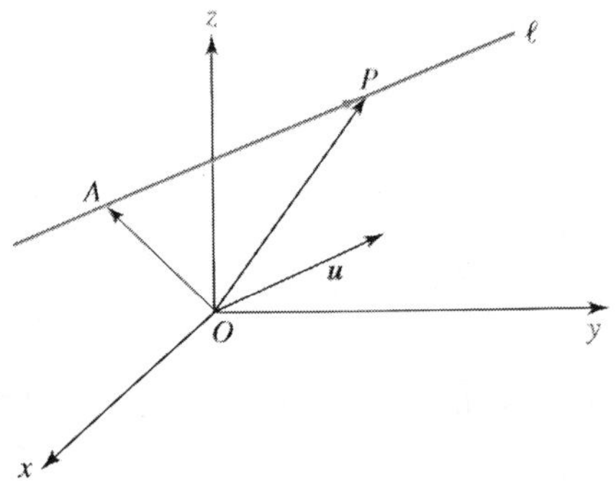


한 고정점 $A$를 지나고 주어진 벡터 $\vec{u}$에 평행한 직선 $l$이 있다. 이 직선 $l$위에 임의의 한 점을 $P$라 하면 $\overrightarrow{AP} // \vec{u}$이므로 임의의 실수 $t$에 대하여

$$\overrightarrow{AP} = t\vec{u}$$

이다. 또 $\overrightarrow{AP} = \overrightarrow{OP} - \overrightarrow{OA}$이므로 직선 $l$은

$$\overrightarrow{OP} = \overrightarrow{OA} + t\vec{u}$$

로 나타내어진다. 역으로 임의의 실수 $t$에 대하여 점 $P$는 직선 $l$위에 있다. 그러므로 직선을 나타낸다. 이를 직선 $l$의 **벡터방정식**(vector equation of the line $l$)이라 하고 벡터 $\vec{u}$를 **방향벡터**(direction vector)라 한다.

위에서 $A(x_1, y_1, z_1)$, $\vec{u} = (a, b, c)$, 임의의 점 $P$의 위치벡터를 $\overrightarrow{OP} = (x, y, z)$라 하고 대입하면

$$\begin{aligned} x\vec{i} + y\vec{j} + z\vec{k} &= x_1\vec{i} + y_1\vec{j} + z_1\vec{k} + t(a\vec{i} + b\vec{j} + c\vec{k}) \\ &= (x_1 + ta)\vec{i} + (y_1 + tb)\vec{j} + (z_1 + tc)\vec{k} \end{aligned}$$

이다. 따라서

$$\begin{cases} x = x_1 + ta \\ y = y_1 + tb \\ z = z_1 + tc \end{cases}$$

를 직선 $l$의 **매개방정식**(parametric equation)이라 한다. 매개방정식에서 $abc \neq 0$일 때, 매개변수 $t$를 소거하면 점 $A(x_1, y_1, z_1)$을 지나고 방향벡터가 $\vec{u} = (a, b, c)$인 직선의 방정식은

$$\frac{x - x_1}{a} = \frac{y - y_1}{b} = \frac{z - z_1}{c}$$

이다. 이를 직선의 **대칭방정식**(symmetric equation)이라 한다.

또 두 점 $A(x_1, y_1, z_1)$, $B(x_2, y_2, z_2)$를 지나는 직선의 방정식은 방향벡터가 $\overrightarrow{AB} = \overrightarrow{OB} - \overrightarrow{OA} = (x_2 - x_1, y_2 - y_1, z_2 - z_1)$이므로 $x_1 \neq x_2$, $y_1 \neq y_2$, $z_1 \neq z_2$일 때

$$\frac{x - x_1}{x_2 - x_1} = \frac{y - y_1}{y_2 - y_1} = \frac{z - z_1}{z_2 - z_1}$$

이다. $abc = 0$인 경우 직선의 방정식은 $a = 0$, $bc \neq 0$이면

$$x - x_1 = 0\ ,\ \ \frac{y - y_1}{b} = \frac{z - z_1}{c}$$

로 점 $A(x_1, y_1, z_1)$을 지나 $yz$평면에 평행한 직선이고, $a = 0$, $b = 0$, $c \neq 0$이면

$$x - x_1 = 0,\ \ y - y_1 = 0$$

으로 점 $A(x_1, y_1, z_1)$을 지나 $z$축에 평행한 직선이다.

**예제 2.5.1**

두 점 $(1, 2, -1)$, $(4, 3, -2)$를 통과하는 직선 $l$의 벡터방정식을 구하시오.

**풀이**

시점이 $(1, 2, -1)$이고, 종점이 $(4, 3, -2)$인 벡터 $\vec{u}$라 하면 $\vec{u} = 3\vec{i} + \vec{j} - \vec{k}$이다. 두 점 중에서 $(1, 2, -1)$을 고정점 $A$라 하면 직선 $l$의 벡터방정식은 다음과 같다.

$$\begin{aligned}\vec{l} &= \overrightarrow{OA} + t\vec{u} \qquad\qquad\qquad (t\text{는 실수})\\ &= \vec{i} + 2\vec{j} - \vec{k} + t(3\vec{i} + \vec{j} - \vec{k})\\ &= (1+3t)\vec{i} + (2+t)\vec{j} + (-1-t)\vec{k}\end{aligned}$$

**예제 2.5.2**

점 $(2, -1, 1)$을 지나고 $4\vec{i} + \frac{3}{4}\vec{j} - \vec{k}$에 평행한 직선의 매개변수 방정식을 구하시오.

**풀이**

매개방정식에서 $x_1 = 2$, $y_1 = -1$, $z_1 = 1$이고 $a = 4$, $b = \frac{3}{4}$, $c = -1$인 경우에 해당한다. 그러므로 매개변수 방정식은 다음과 같다.

$$x = 2 + 4t,\ y = -1 + \frac{3}{4}t,\ z = 1 - t \ (t\text{는 실수})$$

**예제 2.5.3**

점 $(1, -1, 2)$를 지나고 벡터 $5\vec{i} - 2\vec{j} + 3\vec{k}$에 평행한 직선의 대칭 방정식을 구하시오.

**풀이**

대칭방정식에서 $x_1 = 1$, $y_1 = -1$, $z_1 = 2$이고 $a = 5$, $b = -2$, $c = 3$인 경우에 해당한다. 그러므로 대칭방정식은 다음과 같다.

$$\frac{x-1}{5} = \frac{y+1}{-2} = \frac{z-2}{3}$$

좌표공간에서 평면의 방정식은 벡터를 이용하여 나타낼 수 있다.

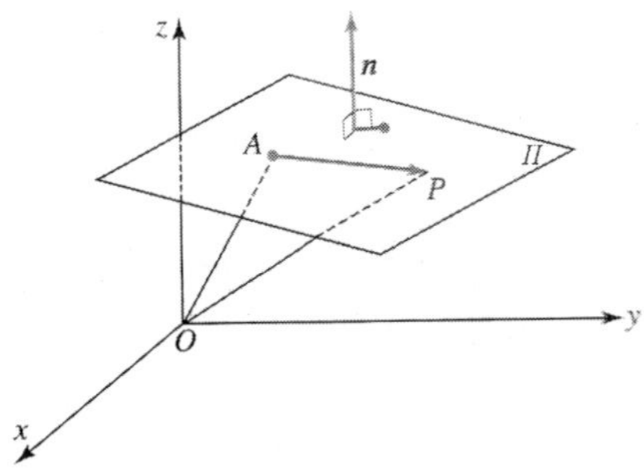


한 평면 위에 있는 모든 벡터와 수직인 벡터를 그 평면의 **법선벡터**(normal vector)라 하고 $\vec{n}$으로 나타낸다. 좌표공간에서 점 $A(x_1, y_1, z_1)$을 지나고 법선벡터 $\vec{n}=(a, b, c)$인 평면 $\Pi$의 방정식을 구하여 보자. 평면 $\Pi$위의 임의의 점을 $P(x, y, z)$라 하면 평면 $\Pi$와 벡터 $\vec{n}$은 수직이므로

$$\overrightarrow{AP} \perp \vec{n} \ , \ \overrightarrow{AP} \cdot \vec{n} = 0$$

즉,

$$(\overrightarrow{OP} - \overrightarrow{OA}) \cdot \vec{n} = 0$$

이다. 역으로 점 $P$는 $\overrightarrow{AP} \perp \vec{n}$에 따라 평면 $\Pi$ 위의 점이다. 따라서 점 $A$를 지나 벡터 $\vec{n}$에 수직인 평면 $\Pi$의 벡터방정식이다. 그리고 $A(x_1, y_1, z_1)$, $P(x, y, z)$, $\vec{n}=(a, b, c)$이므로

$$\overrightarrow{AP} = \overrightarrow{OP} - \overrightarrow{OA} = (x - x_1, y - y_1, z - z_1)$$

에서 평면 $\Pi$의 방정식은

$$a(x - x_1) + b(y - y_1) + c(z - z_1) = 0$$

이고 형태를 바꾸면

$$ax + by + cz - (ax_1 + by_1 + cz_1) = 0$$

이다. 여기서 $-(ax_1 + by_1 + cz_1) = d$라 하면, 일반적으로 법선벡터가 $\vec{n}=(a, b, c)$인 평면의 방정식은 다음과 같다.

$$ax + by + cz + d = 0$$

### 예제 2.5.4

점 $P_0(1, 2, -1)$을 지나고 벡터 $2\vec{i}+3\vec{j}-4\vec{k}$에 수직인 평면의 방정식을 구하시오.

**풀이**

평면상의 임의의 점 $P(x, y, z)$를 잡으면 $\overrightarrow{P_0P} \perp \vec{n}$이므로 $\overrightarrow{P_0P} \cdot \vec{n} = 0$이다.

$$\overrightarrow{P_0P} = (x-1)\vec{i} + (y-2)\vec{j} + (z+1)\vec{k}$$

$$\overrightarrow{P_0P} \cdot \vec{n} = 2(x-1) + 3(y-2) - 4(z+1) = 0$$

이므로 평면의 방정식은 다음과 같다.

$$2x + 3y - 4z = 12$$

### 예제 2.5.5

세 개의 점 $P_1(1, -1, 2)$, $P_2(3, 0, 0)$, $P_3(4, 2, 1)$을 포함하는 평면의 방정식을 구하시오.

**풀이**

$\overrightarrow{P_1P_2} = 2\vec{i} + \vec{j} - 2\vec{k}$, $\overrightarrow{P_1P_3} = 3\vec{i} + 3\vec{j} - \vec{k}$는 구하고자 하는 평면에 있는 벡터이고 $\overrightarrow{P_1P_2} \times \overrightarrow{P_1P_3}$는 $\overrightarrow{P_1P_2}$와 $\overrightarrow{P_1P_3}$에 모두 수직하므로

$$\vec{n} = \overrightarrow{P_1P_2} \times \overrightarrow{P_1P_3}$$

이라 하면 $\vec{n}$은 구하는 평면에 수직인 벡터이다. 따라서 평면상의 임의의 점 $P(x, y, z)$를 잡으면 $\overrightarrow{P_1P} \perp \vec{n}$이므로

$$\overrightarrow{P_1P} \cdot \vec{n} = 0$$

이다.

$$\vec{n} = \overrightarrow{P_1P_2} \times \overrightarrow{P_1P_3} = \begin{vmatrix} \vec{i} & \vec{j} & \vec{k} \\ 2 & 1 & -2 \\ 3 & 3 & -1 \end{vmatrix} = 5\vec{i} - 4\vec{j} + 3\vec{k}$$

이고

$$\overrightarrow{P_1P} = (x-1)\vec{i} + (y+1)\vec{j} + (z-2)\vec{k}$$

$$\overrightarrow{P_1P} \cdot \vec{n} = 5(x-1) - 4(y+1) + 3(z-2) = 0$$

이므로 구하는 평면의 방정식은 다음과 같다.

$$5x-4y+3z=15$$

---

**예제 2.5.6**

다음 두 평면의 교선의 방정식을 구하시오.

$$\begin{cases} x+y-z-3=0 & \cdots (1) \\ 2x-y-8z+9=0 & \cdots (2) \end{cases}$$

**풀이**

$$(1)+(2):\ 3x-9z+6=0 \text{이므로 } z=\frac{x+2}{3} \text{이고}$$

$$(1)\times 2-(2):\ 3y+6z-15=0 \text{이므로 } z=\frac{y-5}{-2} \text{이다.}$$

따라서 구하는 교선의 방정식은 다음과 같다.

$$\frac{x+2}{3}=\frac{y-5}{-2}=z$$

---

두 평면이 이루는 각은 각각의 평면에 수직인 법선벡터가 이루는 각과 같으므로 법선벡터들을 사용하여 평면 사이의 각을 계산할 수 있다. $\overrightarrow{n_1}$이 한 평면에 수직이고 $\overrightarrow{n_2}$가 또 다른 평면에 수직하는 벡터이면 두 평면 사이의 각 $\theta$는 $\overrightarrow{n_1}$과 $\overrightarrow{n_2}$의 사잇각은 다음과 같다.

$$\theta=\cos^{-1}\frac{\overrightarrow{n_1}\cdot\overrightarrow{n_2}}{|\overrightarrow{n_1}||\overrightarrow{n_2}|}$$

**예제 2.5.7**

두 평면 $\Pi_1: 2x-y+z=5$, $\Pi_2: -x+y=6$ 사이의 각을 구하시오.

**풀이**

$\overrightarrow{n_1}$을 $\Pi_1$에 수직인 벡터라 하고 $\overrightarrow{n_2}$를 $\Pi_2$에 수직인 벡터라 하면

$$\overrightarrow{n_1} = 2\vec{i} - \vec{j} + \vec{k}, \ \ \overrightarrow{n_2} = -\vec{i} + \vec{j}$$

로 택할 수 있고 $\overrightarrow{n_1}$와 $\overrightarrow{n_2}$의 사잇각 $\theta$는 다음과 같다.

$$\theta = \cos^{-1}\frac{\overrightarrow{n_1} \cdot \overrightarrow{n_2}}{|\overrightarrow{n_1}||\overrightarrow{n_2}|} = \cos^{-1}\frac{-3}{\sqrt{6}\sqrt{2}} = \frac{5}{6}\pi$$

---

정사영을 이용하여 공간상의 한 점 $P_0(x_0, y_0, z_0)$에서 주어진 평면에 이르는 거리를 구할 수 있다.

**정리 2.5.1 점과 평면과의 거리**

점 $P_0(x_0, y_0, z_0)$에서 평면 $ax+by+cz=d$에 이르는 거리는 다음과 같다.

$$\frac{|ax_0+by_0+cz_0-d|}{\sqrt{a^2+b^2+c^2}}$$

**증명**

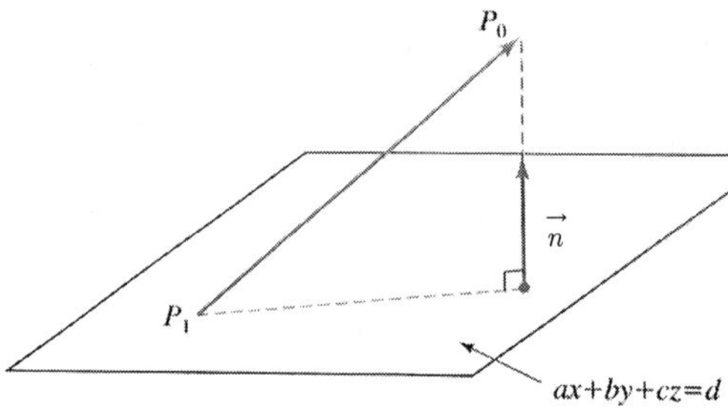


3차원 공간에 임의의 점을 $P_0(x_0, y_0, z_0)$이라 하고, 주어진 평면 $ax+by+cz=d$ 상에 있는 임의의 점을 $P_1(x_1, y_1, z_1)$이라 하면 법선 벡터는 $\vec{n} = a\vec{i} + b\vec{j} + c\vec{k}$이고 $P_0$와 평면 사이의 거리는 $|\text{Proj}_{\vec{n}}\overrightarrow{P_1P_0}|$이다. 따라서 $P_0$와 평면 $ax+by+cz=d$ 사이의 거리를 $\delta$라 하면

$$\delta = |\text{Proj}_{\vec{n}}\overrightarrow{P_1P_0}| = \left|\frac{\vec{n} \cdot \overrightarrow{P_1P_0}}{\vec{n} \cdot \vec{n}}\vec{n}\right| = \frac{|\vec{n} \cdot \overrightarrow{P_1P_0}|}{|\vec{n}|}$$

$$= \frac{|a(x_0 - x_1) + b(y_0 - y_1) + c(z_0 - z_1)|}{\sqrt{a^2 + b^2 + c^2}}$$

$$= \frac{|ax_0 + by_0 + cz_0 - d|}{\sqrt{a^2 + b^2 + c^2}}$$

가 된다. $P_1(x_1, y_1, z_1)$이 평면상의 점이므로 $ax_1 + by_1 + cz_1 = d$임을 이용하였다.

**예제 2.5.8**

점 $(2, 3, -1)$과 평면 $x + 4y + z = -5$ 사이의 거리를 구하시오.

**풀이**

$x_0 = 2$, $y_0 = 3$, $z_0 = -1$, $a = 1$, $b = 4$, $c = 1$, $d = -5$이므로 구하는 거리는 다음과 같다.

$$\frac{|ax_0 + by_0 + cz_0 - d|}{\sqrt{a^2 + b^2 + c^2}} = \frac{18}{3\sqrt{2}} = 3\sqrt{2}$$

## 연습문제 2.5

**01** 다음에서 점 $P$를 지나고 $\vec{u}$에 평행한 직선의 벡터방정식, 매개변수 방정식, 대칭방정식을 구하시오.

(1) $P(1,2,3)$, $\vec{u}=2\vec{i}-\vec{j}+\vec{k}$  (2) $P(-1,1,5)$, $\vec{u}=\vec{i}+\vec{j}-\vec{k}$

(3) $P(4,-1,6)$, $\vec{u}=\vec{i}+\vec{j}$  (4) $P(3,2,-1)$, $\vec{u}=\vec{j}-\vec{k}$

**02** 다음 두 점을 지나는 직선의 방정식을 구하시오.

(1) $(0,0,0)$, $(2,3,1)$  (2) $(1,0,-1)$, $(5,2,-1)$

(3) $(-2,3,1)$, $(1,3,2)$  (4) $(-1,-1,2)$, $(2,2,3)$

**03** 점 $(-1,4,3)$을 지나고 $\dfrac{x+1}{5}=\dfrac{y-2}{-1}=\dfrac{z-3}{-3}$에 평행한 직선의 매개방정식을 구하시오.

**04** 점 $(3,7,-5)$를 지나고 벡터 $-\vec{i}+2\vec{j}-5\vec{k}$에 수직인 평면의 방정식을 구하시오.

**05** 세 개의 점 $P_1(5,0,-1)$, $P_2(-1,2,3)$, $P_3(1,7,-2)$를 포함하는 평면의 방정식을 구하시오.

**06** 두 평면 $\Pi_1: x+z=7$, $\Pi_2: y+z=3$ 사이의 각을 구하시오.

**07** 다음에서 점과 평면 사이의 거리를 구하시오.

(1) $(1,0,-1)$, $x+y+z=10$

(2) $(-2,5,1)$, $2x-y+3z=2$

(3) $(4,1,0)$, $-x+2y-4z=1$

(4) $(-1,-1,2)$, $7x-5y+4z=8$

CHAPTER

# 03

# 함 수

# 3.1 함수

함수를 정의하고 함수와 관련된 다양한 성질들과 그 의미를 알아보자.

**정의 3.1.1**

공집합이 아닌 두 집합 $X, Y$에 대하여 $X$의 각 원소 $x$에 $Y$의 원소 $y$가 유일하게 대응하는 대응규칙을 $f$라 하면

$$f: X \to Y,\ \ y = f(x)$$

로 나타내고 $f$를 $X$에서 $Y$로의 **함수**라 한다.

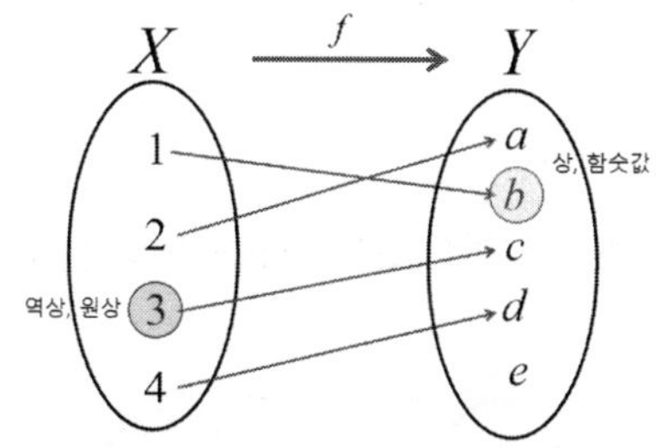


이때 $y$를 $f$에 의한 $x$의 **상**, 또는 $x$에서 $f$의 **함숫값**이라 하고 $x$를 $y$의 **역상** 또는 **원상**이라고 한다.

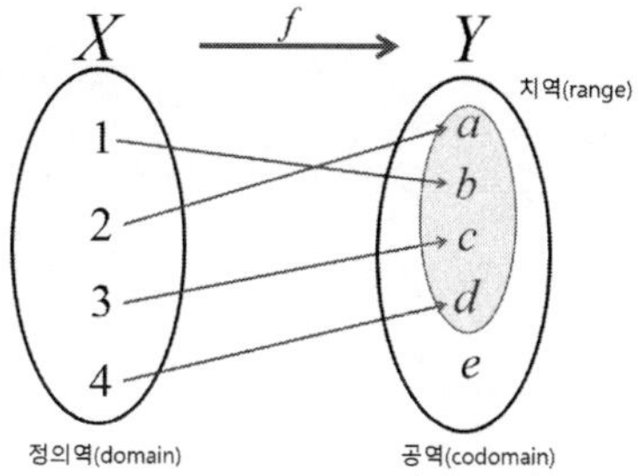


집합 $X$를 $f$의 **정의역**, 집합 $Y$를 $f$의 **공역**이라 한다. $\{f(x) \mid x \in X\}$를 $f$의 **치역**이라 하고, $\{(x, f(x)) \mid x \in X\}$를 함수 $f$의 **그래프**라 한다. 함수의 그래프를 그린다는 것은 좌표평면에서 순서쌍의 점들로 나타내는 것을 의미한다.

## 예제 3.1.1

집합 $X$에서 집합 $Y$로의 함수 $f$에 대하여 다음 물음에 답하시오.

(1) 함수 $f$의 정의역을 구하시오.

(2) 함수 $f$의 공역을 구하시오.

(3) 함수 $f$의 치역을 구하시오.

(4) $x=2$의 상과 $y=a$의 역상을 구하시오.

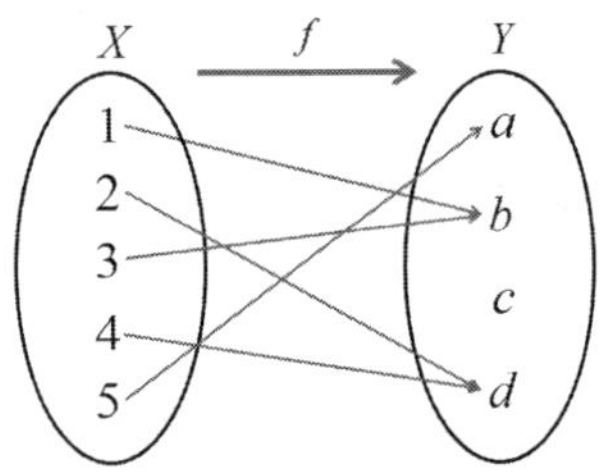


**풀이**

(1) 정의역 : $\{1, 2, 3, 4, 5\}$

(2) 공역 : $\{a, b, c, d\}$

(3) 치역 : $\{a, b, d\}$

(4) $x=2$의 상은 $d$이고, $y=a$의 역상은 5이다.

## 예제 3.1.2

집합 $X$에서 집합 $Y$로의 함수 $f$에 대하여 좌표평면에 함수 $f$의 그래프를 그리시오.

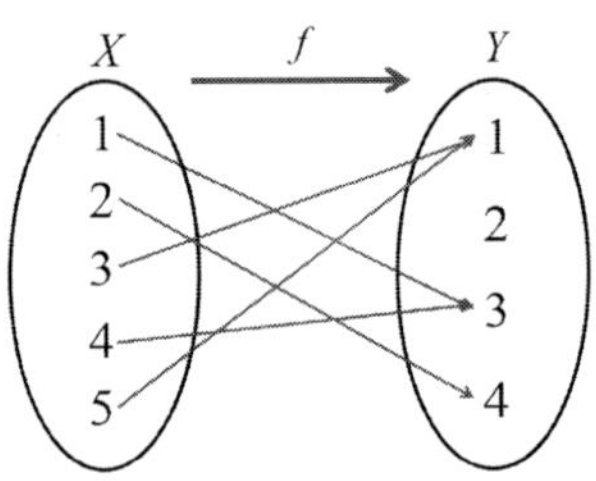


**풀이**

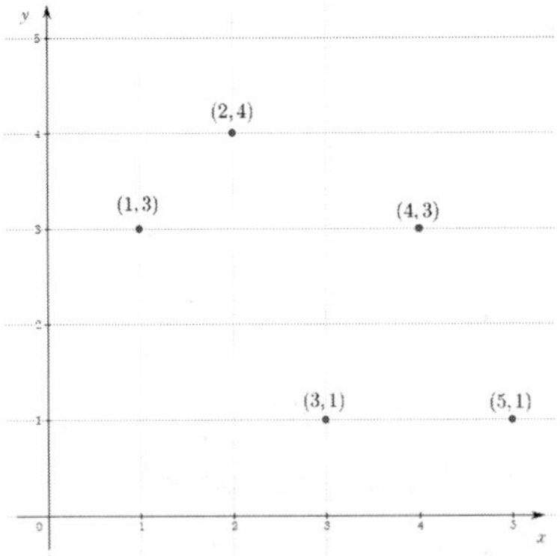

**정의 3.1.2 단사함수**

정의역에서 서로 다른 원소는 공역의 서로 다른 원소에 대응, 즉

$$x_1, x_2 \in X\text{일 때, } x_1 \neq x_2\text{이면 } f(x_1) \neq f(x_2)$$

인 함수 $f$를 **단사함수** 또는 일대일 함수라 한다.

따라서 $x_1 \neq x_2$이지만 $f(x_1) = f(x_2)$ 인 두 원소 $x_1$, $x_2 \in X$가 존재하면 $f$는 단사함수가 아니다.

예를 들어 다음과 같이 주어진 함수에서 $x$가 $2 \neq 3$이지만 $f(2) = f(3) = 2$ 이므로 $f$는 단사함수가 아니다.

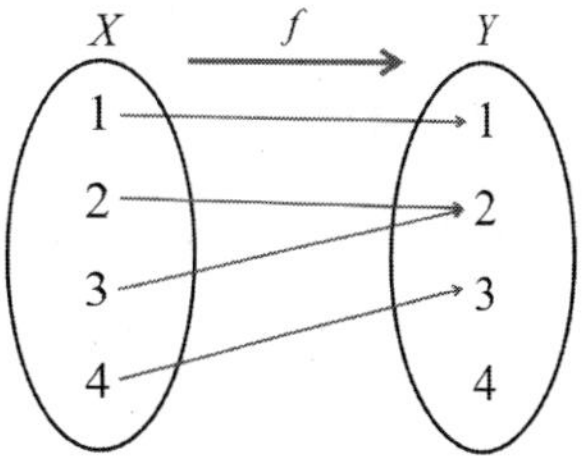


**예제 3.1.3**

실수 $R$에 대하여 함수 $f: R \rightarrow R$, $f(x) = 2x + 1$이 단사함수임을 보이시오.

**풀이**

임의의 두 실수 $x_1$, $x_2$에 대하여 $x_1 \neq x_2$일 때, $f(x_1) = 2x_1 + 1$, $f(x_2) = 2x_2 + 1$이고 $f(x_1) \neq f(x_2)$이므로 함수 $f$는 단사함수이다.

**예제 3.1.4**

실수 $R$에 대하여 함수 $g: R \rightarrow R$, $g(x) = x^2$이 단사함수가 아님을 보이시오.

**풀이**

서로 다른 두 실수 $x_1 = -1$, $x_2 = 1$에 대하여 $f(x_1) = (-1)^2 = 1$, $f(x_2) = 1^2 = 1$이다. $f(x_1) = f(x_2)$이므로 함수 $f$는 단사함수가 아니다.

좌표평면에 함수 그래프를 그렸을 때, $x$축과 평행한 임의의 직선과 한점에서만 만난다면 이 그래프는 단사함수이고, 두 점이상에서 만난다면 이 그래프는 단사함수가 아니다.

**정의 3.1.3 전사함수**

함수 $f: X \to Y$에서 치역이 공역과 같은 함수, 즉 임의의 $y \in Y$에 대하여 $y = f(x)$인 $x \in X$가 존재하면 $f$는 **전사함수** 또는 위로의 함수라 한다.

따라서 모든 원소 $x \in X$와 공역의 한 원소 $b \in Y$에 대하여 $f(x) \neq b$인 $b$가 존재하면 함수 $f$는 전사함수가 아니다. 예를 들어 다음과 같은 함수에서 모든 원소 $x \in X$에 대하여 $f(x) \neq 4$이므로, 즉 $4 \in Y$에 대응하는 $X$가 없기 때문에 함수 $f$는 전사함수가 아니다.

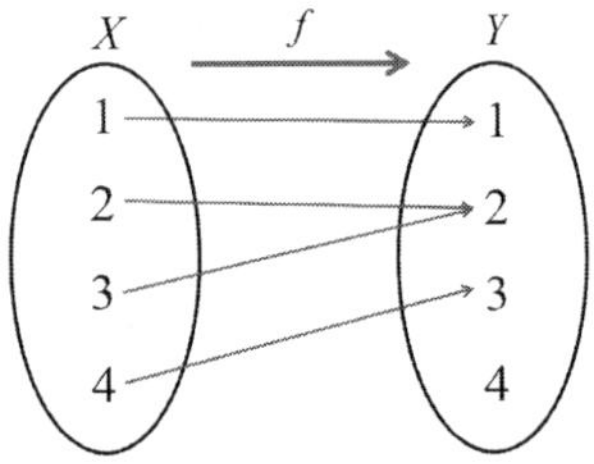


**예제 3.1.5**

함수 $f: [-1,1] \to [-1,1]$, $f(x) = x$가 전사함수임을 보이시오.

**풀이**

$y \in [-1,1]$에 대하여 함수 $f(x) = x$ 즉 $y = x$이므로 $x \in [-1,1]$이다. 공역의 한 원소 $b \in Y$에 대하여 $f(x) \neq b$인 $b$가 존재하지 않으므로 함수 $f$는 전사함수이다.

**예제 3.1.6**

함수 $f: [0,1] \to [0,3]$, $f(x) = 2x + 1$이 전사함수가 아님을 보이시오.

**풀이**

모든 원소 $x \in [0,1]$에 대하여 $f(x) \neq 0$이므로, 즉 $0 \in Y$에 대응하는 $X$가 없기 때문에 함수 $f$는 전사함수가 아니다.

**정의 3.1.4 전단사함수**

함수 $f: X \to Y$가 단사함수이고 전사함수이면 $f$는 **전단사함수** 또는 일대일 대응함수라 한다.

예를 들어 다음 함수는 모두 전단사함수이다.

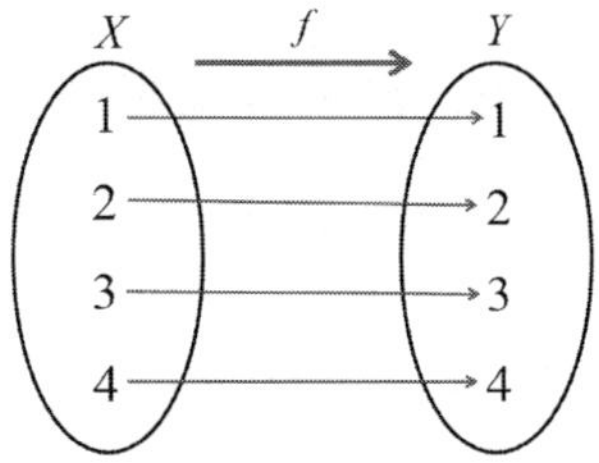


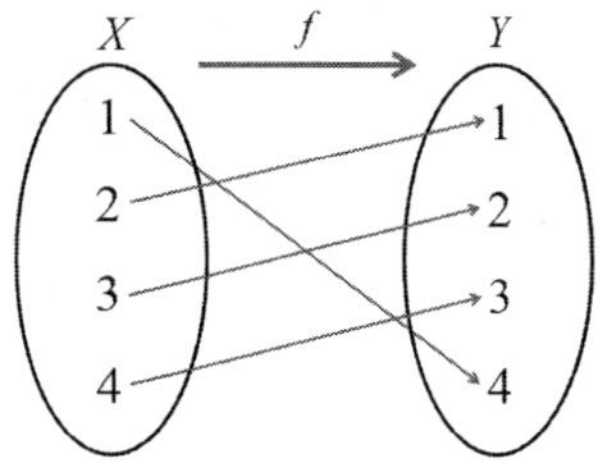


전단사함수는 정의역과 공역이 유한집합일 때, 두 집합의 원소의 개수가 같음을 알 수 있다.

**예제 3.1.7**

함수 $f:[0,2]\to[0,4]$, $f(x)=x^2$이 전단사함수임을 보이시오.

**풀이**

먼저 함수 $f$가 단사함수임을 보이자. $x_1$, $x_2 \in [0,2]$에서 $x_1 \neq x_2$이면, $f(x_1)=x_1^2$, $f(x_2)=x_2^2$이고 $f(x_1)\neq f(x_2)$ 이다. 따라서 함수 $f$는 단사함수이다.
다음으로 함수 $f$가 전사함수임을 보이자.
$y\in[0,4]$에 대하여 $x=\sqrt{y}$라 하면 $0\leq\sqrt{y}\leq 2$이므로 $x\in[0,2]$이다. 공역의 한 원소 $b\in Y$에 대하여 $f(x)\neq b$인 $b$가 존재하지 않으므로 함수 $f$는 전사함수이다.
그러므로 함수 $f$는 전단사함수이다.

**정의 3.1.5**

**(1) 상수의 곱**

$k$가 상수일 때, $kf$는

$$(kf)(x)=kf(x)$$

로 정의되는 함수이다. 이때, $kf$의 정의역은 $f$의 정의역과 같다.

**(2) 합, 차**

함수 $f+g$와 함수 $f-g$는 각각 다음과 같이 정의되는 함수이다.

$$(f+g)(x)=f(x)+g(x)$$

$$(f-g)(x)=f(x)-g(x)$$

이때, $f+g$와 $f-g$의 정의역은 모두 $f$와 $g$의 정의역의 공통집합이다.

**(3) 곱, 나눗셈**

함수 $fg$와 함수 $\frac{f}{g}$는 각각 다음과 같이 정의되는 함수이다.

$$(fg)(x)=f(x)g(x)$$

$$\left(\frac{f}{g}\right)(x)=\frac{f(x)}{g(x)}$$

이때, $fg$의 정의역은 $f$와 $g$의 정의역의 공통집합이고, $\frac{f}{g}$의 정의역은 $fg$의 정의역에서 $g(x)$의 값이 0이 되는 원소를 제외한 집합이다.

예를 들면, 두 함수 $f, g$가 다음과 같이 정의되었을 때,

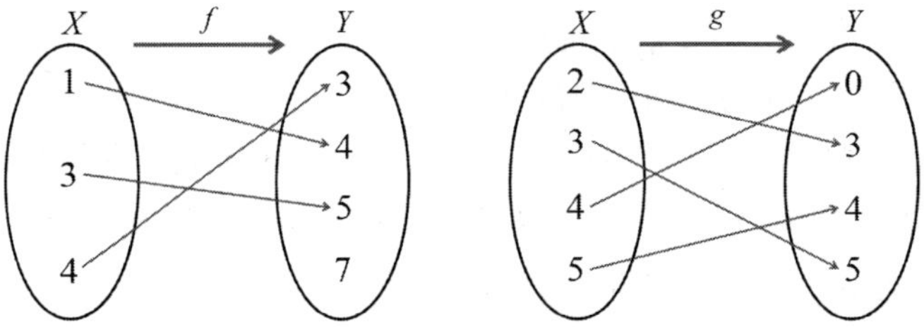


$kf$의 정의역은 $\{1, 3, 4\}$, $f \pm g$와 $fg$의 정의역은 $\{3, 4\}$, $\frac{f}{g}$의 정의역은 $\{3\}$이다. 또한 아래와 같이 계산할 수 있다.

(1) 상수의 곱

$(5f)(1)=5\times f(1)=20$

(2) 합, 차

$(f+g)(3)=f(3)+g(3)=10$

$(f-g)(4)=f(4)-g(4)=3$

(3) 곱, 나눗셈

$(fg)(4)= f(4)g(4)= 0$

$\left(\frac{f}{g}\right)(3)= \frac{f(3)}{g(3)}= 1$

**예제 3.1.8**

$f(x)= 2x-1$, $g(x)= x^2+1$일 때, 다음 함수를 구하시오.

(1) $2f$　　(2) $f+g$　　(3) $f-g$　　(4) $fg$　　(5) $\frac{f}{g}$

**풀이**

(1) $(2f)(x)= 2f(x)= 2(2x-1)= 4x-2$

(2) $(f+g)(x)= f(x)+ g(x)= x^2+2x$

(3) $(f-g)(x)= f(x)- g(x)=- x^2+2x-2$

(4) $(fg)(x)= f(x)g(x)= (2x-1)\left(x^2+1\right)= 2x^3-x^2+2x-1$

(5) $\left(\frac{f}{g}\right)(x)= \frac{f(x)}{g(x)}= \frac{2x-1}{x^2+1}$

**정의 3.1.6 상수함수**

함수 $f: X \to Y$에서 $y_0 \in Y$일 때, 모든 $x \in X$에 대하여 $f(x)= y_0$인 함수, 즉 함숫값이 한 개로 일정한 함수 $f$를 **상수함수**라 한다.

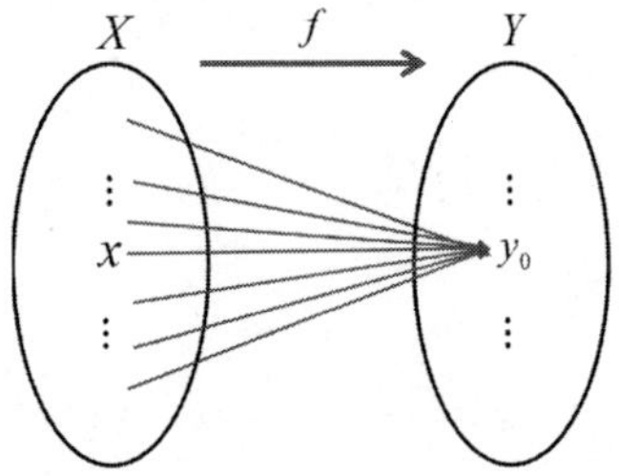

**정의 3.1.7 항등함수**

함수 $f: X \to X$에서 각 $x \in X$에 대하여 $f(x) = x$일 때, $f$를 $X$ 위에서 **항등함수**라 한다.

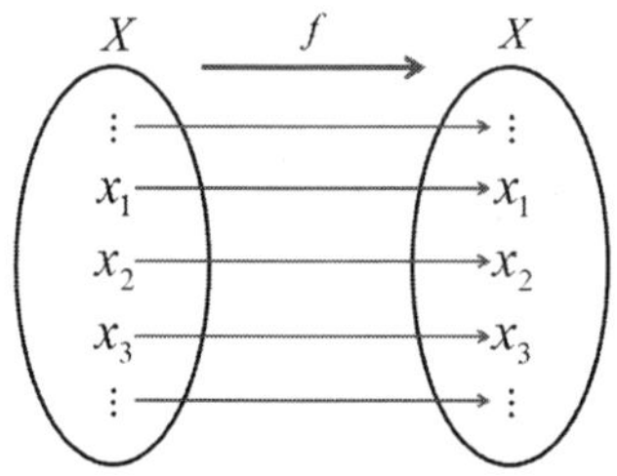


항등함수는 정의역과 공역이 같고, 모든 원소를 자기 자신으로 대응시키는 함수이다.

**정의 3.1.8 우함수와 기함수**

함수 $f$가 정의역 내에 있는 실수 $x$에 대하여

$$f(-x) = f(x)$$

이면 함수 $f$는 **우함수**이고,

$$f(-x) = -f(x)$$

이면 함수 $f$는 **기함수**이다.

**예제 3.1.9**

함수 $f(x) = 2x$, $g(x) = x^2$일 때 우함수인지 기함수인지 판별하시오.

**풀이**

$$f(-x) = 2(-x) = -2x = -f(x)$$

이므로 $f(x)$는 기함수이고

$$g(-x) = (-x)^2 = x^2 = g(x)$$

이므로 $g(x)$는 우함수이다.

**참고** 우함수의 그래프는 $y$축 대칭이고, 기함수의 그래프는 원점 대칭이다.

### 정의 3.1.9 합성함수

두 함수 $f: X \to Y$, $g: Y \to Z$에 대하여

$$g \circ f : X \to Z,\ (g \circ f)(x) = g(f(x))$$

로 정의되는 함수 $g \circ f$를 $f$와 $g$의 **합성함수**라 한다.

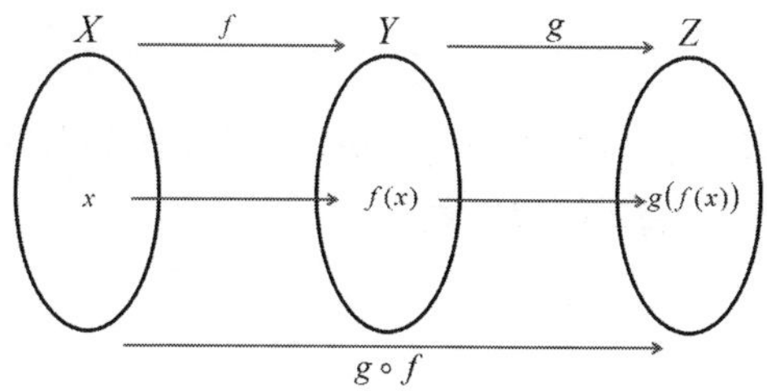


### 예제 3.1.10

다음과 같이 정의된 함수 $f$와 $g$에 대하여 다음 합성함수의 함숫값을 구하시오.

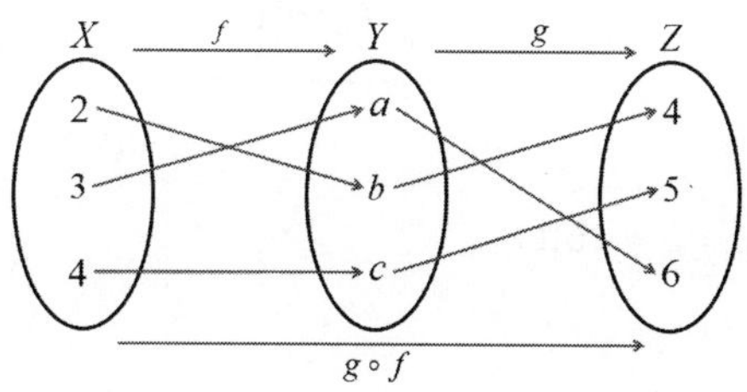


(1) $(g \circ f)(2)$ (2) $(g \circ f)(3)$ (3) $(g \circ f)(4)$

**풀이**

(1) $(g \circ f)(2) = g(f(2)) = g(b) = 4$

(2) $(g \circ f)(3) = g(f(3)) = g(a) = 6$

(3) $(g \circ f)(4) = g(f(4)) = g(c) = 5$

### 예제 3.1.11

두 함수 $f, g: R \to R$에서 $f(x) = 3x - 2$, $g(x) = x^2 + 3$일 때, 다음 함숫값을 구하시오.

(1) $(f \circ f)(1)$ (2) $(g \circ g)(1)$

(3) $(f \circ g)(1)$ (4) $(g \circ f)(1)$

**풀이**

(1) $(f \circ f)(1) = f(f(1)) = f(1) = 1$

(2) $(g \circ g)(1) = g(g(1)) = g(4) = 19$

(3) $(f \circ g)(1) = f(g(1)) = f(4) = 10$

(4) $(g \circ f)(1) = g(f(1)) = g(1) = 4$

---

**예제 3.1.12**

두 함수 $f, g: R \rightarrow R$에서 $f(x) = 3x + 5$, $g(x) = -2x - 1$일 때, 합성함수 $f \circ g$와 $g \circ f$를 각각 구하고 그 결과를 비교하시오.

**풀이**

합성함수에서 두 합성의 순서를 바꾸면 영향이 있는지 알아보자.

$$(f \circ g)(x) = f(g(x)) = f(-2x - 1) = 3(-2x - 1) + 5 = -6x + 2$$

$$(g \circ f)(x) = g(f(x)) = g(3x + 5) = -2(3x + 5) - 1 = -6x - 11$$

이므로 두 합성함수 $(f \circ g)(x) \neq (g \circ f)(x)$이다.

---

**참고** 일반적으로 $f \circ g \neq g \circ f$이다.

함수 $f: X \rightarrow Y$가 전단사함수이면 $Y$의 원소 $y$에 대하여 $y = f(x)$인 $X$의 원소 $x$는 단 하나 존재하므로 $f^{-1}(y)$의 원소는 한 개다. 이 대응을 이용하여 $Y$에서 $X$로의 특별한 함수를 생각할 수 있다.

**정의 3.1.10 역함수**

함수 $f: X \rightarrow Y$가 전단사함수일 때, $f^{-1}: Y \rightarrow X$

$$f^{-1}(y) = x \quad (\text{단, } y = f(x))$$

로 정의되는 함수 $f^{-1}$를 $f$의 **역함수**라 한다.

**예제 3.1.13**

다음과 같이 주어진 함수 $f$에 대하여 역함수의 함숫값을 구하시오.

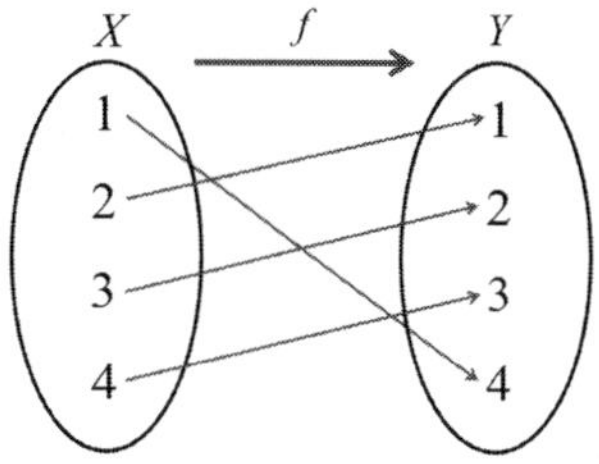


(1) $f^{-1}(1)$　　(2) $f^{-1}(3)$

(3) $(f \circ f^{-1})(2)$　　(4) $(f^{-1} \circ f)(2)$

**풀이**

함수 $f$는 전단사함수이므로 역함수 $f^{-1}$가 존재한다.

(1) $f^{-1}(1)=2$

(2) $f^{-1}(3)=4$

(3) $(f \circ f^{-1})(2)=f(f^{-1}(2))=f(3)=2$

(4) $(f^{-1} \circ f)(2)=f^{-1}(f(2))=f^{-1}(1)=2$

---

역함수 $f^{-1}$의 정의역, 치역, 그래프 등에 관한 내용은 함수 $f$의 성질을 이용하여 알 수 있다. 다음은 함수 $f$와 $f^{-1}$에 관한 관계를 살펴보자.

**정리 3.1.1 역함수의 성질**

함수 $f: X \to Y$가 전단사함수일 때 역함수 $f^{-1}: Y \to X$에 대하여 다음이 성립한다.

(1) $y=f(x) \Leftrightarrow x=f^{-1}(y)$

(2) $(f^{-1} \circ f)(x)=x$, $(f \circ f^{-1})(y)=y$

(3) $f^{-1}$의 정의역은 $f$의 치역과 같고 $f^{-1}$의 치역이 $f$의 정의역과 같다.

(4) $f$의 그래프와 $f^{-1}$의 그래프는 $y=x$에 대하여 선대칭이다.

### 역함수 구하기

전단사함수가 주어졌을 때, 주어진 함수의 역함수를 구하는 방법은 다음과 같다.
첫째, $y=f(x)$에서 $x$와 $y$를 바꾼다.
둘째, $x$와 $y$를 바꾼 식에서 $y$를 $x$에 대하여 정리하면 $y=f^{-1}(x)$가 된다.

**예제 3.1.14**

함수 $f: R \to R$, $f(x)=\frac{3}{2}x-5$가 전단사함수일 때, 역함수 $f^{-1}(x)$를 구하시오.

**풀이**

$y=\frac{3}{2}x-5$로부터 $x$와 $y$를 바꾸면 $x=\frac{3}{2}y-5$이고 $y$를 $x$에 대하여 정리하면 $y=\frac{2}{3}x+\frac{10}{3}$이다. 따라서 구하는 역함수는 $f^{-1}(x)=\frac{2}{3}x+\frac{10}{3}$이다.

**예제 3.1.15**

정의역이 $\{x \mid x \geq 0\}$이고 공역이 $\{y \mid y \geq 0\}$인 함수 $y=x^2$의 역함수를 구하시오.

**풀이**

주어진 조건 내에서 함수 $y=x^2$은 전단사함수이므로 역함수가 존재한다.
첫째, $y=x^2$에서 $x$와 $y$를 바꾸면 $x=y^2 \, (y \geq 0)$이다.
둘째, $y$를 $x$에 대하여 정리하면 $y=\pm\sqrt{x} \, (x \geq 0)$이다.
따라서, $y \geq 0$이므로 구하는 역함수는

$$y=\sqrt{x} \quad (x \geq 0)$$

이다.

함수 $y=f(x)$의 그래프 위의 임의의 점을 $(a, b)$라고 하면

$$b=f(a), \text{ 즉 } a=f^{-1}(b)$$

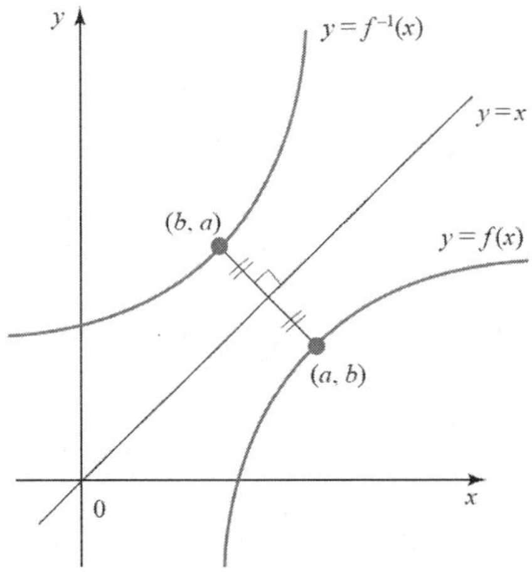


따라서, 점 $(b, a)$는 $y=f(x)$의 역함수 $y=f^{-1}(x)$의 그래프 위에 있고, 점 $(a, b)$와 점 $(b, a)$는 직선 $y=x$에 대하여 대칭이다.

> 함수 $y=f(x)$의 그래프와 역함수 $y=f^{-1}(x)$의 그래프는 직선 $y=x$에 대하여 대칭이다.

예를 들면, 함수 $y=x^2\,(x \geq 0)$과 그 역함수 $y=\sqrt{x}\,(x \geq 0)$의 그래프는 직선 $y=x$에 대하여 대칭이다. 따라서 $y=x^2\,(x \geq 0)$의 역함수 $y=\sqrt{x}\,(x \geq 0)$의 그래프는 다음 그림과 같다.

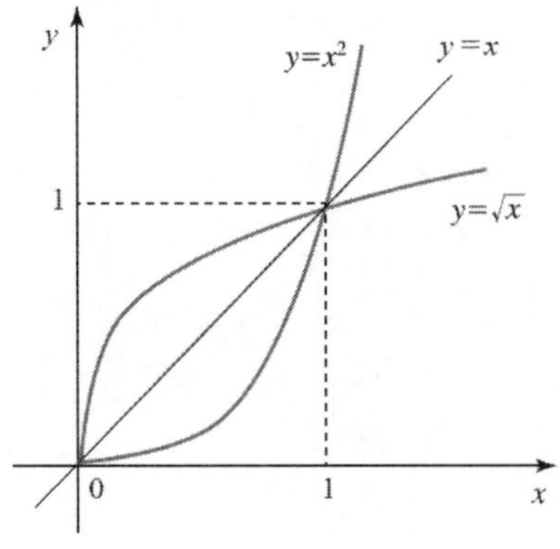

**예제 3.1.16**

정의역 $\{x \mid x \ge 0\}$이고 공역이 $\{y \mid y \ge -3\}$인 함수 $y = x^2 - 3$의 역함수를 구하고 그 그래프를 그리시오.

**풀이**

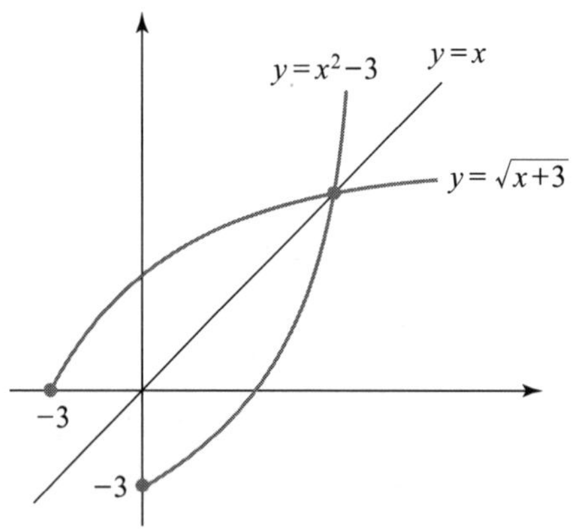


$y = x^2 - 3$에서 $x$와 $y$를 바꾸면 $x = y^2 - 3\,(y \ge 0)$이고 이것을 $y$에 대하여 풀면 역함수는 $y = \sqrt{x+3}\,(x \ge -3)$이다.

## 연습문제 3.1

**01** 다음 대응 중에서 집합 $X$에서 집합 $Y$로의 함수인 것을 모두 찾고, 함수이면 정의역, 공역, 치역을 구하시오.

(1)

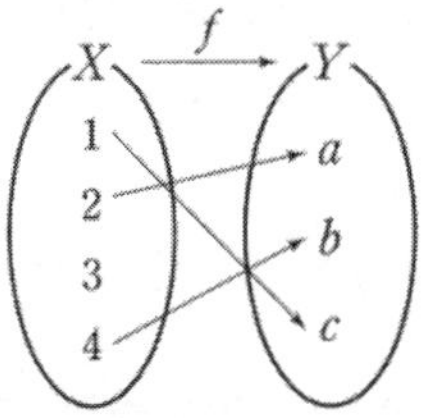

(2)

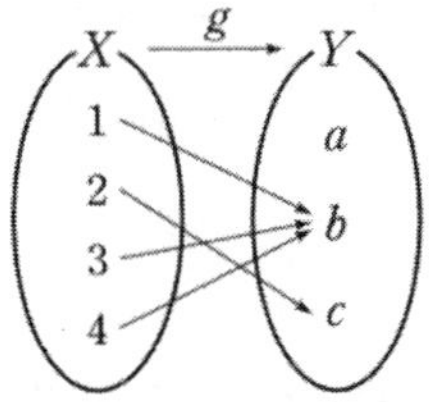

(3)

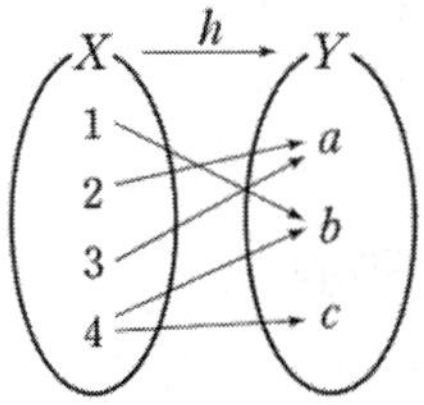

(4)

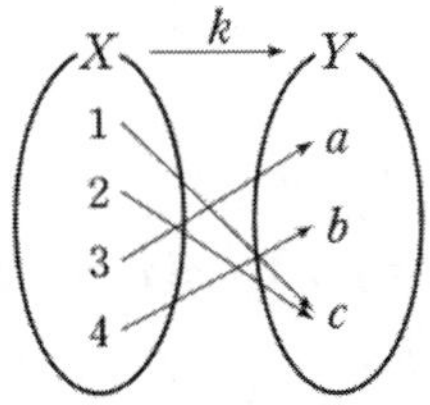

**02** 집합 $X = \{-2, -1, 0, 1, 2\}$ 에서 실수 집합으로의 함수 $f(x) = 2x + 1$ 에 대하여 다음을 구하시오.

(1) 정의역　　(2) 공역

(3) 치역　　(4) 그래프

**03** 다음 집합 $A$에서 집합 $B$로의 함수 중 단사, 전사, 전단사함수를 판별하시오.

(1)

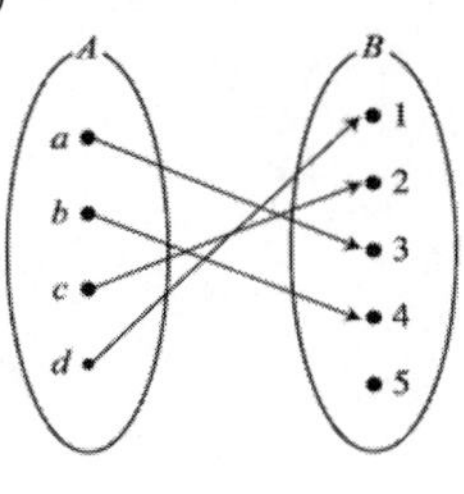

(2)

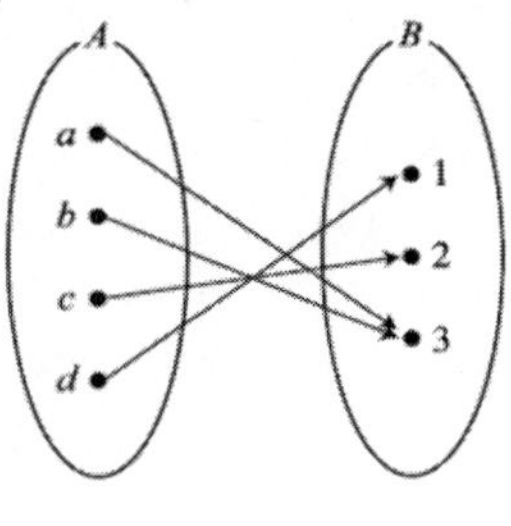

(3)

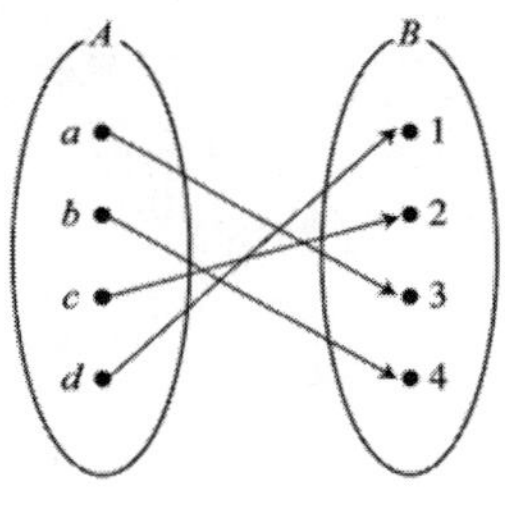

**04** 두 함수 $f(x)=\frac{x+3}{2}$, $g(x)=\sqrt{4x+1}$에 대하여 다음 값을 구하시오.

(1) $3f(2)$ (2) $(f+g)(3)$

(3) $fg(6)$ (4) $\frac{f}{g}(1)$

**05** 두 함수 $f(x)=-3x+2$, $g(x)=\sqrt{x}-1$에 대하여 다음 함수를 구하시오.

(1) $f \circ g$ (2) $g \circ f$

(3) $f \circ f$ (4) $g \circ g$

**06** 두 함수 $f, g: R \to R$이 다음과 같이 정의될 때, 각 함수의 역함수를 구하시오.

(1) $f(x)=5x-2$ (2) $g(x)=-\frac{2}{3}x+\frac{1}{2}$

**07** 두 함수 $f(x)=x+1$, $g(x)=-2x+3$일 때, 다음을 구하시오.

(1) $g^{-1} \circ f^{-1}$ (2) $(f \circ g)^{-1}$

**08** 다음 함수가 우함수인지 기함수인지 판별하시오.

(1) $f(x)=x^2+1$ (2) $f(x)=x^2-x$

(3) $f(x)=x^3-x$ (4) $f(x)=x^4+x^2$

# 3.2 다항함수

이 절에서는 실수의 부분집합을 정의역과 공역으로 가지는 함수들 중에서 다항함수에 대하여 알아보자.

**정의 3.2.1**

자연수 $n$과 주어진 실수 $a_0, a_1, \cdots, a_n$에 대하여 정의역의 원소 $x$에 대하여

$$f(x)= a_n x^n + a_{n-1}x^{n-1} + \cdots + a_1 x + a_0 \quad (a_n \neq 0)$$

으로 정의된 함수 $f$를 $n$차 **다항함수**라 한다.

$n=1$일 때는 일차함수, $n=2$일 때는 이차함수라 하는데 이들 함수에 대하여 알아보자.

## 일차함수와 그래프

일차함수는 실수 $a(\neq 0)$, $b$에 대하여 $f(x)= ax+b$이고 그래프는 $y$절편이 $b$이고 기울기가 $a$인 직선이다. 제한 조건이 없으면 정의역은 모든 실수의 집합이다.

일차함수의 그래프는 $a$의 부호에 따라 다음과 같다. 일반적으로 $x$절편, $y$절편을 구하여 두 점을 연결한다.

$$y = ax + b$$

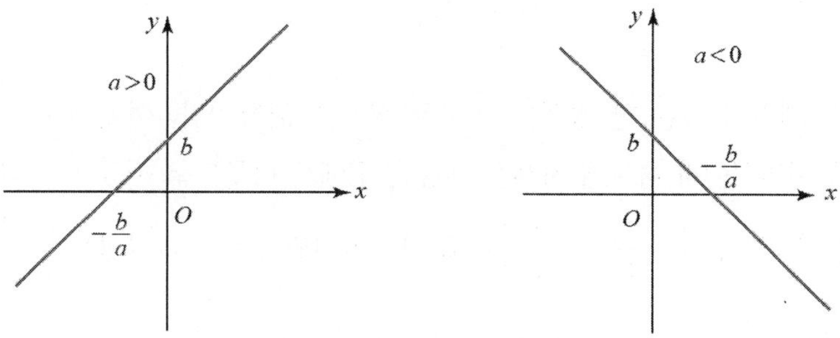

**예제 3.2.1**

다음 일차함수의 그래프를 그리시오.

(1) $y = 2x + 1$　　　　(2) $y = -3x + 1$

**풀이**

$x$절편과 $y$절편을 구하여 그래프를 그려보자.

(1) $x$절편: $\left(-\frac{1}{2}, 0\right)$, $y$절편: $(0, 1)$　　(2) $x$절편: $\left(\frac{1}{3}, 0\right)$, $y$절편: $(0, 1)$

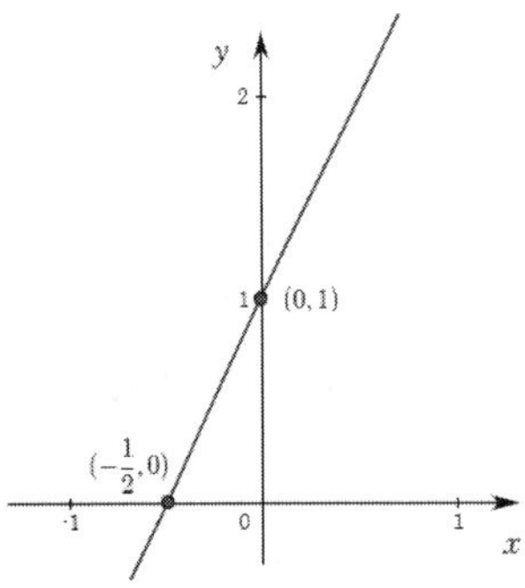


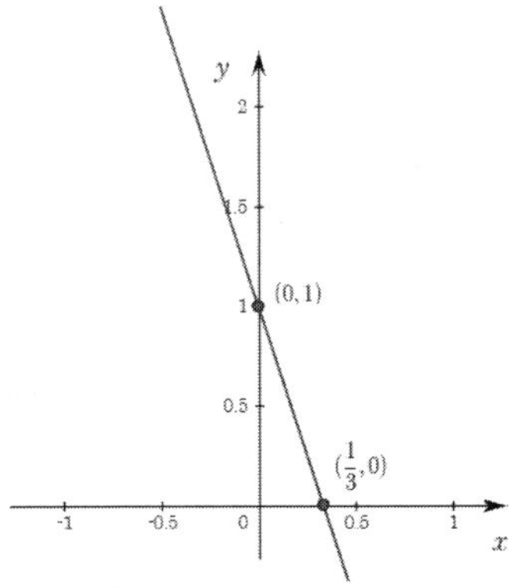


## 이차함수와 그래프

이차함수는 실수 $a(\neq 0)$, $b$, $c$에 대하여 $f(x)= ax^2 + bx + c$로 주어지는 함수이다. 이차식을 변형하면

$$\begin{aligned} f(x) &= ax^2 + bx + c \\ &= a\left(x + \frac{b}{2a}\right)^2 - \frac{b^2 - 4ac}{4a} \end{aligned}$$

이다. 특별한 제한이 없는 한 정의역은 모든 실수의 집합이다. 여기서 $b^2 - 4ac$를 $D$라 하고 이 식을 판별식이라 하는데 자세한 내용은 뒤에서 다루도록 하겠다. 그래프의 $y$절편은 $c$, 꼭지점의 좌표는 $\left(-\frac{b}{2a}, -\frac{D}{4a}\right)$이고 $D \geq 0$이면 $x$축과의 교점은 $\left(\frac{-b \pm \sqrt{D}}{2a}, 0\right)$이다.

함수의 그래프는 $a$의 부호와 판별식 $D$의 값에 따라 다음과 같은 모양이 된다.

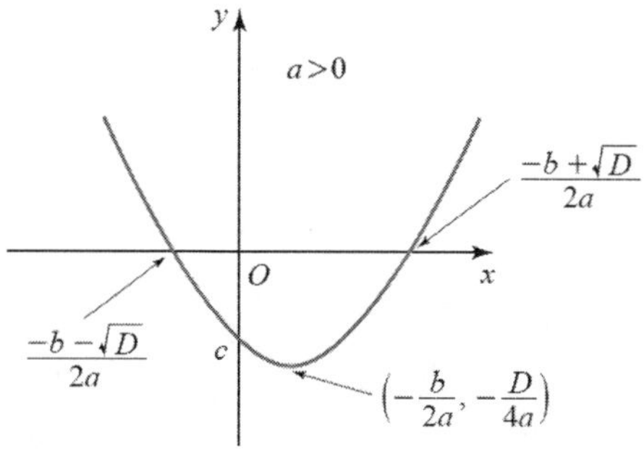


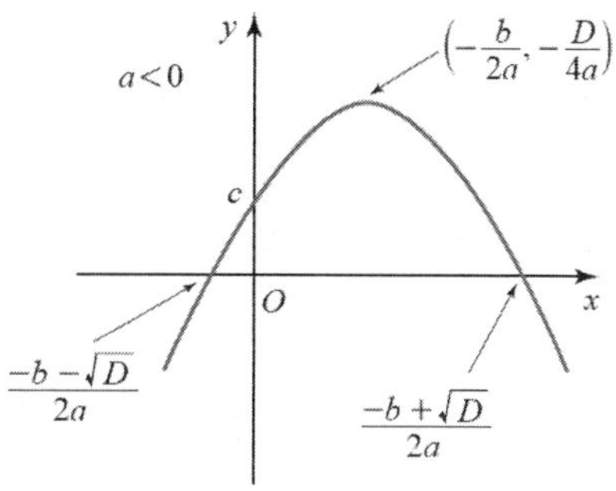


이차함수의 치역은 $a>0$이면 $y \geq -\frac{D}{4a}$인 모든 실수이고, $a<0$이면 $y \leq -\frac{D}{4a}$인 모든 실수이다. 이차함수의 정의역에 제한조건이 없으면 함수의 최댓값 또는 최솟값은 꼭짓점에서 발생하고 그 값은 꼭짓점의 $y$좌표의 값이다.

정의역이 제한되어 있는 상태에서 함수의 최댓값 또는 최솟값을 구하는 경우에는 꼭짓점의 $x$좌표가 제한된 영역에 포함되어 있는지의 여부를 확인하는 것이 중요하다.

**예제 3.2.2**

다음 주어진 구간에서 정의된 함수의 최댓값과 최솟값을 구하시오.

(1) $f(x)=x^2-2x \quad (0 \leq x \leq 4)$

(2) $f(x)=-x^2-4x+2 \quad (-1 \leq x \leq 2)$

**풀이**

꼭짓점의 $x$좌표가 정의역에 포함되는지 확인하고, 구간의 끝점들에서의 함숫값을 구하여 비교하면 된다.

(1) 꼭짓점의 $x$좌표는 $x=1$이고 정의역에 포함된다. 이제 $x=0, 1, 4$에서 함숫값을 구하면 $f(0)=0$, $f(1)=-1$, $f(4)=8$이 되어 최댓값은 8, 최솟값은 $-1$이다.

(2) 꼭짓점의 $x$좌표는 $x=-2$이고 정의역에 포함되지 않는다. 이제 $x=-1, 2$에서 함숫값을 구하면 $f(-1)=5$, $f(2)=-10$이 되어 최댓값은 5, 최솟값은 $-10$이다.

함수 $f(x)=ax^2+bx+c\,(a \neq 0)$와 $x$축과의 만남의 유무에 대하여 알아보자.

함수 $f(x)$와 $x$축$(y=0)$이 만나는 것을 방정식으로 나타내면

$$f(x)=0$$

$$ax^2+bx+c=0$$

이다. 이 방정식의 해를 구하면

$$a\left\{x^2+\frac{b}{a}x+\left(\frac{b}{2a}\right)^2-\left(\frac{b}{2a}\right)^2\right\}+c=0$$

$$a\left\{\left(x+\frac{b}{2a}\right)^2-\left(\frac{b}{2a}\right)^2\right\}+c=0$$

$$\left(x+\frac{b}{2a}\right)^2-\left(\frac{b}{2a}\right)^2=-\frac{c}{a}$$

$$\left(x+\frac{b}{2a}\right)^2=\frac{b^2-4ac}{4a^2}$$

$$\left(x+\frac{b}{2a}\right)=\pm\sqrt{\frac{b^2-4ac}{4a^2}}$$

$$x=-\frac{b}{2a}\pm\sqrt{\frac{b^2-4ac}{4a^2}}=\frac{-b\pm\sqrt{b^2-4ac}}{2a}$$

이다. 여기서 $\sqrt{b^2-4ac}$의 값에 따라 $x$의 개수가 결정된다. $D=b^2-4ac$라 두면

(1) $D>0$일 때, $x$는 두 개의 실근을 갖는다.
(2) $D=0$일 때, $x$는 하나의 실근을 갖는다.
(3) $D<0$일 때, $x$는 실근을 갖지 않는다.

따라서, 이차함수의 그래프와 $x$축과의 교점의 개수는 판별식 $D=b^2-4ac$에 따라 결정되며, 이들 사이의 관계는 다음과 같다.

이차함수 $f(x)=ax^2+bx+c(a \neq 0)$의 그래프는

(1) $D>0$일 때, $x$축과 두 점에서 만난다.
(2) $D=0$일 때, $x$축과 한 점에서 만난다.($x$축에 접함)
(3) $D<0$일 때, $x$축과 만나지 않는다.

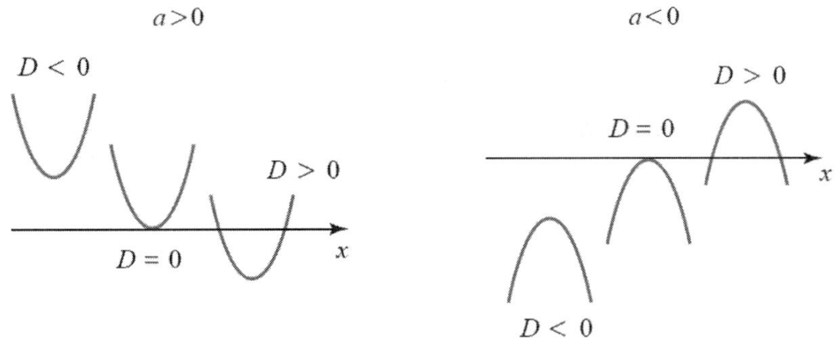


**예제 3.2.3**

이차함수 $y=x^2-2kx+1$의 그래프가 $x$축과 다음과 같은 조건에서 만난다고 할 때, $k$의 값 또는 범위를 구하시오.
(1) 두 점에서 만난다.
(2) 한 점에서 만난다.
(3) 만나지 않는다.

**풀이**

판별식 $D=(-2k)^2-4=4k^2-4$의 부호 또는 값에 따라 결정된다.

(1) 두 점에서 만나려면 $D>0$이므로

$$4k^2-4>0 \quad \Rightarrow \quad k<-1 \text{ 또는 } k>1$$

(2) 한 점에서 만나려면 $D=0$이므로

$$4k^2-4=0 \quad \Rightarrow \quad k=-1,1$$

(3) 만나지 않으려면 $D<0$이므로

$$4k^2-4<0 \quad \Rightarrow \quad -1<k<1$$

**예제 3.2.4**

일차함수 $y=3x-3$의 그래프와 이차함수 $y=-2x^2+x-4$의 그래프가 몇 개의 점에서 만나는지 판별하시오.

**풀이**

두 함수의 교점을 $(x, y)$라 하면

$$3x-3=-2x^2+x-4$$

$$2x^2+2x+1=0$$

이다. 여기서 판별식을 사용하면

$$D=2^2-4\cdot 2\cdot 1=-4<0$$

이므로 두 함수의 교점은 없다.

**예제 3.2.5**

다음 이차부등식의 해를 판별식과 근의 공식을 이용하여 구하시오.

(1) $-x^2+4x+5\le 0$

(2) $x^2-2x+4>0$

(3) $-x^2+2x-3>0$

**풀이**

부등식의 좌변을 이차함수 $ax^2+bx+c\,(a\ne 0)$로 보고 $a$에 해당하는 계수의 부호에 따라 그래프의 형태, 판별식을 이용한 $x$축과의 교점의 개수, 교점의 $x$좌표를 구하여 합당한 $x$의 범위를 구하면 된다.

(1) 부등식 좌편의 이차함수의 판별식을 구하는

$$D=4^2-4(-1)5=36>0$$

이므로 그래프는 $x$축과 두 점에서 만난다. 교점의 $x$좌표는

$$x=\frac{-b\pm\sqrt{D}}{2a}=\frac{-4\pm 6}{-2}=-1, 5$$

이다.

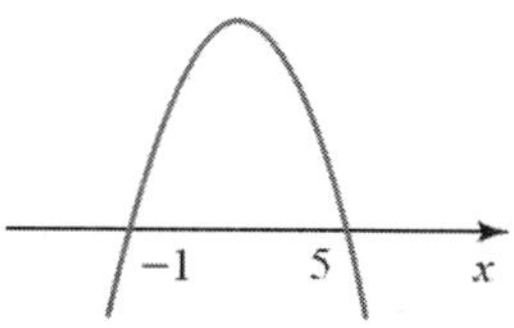


그래프로부터 구하는 영역은 $x \le -1$, $x \ge 5$이다.

(2) 부등식 좌변의 이차함수의 판별식을 구하면 $D = -12 < 0$이므로 그래프는 $x$축과 만나지 않는다.

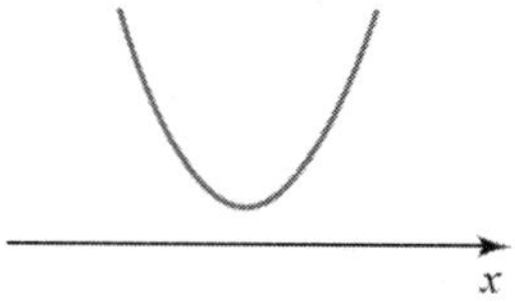


그래프로부터 구하는 $x$의 영역은 모든 실수이다.

(3) 부등식 좌변의 이차함수의 판별식을 구하면 $D = -8 < 0$이므로 그래프는 $x$축과 만나지 않는다.

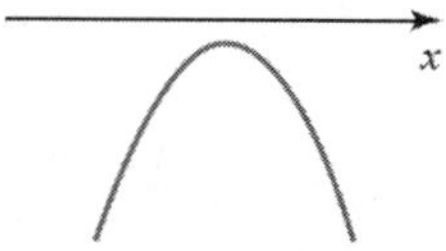


그래프로부터 구하는 $x$의 영역은 없다. 따라서 해는 존재하지 않는다.

---

**예제 3.2.6**

모든 실수 $x$에 대하여 이차부등식 $x^2 - x + k > 0$이 성립하도록 하는 상수 $k$의 값 범위를 구하시오.

**풀이**

부등식 좌변의 이차함수를 $y = x^2 - x + k$로 놓으면 이 함수의 그래프는 항상 $x$축 위쪽에 있어야 하므로 이차방정식 $x^2 - x + k = 0$의 판별식이 $D < 0$이어야 한다.

$$D = 1 - 4k < 0$$

$$k > \frac{1}{4}$$

---

## 연습문제 3.2

01 다음 일차함수의 $x$절편과 $y$절편을 구하시오.

(1) $y=2x+1$

(2) $y=-5x-3$

(3) $\frac{x}{2}-\frac{y}{3}=1$

(4) $7x+4y+3=0$

02 다음 주어진 구간에서 정의된 함수의 최댓값과 최솟값을 구하시오.

(1) $y=x^2-5x+2$, $(-\infty \le x \le \infty)$

(2) $y=-2x^2+x+5$, $(-\infty \le x \le \infty)$

(3) $y=x^2+2x+2$, $(0 \le x \le 1)$

(4) $y=-x^2+2x$, $(0 \le x \le 3)$

03 다음 이차함수의 꼭짓점과 $x$축과의 교점의 수를 구하시오.

(1) $y=3x^2-2x-1$

(2) $y=-x^2+6x-9$

(3) $y=\frac{1}{2}x^2-5x+15$

(4) $y=-7x^2-x-3$

04 이차함수 $y=x^2-2kx+4$의 그래프가 $x$축과 서로 다른 두 점에서 만나도록 $k$의 값 또는 범위를 구하시오.

05 일차함수 $y=-x+3$과 이차함수 $y=-2x^2+x+4$의 두 그래프가 몇 개의 점에서 만나는지 판별하시오.

06 모든 실수 $x$에 대하여 $x^2-x+k>0$이 성립하도록 $k$의 값의 범위를 정하시오.

07 다음 이차부등식의 해를 구하시오.

(1) $2x^2-x-1>0$

(2) $-x^2+3x-4 \ge 0$

(3) $x^2-4x+3 \le 0$

(4) $-x^2+2x+8<0$

# 3.3 유리함수와 무리함수

함수 $f(x)$가 $x$에 대한 유리식일 때, 즉 두 다항식 $g(x)$, $h(x)$에 대하여

$$f(x)=\frac{g(x)}{h(x)}$$

일 때 함수 $f(x)$를 **유리함수**라 한다.

다항식은 유리식의 특수한 경우이므로 다항함수도 유리함수이다. 특히 유리함수 $f(x)$에서 기약분수 형태로 고쳤을 때, 분모가 상수가 아니면 **분수함수**라 한다.

예를 들면

$$y=\frac{1}{x+2},\ y=\frac{2x-3}{x^2+x-1},\ y=\frac{x^2-2x+5}{x-2},\ \cdots$$

는 유리함수이다.

이 절에서는 주어진 실수 $a, b, c, d$에 대하여 다음 형태의 함수를 알아보자.

$$f(x)=\frac{ax+b}{cx+d}$$

우선 가장 간단한 형태인 $y=\frac{k}{x}$의 그래프를 알아보자.

### $y=\frac{k}{x}\ (k\neq 0)$의 그래프

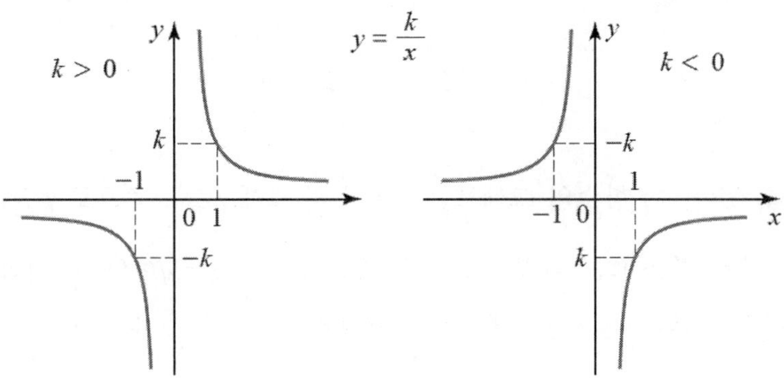

함수의 그래프가 만나지 않으면서 가까이 접근하는 일정한 직선을 **점근선**이라 한다. 따라서 이 그래프의 점근선은 $x$축($y=0$)과 $y$축($x=0$)이다. 정의역은 $x \neq 0$인 모든 실수이고, 치역은 $y \neq 0$인 모든 실수이다.

**예제 3.3.1**

다음 그래프를 그리시오.

(1) $y=\dfrac{3}{x}$ (2) $y=-\dfrac{2}{x}$

**풀이**

(1) $k=3>0$ (2) $k=-2<0$

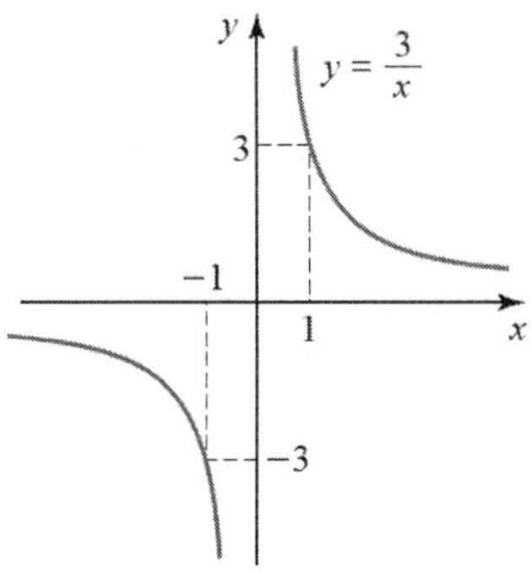


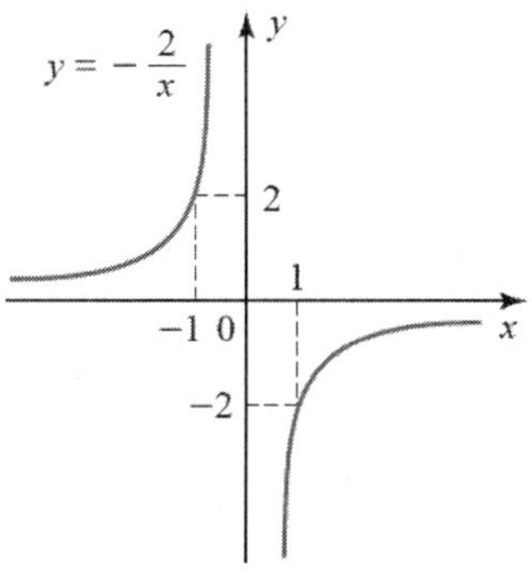


### $y=\dfrac{ax+b}{cx+d}$의 그래프

위 함수는 다항식의 나눗셈 또는 적당한 변형에 의하여

$$y=\frac{k}{x-p}+q \text{ (표준형)}$$

로 표현할 수 있다. 이 함수의 그래프는 $y=\dfrac{k}{x}$의 그래프를 $x$축으로 $p$만큼, $y$축으로 $q$만큼 평행 이동한 것이다. 이때 점근선은 직선 $x=p$, $y=q$이다. 정의역은 $x \neq p$인 모든 실수이고, 치역은 $y \neq q$인 모든 실수이다.

**예제 3.3.2**

$y=\dfrac{3}{x-2}+3$의 그래프를 그리고 점근선을 구하시오.

**풀이**

$y=\dfrac{3}{x}$의 그래프를 $x$축으로 2만큼, $y$축으로 3만큼 평행 이동한 그래프로 다음과 같다. 점근선은 $x=2$, $y=3$이다.

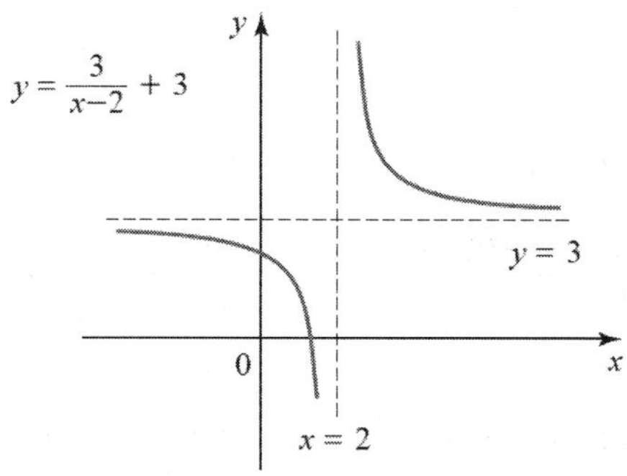


**예제 3.3.3**

다음 주어진 함수의 표준형을 구하고, 점근선, 정의역, 치역을 각각 구하시오.

(1) $y=\dfrac{2x+3}{x-2}$ (2) $y=\dfrac{3x+1}{1-x}$

**풀이**

(1) 주어진 함수의 표준형을 구하면

$$y=\frac{2x+3}{x-2}=\frac{2(x-2)+7}{x-2}=\frac{7}{x-2}+2$$

이고, $y=\dfrac{7}{x}$의 그래프를 $x$축으로 2만큼, $y$축으로 2만큼 이동한 그래프이다. 점근선은 $x=2$, $y=2$이다. 정의역은 $x\neq 2$인 모든 실수, 치역은 $y\neq 2$인 모든 실수이다.

(2) 주어진 함수의 표준형을 구하면

$$y=\frac{3x+1}{1-x}=\frac{-3(1-x)+4}{1-x}=\frac{-4}{x-1}-3$$

이고, $y=-\dfrac{4}{x}$의 그래프를 $x$축으로 1만큼, $y$축으로 $-3$만큼 이동한 그래프이다. 점근선은 $x=1$, $y=-3$이다. 정의역은 $x \neq 1$인 모든 실수, 치역은 $y \neq -3$인 모든 실수이다.

**예제 3.3.4**

$y=\dfrac{-6x+3}{2x+1}$의 표준형을 구하고, 점근선, 정의역, 치역을 각각 구하시오.

**풀이**

주어진 함수의 표준형을 구하면

$$y=\frac{-6x+3}{2x+1}=\frac{-3(2x+1)+6}{2x+1}=\frac{6}{2x+1}-3=\frac{3}{x-\left(-\frac{1}{2}\right)}-3$$

이고, $y=\dfrac{3}{x}$의 그래프를 $x$축으로 $-\dfrac{1}{2}$만큼, $y$축으로 $-3$만큼 이동한 그래프이다. 점근선은 $x=-\dfrac{1}{2}$, $y=-3$이다. 정의역은 $x \neq -\dfrac{1}{2}$인 모든 실수, 치역은 $y \neq -3$인 모든 실수이다.

함수 $f(x)$가 근호를 포함할 때, 이 함수를 **무리함수**라 한다. 예를 들면,

$$y=\sqrt{x+1}, \quad y=\sqrt{1-3x^2}$$

은 무리함수이다. 무리함수에 정의역이 명시되어 있지 않은 때에는 근호 안의 값이 음이 아닌 모든 실수 전체의 집합을 정의역으로 한다.

**예제 3.3.5**

다음 무리함수의 정의역을 구하시오.

(1) $y=\sqrt{x-3}$

(2) $y=\sqrt{5-x}$

**풀이**

(1) $x-3 \geq 0$으로부터 정의역은 $x \geq 3$인 실수이다.

(2) $5-x \geq 0$으로부터 정의역은 $x \leq 5$인 실수이다.

$y = \sqrt{kx} \quad (k \neq 0)$ **그래프**

실수 $k$의 부호에 따라 다음과 같이 그려진다.

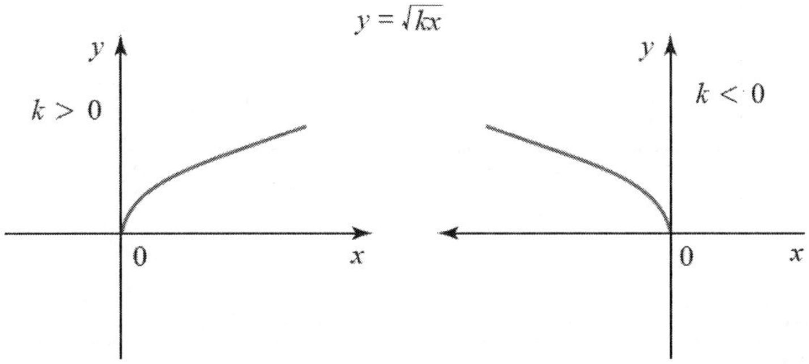


예를 들면, $y = \sqrt{2x}$의 그래프와 $y = \sqrt{-2x}$의 그래프는 각각 다음과 같다.

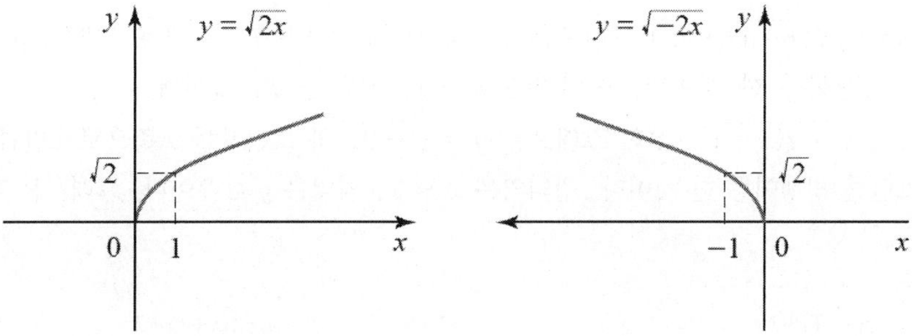


참고로 $y = -\sqrt{kx}$의 그래프는 $y = \sqrt{kx}$의 그래프와 $x$축에 선대칭인 그래프이다.

$y = \sqrt{k(x-p)} + q$**의 그래프**

이 함수의 그래프는 $y = \sqrt{kx}$ 그래프를 $x$축으로 $p$만큼, $y$축으로 $q$만큼 평행이동한 것이다.

$y = \sqrt{k(x-p)} + q$

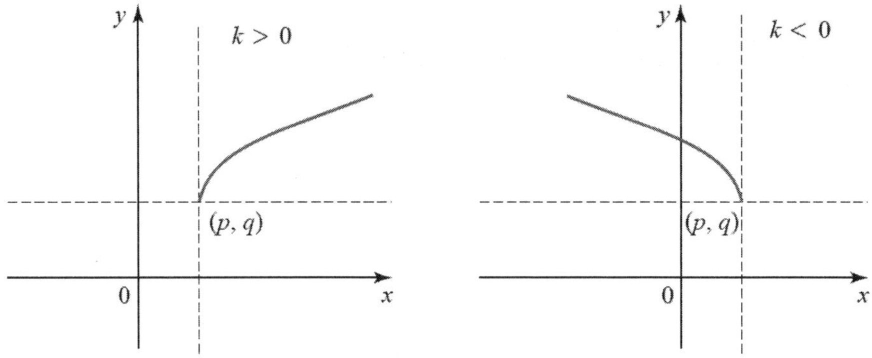


**예제 3.3.6**

두 함수 $y = \sqrt{2(x-1)} + 2$, $y = \sqrt{-2(x-1)} + 2$의 그래프를 그리고 정의역과 치역을 구하시오.

**풀이**

함수 $y = \sqrt{2(x-1)} + 2$의 그래프는 $y = \sqrt{2x}$ 의 그래프를 $x$축으로 1만큼, $y$축으로 2만큼 평행이동 한 것이다. 정의역은 $x \geq 1$, 치역은 $y \geq 2$이다.
함수 $y = \sqrt{-2(x-1)} + 2$의 그래프는 $y = \sqrt{-2x}$ 의 그래프를 $x$축으로 1만큼, $y$축으로 2만큼 평행이동 한 것이다. 정의역은 $x \leq 1$, 치역은 $y \geq 2$이다. 그래프는 다음과 같다.

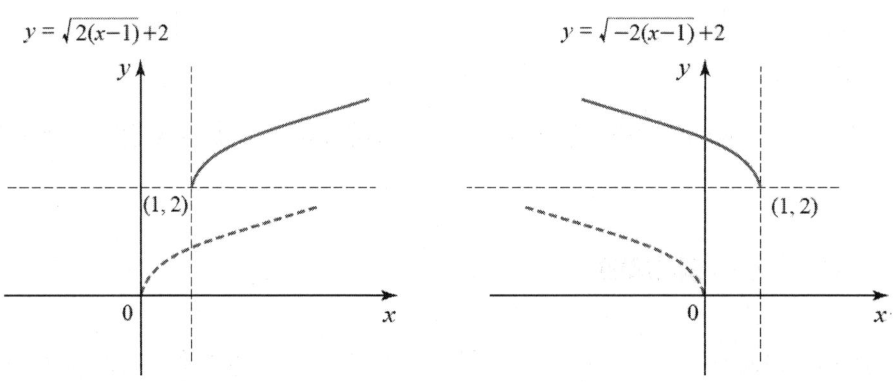

**예제 3.3.7**

다음 함수의 그래프를 그리고 정의역과 치역을 구하시오.

(1) $y=-\sqrt{x+4}$ (2) $y=\sqrt{-2x+4}-3$

**풀이**

(1) 함수 $y=-\sqrt{x+4}=-\sqrt{x-(-4)}$의 그래프는 $y=\sqrt{x}$의 그래프를 $x$축으로 $-4$만큼 평행이동 하고 $x$축에 선대칭인 그래프이다. 정의역은 $x\geq-4$, 치역은 $y\leq 0$이다.

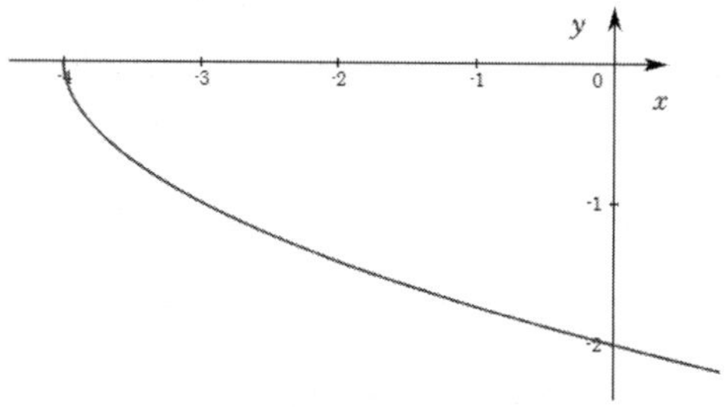

(2) 함수 $y=\sqrt{-2x+4}-3=\sqrt{-2(x-2)}-3$의 그래프는 $y=\sqrt{-2x}$의 그래프를 $x$축으로 2만큼, $y$축으로 $-3$만큼 평행이동 한 것이다. 정의역은 $x\leq 2$, 치역은 $y\geq-3$이다.

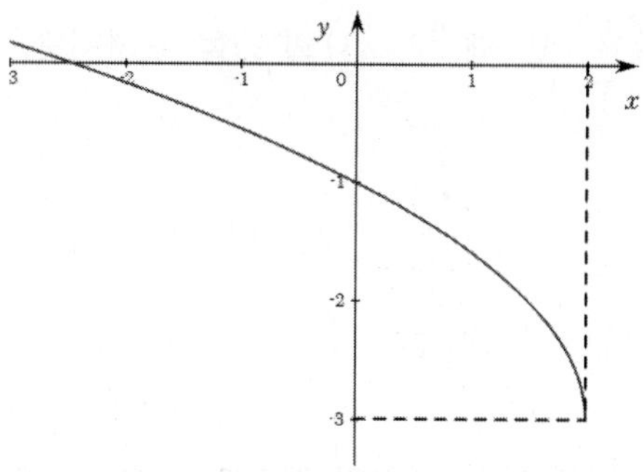

## 연습문제 3.3

**01** 다음 함수의 정의역, 치역, 점근선을 구하고 그래프를 그리시오.

(1) $y=\frac{-x-1}{2x}$ (2) $y=\frac{5-4x}{2x-1}$

(3) $y=\frac{2x+1}{x+1}$ (4) $y=\frac{3x+1}{2-x}$

**02** 다음 함수의 정의역, 치역을 구하고 그래프를 그리시오.

(1) $y=\sqrt{2x-4}$ (2) $y=\sqrt{9-3x}+2$

(3) $y=-\sqrt{x+2}-1$ (4) $y=-\sqrt{4-2x}+1$

**03** 유리함수 $y=\frac{x+1}{1-x}$의 역함수를 구하시오.

**04** 무리함수 $y=\sqrt{2x-4}-1$의 역함수를 구하시오.

**05** $f\left(\frac{x+4}{2x+1}\right)=\sqrt{3x^2+5}$ 일 때, $f(-3)$의 값을 구하시오.

**06** 두 함수 $f(x)=\frac{x+1}{x-1}$, $g(x)=\frac{x-1}{x+1}$에 대하여 $g\circ f(x)=x$를 만족시키는 $x$를 구하시오.

**07** 다음 방정식에서 $k$값에 따른 실근의 개수를 판별하시오.

$$\sqrt{x+1}=x+k$$

## 3.4 지수함수와 로그함수

이 절에서는 자연수에 대하여 정의된 지수법칙이 유리수와 무리수까지 확장되는 과정을 살펴본다. 이를 바탕으로 지수함수와 로그함수를 정의하고 그 성질을 알아본다.

**정의 3.4.1**

자연수 $n$에 대하여 $a$를 $n$번 거듭하여 곱한 것을 $a$의 $n$제곱이라 하고 $a^n$으로 나타낸다. 이때

$$a^2, a^3, \cdots, a^n, \cdots$$

을 $a$의 **거듭제곱**이라 하고 $a$를 **밑**, $n$을 **지수**라 한다.

지수를 정수로 확장하기 위해 다음과 같이 정의한다.

**정의 3.4.2**

$a \neq 0$이고 $n$이 자연수일 때 다음과 같이 정의한다.

$$a^0 = 1,\ a^{-n} = \frac{1}{a^n}$$

두 정의에 의하여 정수인 지수에 대하여 다음이 성립한다.

**정리 3.4.1**

정수 $m, n$에 대하여 다음이 성립한다.

(1) $a^m a^n = a^{m+n}$

(2) $(a^m)^n = a^{mn}$

(3) $(ab)^m = a^m b^m$

(4) $a^m \div a^n = a^{m-n}$

**정의 3.4.3**

(1) 실수 $a$와 자연수 $n$에 대하여 $x^n = a$를 만족하는 $x$를 $a$의 $n$제곱근이라 한다.
(2) $n$이 짝수이고 $a > 0$인 경우에는 $a$의 $n$제곱근 중에서 양의 실수와 음의 실수는 각각

$$\sqrt[n]{a}, \quad -\sqrt[n]{a}$$

로 표현한다. 또한 $n=2$일 때는 $\sqrt[2]{a} = \sqrt{a}$로 나타낸다.

$n$이 홀수인 경우에는 임의의 실수 $a$에 대하여 $a$의 $n$제곱근 중에서 실수인 것은 오직 하나 있으며, 이것을 $\sqrt[n]{a}$로 나타낸다.

일반적으로 복소수의 범위에서 실수 $a$의 $n$제곱근은 $n$개가 있다. 그러나 여기서는 $a$의 $n$제곱근 중에서 실수인 근만을 생각하기로 한다.

**예제 3.4.1**

다음 거듭제곱근 중에서 실수인 것을 구하시오.

(1) 16의 제곱근 (2) $-27$의 세제곱근

**풀이**

(1) 16의 제곱근을 $x$라 하면 제곱근의 정의에 의하여 $x^2 = 16$으로부터 $x = -4, 4$이다.

(2) $-27$의 세제곱근을 $x$라 하면 제곱근의 정의에 의하여 $x^3 = -27$로부터 $x = -3$이다.

다음 정의에 의하여 지수는 유리수까지 확장된다.

**정의 3.4.4**

$m, n$은 자연수일 때, $n \geq 2$에 대하여 다음을 정의한다.

$$a^{\frac{1}{n}} = \sqrt[n]{a}, \quad a^{\frac{m}{n}} = \sqrt[n]{a^m}$$

**정리 3.4.2 거듭제곱의 성질**

$a>0,\ b>0$이고 $m, n$이 자연수일 때, 다음이 성립한다.

(1) $\sqrt[n]{a}\sqrt[n]{b}=\sqrt[n]{ab}$ (2) $\dfrac{\sqrt[n]{a}}{\sqrt[n]{b}}=\sqrt[n]{\dfrac{a}{b}}$

(3) $(\sqrt[n]{a})^m=\sqrt[n]{a^m}$ (4) $\sqrt[m]{\sqrt[n]{a}}=\sqrt[mn]{a}$

**예제 3.4.2**

다음을 간단히 하시오.

(1) $\sqrt[4]{4}\sqrt[4]{4}$ (2) $\dfrac{\sqrt[5]{128}}{\sqrt[5]{4}}$

(3) $(\sqrt[6]{9})^3$ (4) $\sqrt[3]{\sqrt{729}}$

**풀이**

(1) $\sqrt[4]{4}\sqrt[4]{4}=\sqrt[4]{16}=2$

(2) $\dfrac{\sqrt[5]{128}}{\sqrt[5]{4}}=\sqrt[5]{\dfrac{128}{4}}=\sqrt[5]{32}=2$

(3) $(\sqrt[6]{9})^3=\sqrt[6]{9^3}=\sqrt[6]{3^6}=3$

(4) $\sqrt[3]{\sqrt{729}}=\sqrt[6]{729}=3$

자연수 지수에 대하여 성립되었던 지수법칙이 지수가 실수인 경우까지 확장된다.

**정리 3.4.3 지수법칙**

$a>0,\ b>0$이고 $x, y$가 실수일 때, 다음이 성립한다.

(1) $a^x a^y=a^{x+y}$ (2) $a^x \div a^y=a^{x-y}$

(3) $(a^x)^y=a^{xy}$ (4) $(ab)^x=a^x b^x$

#### 예제 3.4.3

다음을 간단히 하시오.

(1) $\sqrt{ab^2}\sqrt[3]{a^2b^4} \div \sqrt[6]{ab^5}$　　　　(2) $\left(3^{\sqrt{2}} \div 3^{\sqrt{8}}\right)^{\frac{1}{\sqrt{2}}}$

**풀이**

거듭제곱근의 성질과 지수법칙을 이용하여 구한다.

(1) $\sqrt{ab^2}\sqrt[3]{a^2b^4} \div \sqrt[6]{ab^5} = (ab^2)^{\frac{1}{2}}(a^2b^4)^{\frac{1}{3}}(ab^5)^{-\frac{1}{6}} = ab^{\frac{3}{2}}$

(2) $\left(3^{\sqrt{2}} \div 3^{\sqrt{8}}\right)^{\frac{1}{\sqrt{2}}} = 3^{(\sqrt{2}-\sqrt{8})\frac{1}{\sqrt{2}}} = \frac{1}{3}$

이제 로그에 대하여 알아보자. 로그는 다음과 같이 정의되는 실수이다.

#### 정의 3.4.5

$a>0$, $a \neq 1$일 때, 양수 $b$에 대하여 $a^x = b$를 만족시키는 실수 $x$는 반드시 하나 존재한다. 이때 다음과 같이 정의하고

$$a^x = b \quad \Leftrightarrow \quad x = \log_a b$$

$x$를 $a$를 **밑**으로 하는 $b$의 **로그**라고 읽고, $b$는 $\log_a b$의 **진수**라 한다.

#### 예제 3.4.4

로그의 정의를 이용하여 다음을 구하시오.

(1) $\log_{27} 9$　　　　(2) $\log_2 \frac{1}{8}$

**풀이**

(1) $\log_{27} 9 = x$라 하면 $9 = 27^x$로부터 $3^2 = 3^{3x}$이고 따라서 $x = \frac{2}{3}$이다.

(2) $\log_2 \frac{1}{8} = x$라 하면 $\frac{1}{8} = 2^x$로부터 $2^{-3} = 2^x$이고 따라서 $x = -3$이다.

**정리 3.4.4**

$a > 0,\ a \neq 1,\ x > 0,\ y > 0$이고 $k$가 임의의 실수일 때 다음이 성립한다.

(1) $\log_a 1 = 0,\ \log_a a = 1$  (2) $\log_a xy = \log_a x + \log_a y$

(3) $\log_a \dfrac{x}{y} = \log_a x - \log_a y$  (4) $\log_a x^k = k\log_a x$

**예제 3.4.5**

다음을 간단히 하시오.

(1) $2\log_2 \sqrt{8} + 3\log_2 \sqrt[3]{2}$  (2) $\log_2 18 - 4\log_2 \sqrt{6}$

**풀이**

(1) $$\begin{aligned} 2\log_2 \sqrt{8} + 3\log_2 \sqrt[3]{2} &= 2\log_2 2^{\frac{3}{2}} + 3\log_2 2^{\frac{1}{3}} \\ &= 2 \cdot \frac{3}{2}\log_2 2 + 3 \cdot \frac{1}{3}\log_2 2 = 4 \end{aligned}$$

(2) $$\begin{aligned} \log_2 18 - 4\log_2 \sqrt{6} &= \log_2 2 \cdot 3^2 - 4\log_2 (2 \cdot 3)^{\frac{1}{2}} \\ &= \log_2 2 + 2\log_2 3 - 2\log_2 2 - 2\log_2 3 = -1 \end{aligned}$$

로그의 식을 계산하는 중에 로그의 밑을 변환 할 수 있으면 계산이 훨씬 간편해진다. 다음은 밑을 변환하는 공식이다.

**정리 3.4.5**

$a > 0,\ a \neq 1,\ b > 0,\ c > 0,\ c \neq 1$일 때, 다음이 성립한다.

$$\log_a b = \frac{\log_c b}{\log_c a}$$

**참고** 이 정리의 결과로 다음이 성립한다.

$$\log_a b = \frac{1}{\log_b a},\quad \log_{a^k} b = \frac{1}{k}\log_a b$$

**예제 3.4.6**

다음을 간단히 하시오.

(1) $\log_4 3 \cdot \log_3 2$

(2) $\left(\log_5 2 + \log_{25} \dfrac{1}{2}\right)(\log_{0.5} 25 + \log_2 5)$

**풀이**

밑의 변환을 이용하여 간단히 하자.

(1) $\log_4 3 \cdot \log_3 2 = \log_{2^2} 3 \cdot \log_3 2$

$$= \frac{1}{2} \frac{\log 3}{\log 2} \frac{\log 2}{\log 3} = \frac{1}{2}$$

(2) $\left(\log_5 2 + \log_{25} \dfrac{1}{2}\right)(\log_{0.5} 25 + \log_2 5)$

$= \left(\log_5 2 + \log_{5^2} 2^{-1}\right)\left(\log_{2^{-1}} 5^2 + \log_2 5\right)$

$= \left(\log_5 2 - \dfrac{1}{2} \log_5 2\right)(-2\log_2 5 + \log_2 5) = -\dfrac{1}{2}$

## 지수함수와 그래프

**정의 3.4.6**

$a > 0$, $a \neq 1$일 때, 임의의 실수 $x$에 대하여

$$f(x) = a^x$$

으로 정의되는 함수를 $a$를 밑으로 하는 **지수함수**라 한다.

별다른 제한이 없으면 정의역은 모든 실수이고, 치역은 양의 실수이다.

$y=a^x$의 그래프는 $a$의 영역에 따라 다음과 같다.

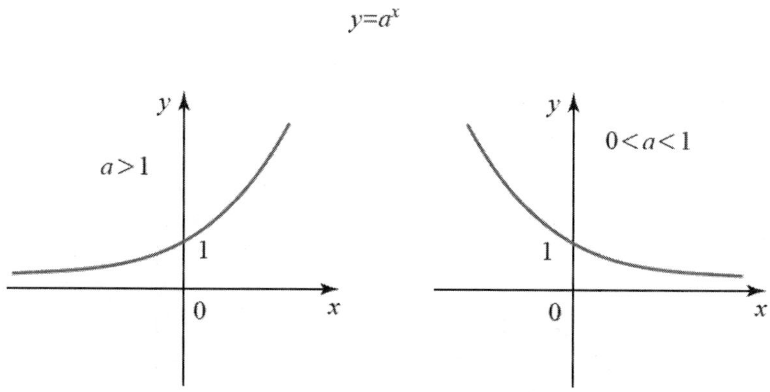


**예제 3.4.7**

$y=2^x$과 $y=2^{-x}$의 그래프를 그리시오.

**풀이**

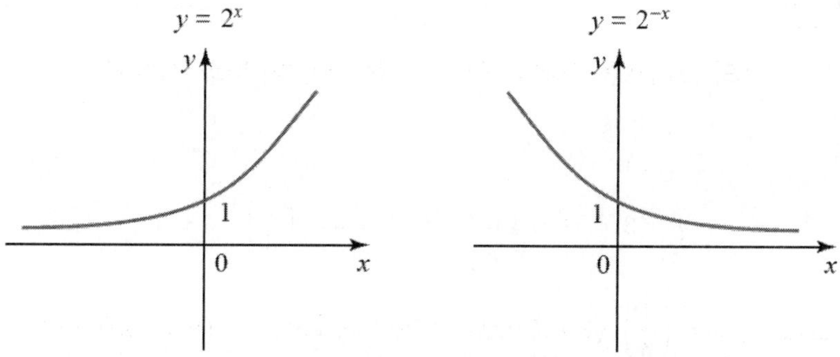


$y=a^{x-p}+q$의 그래프는 $y=a^x$의 그래프를 $x$축으로 $p$만큼, $y$축으로 $q$만큼 평행이동한 것이다. 정의역은 모든 실수, 치역은 $y>q$인 실수이고, 점근선은 $y=q$이다.

## 예제 3.4.8

$y=2^{x-2}+1$과 $y=2^{-x+2}+1$의 그래프를 그리고 점근선을 구하시오.

**풀이**

두 그래프 모두 점근선은 $y=1$이다.

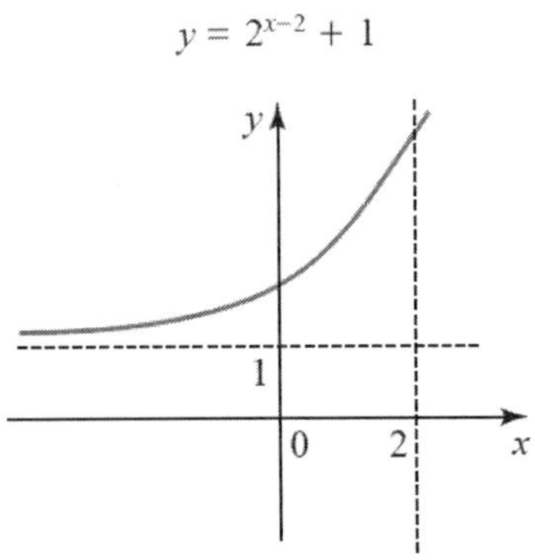


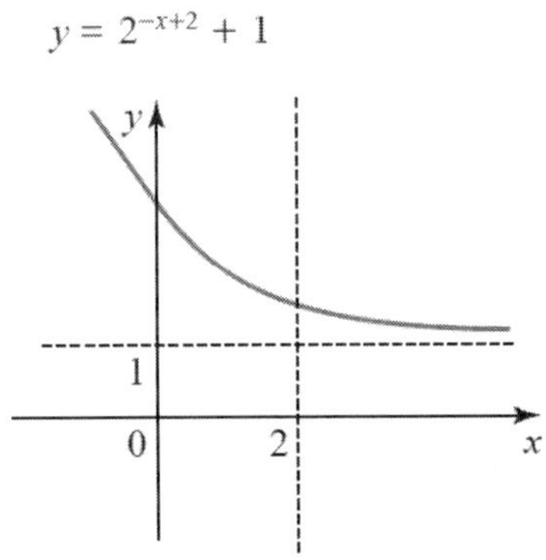


## 예제 3.4.9

$y=3^{-x-2}-4$의 그래프를 그리고 점근선, 정의역, 치역을 구하시오.

**풀이**

$$y=3^{-x-2}-4=3^{-(x+2)}-4=\left(\frac{1}{3}\right)^{x+2}-4$$

주어진 그래프는 $y=\left(\frac{1}{3}\right)^{x}$를 $x$축으로 $-2$만큼, $y$축으로 $-4$만큼 평행 이동한 그래프이다. 점근선은 $y=-4$, 정의역은 모든 실수, 치역은 $y>-4$인 모든 실수이다.

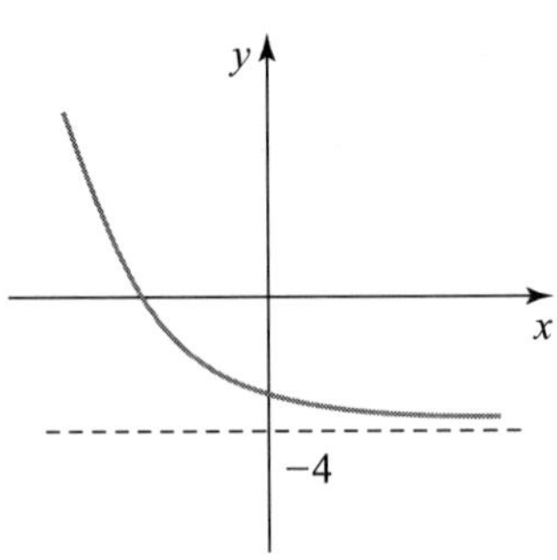

### 로그함수와 그래프

**정의 3.4.7**

$a \neq 1$, $a > 0$일 때, 양의 실수 $x$에 대하여

$$f(x) = \log_a x$$

로 정의되는 함수를 $a$를 밑으로 하는 **로그함수**라 한다.

정의역은 다른 제한이 없는 한 양의 실수이고, 치역은 모든 실수이다.
$y = \log_a x$의 그래프는 $a$의 범위에 따라 다음과 같다.

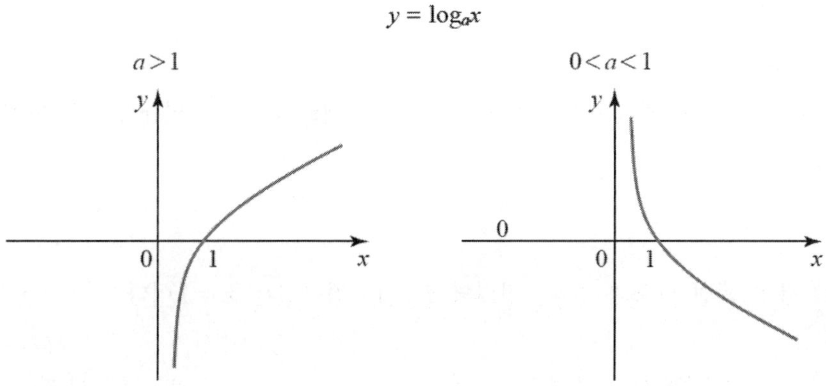


그래프에서 알 수 있듯이 $y = \log_a x$ 의 그래프의 점근선은 $y$축($x = 0$)이다.

**예제 3.4.10**

$y = \log_2 x$ 와 $y = \log_{\frac{1}{2}} x$ 의 그래프를 그리시오.

**풀이**

그래프를 그리면 다음과 같다.

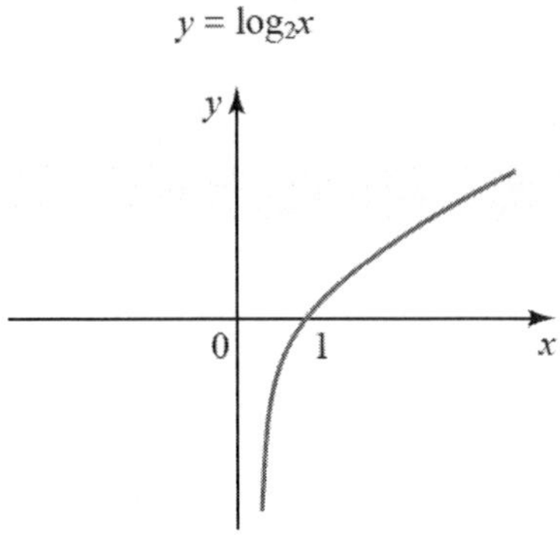


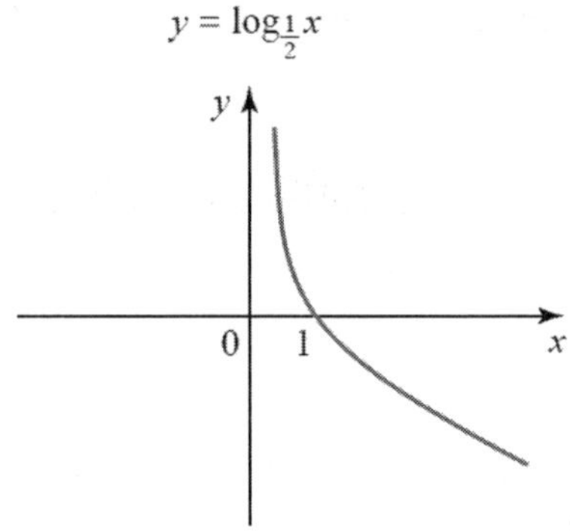


함수 $y=\log_a(x-\alpha)+\beta$는 그래프는 $y=\log_a x$ 의 그래프를 $x$축으로 $\alpha$만큼, $y$축으로 $\beta$만큼 평행 이동한 것이다.

**예제 3.4.11**

$y=\log_2(x-1)+2$와 $y=\log_{\frac{1}{2}}(x-1)+2$의 그래프를 그리고 점근선, 정의역을 구하시오.

**풀이**

그래프를 그리면 다음과 같다. 정의역 $x>1$, 점근선은 $x=1$이다.

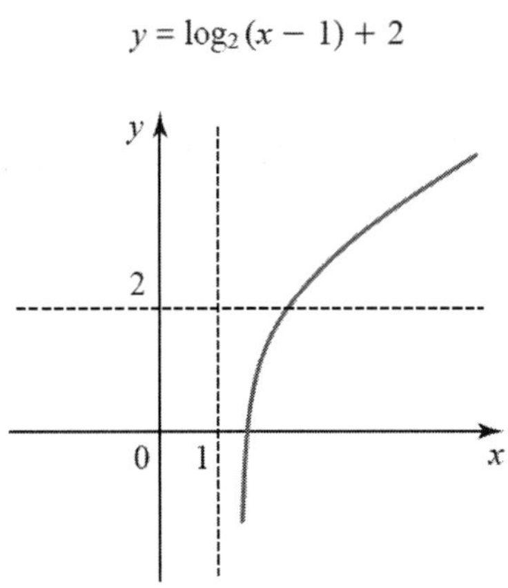


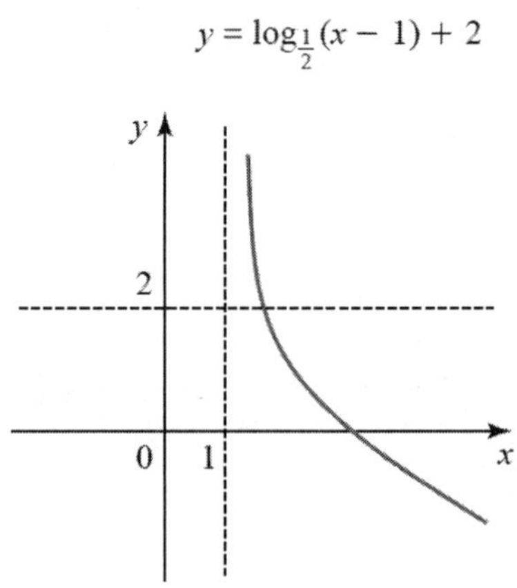

### 로그의 정의

$$y = a^x \quad \Leftrightarrow \quad x = \log_a y$$

위 관계로부터 두 함수 $y = a^x$과 $y = \log_a x$는 서로 역함수임을 알 수 있다. 따라서 두 함수의 그래프는 $y = x$에 선대칭이고, 지수함수의 치역이 로그함수의 정의역, 지수함수의 정의역이 로그함수의 치역임을 알 수 있다.

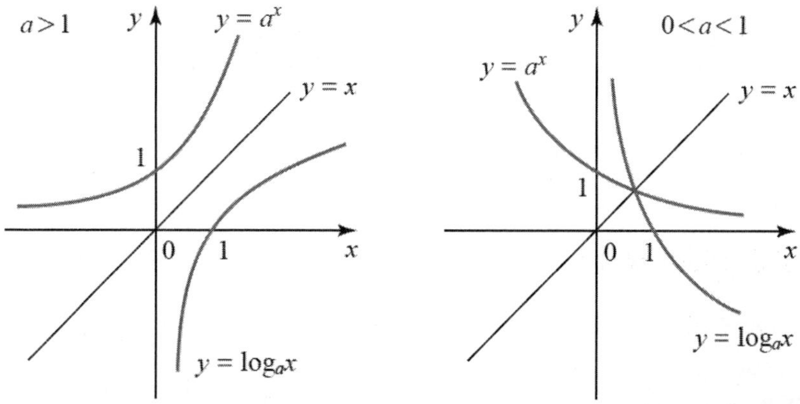

## 연습문제 3.4

**01** 다음을 간단히 하시오.

(1) $\sqrt[3]{2}\times 16^{-\frac{1}{3}}$

(2) $9^{\frac{1}{3}}\times 81^{-\frac{1}{6}}$

(3) $\sqrt[12]{\dfrac{1}{2}}\times\sqrt[3]{2}$

(4) $9^{\frac{1}{6}}\times\sqrt[3]{\dfrac{1}{8}+1}$

(5) $\sqrt[3]{-\dfrac{1}{8}}\times\sqrt[3]{(-2)^6}$

(6) $\left(3^{\sqrt{3}+1}\right)^{\sqrt{3}}\times\left(3^{\sqrt{3}+1}\right)^{-1}$

(7) $\sqrt[3]{\sqrt{12}+2}\times\sqrt[3]{\sqrt{12}-2}$

(8) $\dfrac{\sqrt{6\sqrt{2}}}{\sqrt[3]{2\sqrt{3}}\times\sqrt[12]{2^5}}$

(9) $\left\{(3\times\sqrt[3]{3})^{\frac{9}{4}}\right\}^{\frac{2}{3}}\times\left\{\left(\dfrac{\sqrt{3}}{2}\right)^{-\frac{4}{3}}\right\}^{\frac{3}{2}}$

(10) $\left(3\times 3^{\sqrt{2}}\right)^{\sqrt{2}-1}$

**02** 다음을 간단히 하시오.

(1) $\log_3 4+\log_4 16+\log_3\dfrac{1}{12}$

(2) $\log_2 9\times\log_3 6-\dfrac{1}{\log_{81}4}$

(3) $3\log_2\sqrt{6}+\log_{\frac{1}{4}}27$

(4) $\log_3 45-\dfrac{1}{\log_{25}9}$

(5) $\log_2 36+2\log_2\dfrac{\sqrt{3}}{3}-\log_2\dfrac{3}{2}$

(6) $\dfrac{\log_5\sqrt[4]{125}}{\log_2\sqrt{12}-\log_2\sqrt{3}}$

(7) $\log_9 54+\log_{\frac{1}{3}}\sqrt{2}$

(8) $\dfrac{1}{\log_{24}2}-\dfrac{1}{\log_9 4}$

(9) $2\log_2\sqrt[4]{6}+\dfrac{1}{2}\log_2\dfrac{8}{3}$

(10) $(\log_2 9-\log_4 9)(\log_9 4-\log_{27}2)$

**03** 두 실수 $x, y$에 대하여 $2^x=3^y=25$일 때, $5^{\frac{1}{x}+\frac{1}{y}}$의 값을 구하시오.

**04** 1이 아닌 세 양수 $a, b, c$에 대하여 $a^2=b^3=c^4$이고, 다음과 같은 관계에 있을 때, $p+q$의 값을 구하시오.

$$\log_a\sqrt{b}+\log_b\frac{1}{c}+\log_c a=\frac{q}{p}$$

**05** $\sqrt[20]{2}\times\dfrac{\sqrt[12]{2}}{\sqrt[15]{2}}=\sqrt[m]{\sqrt[n]{2}}$ 를 만족시키는 2 이상의 두 자연수 $m, n$에 대하여 $m+n$의 값을 구하시오.

**06** $a^{\frac{1}{2}}=\sqrt[3]{\sqrt{2}-1}$ 일 때, $\dfrac{a^{-\frac{1}{2}}}{a+a^{-\frac{1}{2}}}+\dfrac{a^{\frac{1}{2}}}{a^2-a^{\frac{1}{2}}}$ 의 값을 구하시오.

**07** $2^a=\sqrt{\dfrac{1}{3}}$ 을 만족시키는 실수 $a$에 대하여 $a+\dfrac{1}{2}\log_2 12$를 구하시오.

**08** 서로 다른 두 실수 $a, b$에 대하여 $\log x^a=b\log y=\log\dfrac{y}{x}$ 를 만족시키는 1이 아닌 서로 다른 두 양수 $x, y$가 존재한다. $\dfrac{a^2+b^2}{a-b}=5$일 때, $ab$의 값을 구하시오.

**09** 다음 함수의 정의역, 치역, 점근선을 구하고 그래프를 그리시오.

(1) $y=3^{x-2}+5$

(2) $y=5^{-x+3}-2$

(3) $y=-\left(\dfrac{1}{2}\right)^{x+1}+1$

(4) $y=-4^{x+5}+2$

**10** 다음 함수의 정의역, 치역, 점근선을 구하고 그래프를 그리시오.

(1) $y=\log_3(x-2)+5$

(2) $y=\log_5(-x+1)+1$

(3) $y=\log_{\frac{1}{2}}(x+5)-3$

(4) $y=\log_{\frac{1}{3}}(-x-4)-1$

# 3.5 삼각함수

## 동경과 각의 측정

한 점 $O$에서 반직선 $\overrightarrow{OP}$가 고정된 반직선 $\overrightarrow{OX}$를 기준으로 회전한다고 하자. 이때 $\overrightarrow{OX}$를 **기준선**(또는 시초선)이라 하고 $\overrightarrow{OP}$를 **동경**이라 한다. 각을 기준선에서 반시계방향으로 동경까지 측정한 각을 **양의 각**이라 하고 기준선에서 시계방향으로 동경까지 측정한 각을 **음의 각**이라 한다.

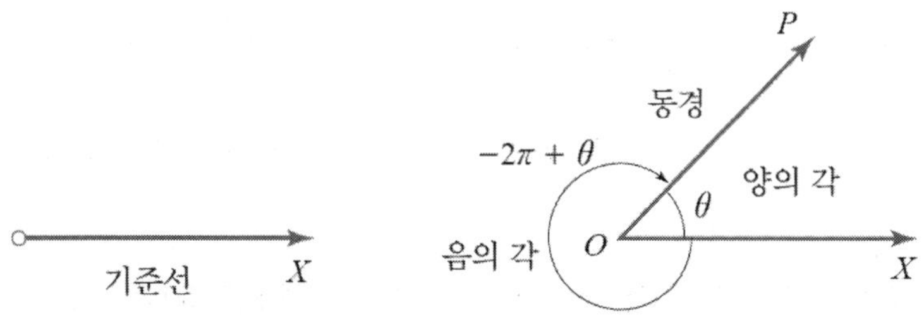


예를 들어, 30°, 120°, − 60°, − 240° 에 대한 동경을 그리면 다음과 같다.

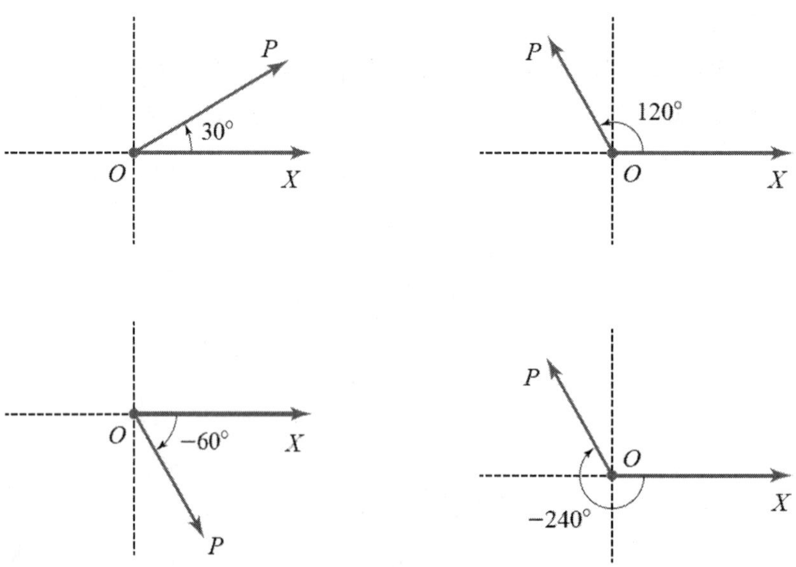

**정의 3.5.1**

$\angle XOP$ 크기의 하나를 $\alpha^{\circ}$ 라 할 때, 동경 $\overrightarrow{OP}$로 정해지는 각의 크기는

$$360^{\circ} \times n + \alpha^{\circ} \text{ (단, } n\text{은 정수)}$$

로 나타낼 수 있다. 이것을 동경 $\overrightarrow{OP}$가 나타내는 **일반각**이라 한다.

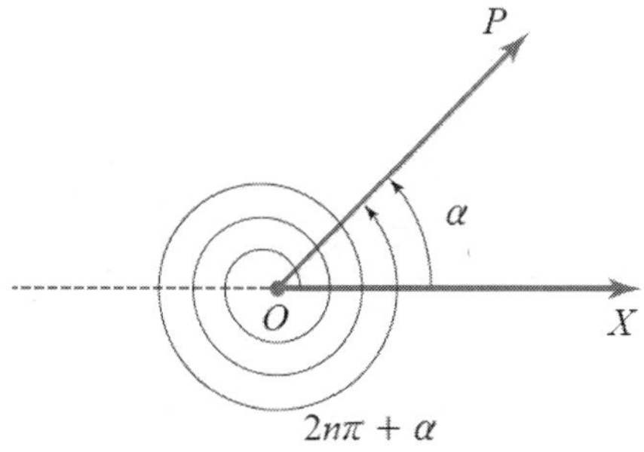


지금까지는 각의 단위를 원의 중심을 360등분하여 한 조각 부채꼴의 중심각의 크기를 $1^{\circ}$ 로 정하는 육십분법을 사용하였다.

**정의 3.5.2**

반지름이 $r$인 원에서 호의 길이가 $r$인 부채꼴의 중심각을 1라디안(radian)이라 한다. 이것을 단위로 하여 각의 크기를 나타내는 방법을 **호도법**이라 한다.

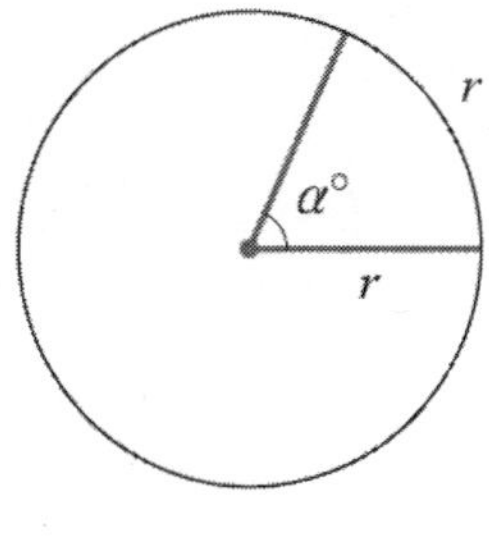


반지름이 $r$인 원에서 1라디안에 해당하는 각을 $\alpha^{\circ}$ 라고 하자. 그러면 중심각과 호의 길이의 비에 의하여

$$360^\circ : 2\pi r = \alpha^\circ : r$$

$$\alpha^\circ = \frac{180^\circ}{\pi}$$

가 되어 두 측정 단위의 관계는 다음과 같다.

### 호도법과 육십분법

$$1\text{라디안} = \frac{180^\circ}{\pi},\quad 1^\circ = \frac{\pi}{180}\text{라디안}$$

**참고** 이제부터 호도법인 경우에는 라디안을 생략하기로 한다. 따라서 $^\circ$(도) 표시가 없는 각은 라디안 각으로 생각한다.

**예제 3.5.1**

다음에서 라디안은 $^\circ$(도)로, $^\circ$(도)는 라디안으로 나타내시오.

(1) $15^\circ$　　(2) $135^\circ$

(3) $\frac{\pi}{6}$　　(4) $\frac{5}{3}\pi$

**풀이**

1라디안에 상응하는 $^\circ$(도)와 $1^\circ$에 상응하는 라디안의 관계를 곱하여 주면 된다.

(1) $15^\circ \times \frac{\pi}{180} = \frac{\pi}{12}$

(2) $135^\circ \times \frac{\pi}{180} = \frac{3}{4}\pi$

(3) $\frac{\pi}{6} \times \frac{180^\circ}{\pi} = 30^\circ$

(4) $\frac{5}{3}\pi \times \frac{180^\circ}{\pi} = 300^\circ$

**정의 3.5.3 삼각비**

직각삼각형에서 직각이 아닌 한 각을 중심으로
서로 다른 두 변에 대한 비를 다음과 같이 정의한다.

$$\sin\theta = \frac{b}{c} \qquad \cos\theta = \frac{a}{c} \qquad \tan\theta = \frac{b}{a}$$

$$\csc\theta = \frac{c}{b} \qquad \sec\theta = \frac{c}{a} \qquad \cot\theta = \frac{a}{b}$$

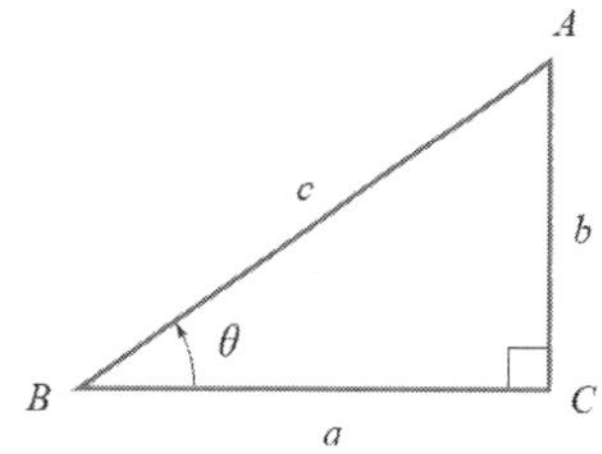


자주 사용되는 특수각에 대한 삼각비를 구해 보자. 특수각은 다음과 같이 변의 길이가 2인 정삼각형과 변의 길이가 1인 정사각형에서 생각할 수 있다.

| $\theta$ | $\sin\theta$ | $\cos\theta$ | $\tan\theta$ |
|---|---|---|---|
| $30^\circ$ | $\frac{1}{2}$ | $\frac{\sqrt{3}}{2}$ | $\frac{1}{\sqrt{3}}$ |
| $45^\circ$ | $\frac{\sqrt{2}}{2}$ | $\frac{\sqrt{2}}{2}$ | $1$ |
| $60^\circ$ | $\frac{\sqrt{3}}{2}$ | $\frac{1}{2}$ | $\sqrt{3}$ |

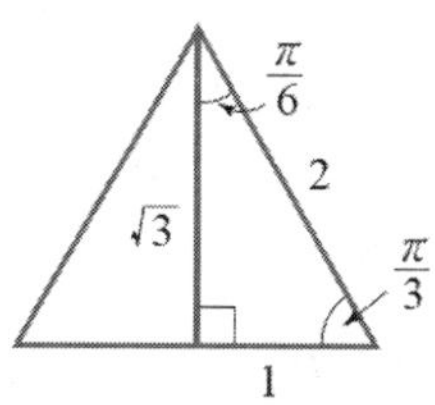


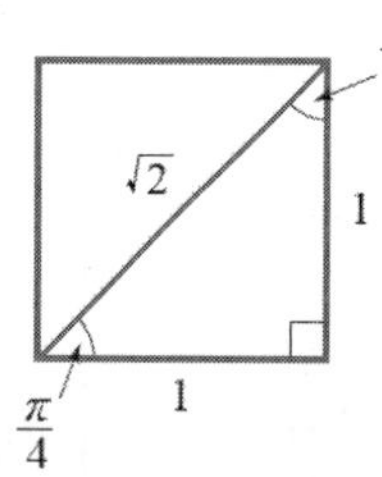


## 동경에 대한 삼각비

직교좌표 평면의 원점 $O$에서 $x$축의 양의 방향으로의 반직선을 기준선으로 하여 크기가 $\theta$인 동경을 생각하고 동경에서 $x$축으로 수직선을 내려서 만들어지는 직각삼각형을 생각한다. 이때 $x$축과 이 직각삼각형의 내부각의 크기가 동경의 크기 $\theta$에 대한 삼각비의 중심각이 된다. 이와 같이 삼각비를 구하는 것을 동경에 대한 삼각비라고 한다.

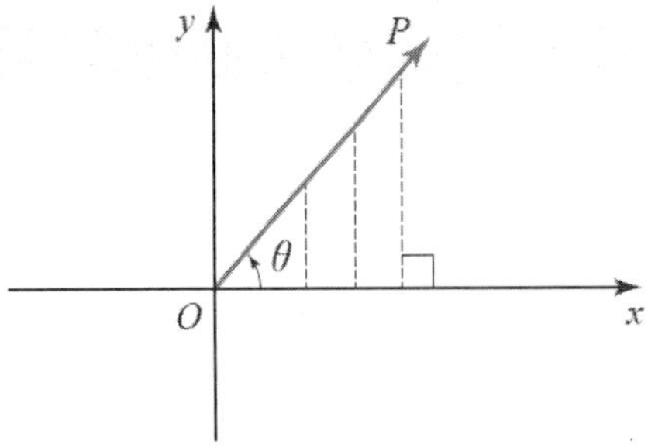

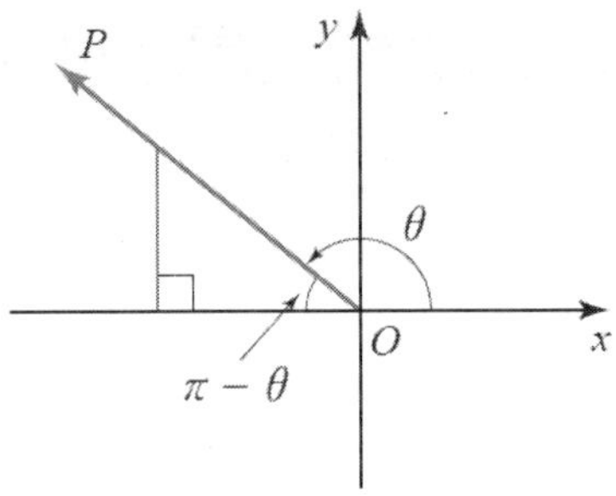

동경에 대한 삼각비를 생각할 때, 중심각이 같은 직각삼각형은 모두 닮음이므로 동경 위의 임의의 점에서 $x$축에 수직선을 내려서 직각삼각형을 만들어도 삼각비는 변하지 않는다. 주의할 부분은 동경에서의 삼각비는 직각삼각형의 길이에서 밑변과 높이는 부호까지도 고려해야한다. 이때 빗변의 길이는 항상 양수이다.

예를 들어, 좌표평면에서 원점 $O$에서 각각 점 $A(3, 4)$, 점 $B(-4, 3)$을 지나는 동경 $\overrightarrow{OA}$와 $\overrightarrow{OB}$를 생각하자. 각각 동경의 크기를 각각 $\alpha$, $\beta$라 하고 삼각비를 구하여 보자.

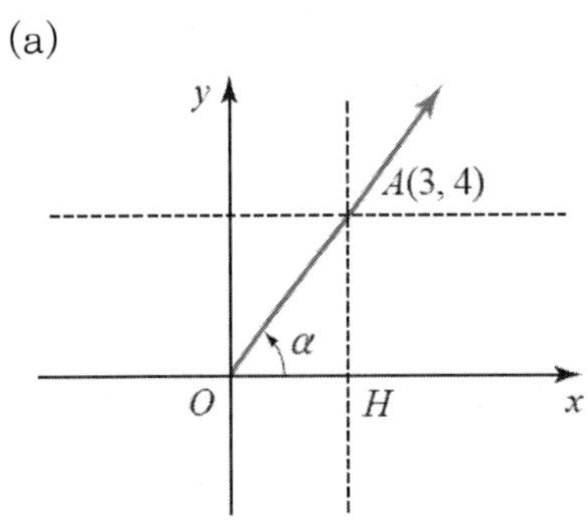

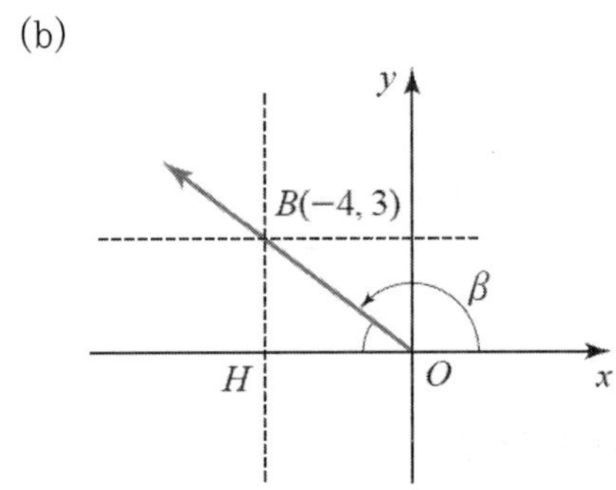

그림 (a)에서 $|\overline{OH}| = 3$, $|\overline{AH}| = 4$이고 $|\overline{OA}| = \sqrt{3^2 + 4^2} = 5$이다. 따라서 삼각비는

$$\sin\alpha = \frac{4}{5},\ \cos\alpha = \frac{3}{5},\ \tan\alpha = \frac{4}{3}$$

이고, 그림 (b)에서 $|\overline{OH}| = -4$, $|\overline{BH}| = 3$이고 $|\overline{OB}| = \sqrt{(-4)^2 + 3^2} = 5$이다. 따라서 삼각비는

$$\sin\beta = \frac{3}{5},\ \cos\beta = -\frac{4}{5},\ \tan\beta = -\frac{3}{4}$$

이다.

## 예제 3.5.2

원점과 주어진 점을 연결하는 반직선이 $x$축과 이루는 동경의 크기를 $\theta$라 할 때, 각 동경에 대한 $\sin\theta$, $\cos\theta$, $\tan\theta$를 구하시오.

(1) $(-2, -3)$　　　　(2) $(1, -2)$

**풀이**

동경에 해당되는 직각삼각형을 그린 다음에 직각삼각형의 중심각을 생각하고 대각선의 길이를 구하여 문제를 해결한다.

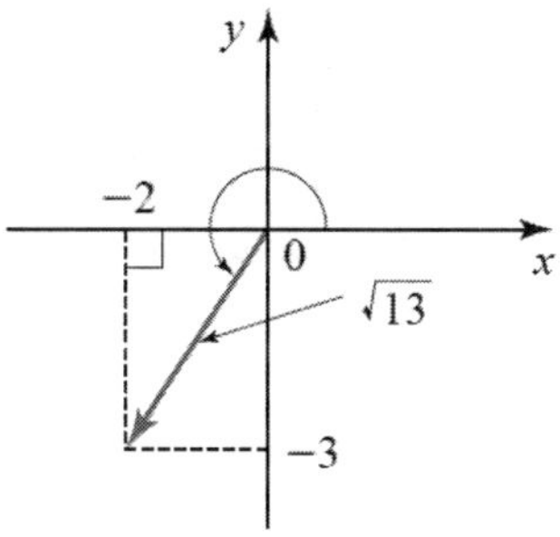


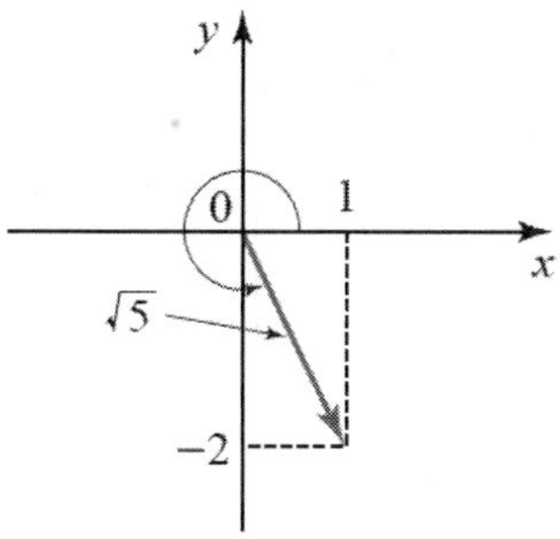


(1) $\sin\theta = -\dfrac{3}{\sqrt{13}}$, $\cos\theta = -\dfrac{2}{\sqrt{13}}$, $\tan\theta = \dfrac{3}{2}$

(2) $\sin\theta = -\dfrac{2}{\sqrt{5}}$, $\cos\theta = \dfrac{1}{\sqrt{5}}$, $\tan\theta = -2$

## 예제 3.5.3

특수각에 대한 삼각비를 이용하여 다음의 값을 구하시오.

(1) $\sin\dfrac{2\pi}{3}$　　　　(2) $\cos 240°$

(3) $\tan\left(-\dfrac{5\pi}{4}\right)$　　　　(4) $\sec\left(-\dfrac{13\pi}{6}\right)$

**풀이**

각각의 동경을 표시하고 특수각에 대한 직각삼각형을 그리면 된다. 이때 대응하는 삼각형에 상응하는 변의 부호에 유의해야 한다. 대각선의 길이는 모두 양수이다.

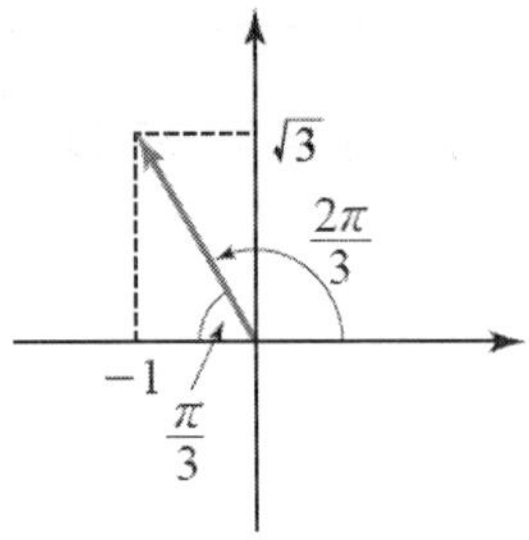


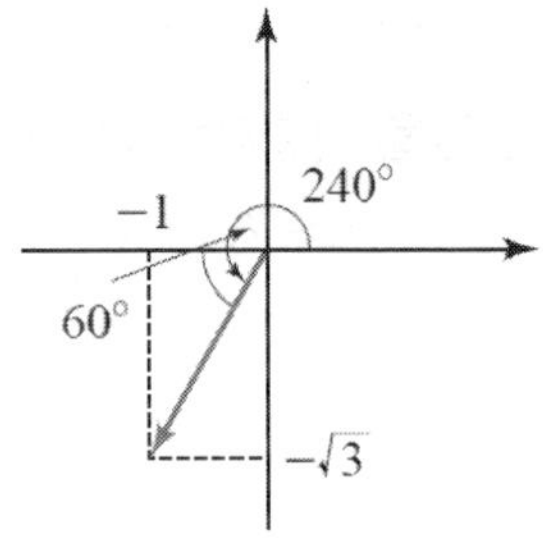


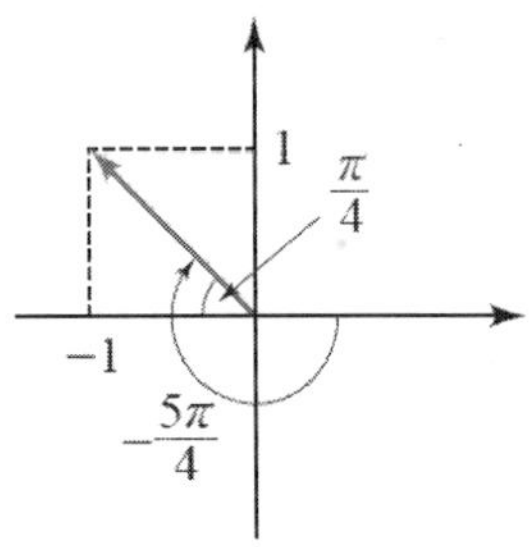


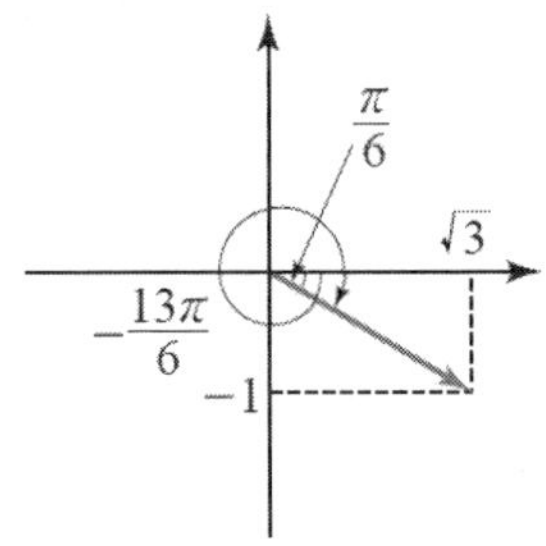


(1) $\sin\dfrac{2\pi}{3} = \dfrac{\sqrt{3}}{2}$

(2) $\cos 240^\circ = -\dfrac{1}{2}$

(3) $\tan\left(-\dfrac{5\pi}{4}\right) = -1$

(4) $\cos\left(-\dfrac{13\pi}{6}\right) = \dfrac{\sqrt{3}}{2}$ 이므로 $\sec\left(-\dfrac{13\pi}{6}\right) = \dfrac{2}{\sqrt{3}}$

---

**정의 3.5.4 삼각함수**

원점에서 $x$축의 양의 방향으로의 반직선을 시초선으로 하여 반지름이 $r$인 원 위를 움직이는 동경의 크기 $\theta$에 대하여 삼각비를 대응시키는 함수를 **삼각함수**라 한다. 일반적으로 삼각함수는 다음과 같이 정의되는 함수이다.

$$\sin\theta = \frac{y}{r},\ \cos\theta = \frac{x}{r},\ \tan\theta = \frac{y}{x}$$

$$\csc\theta = \frac{r}{y},\ \sec\theta = \frac{r}{x},\ \cot\theta = \frac{x}{y}$$

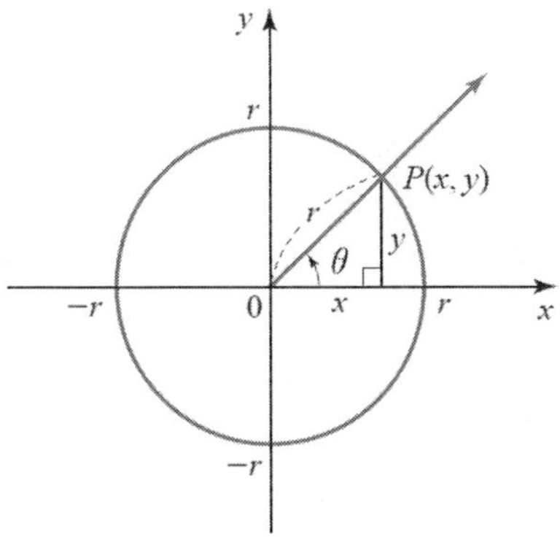


이때, 중심각 $\theta = 0,\ \dfrac{\pi}{2}$에 대하여 구할 수 없었던 삼각비의 값을 삼각함수의 값으로 다음과 같이 구할 수 있다. 즉,

$$\sin 0 = 0,\ \ \cos 0 = 1,\ \ \tan 0 = 0,\ \ \sin\frac{\pi}{2} = 1,\ \ \cos\frac{\pi}{2} = 0$$

**정의 3.5.5 삼각함수**

모든 실수 $x$에 대하여 $f(x+p) = f(x)$를 만족하는 양수 $p$가 존재하면 $f$를 **주기함수**라 한다. 이때 이 같은 성질을 만족하는 최소의 양수 $p$를 **주기**라 한다.

이제 $\sin x$, $\cos x$, $\tan x$ 함수의 그래프를 그리고 정의역과 치역에 대하여 알아보자.

삼각함수의 그래프를 평면좌표에 나타내면 다음과 같다. 동경의 크기를 $\theta$ 대신에 $x$로 하여 삼각함수를 나타내도록 한다.

$y=\sin x$의 그래프

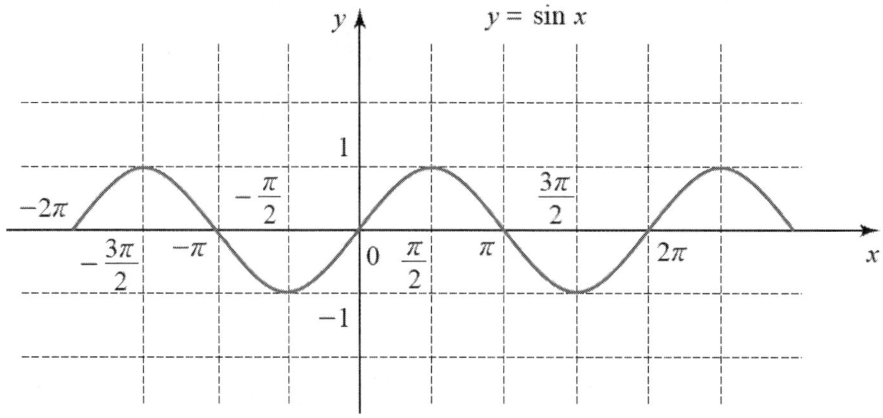


정의역 : 모든 실수, 치역 : $[-1, 1]$, 주기 : $2\pi$, $\sin(-x) = -\sin x$

$y=\cos x$ 의 그래프

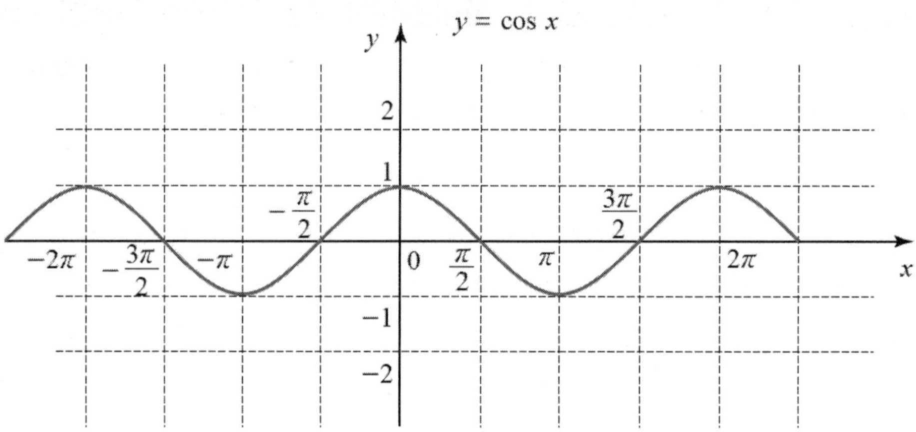


정의역 : 모든 실수, 치역 : $[-1, 1]$, 주기 : $2\pi$, $\cos(-x) = \cos x$

$y = \tan x$의 그래프

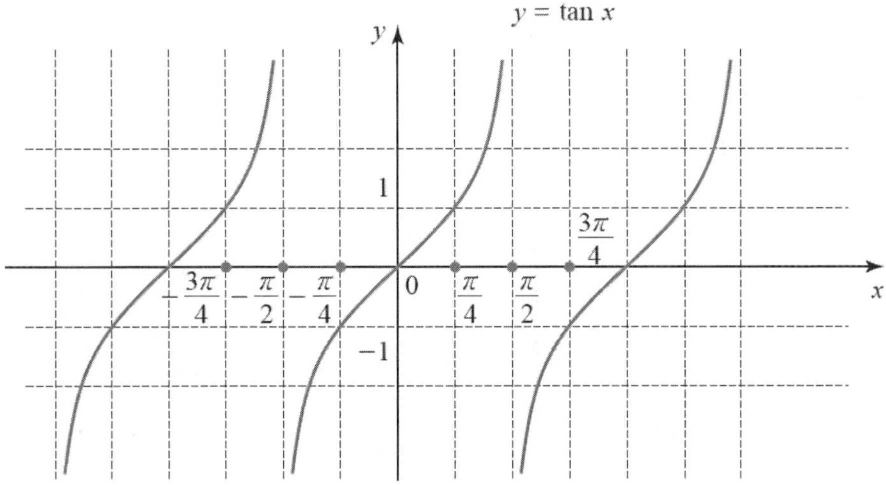


정의역 : $x \neq (2n-1)\frac{\pi}{2}$ 인 실수 ($n$은 정수),

치역 : 모든 실수, 주기 : $\pi$, $\tan(-x) = -\tan x$

### 그래프의 변형

(1) $y-b=\sin(x-a)$의 그래프는 $y=\sin x$의 그래프를 $x$축으로 $a$만큼, $y$축으로 $b$만큼 평행 이동한 것이다.

(2) $y=-\sin x$의 그래프는 $y=\sin x$의 그래프를 $x$축을 중심으로 선대칭이다.

(3) $y=a\sin x$의 그래프는 $y=\sin x$의 함숫값을 $a$배한 것이다.

(4) $y=\sin ax$의 그래프는 $y=\sin x$와 모양은 같고 주기가 $\frac{2\pi}{|a|}$인 그래프이다.

위 변형은 다른 삼각함수도 똑같이 적용된다. 단, $y=\tan ax$의 주기는 $\frac{\pi}{|a|}$이다.

예제 3.5.4

$y=\sin\left(x-\dfrac{\pi}{2}\right)$와 $y=\sin\left(x-\dfrac{\pi}{2}\right)+1$의 그래프를 그리시오.

**풀이**

$y=\sin x$의 그래프를 평행이동하면 다음과 같다.

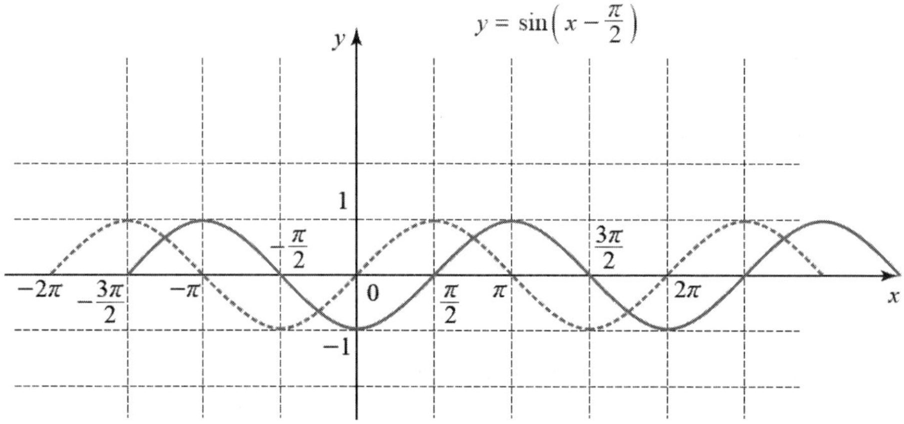


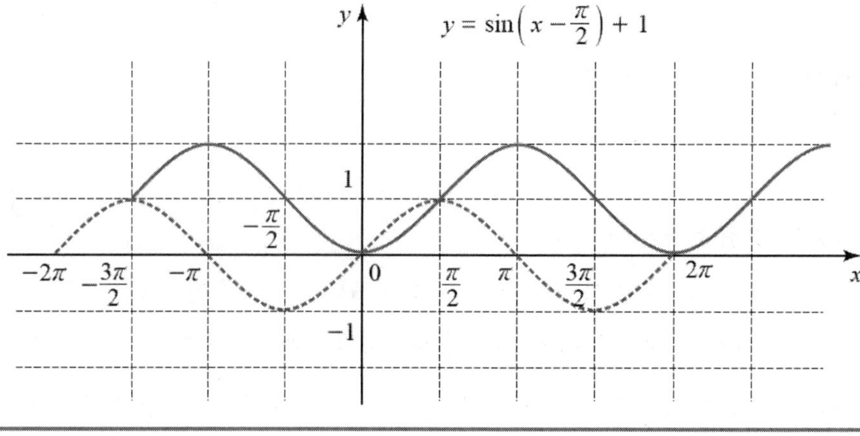

예제 3.5.5

$y = 2\sin x$와 $y = 2\sin\left(x - \dfrac{\pi}{2}\right) + 1$의 그래프를 그리시오.

**풀이**

$y = \sin x$의 그래프를 변형하면 다음과 같다.

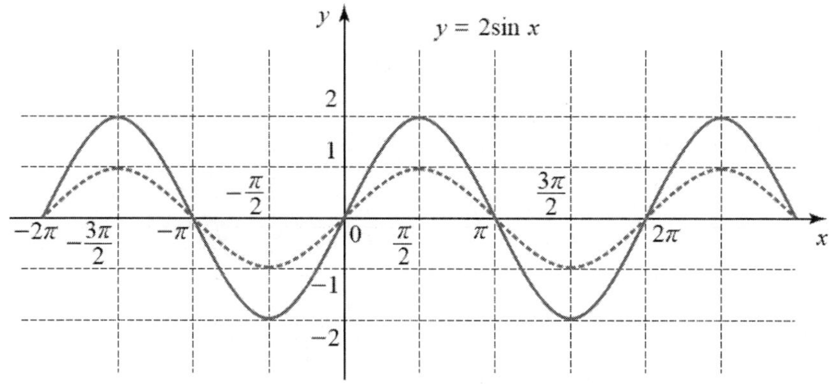


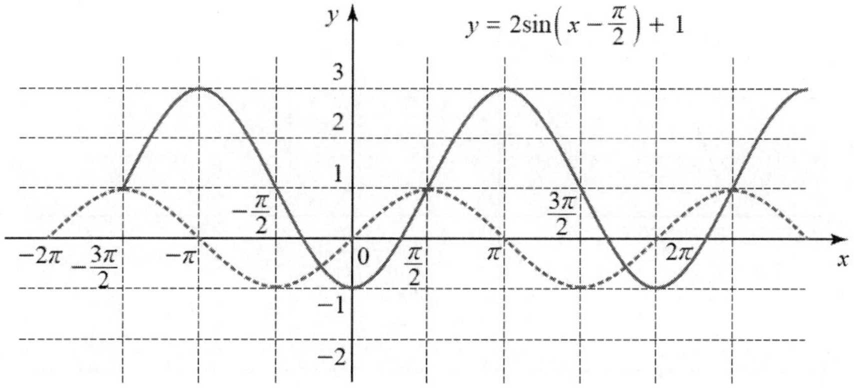

## 예제 3.5.6

$y=\sin 2x$와 $y=\sin 2\left(x-\dfrac{\pi}{2}\right)-1$의 그래프를 그리시오.

**풀이**

$y=\sin 2x$의 주기는 $\pi$인 것에 주목하면 그래프에는 $2\pi$ 구간안에 $y=\sin x$ 그래프의 파형이 2개 나타나는 것을 알 수 있다.

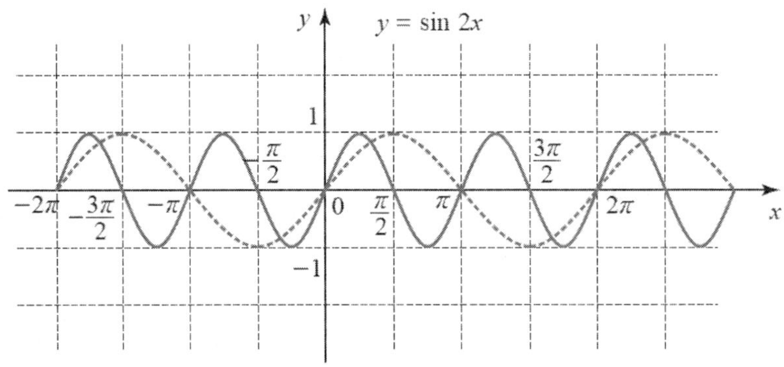


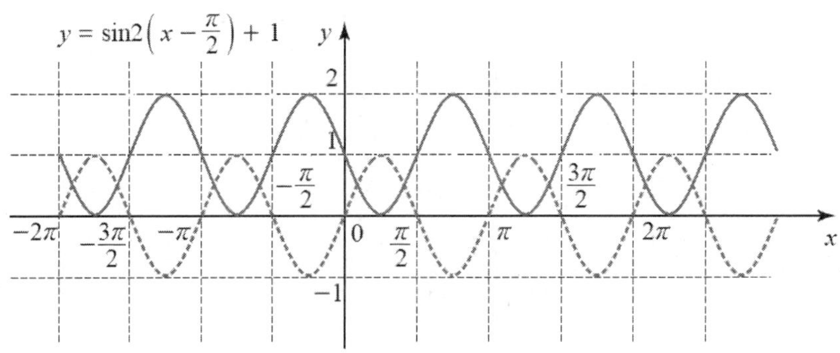


$\cos x$ 와 $\tan x$의 그래프에 관한 변형도 $\sin x$의 그래프와 같은 방식으로 하면 된다.

**예제 3.5.7**

다음 함수의 그래프는 $y=\cos x$ 의 그래프에 대하여 어떤 변화인지를 확인하고 그래프를 그리시오.

(1) $y=\cos\left(x-\dfrac{\pi}{2}\right)$

(2) $y=-\cos x+1$

(3) $y=\cos(2x+\pi)$

**풀이**

(1) $y=\cos x$ 의 그래프를 $x$축으로 $\dfrac{\pi}{2}$만큼 평행 이동한 것이다.

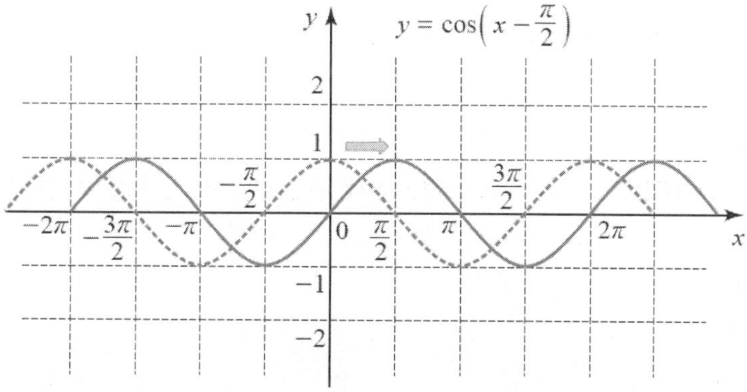


(2) $y=\cos x$ 의 그래프를 $x$축에 선대칭한 그래프를 $y$축으로 1만큼 평행 이동한 것이다.

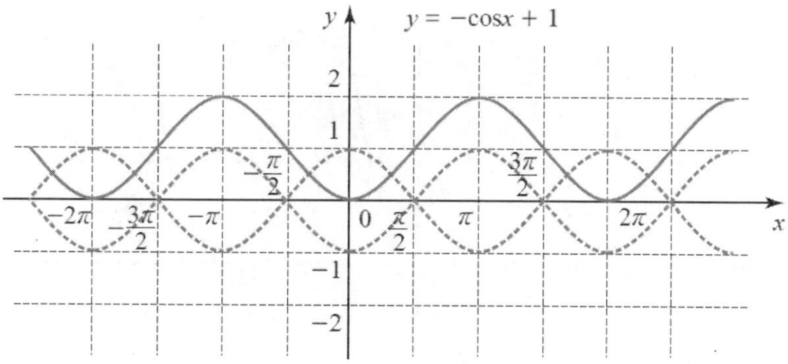

(3) $y = \cos(2x + \pi) = \cos 2\left(x - \left(-\dfrac{\pi}{2}\right)\right)$이므로 $y = \cos 2x$ 의 그래프를 $x$축으로 $-\dfrac{\pi}{2}$만큼 평행 이동한 것이다.

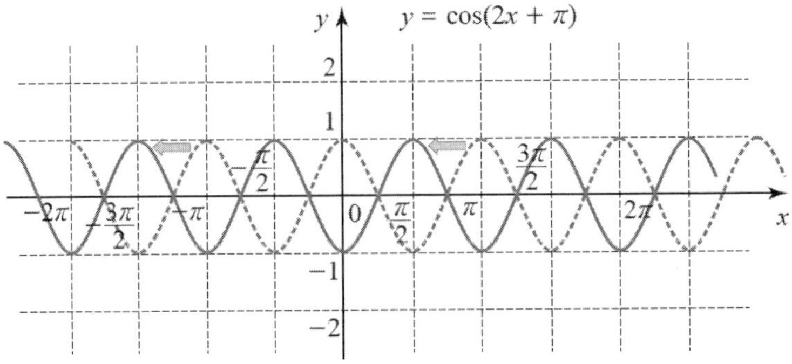


---

**예제 3.5.8**

다음 함수의 그래프는 $y = \tan x$의 그래프에 대하여 어떤 변화인지를 확인하고 그래프를 그리시오.

(1) $y = 2\tan x$

(2) $y = \tan 2x$

(3) $y = \tan\left(x + \dfrac{\pi}{4}\right)$

**풀이**

(1) $y = \tan x$의 함수의 값을 2배한 그래프이다.

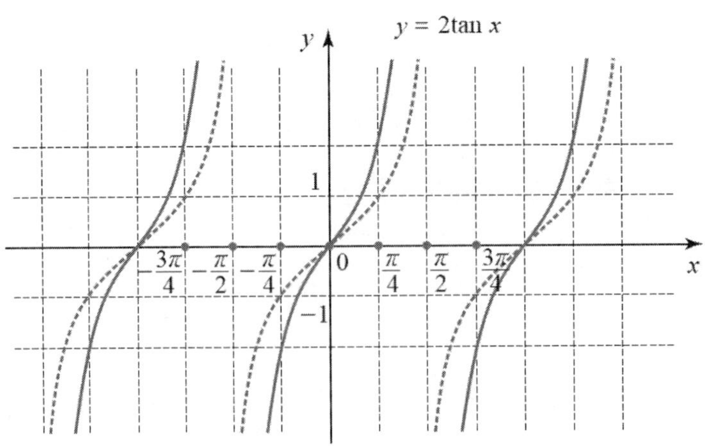

(2) $y=\tan 2x$의 그래프는 $y=\tan x$의 주기가 $\frac{\pi}{2}$로 변한 그래프이다. $\pi$구간에 $y=\tan x$ 그래프의 파형이 2개 나타나는 것을 알 수 있다.

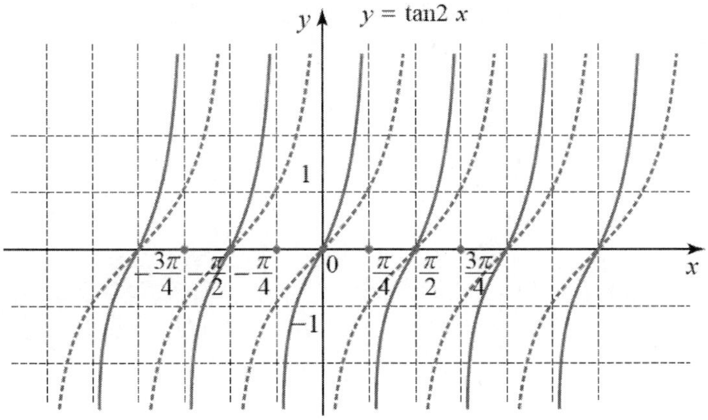


(3) $y=\tan\left(x+\frac{\pi}{4}\right)=\tan\left(x-\left(-\frac{\pi}{4}\right)\right)$로부터 $y=\tan x$의 그래프를 $x$축으로 $-\frac{\pi}{4}$만큼 평행 이동한 그래프이다.

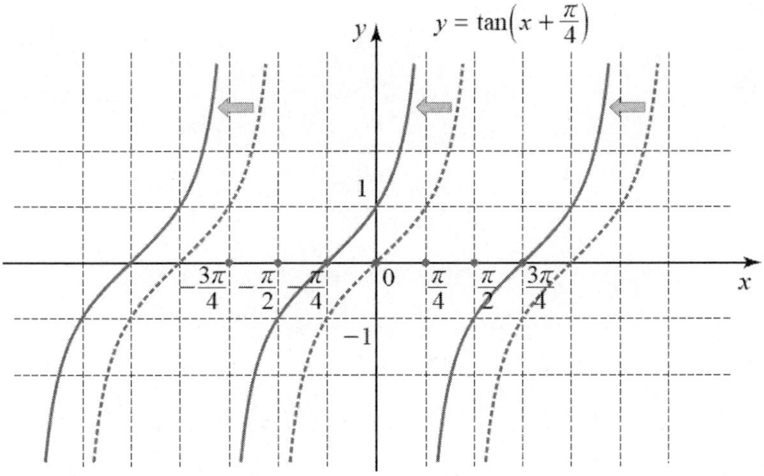

### 삼각함수의 성질

삼각함수는 내용은 같으면서 다양한 표현을 가지는 것이 특징이다. 함숫값과 관련한 성질은 대부분 삼각비와 삼각함수의 정의로부터 쉽게 증명할 수 있다. 다음은 삼각비의 정의에 의하여 성립하는 성질이다.

[성질 1]

$$\tan\theta = \frac{\sin\theta}{\cos\theta},\ \sin^2\theta + \cos^2\theta = 1,\ \tan^2\theta + 1 = \sec^2\theta$$

**예제 3.5.9**

$\sin\theta + \cos\theta = \frac{\sqrt{3}}{2}$일 때 $\sin\theta\cos\theta$의 값을 구하시오.

**풀이**

양변을 제곱하고 성질 1을 이용하면

$$(\sin\theta + \cos\theta)^2 = \left(\frac{\sqrt{3}}{2}\right)^2$$

$$1 + 2\sin\theta\cos\theta = \frac{3}{4}$$

$$\sin\theta\cos\theta = -\frac{1}{8}$$

동경의 크기에 대한 일반각의 성질을 이용하면 같은 동경에 대한 삼각비는 같다는 것을 알 수 있다. 그 이유는 $x$축에 만들어지는 직각삼각형이 같기 때문이다. 따라서 임의의 정수 $n$에 대하여 다음 성질이 성립한다.

[성질 2]

$$\sin(2n\pi+\theta)=\sin\theta,\ \cos(2n\pi+\theta)=\cos\theta,\ \tan(2n\pi+\theta)=\tan\theta$$

**예제 3.5.10**

다음 값을 구하시오.

(1) $\sin\left(-\frac{5\pi}{3}\right)$ (2) $\cos\frac{25}{6}\pi$ (3) $\tan\frac{17}{4}\pi$

**풀이**

(1) $\sin\left(-\frac{5\pi}{3}\right)=\sin\left(2\pi-\frac{5\pi}{3}\right)=\sin\frac{\pi}{3}=\frac{\sqrt{3}}{2}$

(2) $\cos\frac{25}{6}\pi=\cos\left(4\pi+\frac{\pi}{6}\right)=\cos\frac{\pi}{6}=\frac{\sqrt{3}}{2}$

(3) $\tan\frac{17}{4}\pi=\tan\left(4\pi+\frac{\pi}{4}\right)=\tan\frac{\pi}{4}=1$

다음 성질로부터 $\cos x$는 우함수이고, $\sin x$와 $\tan x$는 기함수이다. 우함수의 그래프는 $y$축을 중심으로 선대칭이고 기함수의 그래프는 원점을 축으로 $180^\circ$ 회전대칭이다.

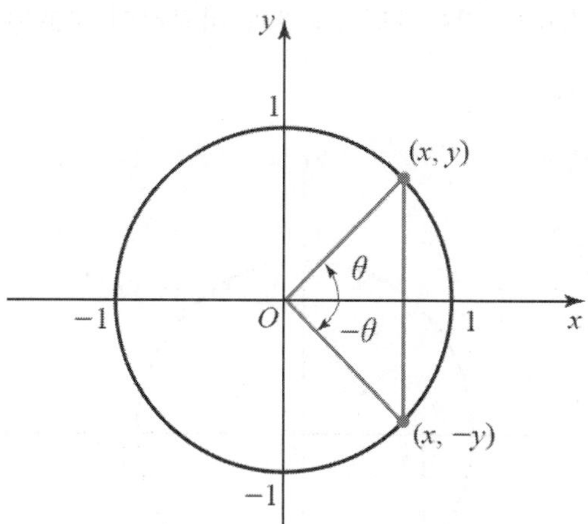

[성질 3]

$$\sin(-\theta)=-\sin\theta,\ \cos(-\theta)=\cos\theta,\ \tan(-\theta)=-\tan\theta$$

**예제 3.5.11**

다음 값을 구하시오.

(1) $\sin\left(-\frac{\pi}{3}\right)$ (2) $\cos\left(-\frac{7}{3}\pi\right)$ (3) $\tan\left(-\frac{\pi}{6}\right)$

**풀이**

(1) $\sin\left(-\frac{\pi}{3}\right)=-\sin\frac{\pi}{3}=-\frac{\sqrt{3}}{2}$

(2) $\cos\left(-\frac{7}{3}\pi\right)=\cos\frac{7}{3}\pi=\cos\left(2\pi+\frac{\pi}{3}\right)=\cos\frac{\pi}{3}=\frac{1}{2}$

(3) $\tan\left(-\frac{\pi}{6}\right)=-\tan\frac{\pi}{6}=-\frac{1}{\sqrt{3}}$

주어진 동경의 크기 $\theta$를 $\pi$만큼 증가시켜서 $(\pi+\theta)$에 대응하는 직각삼각형을 $x$축에 만들면, 처음에 주어진 동경의 크기 $\theta$에 해당하는 직각삼각형과 비교하여 $x$축에 있지 않는 꼭짓점의 좌표는 원점에 대한 회전이동이 되어 $(x, y)\rightarrow(-x, -y)$가 되는 것을 알 수 있다. 따라서 삼각비의 값이 처음 동경과 비교하여 부호만 바뀌게 된다. 따라서 다음 성질을 알게 된다.

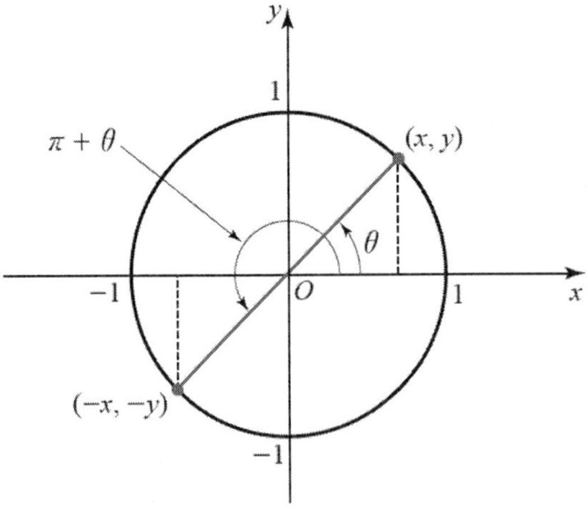

[성질 4]

$$\sin(\pi+\theta)=-\sin\theta,\ \cos(\pi+\theta)=-\cos\theta,\ \tan(\pi+\theta)=\tan\theta$$

**예제 3.5.12**

다음 삼각함수의 값을 구하시오.

(1) $\sin\frac{4}{3}\pi$ (2) $\cos\frac{7}{6}\pi$ (3) $\tan\frac{5}{4}\pi$

**풀이**

(1) $\sin\frac{4}{3}\pi=\sin\left(\pi+\frac{\pi}{3}\right)=-\sin\frac{\pi}{3}=-\frac{\sqrt{3}}{2}$

(2) $\cos\frac{7}{6}\pi=\cos\left(\pi+\frac{\pi}{6}\right)=-\cos\frac{\pi}{6}=-\frac{\sqrt{3}}{2}$

(3) $\tan\frac{5}{4}\pi=\tan\left(\pi+\frac{\pi}{4}\right)=\tan\frac{\pi}{4}=1$

주어진 동경의 크기 $\theta$를 $\pi$에서 $\theta$만큼 감소한 동경의 크기 $(\pi-\theta)$에 대응하는 직각삼각형을 만들면, 처음 삼각형과 비교하여 $x$축에 있지 않는 꼭짓점의 좌표는 $y$축에 대하여 선대칭이 되어 좌표가 $(x, y)\to(-x, y)$로 변하는 것을 알 수 있다. 따라서 다음 성질을 알 수 있다.

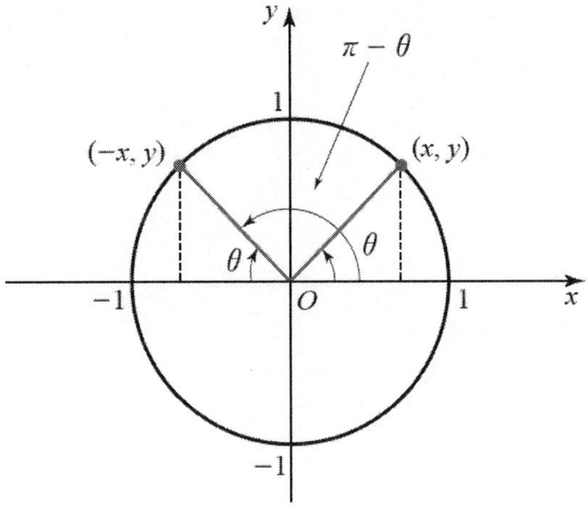

[성질 5]

$$\sin(\pi-\theta)=\sin\theta,\ \cos(\pi-\theta)=-\cos\theta,\ \tan(\pi-\theta)=-\tan\theta$$

**예제 3.5.13**

다음 삼각함수의 값을 구하시오.

(1) $\sin\frac{5}{6}\pi$　　(2) $\cos\frac{2}{3}\pi$　　(3) $\tan\frac{3}{4}\pi$

**풀이**

(1) $\sin\frac{5}{6}\pi=\sin\left(\pi-\frac{\pi}{6}\right)=\sin\frac{\pi}{6}=\frac{1}{2}$

(2) $\cos\frac{2}{3}\pi=\cos\left(\pi-\frac{\pi}{3}\right)=-\cos\frac{\pi}{3}=-\frac{1}{2}$

(3) $\tan\frac{3}{4}\pi=\tan\left(\pi-\frac{\pi}{4}\right)=-\tan\frac{\pi}{4}=-1$

주어진 동경의 크기 $\theta$를 $\frac{\pi}{2}$만큼 증가시켜서 $\left(\frac{\pi}{2}+\theta\right)$에 대응하는 직각삼각형을 $x$축에 만들면, 처음에 주어진 동경의 크기 $\theta$에 해당하는 직각삼각형과 비교하여 $x$축에 있지 않는 꼭짓점의 좌표는 $(x, y)\to(-y, x)$가 되는 것을 알 수 있다. 따라서 다음 성질을 알 수 있다.

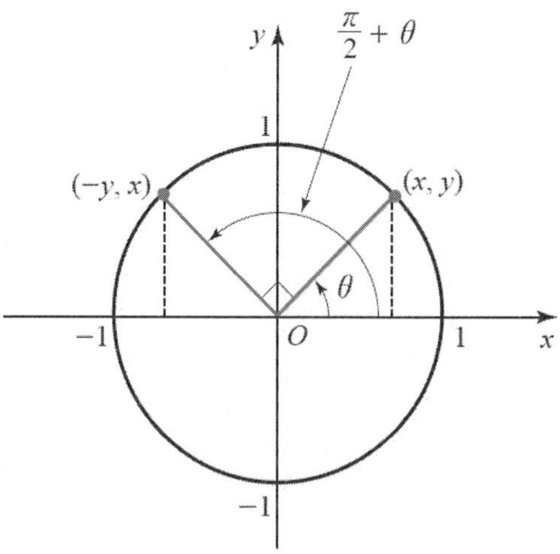

[성질 6]

$$\sin\left(\frac{\pi}{2}+\theta\right)=\cos\theta,\ \cos\left(\frac{\pi}{2}+\theta\right)=-\sin\theta,\ \tan\left(\frac{\pi}{2}+\theta\right)=-\cot\theta$$

**예제 3.5.14**

다음 삼각함수의 값을 구하시오.

(1) $\sin\frac{5}{6}\pi$　　(2) $\cos\frac{2}{3}\pi$　　(3) $\tan\frac{3}{4}\pi$

**풀이**

(1) $\sin\frac{5}{6}\pi=\sin\left(\frac{\pi}{2}+\frac{\pi}{3}\right)=\cos\frac{\pi}{3}=\frac{1}{2}$

(2) $\cos\frac{2}{3}\pi=\cos\left(\frac{\pi}{2}+\frac{\pi}{6}\right)=-\sin\frac{\pi}{6}=-\frac{1}{2}$

(3) $\tan\frac{3}{4}\pi=\tan\left(\frac{\pi}{2}+\frac{\pi}{4}\right)=-\cot\frac{\pi}{4}=-1$

주어진 동경의 크기 $\theta$에서 $\left(\frac{\pi}{2}-\theta\right)$에 대응하는 직각삼각형을 $x$축에 만들면, 처음에 주어진 동경의 크기 $\theta$에 해당하는 직각삼각형과 비교하여 $x$축에 있지 않는 꼭짓점의 좌표는 $(x,y)\to(y,x)$가 되는 것을 알 수 있다. 따라서 다음 성질을 알 수 있다.

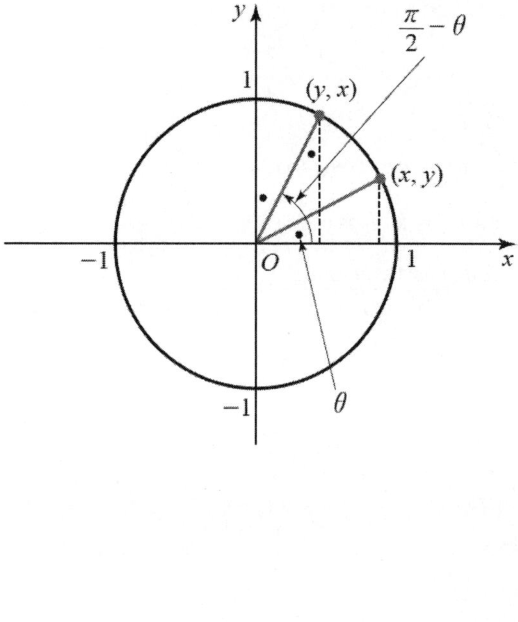

[성질 7]

$$\sin\left(\frac{\pi}{2}-\theta\right)=\cos\theta,\ \cos\left(\frac{\pi}{2}-\theta\right)=\sin\theta,\ \tan\left(\frac{\pi}{2}-\theta\right)=\cot\theta$$

지금까지 나열한 삼각함수의 성질을 요약하면 모든 삼각함수의 값은 그 동경의 크기가 어떠하든 제 1사분면에 있는 동경의 크기에 관한 삼각비로 나타낼 수 있다는 것을 의미한다. 이 외에도 삼각함수 공식이 많이 있지만 자주 사용하게 되는 기초적인 삼각함수의 공식을 정리하면 다음과 같다.

1. 배각공식

(1) $\sin 2x = 2\sin x\cos x$

(2) $\cos 2x = \cos^2 x - \sin^2 x = 2\cos^2 x - 1 = 1 - 2\sin^2 x$

(3) $\tan 2x = \dfrac{2\tan x}{1-\tan^2 x}$

2. 반각공식

(1) $\cos^2 x = \dfrac{1+\cos 2x}{2}$

(2) $\sin^2 x = \dfrac{1-\cos 2x}{2}$

(3) $\tan^2 x = \dfrac{1-\cos 2x}{1+\cos 2x}$

3. 합과 차에 관한 공식

(1) $\sin(x \pm y)= \sin x\cos y \pm \cos x\sin y$

(2) $\cos(x \pm y)= \cos x\cos y \mp \sin x\sin y$

(3) $\tan(x \pm y)= \dfrac{\tan x \pm \tan y}{1 \mp \tan x\tan y}$

## 연습문제 3.5

**01** 다음에서 육십분법은 호도법으로, 호도법은 육십분법으로 나타내시오.

(1) $65°$ (2) $110°$ (3) $-15°$

(4) $\frac{2}{5}\pi$ (5) $\frac{7}{3}\pi$ (6) $-\frac{5}{12}\pi$

**02** 원점 $O$와 점 $P(-2, -3)$을 잇는 선분 $\overline{OP}$를 동경으로 하는 각의 크기를 $\theta$라고 할 때, $\sin\theta$, $\cos\theta$, $\tan\theta$의 값을 구하시오.

**03** 다음 삼각함수의 값을 구하시오.

(1) $\sin\frac{19}{6}\pi$ (2) $\cos\left(-\frac{19}{6}\pi\right)$ (3) $\tan\frac{17}{4}\pi$

(4) $\sin\left(-\frac{16}{3}\pi\right)$ (5) $\cos\frac{15}{4}\pi$ (6) $\tan\left(-\frac{11}{3}\pi\right)$

**04** 원점 $O$와 점 $P(3, -4)$를 잇는 선분 $\overline{OP}$를 동경으로 하는 각의 크기를 $\theta$라고 할 때, $\sin\left(\frac{\pi}{2}+\theta\right)+\tan(-\theta)$의 값을 구하시오.

**05** $\theta$가 제 4사분면의 각이고 $\sin\theta=-\frac{5}{13}$일 때, $\cos\theta+\tan\theta=\frac{q}{p}$이다. $p+q$의 값을 구하시오. (단, $p$와 $q$는 서로소인 자연수이다.)

**06** $\theta$가 제 3사분면의 각이고 $4\sin\theta+\cos\theta+4=0$일 때, $\sin\theta+\cos\theta$의 값을 구하시오.

**07** $\sin(\pi-\theta)=\frac{1}{3}$이고 $\tan\theta<0$일 때, $\left\{\sin(\pi+\theta)+\cos\left(\frac{\pi}{2}+\theta\right)\right\}\times\tan(\pi-\theta)$의 값을 구하시오.

**08** $\sin\theta=\frac{3}{5}$일 때, $\sin\left(\frac{\pi}{2}+\theta\right)+\sin(\pi+\theta)+\sin\left(\frac{3}{2}\pi+\theta\right)$의 값을 구하시오.

**09** $\frac{3}{2}\pi<\theta<2\pi$인 $\theta$에 대하여 $\sin\theta=-\frac{2}{3}$일 때, $\sin\left(\frac{\pi}{2}-\theta\right)+\tan(\pi+\theta)$의 값을 구하시오.

**10** $\tan\theta=\frac{3}{4}$이고 $\sin\theta<0$일 때, $\cos\theta$의 값을 구하시오.

**11** 다음 함수의 치역과 주기를 구하고 그래프를 그리시오.

(1) $y=\sin\frac{x}{2}$

(2) $y=2\sin\left(x-\frac{\pi}{4}\right)$

(3) $y=\frac{1}{2}\cos(2\pi x)$

(4) $y=3\cos\left(x+\frac{\pi}{3}\right)$

(5) $y=\frac{1}{2}\tan\frac{x}{2}$

(6) $y=\tan\left(\frac{x}{2}-\frac{\pi}{4}\right)$

**12** 두 상수 $a$, $b$에 대하여 함수 $y=2\cos(ax)+b$의 주기가 $6\pi$이고 최댓값이 5일 때, $a+b$의 값을 구하시오. (단, $a>0$)

**13** 다음 삼각함수의 값을 구하시오.

(1) $\sin 15^\circ$

(2) $\sin 75^\circ$

(3) $\cos 15^\circ$

(4) $\cos 75^\circ$

(5) $\tan 15^\circ$

(6) $\tan 75^\circ$

## 3.6 역삼각함수

### 역사인(sine)함수

함수 $y = \sin x$는 전단사함수가 아니다. 따라서 역함수가 존재하지 않는다. 사인함수의 역함수를 생각하기 위해서는 함수가 일대일 대응이 되도록 정의역과 공역을 조정하여야 한다. 조정하는 방법은 다양하지만 이제 다음과 같이 정의하자.

$$f : \left[-\frac{\pi}{2}, \frac{\pi}{2}\right] \to [-1, 1],\ f(x) = \sin x$$

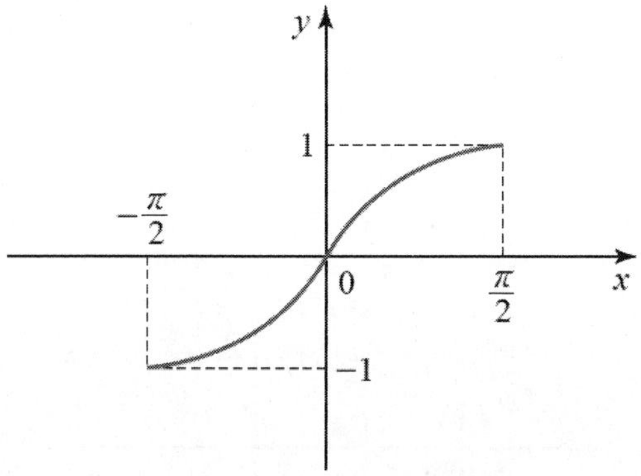


이 때 사인함수는 전단사함수이고 역함수가 존재하는데 이를 **역사인함수**라 한다. 또한 $\left[-\frac{\pi}{2}, \frac{\pi}{2}\right]$를 역사인함수의 **주치**라 한다. 이제 역사인함수를 구해보자.

$y = f(x) = \sin x$에서 $x$와 $y$를 서로 바꾸면 $x = \sin y$이고 $y$가 일반적인 대수로는 분리가 되지 않으므로 다음과 같이 정의하자.

$$x = \sin y \ \Leftrightarrow \ y = \sin^{-1} x$$

이 때 $\sin^{-1} x$를 아크사인(arcsine) $x$라고 읽는다. 따라서 $f(x) = \sin x$의 역함수 $f^{-1}(x)$는 $f^{-1}(x) = \sin^{-1} x$가 된다. $f$와 $f^{-1}$의 관계를 이용하여 다음을 알 수 있다.

**정의 3.6.1**

함수 $y=\sin^{-1}x$는 역사인함수이고 다음과 같이 정의된다.

(1) 정의역은 $[-1,1]$이고, 치역은 $\left[-\frac{\pi}{2}, \frac{\pi}{2}\right]$이다.

(2) 함수의 그래프는 $y=\sin x$와 $y=x$에 대하여 선대칭이다.

(3) $y=\sin^{-1}x \Leftrightarrow \sin y=x$

**주의** $\sin^{-1}x \neq \frac{1}{\sin x}=\csc x$임에 주의하자.

$y=\sin^{-1}x$의 그래프는 주어진 구간에서 $y=\sin x$의 그래프를 $y=x$에 선대칭으로 그리면 다음과 같다.

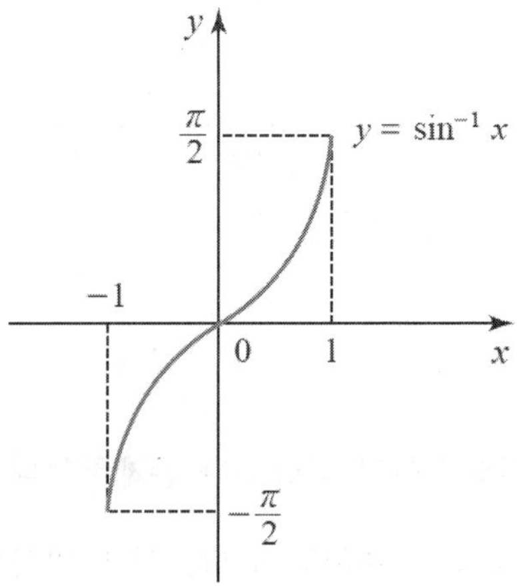


이제 $\sin^{-1}x$의 값을 구해보자. $\sin^{-1}x$에 대하여는 그 값을 대수적으로 알 수 없어 $y=\sin^{-1}x \Leftrightarrow \sin y=x$의 관계를 이용하여 구한다.

### 예제 3.6.1

다음 값을 구하시오.

(1) $\sin^{-1}\dfrac{\sqrt{3}}{2}$　　　　(2) $\cos\left(\sin^{-1}\dfrac{1}{2}\right)$

**풀이**

(1) $\sin^{-1}\dfrac{\sqrt{3}}{2}=\theta$라 하면 $\theta\in\left[-\dfrac{\pi}{2},\dfrac{\pi}{2}\right]$이고 $\sin\theta=\dfrac{\sqrt{3}}{2}$이다. 주치에서 $\sin\theta=\dfrac{\sqrt{3}}{2}$이 되는 동경의 크기 $\theta=\dfrac{\pi}{3}$이다. 따라서 $\sin^{-1}\dfrac{\sqrt{3}}{2}=\dfrac{\pi}{3}$이다.

(2) $\sin^{-1}\dfrac{1}{2}=\theta$라 하면 $\theta\in\left[-\dfrac{\pi}{2},\dfrac{\pi}{2}\right]$이고 $\sin\theta=\dfrac{1}{2}$이다. 주치에서 $\sin\theta=\dfrac{1}{2}$이 되는 동경의 크기 $\theta=\dfrac{\pi}{6}$이다. 따라서 $\cos\left(\sin^{-1}\dfrac{1}{2}\right)=\cos\dfrac{\pi}{6}=\dfrac{\sqrt{3}}{2}$이다.

### 예제 3.6.2

다음 값을 구하시오.

(1) $\sin\left(\sin^{-1}\dfrac{2}{3}\right)$　　　　(2) $\sin^{-1}\left(\sin\left(-\dfrac{3}{2}\pi\right)\right)$　　　　(3) $\sin^{-1}2$

**풀이**

(1) $\sin^{-1}\dfrac{2}{3}=\theta$라 하면 $\theta\in\left[-\dfrac{\pi}{2},\dfrac{\pi}{2}\right]$이고 $\sin\theta=\dfrac{2}{3}$이다. 그런데 치환으로부터 $\sin\left(\sin^{-1}\dfrac{2}{3}\right)=\sin\theta=\dfrac{2}{3}$이다.

(2) $\sin\left(-\dfrac{3}{2}\pi\right)=1$이므로 $\sin^{-1}\left(\sin\left(-\dfrac{3}{2}\pi\right)\right)=\sin^{-1}1$이다. $\sin^{-1}1=\theta$라 하면 $\theta\in\left[-\dfrac{\pi}{2},\dfrac{\pi}{2}\right]$이고 $\sin\theta=1$이다. 주치에서 $\sin\theta=1$인 동경의 크기 $\theta=\dfrac{\pi}{2}$이다. 따라서 $\sin^{-1}\left(\sin\left(-\dfrac{3}{2}\pi\right)\right)=\sin^{-1}1=\dfrac{\pi}{2}$이다.

(3) $\sin^{-1}2$에서 $2\notin[-1,1]$이므로 $\sin^{-1}2$은 정의되지 않으므로 값은 존재하지 않는다.

### 역코사인(cosine)함수

역사인함수를 생각했던 것과 같은 방법으로 코사인함수의 역함수를 생각하기 위하여

$$f : [0, \pi] \to [-1, 1], \ f(x) = \cos x$$

를 정의하면 $f$는 전단사함수이고 역함수가 존재한다. 이 함수를 **역코사인함수**라 한다. 또한 $[0, \pi]$를 역코사인함수의 **주치**라 한다. 이제 역코사인함수를 구해보자. $y = \cos x$에서 $x$와 $y$를 서로 바꾸면 $x = \cos y$가 되고

$$x = \cos y \iff y = \cos^{-1} x$$

로 정의한다. 이때 $\cos^{-1} x$를 아크코사인(arc cosine) $x$라고 읽는다. 두 함수 $y = \cos^{-1} x$와 $y = \cos x$ 의 그래프는 $y = x$에 대하여 선대칭이다.

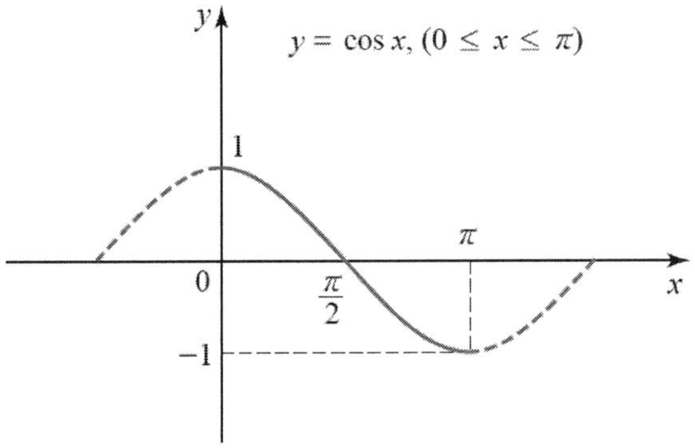


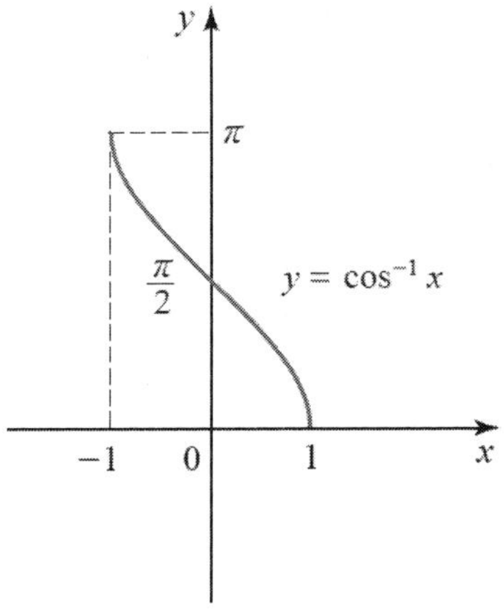


**정의 3.6.2**

함수 $y = \cos^{-1} x$는 역코사인함수이고 다음과 같이 정의된다.

(1) 정의역은 $[-1, 1]$이고, 치역은 $[0, \pi]$이다.
(2) 함수의 그래프는 $y = \cos x$와 $y = x$에 선대칭이다.
(3) $y = \cos^{-1} x \iff x = \cos y$

**예제 3.6.3**

다음 값을 구하시오.

(1) $\cos^{-1}\left(-\frac{\sqrt{3}}{2}\right)$  (2) $\tan\left(\cos^{-1}\frac{1}{3}\right)$  (3) $\cos^{-1}\left(\cos\frac{\pi}{3}\right)$

**풀이**

(1) $\cos^{-1}\left(-\frac{\sqrt{3}}{2}\right)=\theta$라 하면 $\theta\in[0,\pi]$이고 $\cos\theta=-\frac{\sqrt{3}}{2}$이다. 주치에서 $\cos\theta=-\frac{\sqrt{3}}{2}$인 동경의 크기 $\theta=\frac{5}{6}\pi$이다. 따라서 $\cos^{-1}\left(-\frac{\sqrt{3}}{2}\right)=\frac{5}{6}\pi$이다.

(2) $\cos^{-1}\frac{1}{3}=\theta$라 하면 $\theta\in[0,\pi]$이고 $\cos\theta=\frac{1}{3}$이다.

특수각이 아니므로 주치에서 $\cos\theta=\frac{1}{3}$인 동경의 크기는 1사분면에 놓여있고 해당하는 직각삼각형을 그리면 다음과 같다. 따라서 $\tan\left(\cos^{-1}\frac{1}{3}\right)=\tan\theta=\sqrt{8}$이다.

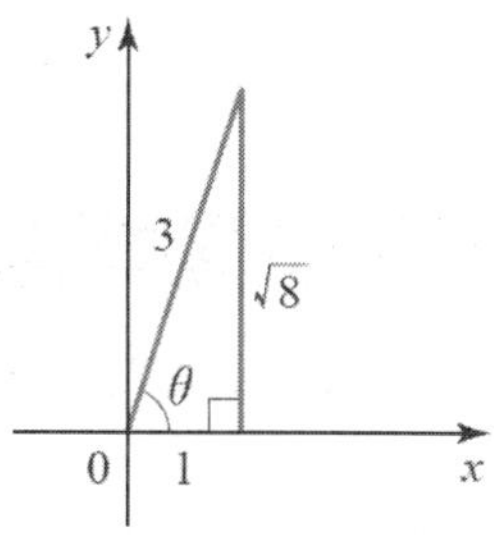


(3) $\cos\frac{\pi}{3}=\frac{1}{2}$이고 $\cos^{-1}\frac{1}{2}=\theta$라 하면 $\theta\in[0,\pi]$이고 $\cos\theta=\frac{\pi}{3}$이다.

## 역탄젠트(tangent)함수

탄젠트 함수의 역함수를 생각하기 위해

$$f:\left(-\frac{\pi}{2},\frac{\pi}{2}\right)\to R,\quad f(x)=\tan x$$

를 정의하면 함수 $f$는 전단사함수이고 역함수가 존재한다. 이 함수를 **역탄젠트함수**라 하고 $\left(-\frac{\pi}{2},\frac{\pi}{2}\right)$를 역탄젠트함수의 **주치**라 한다.

$y=\tan x$에서 $x$와 $y$를 서로 바꾸면 $x=\tan y$가 되고

$$x=\tan y \Leftrightarrow y=\tan^{-1}x$$

로 정의한다. 이때 $\tan^{-1}x$를 아크탄젠트(arc tangent) $x$라고 읽는다.

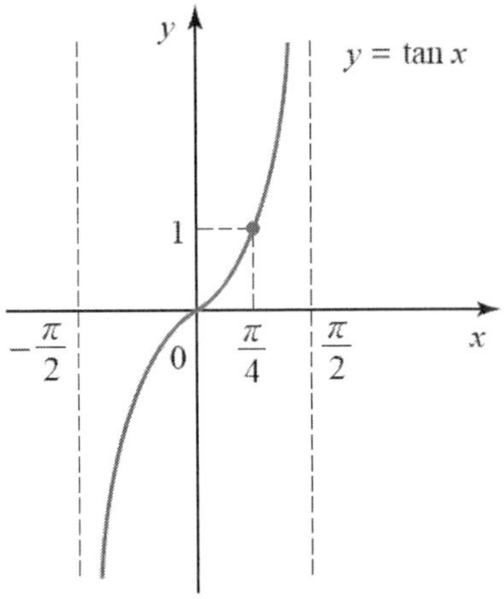


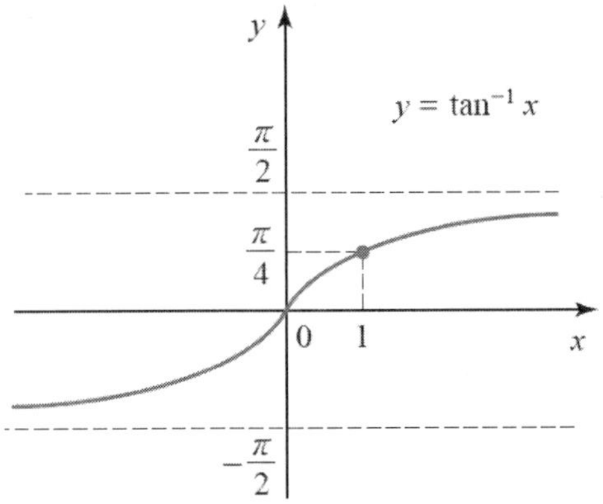


**정의 3.6.3**

함수 $y=\tan^{-1}x$은 역탄젠트함수이고 다음과 같이 정의된다.

(1) 정의역은 모든 실수이고, 치역은 $\left(-\frac{\pi}{2}, \frac{\pi}{2}\right)$이다.

(2) 함수의 그래프는 $y=\tan x$와 $y=x$에 선대칭이다.

(3) $y=\tan^{-1}x \Leftrightarrow x=\tan y$

**예제 3.6.4**

다음 값을 구하시오.

(1) $\tan^{-1}\left(-\frac{1}{\sqrt{3}}\right)$

(2) $\csc\left(\tan^{-1}\frac{1}{2}\right)$

**풀이**

(1) $\tan^{-1}\left(-\frac{1}{\sqrt{3}}\right)=\theta$라 하면 $\theta\in\left(-\frac{\pi}{2}, \frac{\pi}{2}\right)$이고 $\tan\theta=-\frac{1}{\sqrt{3}}$이다. 주치에서

$\tan\theta=-\frac{1}{\sqrt{3}}$이 되는 동경의 위치를 구하면 $\theta=-\frac{\pi}{6}$이다.

따라서 $\tan^{-1}\left(-\frac{1}{\sqrt{3}}\right)=-\frac{\pi}{6}$이다.

(2) $\tan^{-1}\frac{1}{2}=\theta$라 하면 $\theta\in\left(-\frac{\pi}{2}, \frac{\pi}{2}\right)$이고 $\tan\theta=\frac{1}{2}$이다. 특수각이 아니므로

주치에서 $\tan\theta = \dfrac{1}{2}$ 인 동경의 위치는 1사분면에 놓여있고 해당하는 직각삼각형을 그리면 다음과 같다. $\csc\left(\tan^{-1}\dfrac{1}{2}\right) = \csc\theta = \dfrac{1}{\sin\theta} = \sqrt{5}$ 이다.

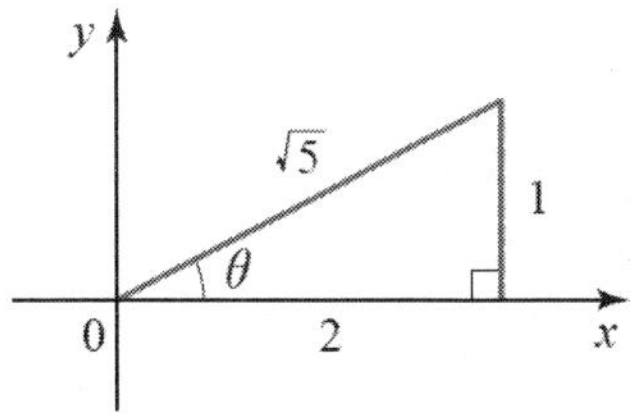


### 기타 역삼각함수

기타의 삼각함수 $y = \sec x$, $y = \csc x$, $y = \cot x$ 도 정의역과 공역을 적절히 조절함으로써 그들의 역함수

$$y = \sec^{-1}x,\ y = \csc^{-1}x,\ y = \cot^{-1}x$$

를 다음과 같이 정의할 수 있다.

**정의 3.6.4**

$$y = \sec^{-1}x,\ |x| \geq 1 \Leftrightarrow \sec y = x,\ y \in \left[0, \frac{\pi}{2}\right) \cup \left(\frac{\pi}{2}, \pi\right]$$

$$y = \csc^{-1}x,\ |x| \geq 1 \Leftrightarrow \csc y = x,\ y \in \left[-\frac{\pi}{2}, 0\right) \cup \left(0, \frac{\pi}{2}\right]$$

$$y = \cot^{-1}x,\ -\infty < x < \infty \Leftrightarrow \cot y = x,\ y \in (0, \pi)$$

위 역삼각함수의 그래프는 다음과 같다.

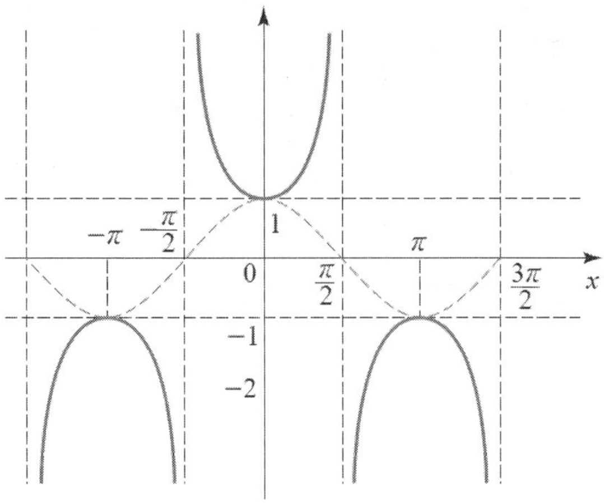


$y = \sec x$

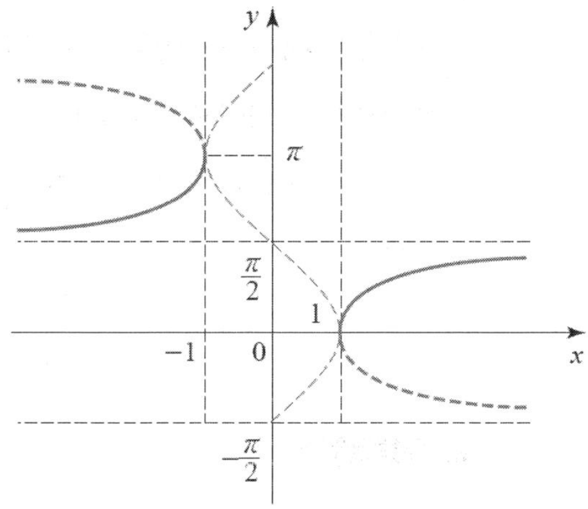


$y = \sec^{-1} x$

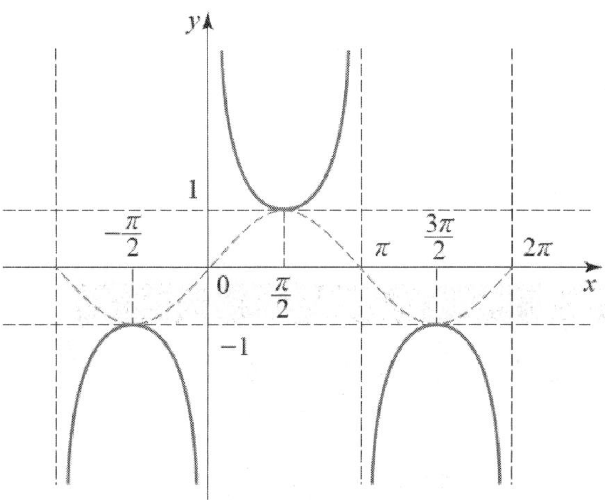


$y = \csc x$

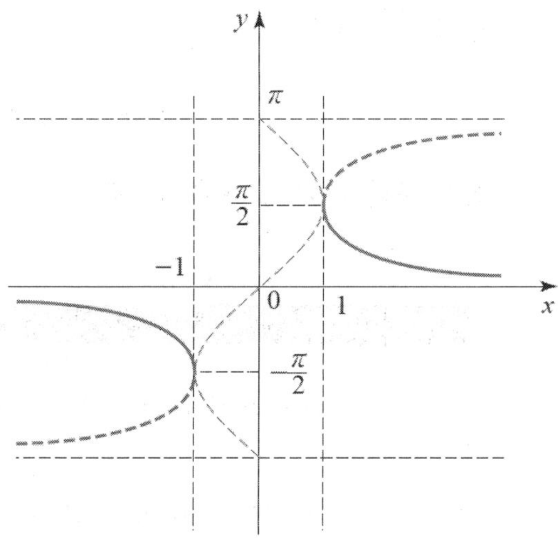


$y = \csc^{-1} x$

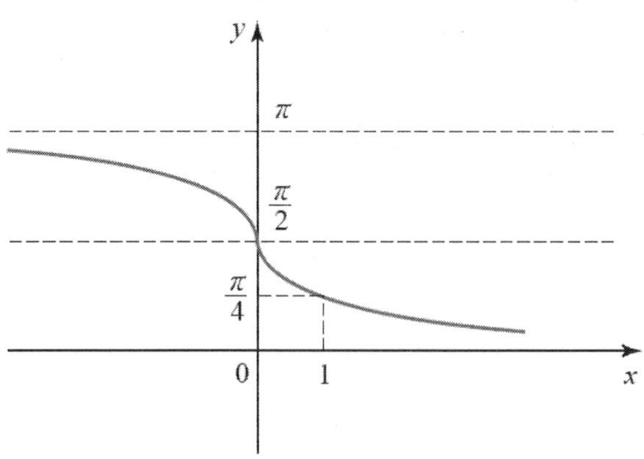


$y = \cot^{-1} x$

## 연습문제 3.6

**01** 다음 값을 구하시오.

(1) $\cos^{-1}\left(-\frac{\sqrt{3}}{2}\right)$ (2) $\sin^{-1}\left(-\frac{\sqrt{3}}{2}\right)$

(3) $\tan^{-1}\left(-\frac{1}{\sqrt{3}}\right)$ (4) $\tan^{-1}(-\sqrt{3})$

(5) $\sec^{-1}(\sqrt{2})$ (6) $\sin^{-1}\left(\sin\frac{16}{3}\pi\right)$

**02** 다음 값을 구하시오.

(1) $\cos\left(\cos^{-1}\frac{3}{4}\right)$ (2) $\sin\left(2\cos^{-1}\frac{2}{3}\right)$

(3) $\sin\left(2\sin^{-1}\frac{3}{4}\right)$ (4) $\csc(\tan^{-1}3)$

(5) $\sec\left(\tan^{-1}\frac{3}{2}\right)$ (6) $\sin\left(\cos^{-1}\frac{2}{3}+\sin^{-1}\frac{2}{3}\right)$

**03** 다음을 구하시오.

(1) $\alpha=\cos^{-1}\left(-\frac{\sqrt{3}}{2}\right)$일 때, $\sin\alpha$, $\tan\alpha$, $\sec\alpha$, $\csc\alpha$를 구하시오.

(2) $\alpha=\tan^{-1}\left(-\frac{3}{2}\right)$일 때, $\sin\alpha$, $\cos\alpha$, $\sec\alpha$, $\csc\alpha$를 구하시오.

**04** $x\in[-1,1]$일 때, $\sin(\cos^{-1}x)$의 값을 구하시오.

**05** $\cos^{-1}x=\sin^{-1}x$를 만족하는 $x$의 값을 구하시오.

**06** $\cos^{-1}\left(-\sin\frac{\pi}{5}\right)$를 구하시오.

**07** $\sin^{-1}\frac{1}{\sqrt{17}}+\sin^{-1}\frac{3}{\sqrt{34}}$을 구하시오.

CHAPTER

# 04

# 극한과 연속

## 4.1 함수의 극한

함수의 극한은 수학에서 매우 엄밀하게 정의되고 다루어져야 하는 내용이다. 하지만 여기에서는 극한을 직관적으로 정의하고 이를 이용하여 관련된 문제를 풀이하는데 중점을 둔다.

다음과 같이 정의된 함수 $f(x)$의 그래프를 생각해 보자.

$$f(x)=\begin{cases} x & , x<1 \\ 3-x & , x \geq 1 \end{cases}$$

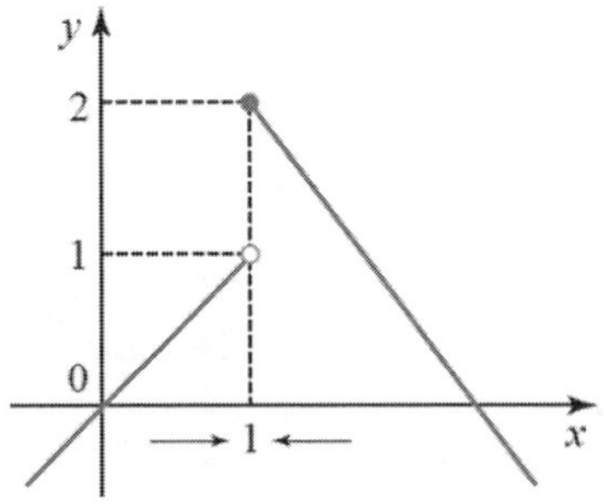


$x$가 왼쪽에서 1로 접근하면 이에 대응하는 함숫값 $f(x)$는 1로 접근하고, $x$가 오른쪽에서 1로 접근하면 이에 대응하는 함숫값 $f(x)$는 2로 접근한다.

**정의 4.1.1 좌극한과 우극한**

주어진 함수 $f(x)$가 실수 $a$에 대하여

(1) $x$가 $a$의 왼쪽에서 $a$로 가까이 접근할 때, 이에 대응하는 함숫값 $f(x)$가 일정한 실수 $L$로 접근하면

$$\lim_{x \to a^-} f(x)= L$$

로 쓰고, $L$을 $a$에서 $f(x)$의 **좌극한**이라 한다.

(2) $x$가 $a$의 오른쪽에서 $a$로 가까이 접근할 때, 이에 대응하는 함숫값 $f(x)$가 일정한 실수 $M$으로 접근하면

$$\lim_{x \to a^+} f(x) = M$$

으로 쓰고, $M$을 $a$에서 $f(x)$의 **우극한**이라 한다.

**예제 4.1.1**

함수 $f(x)$의 그래프가 다음과 같을 때, 다음 값을 구하시오.

(1) $\lim_{x \to 1^-} f(x)$

(2) $\lim_{x \to 1^+} f(x)$

(3) $\lim_{x \to 2^-} f(x)$

(4) $\lim_{x \to 2^+} f(x)$

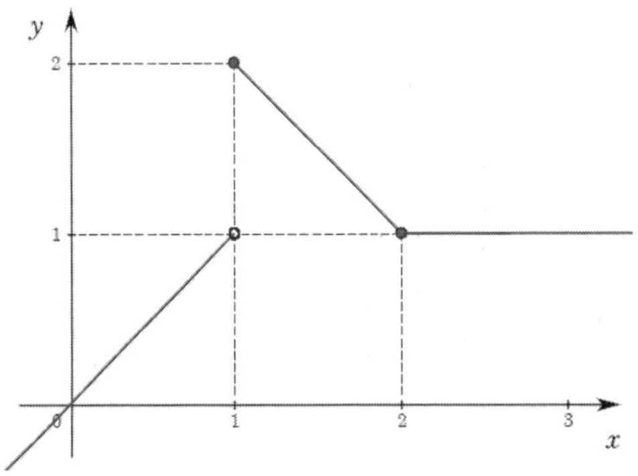


**풀이**

(1) $x$가 1의 왼쪽에서 가까이 접근하면 이에 대응하는 함숫값 $f(x)$는 1에 가까이 접근하므로, $\lim_{x \to 1^-} f(x) = 1$이다.

(2) $x$가 1의 오른쪽에서 가까이 접근하면 이에 대응하는 함숫값 $f(x)$는 2에 가까이 접근하므로, $\lim_{x \to 1^+} f(x) = 2$이다.

(3) $x$가 2의 왼쪽에서 가까이 접근하면 이에 대응하는 함숫값 $f(x)$는 1에 가까이 접근하므로, $\lim_{x \to 2^-} f(x) = 1$이다.

(2) $x$가 2의 오른쪽에서 가까이 접근하면 이에 대응하는 함숫값 $f(x)$는 1에 가까이 접근하므로, $\lim_{x \to 2^+} f(x) = 1$이다.

**정의 4.1.2 극한**

$x$가 $c$의 왼쪽에서 접근하든 오른쪽에서 접근하든 동일한 실수 $L$로 접근하면

$$\lim_{x \to c} f(x) = L$$

로 쓰고, $L$을 $c$에서 $f(x)$의 극한이라 한다. 또한 극한이 존재하면 **수렴**한다고 하고, 극한이 존재하지 않으면 **발산**한다고 한다.

이제 함수의 좌극한, 우극한, 극한의 관계에 대하여 알아보자.

**정리 4.1.1**

$\lim_{x \to a} f(x) = L$이기 위한 필요충분조건은 $\lim_{x \to a^-} f(x) = \lim_{x \to a^+} f(x) = L$이다.

**참고** 어떤 점에서 함수의 극한은 그 점에서의 함숫값과는 관계가 없다.

**예제 4.1.2**

함수 $f(x)$의 그래프가 다음과 같을 때, 다음 값을 구하시오.

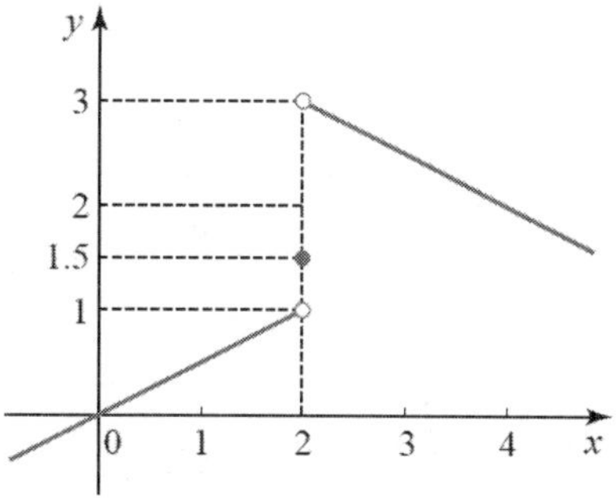


(1) $\lim_{x \to 2^-} f(x)$

(2) $\lim_{x \to 2^+} f(x)$

(3) $\lim_{x \to 2} f(x)$

(4) $f(2)$

**풀이**

(1) $x$가 2의 왼쪽에서 가까이 접근하면 이에 대응하는 함숫값 $f(x)$는 1에 가까이 접근하므로, $\lim_{x \to 2^-} f(x) = 1$이다.

(2) $x$가 2의 오른쪽에서 가까이 접근하면 이에 대응하는 함숫값 $f(x)$는 3에 가까이 접근하므로, $\lim_{x \to 2^+} f(x) = 3$이다.

(3) $\lim_{x \to 2^-} f(x) \neq \lim_{x \to 2^+} f(x)$이므로 $\lim_{x \to 2} f(x)$는 존재하지 않는다.

(4) $x = 2$일 때 함숫값 $f(2) = 1.5$이다. 극한값과 함숫값은 관계가 없다.

---

**예제 4.1.3**

함수 $f(x)$의 그래프가 다음과 같을 때, 다음 값을 구하시오.

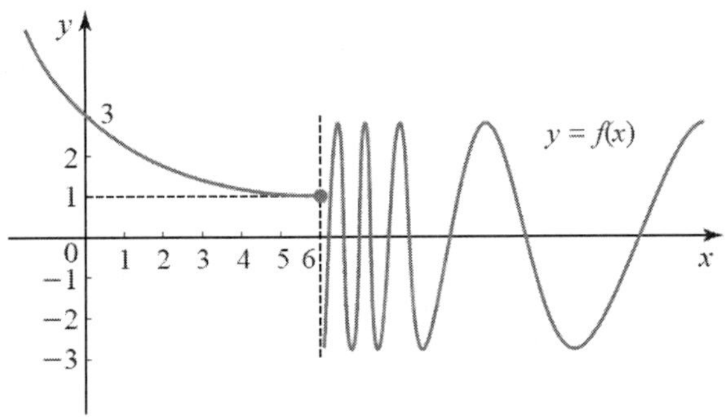


(1) $\lim_{x \to 6^-} f(x)$

(2) $\lim_{x \to 6^+} f(x)$

(3) $\lim_{x \to 6} f(x)$

(4) $f(6)$

**풀이**

(1) $x$가 6의 왼쪽에서 가까이 접근하면 이에 대응하는 함숫값 $f(x)$는 1에 가까이 접근하므로, $\lim_{x \to 6^-} f(x) = 1$이다.

(2) $x$가 6의 오른쪽에서 가까이 접근하면 이에 대응하는 함숫값 $f(x)$는 $-3$과 3 사이에서 진동하므로 일정한 실수값이 존재하지 않는다. 따라서 $\lim_{x \to 6^+} f(x)$는 존재하지 않는다.

(3) $\lim_{x\to 6^-} f(x) \neq \lim_{x\to 6^+} f(x)$ 이므로 $\lim_{x\to 6} f(x)$ 는 존재하지 않는다.

(4) $x=6$일 때 함숫값 $f(6)=1$이다. 극한값과 함숫값은 관계가 없다.

---

함수 $y=\dfrac{1}{x}$의 그래프를 생각해 보자.

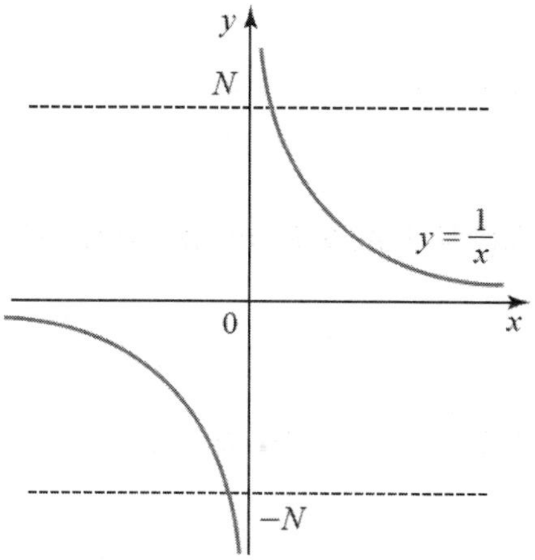


아무리 큰 양의 정수 $N$을 잡아도 $x$가 0의 오른쪽에서 0에 가까이 접근한면 대응하는 함숫값 $f(x)$는 궁극적으로 $N$보다 커지게 된다. 마찬가지로 아무리 작은 음의 정수 $-N$을 잡아도 $x$가 0의 왼쪽에서 0에 가까이 접근하면 대응하는 함숫값 $f(x)$는 궁극적으로 $-N$보다 작아지게 된다.

**정의 4.1.3 무한으로 발산**

(1) $x$가 $c$의 왼쪽에서 $c$로 접근할 때 이에 대응하는 $f(x)$가 임의의 양수보다 커지면

$$\lim_{x\to c^-} f(x) = \infty$$

로 쓰고, $c$에서 $f$의 좌극한은 **양의 무한으로 발산한다**고 한다. 우극한에 대하여서도 같은 정의를 사용한다.

(2) $x$가 $c$의 왼쪽에서 $c$로 접근할 때 이에 대응하는 $f(x)$가 임의의 음수보다 작아지면

$$\lim_{x \to c^-} f(x) = -\infty$$

로 쓰고, $c$에서 $f$의 좌극한은 **음의 무한으로 발산한다**고 한다.

(3) $\lim_{x \to c^-} f(x) = \infty$ 이고 $\lim_{x \to c^+} f(x) = \infty$ 이면 $\lim_{x \to c} f(x) = \infty$ 로 쓰고, $c$에서 $f(x)$의 극한은 양의 무한으로 발산한다고 한다.

(4) $\lim_{x \to c^-} f(x) = -\infty$ 이고 $\lim_{x \to c^+} f(x) = -\infty$ 이면 $\lim_{x \to c} f(x) = -\infty$ 로 쓰고, $c$에서 $f(x)$의 극한은 음의 무한으로 발산한다고 한다.

**주의** 양의 무한으로 발산하든 음의 무한으로 발산하든 $c$에서 함수의 극한은 존재하지 않는다.

### 예제 4.1.4

두 함수 $f(x), g(x)$의 그래프가 다음과 같을 때, $\lim_{x \to 2} f(x)$와 $\lim_{x \to -3} g(x)$를 구하시오.

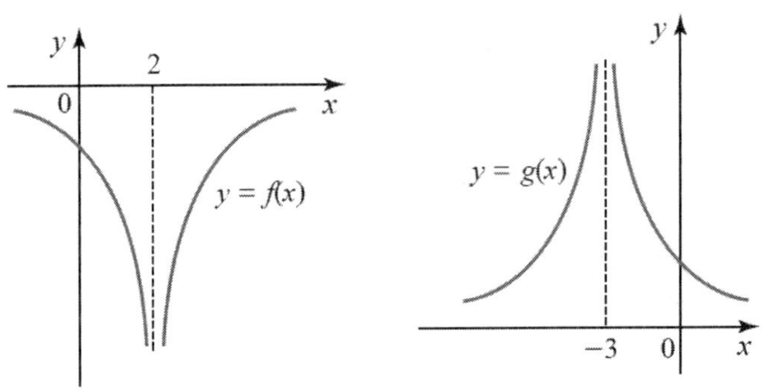


**풀이**

$\lim_{x \to 2^-} f(x) = -\infty$ 이고 $\lim_{x \to 2^+} f(x) = -\infty$ 이므로 $\lim_{x \to 2} f(x) = -\infty$ 이다. 음의 무한으로 발산하고 극한은 존재하지 않는다. 마찬가지로 $\lim_{x \to -3^-} g(x) = \infty$ 이고 $\lim_{x \to -3^+} g(x) = \infty$ 이므로 $\lim_{x \to -3} g(x) = \infty$ 이다. 양의 무한으로 발산하고 극한은 존재하지 않는다.

**정의 4.1.4**

(1) $x$가 양으로 무한이 커질 때 이에 대응하는 함숫값 $f(x)$가 실수 $L$에 가까이 접근하면

$$\lim_{x \to \infty} f(x) = L$$

로 쓰고, 양의 무한에서 $f(x)$의 극한은 $L$이라 한다.

(2) $x$가 음으로 무한이 작아질 때 이에 대응하는 함숫값 $f(x)$가 실수 $L$에 가까이 접근하면

$$\lim_{x \to -\infty} f(x) = L$$

로 쓰고, 음의 무한에서 $f(x)$의 극한은 $L$이라 한다.

**예제 4.1.5**

함수 $f(x)$의 그래프가 다음과 같을 때, $\lim_{x \to -\infty} f(x)$와 $\lim_{x \to \infty} f(x)$를 구하시오.

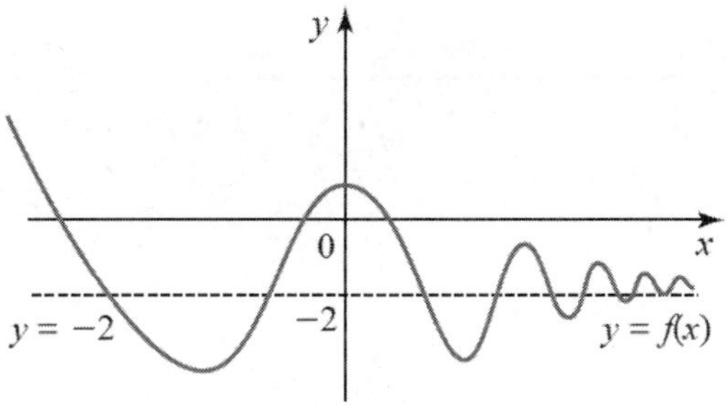


**풀이**

$x$가 음으로 무한히 작아질 때 이에 대응하는 함숫값 $f(x)$는 임의의 양수보다 커지므로 $\lim_{x \to -\infty} f(x) = \infty$이고 극한이 존재하지 않는다. $x$가 양의 무한으로 커질 때 이에 대응하는 함숫값 $f(x)$는 $-2$로 가까이 접근한다. 따라서 $\lim_{x \to \infty} f(x) = -2$이다.

**예제 4.1.6**

$\lim_{x\to\infty}\frac{1}{x}$과 $\lim_{x\to-\infty}\frac{1}{x}$을 구하시오.

**풀이**

함수 $f(x)=\frac{1}{x}$의 그래프로부터 $\lim_{x\to\infty}\frac{1}{x}=0$이고 $\lim_{x\to-\infty}\frac{1}{x}=0$이다.

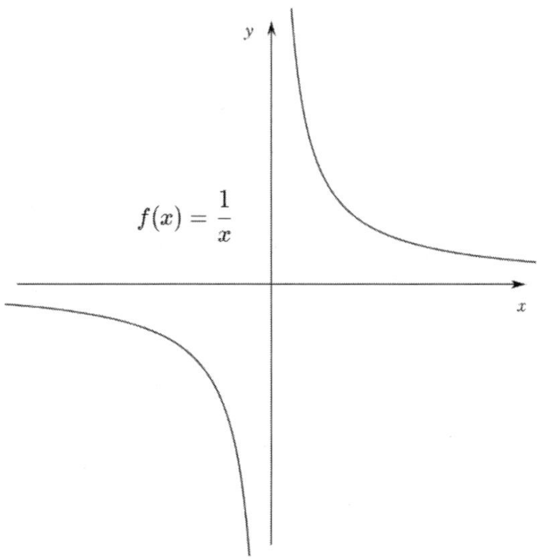

## 연습문제 4.1

**01** 오른쪽 그림을 보고 다음을 구하시오.

(1) $\lim_{x \to 3^-} f(x)$  (2) $\lim_{x \to 3^+} f(x)$

(3) $\lim_{x \to 3} f(x)$  (4) $f(3)$

(5) $\lim_{x \to -\infty} f(x)$  (6) $\lim_{x \to \infty} f(x)$

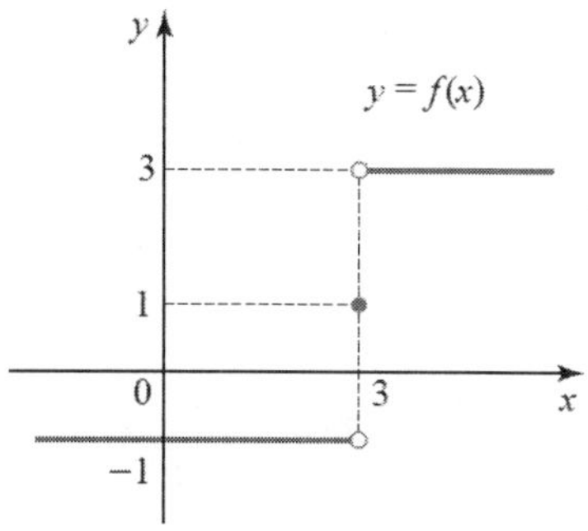


**02** 오른쪽 그림을 보고 다음을 구하시오.

(1) $\lim_{x \to 2^-} f(x)$  (2) $\lim_{x \to 2^+} f(x)$

(3) $\lim_{x \to 2} f(x)$  (4) $f(2)$

(5) $\lim_{x \to -\infty} f(x)$  (6) $\lim_{x \to \infty} f(x)$

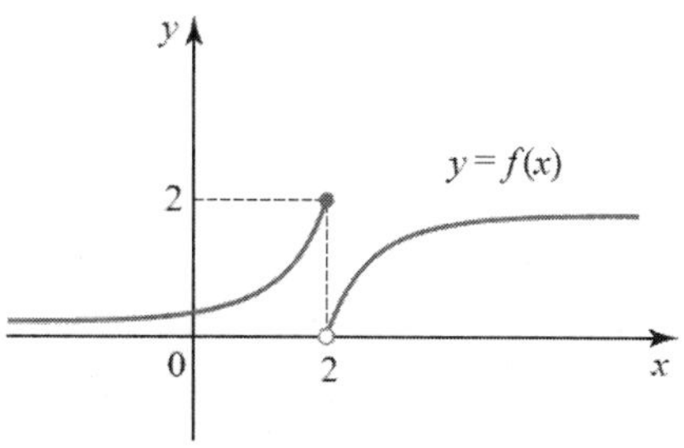


**03** 오른쪽 그림을 보고 다음을 구하시오.

(1) $\lim_{x \to 4^-} g(x)$  (2) $\lim_{x \to 4^+} g(x)$

(3) $\lim_{x \to 4} g(x)$  (4) $g(4)$

(5) $\lim_{x \to -\infty} g(x)$  (6) $\lim_{x \to \infty} g(x)$

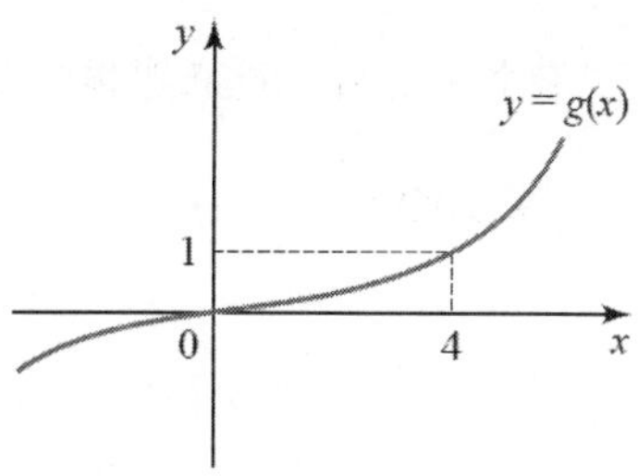


**04** 오른쪽 그림을 보고 다음을 구하시오.

(1) $\lim_{x \to -2^-} g(x)$  (2) $\lim_{x \to -2^+} g(x)$

(3) $\lim_{x \to -2} g(x)$  (4) $g(-2)$

(5) $\lim_{x \to -\infty} g(x)$  (6) $\lim_{x \to \infty} g(x)$

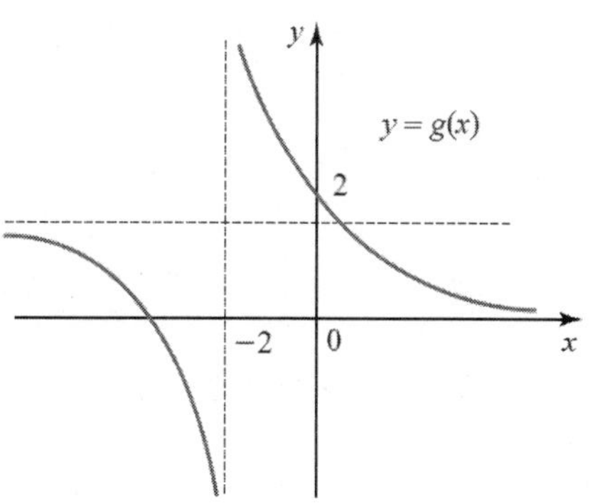

**05** 오른쪽 그림을 보고 다음을 구하시오.

(1) $\lim_{x\to4^-} h(x)$ (2) $\lim_{x\to4^+} h(x)$

(3) $\lim_{x\to4} h(x)$ (4) $h(4)$

(5) $\lim_{x\to-\infty} h(x)$ (6) $\lim_{x\to\infty} h(x)$

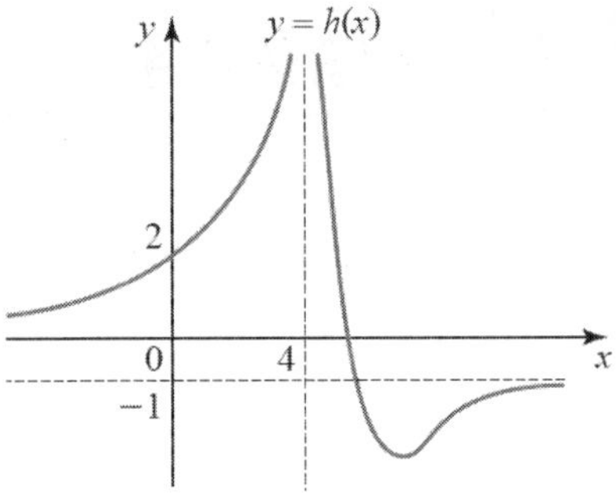


**06** 아래 그림을 보고 $\lim_{x\to c} g(x)$가 존재하는 $c$의 집합을 구하시오.

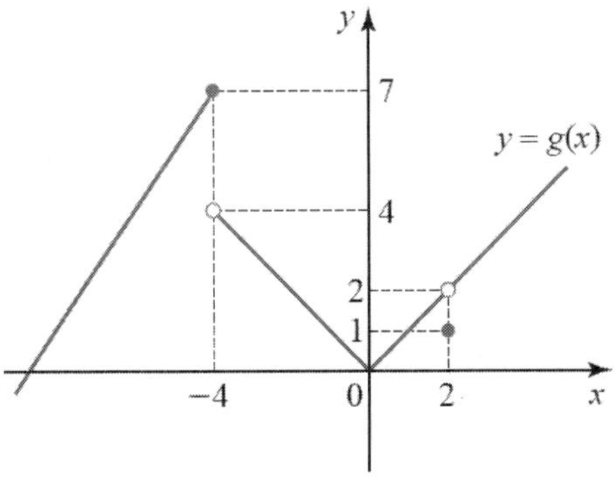


**07** 함수 $f(x)$의 그래프가 아래 그림과 같을 때, $\lim_{x\to-1} f(x)+\lim_{x\to0^+} f(-x)+f(1)$의 값을 구하시오.

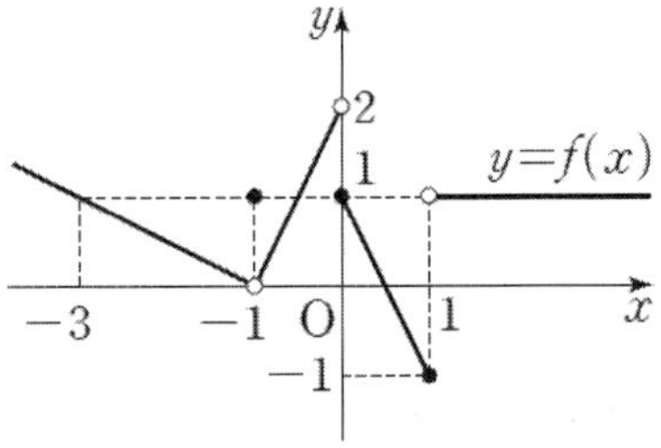


**08** 함수 $f(x)=\begin{cases} ax-3 & (x<2) \\ -x+a & (x\geq 2)\end{cases}$에 대하여 $3\lim_{x\to2^-} f(x)-4\lim_{x\to2^+} f(x)=2$일 때, 상수 $a$의 값을 구하시오.

## 4.2 극한의 성질

앞 절에서는 직관적으로 함수의 극한을 정의하고, 함수의 그래프를 통해 함수의 극한을 구하였다. 이 절에서는 극한의 성질을 이용하여 그래프를 그리지 않고 대수적으로 주어진 함수의 극한을 구하는 방법을 알아보자.

극한의 정의와 함수의 그래프를 이용하여 다음을 알 수 있다.

(1) $\lim_{x\to c} k = \lim_{x\to\infty} k = \lim_{x\to-\infty} k = k$ ($c$는 임의의 실수)

(2) $\lim_{x\to c} x = c$ ($c$는 임의의 실수)

(3) $\lim_{x\to\infty} \frac{1}{x} = 0$, $\lim_{x\to-\infty} \frac{1}{x} = 0$

**정리 4.2.1 극한의 성질**

$k$가 상수이고 $\lim_{x\to c} f(x) = L$, $\lim_{x\to c} g(x) = M$일 때 다음이 성립한다.

(1) $\lim_{x\to c} kf(x) = k\lim_{x\to c} f(x) = kL$

(2) $\lim_{x\to c} \{f(x)+g(x)\} = \lim_{x\to c} f(x) + \lim_{x\to c} g(x) = L+M$

(3) $\lim_{x\to c} \{f(x)-g(x)\} = \lim_{x\to c} f(x) - \lim_{x\to c} g(x) = L-M$

(4) $\lim_{x\to c} f(x)g(x) = \lim_{x\to c} f(x) \lim_{x\to c} g(x) = LM$

(5) $\lim_{x\to c} \frac{f(x)}{g(x)} = \frac{\lim_{x\to c} f(x)}{\lim_{x\to c} g(x)} = \frac{L}{M}$ (단, $M \neq 0$)

(6) $\lim_{x\to c} \sqrt[n]{f(x)} = \sqrt[n]{\lim_{x\to c} f(x)} = \sqrt[n]{L}$ (단, $n$이 짝수이면 $L \geq 0$)

**예제 4.2.1**

$\lim_{x \to 3} 4x$를 구하시오.

**풀이**

$\lim_{x \to 3} x = 3$이고

$$\lim_{x \to 3} 4x = 4\lim_{x \to 3} x = 4 \times 3 = 12$$

**예제 4.2.2**

$\lim_{x \to c} x^2$을 구하시오.

**풀이**

$\lim_{x \to c} x = c$이고

$$\lim_{x \to c} x^2 = \lim_{x \to c}(x \times x) = \lim_{x \to c} x \times \lim_{x \to c} x = c \times c = c^2$$

**예제 4.2.3**

$\lim_{x \to 5}(x^2 - 4x + 3)$을 구하시오.

**풀이**

$\lim_{x \to 5} x = 5$, $\lim_{x \to 5} 3 = 3$이고

$$\begin{aligned}\lim_{x \to 5}(x^2 - 4x + 3) &= \lim_{x \to 5} x^2 - 4\lim_{x \to 5} x + \lim_{x \to 5} 3 \\ &= 5^2 - 4 \cdot 5 + 3 = 8\end{aligned}$$

위 예제를 일반화하면 다음과 같이 다항함수의 극한을 구할 수 있다.

**정리 4.2.2**

다항함수 $f(x)= a_nx^n + a_{n-1}x^{n-1} + \cdots + a_1x + a_0$의 $c$에서의 극한은 함숫값 $f(c)$와 같다. 즉,

$$\lim_{x \to c} f(x)= a_nc^n + a_{n-1}c^{n-1} + \cdots + a_1c + a_0$$

이다.

다시 말하면 어떤 점에서 다항함수의 극한은 그 점에서의 함숫값과 같다.

**예제 4.2.4**

$\lim_{x \to 2}(3x^2 - 4x + 1)$을 구하시오.

**풀이**

다항함수 $f(x)= 3x^2 - 4x + 1$의 극한이므로

$$\lim_{x \to 2} f(x)= f(2)= 3 \times 2^2 - 4 \times 2 + 1 = 5$$

다항함수에 대한 극한과 정리 4.2.1 극한의 성질 (5)를 이용하여 다음을 알 수 있다.

**정리 4.2.3 유리함수의 극한**

두 함수 $f(x)$, $g(x)$가 다항함수이고 $g(c) \neq 0$

$$\lim_{x \to c} \frac{f(x)}{g(x)} = \frac{f(c)}{g(c)}$$

**예제 4.2.5**

$\lim_{x \to 1} \frac{5x^3 + 4}{x - 3}$를 구하시오.

**풀이**

$\lim_{x\to1}(5x^3+4)=9$이고 $\lim_{x\to1}(x-3)=-2$이므로

$$\lim_{x\to1}\frac{5x^3+4}{x-3}=-\frac{9}{2}$$

**예제 4.2.6**

$\lim_{x\to4}\frac{2-x}{(x-4)(x+2)}$의 존재 여부를 판단하시오.

**풀이**

$x$가 4의 오른쪽에서 접근하면 분모는 0에 접근하는 양수이고 분자는 $-2$에 접근하므로

$$\lim_{x\to4^+}\frac{2-x}{(x-4)(x+2)}=-\infty$$

로 우극한이 존재하지 않는다.
$x$가 4의 왼쪽에서 접근하면 분자는 $-2$로 접근하고 분모는 0에 접근하는 음수가 되어

$$\lim_{x\to4^-}\frac{2-x}{(x-4)(x+2)}=\infty$$

로 좌극한이 존재하지 않는다. 따라서 주어진 문제의 극한은 존재하지 않는다.

## 부정형

$$\lim_{x\to a}\frac{f(x)}{g(x)}=\frac{0}{0},\ \frac{\infty}{\infty},\ \frac{+\infty}{-\infty},\ \frac{-\infty}{+\infty}$$

중 하나가 되는 경우가 발생하는데 이 경우를 **부정형**이라 하고 지금부터 부정형의 극한에 대하여 극한을 구하는 방법을 알아보자.

### 예제 4.2.7

$\lim_{x\to 2}\frac{x^2-4}{x-2}$를 구하시오.

**풀이**

$\frac{0}{0}$ 형태의 부정형이다. 이때 분자를 인수분해하면

$$\lim_{x\to 2}\frac{x^2-4}{x-2}=\lim_{x\to 2}\frac{(x-2)(x+2)}{x-2}=\lim_{x\to 2}(x+2)=4$$

양 또는 음의 무한에서 다항식의 극한은 최고차항에 의하여 결정된다. 유리함수의 극한에서 음의 무한이나 양의 무한에서 극한을 구할 때는 분모의 최고차항으로 분모와 분자를 나누어 계산한다.

### 예제 4.2.8

$\lim_{x\to -\infty}\frac{4x^2-x}{2x^3-5}$를 구하시오.

**풀이**

$\frac{+\infty}{-\infty}$ 형태의 부정형이다. 분모의 최고차항 $x^3$으로 분모와 분자를 나누어 주면

$$\lim_{x\to -\infty}\frac{4x^2-x}{2x^3-5}=\lim_{x\to -\infty}\frac{\frac{4}{x}-\frac{1}{x^2}}{2-\frac{5}{x^3}}=\frac{0}{2}=0$$

### 예제 4.2.9

$\lim_{x\to \infty}\frac{3-2x^4}{x+1}$을 구하시오.

**풀이**

$\frac{-\infty}{+\infty}$ 형태의 부정형이다. 분모의 최고차항 $x$로 분모와 분자를 나누어 주면

$$\lim_{x\to\infty}\frac{\frac{3}{x}-2x^3}{1+\frac{1}{x}}=-\infty$$

이므로 음의 무한으로 발산하고 극한은 존재하지 않는다.

---

**예제 4.2.10**

$\lim\limits_{x\to-\infty}\frac{1-12x^3}{4x^3+5}$을 구하시오.

**풀이**

$\frac{+\infty}{-\infty}$형태의 부정형이다. 분모의 최고차항 $x^3$으로 분모와 분자를 나누어 주면

$$\lim_{x\to-\infty}\frac{1-12x^3}{4x^3+5}=\lim_{x\to-\infty}\frac{\frac{1}{x^3}-12}{4+\frac{5}{x^3}}=\frac{-12}{4}=-3$$

---

**예제 4.2.11**

$\lim\limits_{x\to-\infty}\frac{\sqrt{x^2+5}}{3x+4}$를 구하시오.

**풀이**

$\frac{+\infty}{-\infty}$형태의 부정형이다. 분모의 최고차항 $x$로 분모와 분자를 나누어 주면 되는데 이때 $x$가 음수이므로 $t=-x$로 치환하여 나누어 주면

$$\lim_{x\to-\infty}\frac{\sqrt{x^2+5}}{3x+4}=\lim_{t\to\infty}\frac{\sqrt{t^2+5}}{-3t+4}=\lim_{t\to\infty}\frac{\sqrt{1+\frac{5}{t^2}}}{-3+\frac{4}{t}}=-\frac{1}{3}$$

---

**예제 4.2.12**

$\lim_{x\to 0}\frac{\sqrt{x+7}-\sqrt{7}}{x}$을 구하시오.

**풀이**

$\frac{0}{0}$ 형태의 부정형이다. 분모의 극한이 0이므로 극한의 성질을 적용할 수 없다. 이제 분자를 유리화하기 위해 분모와 분자에 $(\sqrt{x+7}+\sqrt{7})$을 곱하면

$$\begin{aligned}\lim_{x\to 0}\frac{\sqrt{x+7}-\sqrt{7}}{x} &= \lim_{x\to 0}\frac{(\sqrt{x+7}-\sqrt{7})(\sqrt{x+7}+\sqrt{7})}{x(\sqrt{x+7}+\sqrt{7})} \\ &= \lim_{x\to 0}\frac{x+7-7}{x(\sqrt{x+7}+\sqrt{7})} \\ &= \lim_{x\to 0}\frac{1}{(\sqrt{x+7}+\sqrt{7})}=\frac{1}{2\sqrt{7}}\end{aligned}$$

## 연습문제 4.2

**01** 다음 극한을 구하시오.

(1) $\lim_{x\to1}(x^3-4x+2)$

(2) $\lim_{x\to0}\sqrt{2x+9}$

(3) $\lim_{x\to5}\frac{x^2-25}{x-5}$

(4) $\lim_{x\to2}\frac{x^3-8}{x-2}$

(5) $\lim_{x\to2}\frac{x^2+x}{x+1}$

(6) $\lim_{x\to2}\frac{x^2+2x-8}{x-2}$

(7) $\lim_{x\to1}\frac{2x^2+3x-5}{x^2-x}$

(8) $\lim_{x\to2}\frac{x^2}{x^2-4}\left(\frac{1}{x}-\frac{1}{2}\right)$

(9) $\lim_{x\to0}\frac{\sqrt{1+x}-1}{x}$

(10) $\lim_{x\to3}\frac{\sqrt{x^2+16}-5}{x-3}$

(11) $\lim_{x\to-2}\frac{2x+4}{\sqrt{x+11}-3}$

(12) $\lim_{x\to-1}\frac{1-\sqrt{3x^2-2}}{x^3+1}$

(13) $\lim_{x\to1}\frac{x^2-1}{\sqrt{x+3}-2}$

(14) $\lim_{x\to0}\frac{20x}{\sqrt{4+x}-\sqrt{4-x}}$

(15) $\lim_{x\to1}\frac{x^3-x^2+x-1}{\sqrt{x+8}-3}$

(16) $\lim_{x\to\infty}\frac{4x+1}{3x+5}$

(17) $\lim_{x\to-\infty}\frac{x+1}{\sqrt{2x^2+x}}$

(18) $\lim_{x\to-\infty}\frac{2x^2+3x-5}{x^2-x}$

**02** $\lim_{x\to2}\frac{\sqrt{x^2+ax+b}-3}{x-2}=\frac{5}{6}$일 때, $a+b$의 값을 구하시오. (단, $a$, $b$는 상수)

**03** $\lim_{x\to-1}\frac{x^2-4x-5}{2x^2+ax+4}=b$일 때, $a+b$의 값을 구하시오. (단, $a$, $b$는 상수, $b\neq0$)

**04** $\lim_{x\to-\infty}\frac{\sqrt{x^3+3}+ax}{\sqrt{9x^2+4x+1}-3x}=\frac{1}{2}$일 때, 상수 $a$의 값을 구하시오.

**05** 두 함수 $f(x)=\dfrac{x+2}{x-1}$, $g(x)=x^2+x$에 대하여 $\lim_{x\to 2}\dfrac{(x^2+1)g(x)}{4f(x)-3x}$의 값을 구하시오.

**06** 다항함수 $f(x)$에 대하여 $\lim_{x\to\infty}\dfrac{f(x)-x^2}{x+1}=3$, $\lim_{x\to 1}\dfrac{x+1}{f(x)}=2$일 때, $f(-1)$의 값을 구하시오.

**07** 다항함수 $f(x)$에 대하여 $\lim_{x\to-\infty}\dfrac{f(2x)+8x^3}{4x^2+1}=3$, $\lim_{x\to 0}\dfrac{f(x)}{x^2+2x}=4$일 때, $f(2)$의 값을 구하시오.

**08** 두 함수 $f(x)$, $g(x)$가 다음을 만족할 때, $\lim_{x\to 2}\dfrac{\{f(x)\}^2-2f(x)}{(2x-1)g(x)}$를 구하시오.

$$\lim_{x\to 2}(x+2)f(x)=12,\quad \lim_{x\to 2}\frac{g(x)}{f(x)}=2$$

## 4.3 지수함수와 로그함수의 극한

지수함수 $y=a^x$ $(a \neq 1, a>0)$의 그래프로부터 다음 극한을 알 수 있다.

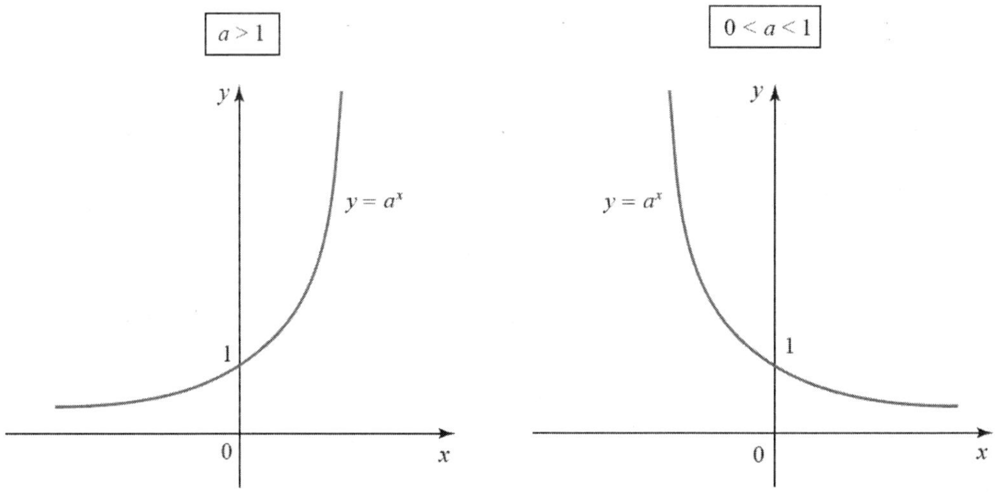


(1) $a>1$일 때

$$\lim_{x\to\infty} a^x = \infty, \quad \lim_{x\to-\infty} a^x = 0$$

(2) $0<a<1$일 때

$$\lim_{x\to\infty} a^x = 0, \quad \lim_{x\to-\infty} a^x = \infty$$

함수의 극한에 관한 성질과 지수함수의 성질을 이용하여 지수함수와 관련된 극한을 구하여 보자.

**예제 4.3.1**

$\displaystyle\lim_{x\to\infty} \frac{2^x + 2^{-x}}{2^x - 2^{-x}}$을 구하시오.

**풀이**

분모와 분자의 극한이 존재하지 않으므로 극한의 성질을 이용할 수 없다. 이제 분모와 분자를 $2^x$ 으로 나누고 극한을 계산하면

$$\lim_{x\to\infty}\frac{2^x+2^{-x}}{2^x-2^{-x}}=\lim_{x\to\infty}\frac{1-2^{-2x}}{1-2^{-2x}}=\frac{1}{1}=1$$

---

로그함수 $y=\log_a x \ \ (a>1, a\neq 1)$의 그래프로부터 다음 극한을 알 수 있다.

$a>1$

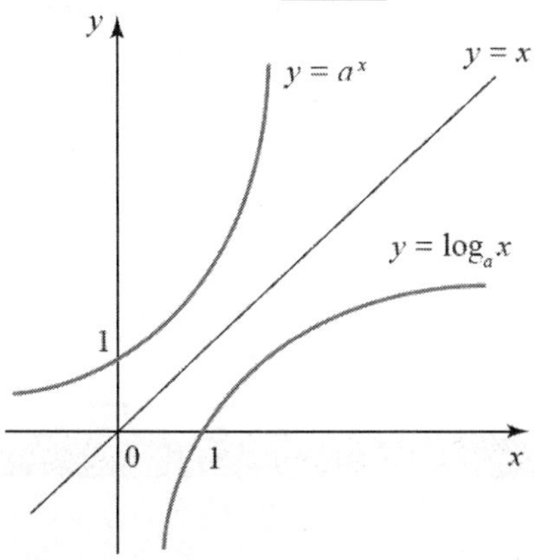


$0<a<1$

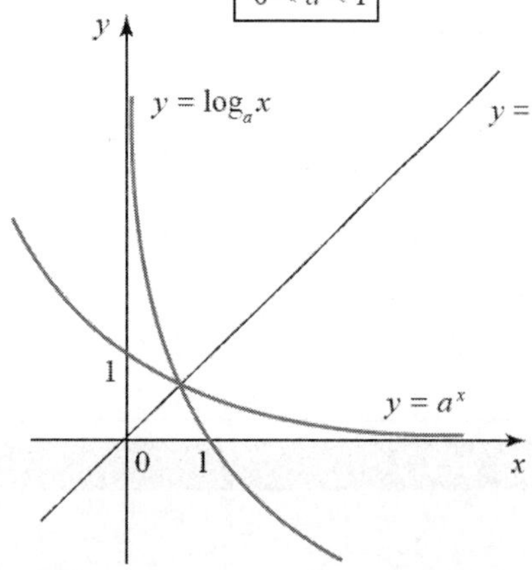


(1) $a>1$일 때

$$\lim_{x\to\infty}\log_a x=\infty,\ \ \lim_{x\to 0^+}\log_a x=-\infty$$

(2) $0<a<1$일 때

$$\lim_{x\to\infty}\log_a x=-\infty,\ \ \lim_{x\to 0^+}\log_a x=\infty$$

함수의 극한에 관한 성질과 로그함수의 성질을 이용하여 로그함수와 관련된 극한을 구하여 보자.

**예제 4.3.2**

$\lim_{x \to \infty} \{\log_2(x+1) - \log_2 x\}$를 구하시오.

**풀이**

두 함수의 차에 관한 극한인데 각각 극한이 존재하지 않으므로 극한의 성질을 이용할 수 없다. 이제 로그함수의 성질을 이용하면

$$\begin{aligned}\lim_{x \to \infty} \{\log_2(x+1) - \log_2 x\} &= \lim_{x \to \infty} \log_2 \frac{x+1}{x} \\ &= \lim_{x \to \infty} \log_2\left(1 + \frac{1}{x}\right) = \log_2 1 = 0\end{aligned}$$

$x$가 0에 한없이 가까워질 때 이에 대응하여 $(1+x)^{\frac{1}{x}}$의 값도 일정한 무리수에 수렴하는 것으로 알려져 있다. 이 무리수를 $e$로 나타내고 오일러수라 한다. 오일러수의 크기는 약 2.7183... 이다.

**정의 4.3.1**

$$\lim_{x \to 0} (1+x)^{\frac{1}{x}} = e$$

위 극한에서 $\frac{1}{x} = z$로 치환하면 다음이 성립한다.

$$\lim_{z \to \infty} \left(1 + \frac{1}{z}\right)^z = e$$

**예제 4.3.3**

다음 극한을 구하시오.

(1) $\lim_{x \to 0} (1+2x)^{\frac{1}{x}}$

(2) $\lim_{x \to \infty} \left(1 + \frac{2}{x}\right)^x$

**풀이**

적절한 치환에 의하여 주어진 극한을 $\lim_{x\to 0}(1+x)^{\frac{1}{x}}=e$의 형태로 바꾼다.

(1) $z=2x$로 치환하면

$$\lim_{x\to 0}(1+2x)^{\frac{1}{x}}=\lim_{z\to 0}(1+z)^{\frac{2}{z}}=\lim_{z\to 0}\left\{(1+z)^{\frac{1}{z}}\right\}^2=e^2$$

(2) $z=\dfrac{2}{x}$로 치환하면

$$\lim_{x\to\infty}\left(1+\frac{2}{x}\right)^x=\lim_{z\to 0}(1+z)^{\frac{2}{z}}=\lim_{z\to 0}\left\{(1+z)^{\frac{1}{z}}\right\}^2=e^2$$

---

**정의 4.3.2 자연로그**

무리수 $e$를 밑으로 하는 로그함수 $\log_e x$를 **자연로그**라 한다. 자연로그는 밑 $e$를 생략하여 나타낸다. 즉,

$$\log_e x=\ln x$$

---

**예제 4.3.4**

다음 극한을 구하시오.

(1) $\lim_{x\to 0}\dfrac{\ln(1+x)}{x}$ (2) $\lim_{x\to 0}\dfrac{e^x-1}{x}$

**풀이**

로그의 성질을 이용하여 분수형태에서 부정형의 극한을 구하는 방법을 이용한다.

(1) $\dfrac{0}{0}$ 형태의 부정형이다. 이제 로그의 성질을 이용하여 형태를 변형시키면

$$\lim_{x\to 0}\frac{\ln(1+x)}{x}=\lim_{x\to 0}\frac{1}{x}\ln(1+x)=\lim_{x\to 0}\ln(1+x)^{\frac{1}{x}}=\ln e=1$$

(2) $\frac{0}{0}$ 형태의 부정형이다. 분자의 형태를 변형하기 위해 $z=e^x-1$로 치환하면

$$e^x = 1+z \Leftrightarrow x = \ln(1+z)$$

이므로

$$\lim_{x\to0}\frac{e^x-1}{x} = \lim_{z\to0}\frac{z}{\ln(1+z)} = \lim_{z\to0}\frac{1}{\ln(1+z)^{\frac{1}{z}}} = \frac{1}{\ln e} = 1$$

## 연습문제 4.3

**01** 다음 극한을 구하시오.

(1) $\lim_{x\to\infty}\frac{4^x-3^x}{4^x+3^x}$ (2) $\lim_{x\to\infty}\frac{3^x}{1+3^x}$

(3) $\lim_{x\to-\infty}\frac{5}{1-2^x}$ (4) $\lim_{x\to-\infty}\frac{2^{-x}+2^x}{3^{-x}+3^x}$

**02** 다음 극한을 구하시오.

(1) $\lim_{x\to\infty}\log_3(10x+5)$ (2) $\lim_{x\to 2^+}\log_3(x-2)$

(3) $\lim_{x\to\infty}\log_{\frac{1}{2}}(x+5)$ (4) $\lim_{x\to 5^+}\log_3(x-5)$

(5) $\lim_{x\to\infty}\{\log_5(25x+5)-\log_5(x+7)\}$ (6) $\lim_{x\to\infty}\{\log_3 3^{x+2}-\log_3(3^x+2)\}$

**03** 다음 극한을 구하시오.

(1) $\lim_{x\to 0}\frac{\ln(2+x)-\ln 2}{x}$ (2) $\lim_{x\to\infty}\log_2\left(x-\sqrt{x^2-1}\right)$

(3) $\lim_{x\to 0}\frac{\ln(1+3x)}{x}$ (4) $\lim_{x\to 0}\frac{\log_2(1+3x)}{x}$

**04** 다음 극한을 구하시오.

(1) $\lim_{x\to 0}(1+3x)^{\frac{2}{x}}$ (2) $\lim_{x\to 0}(1-2x)^{\frac{1}{x}}$

(3) $\lim_{x\to\infty}\left(1+\frac{1}{2x}\right)^{3x}$ (4) $\lim_{x\to 1}x^{\frac{1}{1-x}}$ ($t=x-1$ 치환)

**05** 다음 극한을 구하시오.

(1) $\lim_{x\to 0}\frac{e^{3x}-1}{2x}$ (2) $\lim_{x\to 0}\frac{3^x-1}{x}$

## 4.4 삼각함수의 극한

이 절에서는 Sandwich 정리를 알아보고 이를 이용하여 삼각함수의 극한을 구하도록 하자.

**정리 4.4.1 Sandwich 정리**

$c$를 포함하는 구간에서 세 함수 사이에

$$g(x) \le f(x) \le h(x)$$

가 성립하고

$$\lim_{x \to c} g(x) = \lim_{x \to c} h(x) = L$$

이면

$$\lim_{x \to c} f(x) = L$$

이다.

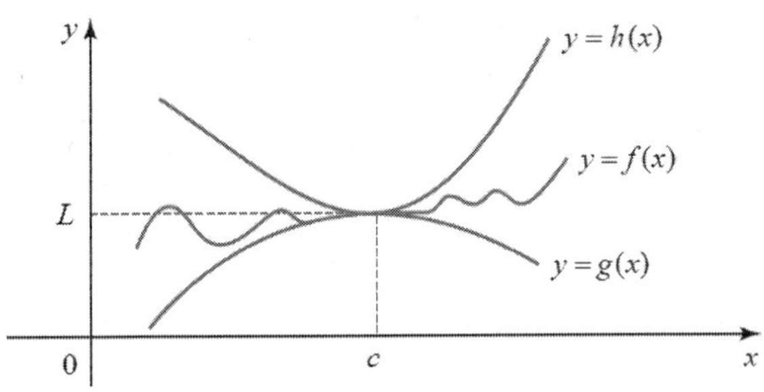


**참고** 위 정리에서 $\lim_{x \to c}$를 $\lim_{x \to c^-}$, $\lim_{x \to c^+}$, $\lim_{x \to \infty}$, $\lim_{x \to -\infty}$ 등으로 바꾸어도 똑같은 결과를 얻는다. 단, $\lim_{x \to \infty}$인 경우에는 적당한 양의 정수 $N$이 존재하여 $x > N$에 대하여

$$g(x) \le f(x) \le h(x)$$

가 성립해야 하고, 또 $\lim_{x \to -\infty}$인 경우에는 적당한 음의 정수 $-N$이 존재하여 $x < -N$에 대하여

$$g(x) \le f(x) \le h(x)$$

가 성립해야 한다.

삼각함수 그래프로부터 다음 극한을 알 수 있다.

$$\lim_{x\to 0}\sin x = 0 \qquad \lim_{x\to 0}\cos x = 1 \qquad \lim_{x\to 0}\tan x = 0$$

앞 절에서 배운 극한의 성질과 삼각함수의 성질을 이용하여 삼각함수의 극한을 구하여 보자.

**예제 4.4.1**

$\lim_{x\to 0}\sec x$를 구하시오.

**풀이**

$$\lim_{x\to 0}\sec x = \lim_{x\to 0}\frac{1}{\cos x} = \frac{1}{1} = 1$$

삼각함수와 관련된 극한은 다음 극한을 이용하여 극한의 성질을 이용하면 된다.

**정리 4.4.2**

$$\lim_{\theta\to 0}\frac{\sin\theta}{\theta} = 1$$

**증명** 그림에서와 같이 $\theta$가 $0 < \theta < \frac{\pi}{2}$라 하자.

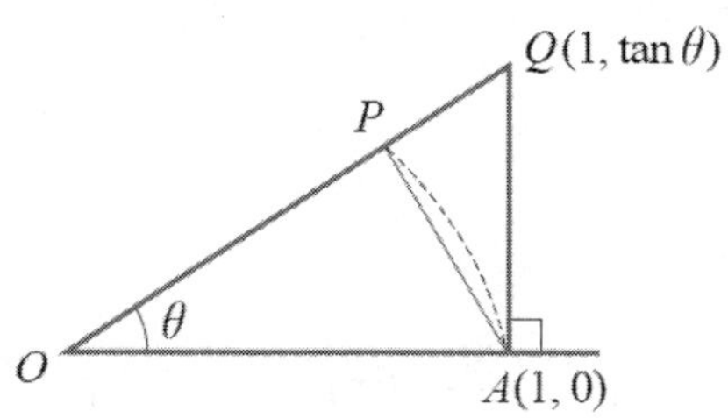


그러면 다음 부등식이 성립한다.

삼각형 $OAP$의 넓이 < 부채꼴 $OAP$의 넓이 < 삼각형 $OAQ$의 넓이

따라서

$$\frac{1}{2}\sin\theta < \frac{1}{2}\theta < \frac{1}{2}\tan\theta$$

가 성립한다. 부등식에 $\frac{2}{\sin\theta}$를 곱하면

$$1 < \frac{\theta}{\sin\theta} < \frac{1}{\cos\theta}$$

이고 이 식을 정리하면

$$\cos\theta < \frac{\sin\theta}{\theta} < 1$$

이다. 그런데 $\lim_{\theta \to 0} \cos\theta = 1$이므로 Sandwich 정리에 의하여

$$\lim_{\theta \to 0^+} \frac{\sin\theta}{\theta} = 1$$

$\theta < 0$이고 $\lim_{\theta \to 0^-} \frac{\sin\theta}{\theta}$인 경우에는 $\theta = -\alpha\,(\alpha > 0)$의 치환에 의하여

$$\lim_{\theta \to 0^-} \frac{\sin\theta}{\theta} = \lim_{\alpha \to 0^+} \frac{\sin(-\alpha)}{-\alpha} = \lim_{\alpha \to 0^+} \frac{\sin\alpha}{\alpha} = 1$$

이다. 즉 0에서의 좌극한과 우극한이 같으므로 $\lim_{\theta \to 0} \frac{\sin\theta}{\theta} = 1$이다.

**예제 4.4.2**

$\lim_{\theta \to 0} \frac{\sin 2\theta}{\theta}$를 구하시오.

**풀이**

$2\theta = t$로 치환하면

$$\lim_{\theta \to 0} \frac{\sin 2\theta}{\theta} = \lim_{t \to 0} \frac{\sin t}{\frac{t}{2}} = 2\lim_{t \to 0} \frac{\sin t}{t} = 2$$

**예제 4.4.3**

$\lim_{\theta \to \infty} \frac{\sin\theta}{\theta}$를 구하시오.

**풀이**

양수 $\theta$에 대하여 $-1 \le \sin\theta \le 1$이므로

$$-\frac{1}{\theta} \le \frac{\sin\theta}{\theta} \le \frac{1}{\theta}$$

이다. $\lim_{\theta \to \infty} \frac{1}{\theta} = 0$이므로 Sandwich 정리에 의하여

$$\lim_{\theta \to \infty} \frac{\sin\theta}{\theta} = 0$$

**예제 4.4.4**

$\lim_{x \to \infty} \sin\frac{1}{x}$을 구하시오.

**풀이**

$\frac{1}{x} = \theta$로 치환하면

$$\lim_{x \to \infty} \sin\frac{1}{x} = \lim_{\theta \to 0} \sin\theta = 0$$

**예제 4.4.5**

$\lim_{x \to -\infty} \left(1 + \frac{1}{x}\right)\cos\frac{1}{x}$을 구하시오.

**풀이**

$\frac{1}{x} = \theta$로 치환하면

$$\lim_{x \to -\infty} \left(1 + \frac{1}{x}\right)\cos\frac{1}{x} = \lim_{\theta \to 0^-} (1 + \theta)\cos\theta = 1$$

## 연습문제 4.4

**01** 다음 극한을 구하시오.

(1) $\lim_{x \to 0} \frac{\sin 4x}{x}$

(2) $\lim_{x \to 0} \frac{x}{\tan x}$

(3) $\lim_{x \to 0} \frac{1-2\sin x}{1+\cos x}$

(4) $\lim_{x \to 0} \frac{x}{\sin 2x}$

(5) $\lim_{x \to 0} \frac{\tan 2x}{x}$

(6) $\lim_{x \to 0} \frac{x+\sin x}{x}$

(7) $\lim_{x \to 0} \frac{x}{\cos x}$

(8) $\lim_{x \to 0} \frac{3x}{\tan 5x}$

(9) $\lim_{x \to 0} x\sin\frac{1}{x}$

(10) $\lim_{x \to 0} \frac{\cos x}{x^2}$

(11) $\lim_{x \to 0} \frac{\sin 6x}{\sin 8x}$

(12) $\lim_{x \to 0} \frac{\tan 7x}{\sin 3x}$

(13) $\lim_{x \to 0} \frac{\sin^2 x}{x}$

(14) $\lim_{x \to 0} \frac{x}{\cos\left(\frac{\pi}{2}-x\right)}$

(15) $\lim_{x \to 0} \frac{\sin x}{1+\cos x}$

(16) $\lim_{x \to 0} \frac{x^2}{1-\cos x}$

(17) $\lim_{x \to 0} \frac{\sin(\pi - x)}{x}$

(18) $\lim_{x \to 0} \frac{\tan^2 \frac{x}{2}}{x^2}$

(19) $\lim_{x \to 0} \frac{\sec x - 1}{x^2}$

(20) $\lim_{x \to 0} \frac{\cos\left(\frac{3}{2}\pi + x\right)}{x}$

**02** 다음 극한을 구하시오.

(1) $\lim_{x \to \infty} x\sin\frac{1}{x}$

(2) $\lim_{x \to \infty} \frac{\sin x}{5-x}$

(3) $\lim_{x \to \infty} \frac{2x+\sin x}{x+7}$

(4) $\lim_{x \to \infty} \frac{\sin x}{2x-3}$

(5) $\lim_{x \to \infty} \frac{\cos x}{x+5}$

(6) $\lim_{x \to \infty} \frac{\cos x}{x^2-4}$

(7) $\lim_{x\to\infty}\frac{2x+1}{\cos x-x}$

(8) $\lim_{x\to\infty}\frac{\sin x}{9-x^2}$

(9) $\lim_{x\to\infty}\frac{2-3x}{x+\sin x}$

(10) $\lim_{x\to-\infty}x\left(1-\cos\frac{1}{x}\right)$

03 $-1\le x\le 1\,(x\ne 0)$이면 $1-\frac{x^2}{6}\le\frac{\sin x}{x}\le 1$이 성립한다. 이 부등식을 이용하여 $\lim_{x\to 0}\frac{\sin x}{x}$를 구하시오.

## 4.5 함수의 연속과 연속함수의 성질

함수의 그래프가 한 점에서 끊어지지 않고 연결되어 있는 경우와 그렇지 않은 경우가 있다. 그래프가 어떤 점에서 연결되어 있다는 의미를 대수적으로 정의해 보자.

**정의 4.5.1**

함수 $f(x)$가 $x=c$를 포함하는 구간에서 정의되고

$$\lim_{x \to c} f(x) = f(c)$$

일 때 $f(x)$는 $c$에서 **연속**이라 한다. 함수 $f(x)$가 $c$에서 연속이 아닐 때 $f(x)$는 $c$에서 **불연속**이라 한다. 또 함수 $f(x)$가 정의역 내에 모든 점에서 연속이면 $f(x)$를 **연속함수**라 한다.

**정리 4.5.1**

$f(x)$가 $x=c$에서 연속이기 위한 필요충분조건은 다음과 같다.

(1) $f(c)$가 존재한다.

(2) $\lim_{x \to c} f(x)$가 존재한다.

(3) $\lim_{x \to c} f(x) = f(c)$

위 세가지 조건 중 하나라도 만족하지 않으면 $f(x)$는 $x=c$에서 연속이 아니다. 예를 들어 함수의 그래프가 다음과 같이 주어진 경우를 생각해 보자.

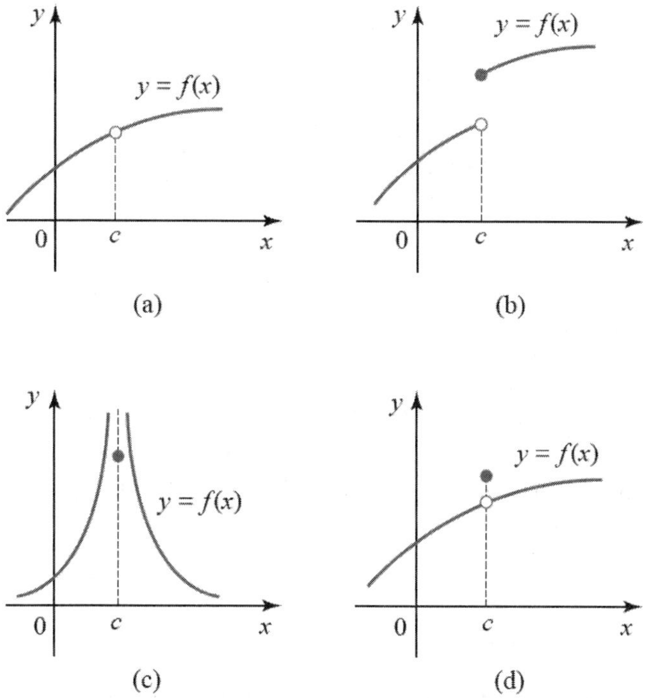


주어진 함수들은 $x = c$에서 연속이 아니다. (a)에서 함숫값이 정의되지 않았고, (b)와 (c)에서 극한이 존재하지 않고, (d)에서는 극한과 함숫값이 서로 다르다.

**예제 4.5.1**

함수 $f(x) = |x|$는 $x = 0$에서는 연속임을 보이시오.

**풀이**

$x = 0$에서 극한과 함숫값을 비교하면 $f(0) = 0$이고

$$\lim_{x \to 0^+} |x| = \lim_{x \to 0^+} x = 0, \quad \lim_{x \to 0^-} |x| = \lim_{x \to 0^-} (-x) = 0$$

이므로 $\lim_{x \to 0} |x| = 0$이다. 즉 $f(0) = \lim_{x \to 0} f(x)$로부터 주어진 함수 $f(x)$는 $x = 0$에서 연속이다.

**예제 4.5.2**

다음과 같이 정의된 함수 $f(x)$가 $x=1$에서 연속이기 위한 $k$의 값을 구하시오.

$$f(x)=\begin{cases} \dfrac{x^2+x-2}{x-1}, & x \neq 1 \\ k, & x=1 \end{cases}$$

**풀이**

$x=1$에서 극한을 구해보면

$$\lim_{x\to 1} f(x)=\lim_{x\to 1}\frac{x^2+x-2}{x-1}=\lim_{x\to 1}(x+2)=3$$

이고 $x=1$에서 연속이려면 $k=f(1)=\lim_{x\to 1} f(x)$가 성립해야 하므로 $k=3$이다.

**예제 4.5.3**

다음과 같이 정의된 함수 $f(x)$가 $x=0$에서 연속이기 위한 $k$의 값을 구하시오.

$$f(x)=\begin{cases} \dfrac{1}{x}, & x \neq 0 \\ k, & x=0 \end{cases}$$

**풀이**

$\lim_{x\to 0}\frac{1}{x}$이 존재하지 않으므로 $x=0$에서 이 함수를 연속이 되게 하는 함숫값 $k$는 존재하지 않는다.

**정의 4.5.2**

$\lim_{x\to c^-} f(x)=f(c)$일 때 $f(x)$는 $x=c$에서 **좌연속**이라 하고, $\lim_{x\to c^+} f(x)=f(c)$일 때 $f(x)$는 $x=c$에서 **우연속**이라 한다.

**예제 4.5.4**

다음과 같이 정의된 함수 $f(x)$는 $x=3$에서 불연속이지만 우연속임을 보이시오.

$$f(x)=[x],\ [x]\text{는 } x\text{보다 크지 않는 최대 정수}$$

**풀이**

먼저 $f(3)=3$이다. 이제 좌극한과 우극한을 구해보면

$$\lim_{x\to 3^-} f(x)=\lim_{x\to 3^-}[x]=2$$

$$\lim_{x\to 3^+} f(x)=\lim_{x\to 3^+}[x]=3$$

으로부터 $\lim_{x\to 3} f(x)$는 존재하지 않는다. 그러나 $\lim_{x\to 3^+} f(x)=3=f(3)$이므로 $f(x)$는 $x=3$에서 우연속이다. 참고로 이 함수는 모든 정수에서 불연속이지만 모든 정수에서 우연속이다.

이제 극한과 연속에서 자주 쓰이는 용어에 대하여 알아보자.

**정의 4.5.3**

함수 $f(x)$가 $(a,b)$의 모든 점에서 연속이면 $f(x)$는 **개구간** $(a,b)$**에서 연속**이라 한다. 또 개구간 $(a,b)$의 모든 점에서 연속이고 $x=a$에서 우연속이고 $x=b$에서 좌연속이면 $f(x)$는 **폐구간** $[a,b]$ **에서 연속**이다.

어떤 함수가 어디에서 연속인가를 아는 것은 극한을 구하는 문제뿐만 아니라 여러 응용에서 중요하다. 구체적으로 어떤 함수가 어디에서 연속인지 알아보자.

**정리 4.5.2**

$f(x)$, $g(x)$가 $x=c$에서 연속이고 $k$가 상수일 때, 함수

$$f+g,\ f-g,\ kf,\ fg,\ \frac{f}{g}\ (\text{단, } g(c)\neq 0)$$

들도 $x=c$에서 연속이다.

**증명** 위 정리의 증명은 극한의 성질을 이용하여 쉽게 증명되므로 하나만 증명하도록 하겠다.

$f(x)$, $g(x)$가 $x=c$에서 연속이므로 $\lim_{x \to c} f(x) = f(c)$, $\lim_{x \to c} g(x) = g(c)$이다.

따라서

$$\begin{aligned}\lim_{x \to c}(f+g)(x) &= \lim_{x \to c}\{f(x)+g(x)\} \\ &= \lim_{x \to c} f(x) + \lim_{x \to c} g(x) \\ &= f(c)+g(c) = (f+g)(c)\end{aligned}$$

이므로 $f+g$는 $x=c$에서 연속이다.

상수함수와 항등함수는 모든 점에서 연속이다. 이 사실과 위 정리를 이용하면 다음 사실을 알 수 있다.

**정리 4.5.3**

다항함수는 모든 실수에서 연속이다.

**예제 4.5.5**

함수 $f(x) = \begin{cases} x^2, & x \le 1 \\ x, & x > 1 \end{cases}$일 때, $f(x)$는 모든 실수에서 연속임을 보이시오.

**풀이**

함수 $f(x)\,(x \ne 1)$는 다항식이므로 이 함수는 $x=1$을 제외한 모든 점에서는 연속이므로 $x=1$에서 연속임을 보이면 된다. $f(1)=1$이고

$$\lim_{x \to 1^-} f(x) = \lim_{x \to 1^-} x^2 = 1, \quad \lim_{x \to 1^+} f(x) = \lim_{x \to 1^+} x = 1$$

이므로 $\lim_{x \to 1} f(x) = 1$이다. 즉, $\lim_{x \to 1} f(x) = f(1)$이므로 $x=1$에서 $f(x)$는 연속이다.

그러므로 $f(x)$는 모든 실수에서 연속이다.

**정리 4.5.4**

유리함수는 분모가 0이 되는 점을 제외한 모든 점에서 연속이다.

**예제 4.5.6**

함수 $f(x) = \frac{1}{x} + \frac{1}{(x-2)(x-3)}$의 연속인 점을 구하시오.

**풀이**

함수 $f(x)$는 유리함수이므로 분모가 0이 되는 $x = 0, 2, 3$을 제외한 모든 점에서 연속이다.

극한의 성질로부터 다음 정리를 얻는다.

**정리 4.5.5**

$f(x) = \sqrt[n]{x}$은 $n$이 짝수이면 $[0, \infty)$에서 연속이고, $n$이 홀수이면 모든 실수에서 연속이다.

연속인 두 함수의 합성함수에 대하여 다음 정리를 얻는다.

**정리 4.5.6**

합성함수 $f \circ g(x)$에서 $g(x)$가 $x = c$에서 연속이고 $f(x)$가 $g(c)$에서 연속이면 합성함수 $f \circ g(x)$는 $x = c$에서 연속이다.

**예제 4.5.7**

함수 $f(x) = \sqrt{x^2 + 1}$은 모든 점에서 연속임을 보이시오.

**풀이**

$g(x) = x^2 + 1$, $h(x) = \sqrt{x}$라 놓으면 $g(x)$는 다항식이므로 모든 실수에서 연속이고,

$h(x)$는 $[0,\infty)$에서 연속이다. $g(x)\geq 1$이므로 $h\circ g(x)$는 모든 점에서 연속이다. 그러므로 함수 $f(x)$는 모든 점에서 연속이다.

---

## 연속함수의 성질

폐구간 $[a,b]$에서 연속인 함수가 갖는 여러 성질 가운데 두 가지 중요한 성질을 살펴보자.

**정리 4.5.7 최댓값, 최솟값 정리**

함수 $f(x)$가 폐구간 $[a,b]$에서 연속이면 $f(x)$는 $[a,b]$에서 최댓값과 최솟값을 가진다. 다시 말해, $x_1, x_2\in[a,b]$가 존재하여 모든 $x\in[a,b]$에 대하여 다음을 만족한다.

$$f(x_1)\leq f(x)\leq f(x_2)$$

이때 $f(x_1)$을 **최솟값**, $f(x_2)$를 **최댓값**이라 한다.

최솟값, 최댓값을 취하는 점 $x_1, x_2$는 $(a,b)$에 있는 점일 수도 있고 구간의 끝점이 될 수도 있다.

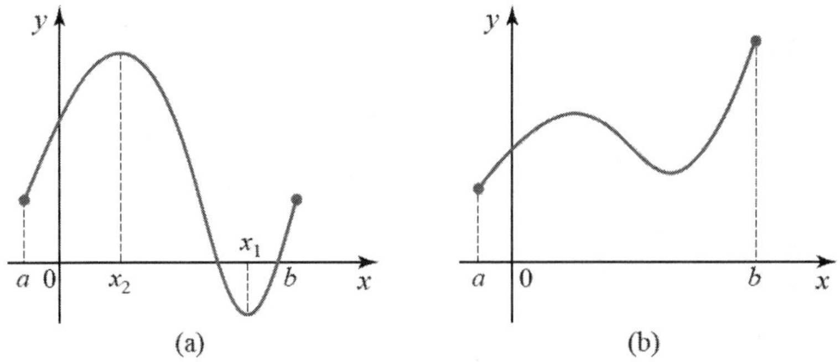


최댓값, 최솟값 정리의 조건을 만족하지 못하면 최댓값 또는 최솟값을 반드시 가진다는 보장을 못한다는 의미이다.

**예제 4.5.8**

$f(x)=2x+1$은 구간 $[0,3)$에서 최솟값은 갖지만 최댓값은 가지지 못함을 보이시오.

**풀이**

$0 \le x < 3$이면 $1 \le 2x+1 < 7$이므로 $f(0)=1$은 최솟값이다. 그러나 $0 \le x < 3$에서 $f(x)=7$을 만족하는 점이 존재하지 않는다. 따라서 최댓값은 존재하지 않는다. 구간이 폐구간이 아니었음에 주목하자.

**예제 4.5.9**

다음 함수는 구간 $[1,9]$에서 최댓값, 최솟값을 가지지 않음을 보이시오.

$$f(x)=\begin{cases} \dfrac{5}{x-4} & ,x \ne 4 \\ 0 & ,x=4 \end{cases}$$

**풀이**

함수의 그래프를 그려서 참고해보면

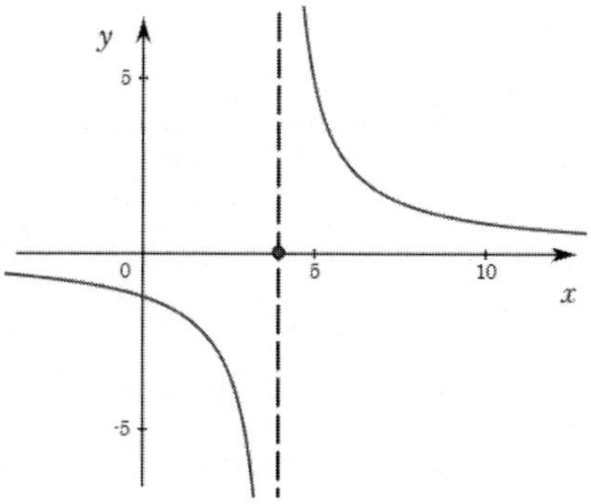


$$\lim_{x\to 4^-} f(x)=-\infty, \quad \lim_{x\to 4^+} f(x)=\infty$$

임을 안다. 따라서 최댓값과 최솟값이 존재하지 않는다. 구간 $[1,9]$는 폐구간이었으나 $f(x)$는 $x=4$에서 연속이 아님에 주목하자.

**정리 4.5.8 중간값 정리**

함수 $f(x)$가 폐구간 $[a, b]$에서 연속이고

$$f(a) < L < f(b) \text{이거나 } f(a) > L > f(b)$$

이면 $f(c) = L$을 만족하는 실수 $c$가 개구간 $(a, b)$안에 적어도 하나 존재한다.

중간값 정리로부터 연속함수는 $f(a)$와 $f(b)$사이에 있는 모든 값을 함숫값으로 취함을 알 수 있다. 중간값 정리는 방정식에서 해의 존재성과 그 위치를 추적하는데 매우 중요하게 적용이 된다.

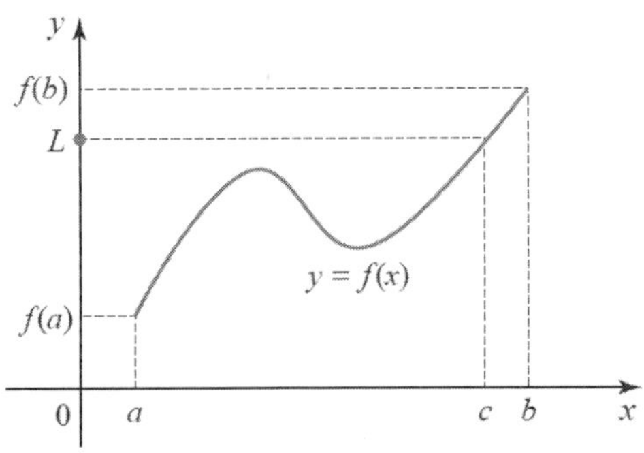


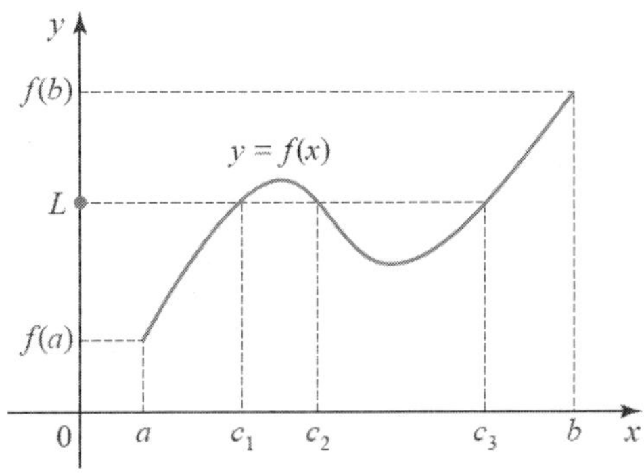


**예제 4.5.10**

방정식 $x^3 - x^2 + 3x - 5 = 0$의 해가 1과 2사이에 존재함을 보이시오.

**풀이**

먼저 $f(x) = x^3 - x^2 + 3x - 5$라 하면 $f(x)$는 다항함수이므로 구간 $[1, 2]$에서 연속이다. 주어진 방정식의 해를 구한다는 것은 $f(x) = 0$인 $x$를 구한다는 것에 착안하고,

$$f(1) = -2 < 0 < 5 = f(2)$$

로부터 중간값 정리에 의하여 $f(c) = 0$인 $c \in (1, 2)$가 존재한다. 따라서 주어진 방정식의 해가 1과 2사이에 적어도 하나 존재한다.

**예제 4.5.11**

방정식 $x^5 + 4x^3 - x = 3$은 구간 $[0, 1]$에서 적어도 하나의 해를 가짐을 보이시오.

**풀이**

$f(x) = x^5 + 4x^3 - x$라 하면 $f(x)$는 다항함수이므로 구간 $[0, 1]$에서 연속이다. 또

$$f(0) = 0 < 3 < 4 = f(1)$$

이므로 중간값 정리에 의하여 $f(c) = 3$을 만족하는 $c \in (0, 1)$이 적어도 하나 존재한다. 따라서 주어진 방정식은 구간 $[0, 1]$에서 적어도 하나의 해를 가진다.

## 연습문제 4.5

**01** 다음 주어진 함수가 연속인 점을 구하시오.

(1) $f(x)= \dfrac{x+1}{x^2+1}$

(2) $f(x)= \dfrac{x-1}{x^2-1}$

(3) $f(x)= \dfrac{x+4}{x^2-16}$

(4) $f(x)= \dfrac{3x+1}{x^2+7x-2}$

(5) $f(x)= \dfrac{1+\dfrac{2}{x}}{1-\dfrac{2}{x}}$

(6) $f(x)= \dfrac{4x^2-3x-1}{x+2}$

**02** 다음 함수들이 모든 점에서 연속이 되도록 $k$의 값을 구하시오.

(1) $f(x)=\begin{cases} \dfrac{x^2-3x-4}{x+1}, & x \neq -1 \\ k, & x=-1 \end{cases}$

(2) $f(x)=\begin{cases} \dfrac{x^3-2x^2+3x}{x}, & x \neq 0 \\ k, & x=0 \end{cases}$

(3) $f(x)=\begin{cases} 3x-4, & x \leq 2 \\ kx^2, & x>2 \end{cases}$

(4) $f(x)=\begin{cases} x^2-4, & x<2 \\ k, & x=2 \\ x-2, & x>2 \end{cases}$

**03** 함수 $f(x)=[x]$가 $x=-2, 3$에서 불연속임을 보이시오.

**04** 함수 $f(x)= \dfrac{1+x^3}{1+x^2}$이 구간 $[1, 4]$에서 최댓값과 최솟값을 갖는지 설명하시오.

**05** 함수 $f(x)=2-x^2$이 구간 $(-1, 1)$에서 최댓값과 최솟값을 갖는지 설명하시오.

**06** 방정식 $x^3+3x-2=0$의 해가 0과 1사이에 존재함을 보이시오.

07 방정식 $2x^3-3x^2+2x-2=0$의 해가 $1$과 $2$사이에 존재함을 보이시오.

08 $f(x)=x^3-x^2+x-3$에 대하여 $f(c)=11$이 되는 실수 $c$가 존재함을 보이시오.

09 다음 방정식의 실근의 존재를 주어진 구간에서 조사하시오.

(1) $3^x=5$, $(0<x<2)$

(2) $\log_3 x=2-x$, $(1<x<3)$

CHAPTER

# 05

# 미 분

## 5.1 도함수

평균변화율과 순간변화율에 대하여 알아보자.

**정의 5.1.1**

함수 $f$에서 $x$의 값이 정의역의 한 점 $a$에서 $a+h$까지 변할 때, $f$의 **평균변화율**은

$$\frac{f(a+h)-f(a)}{h}$$

로 정의된다.

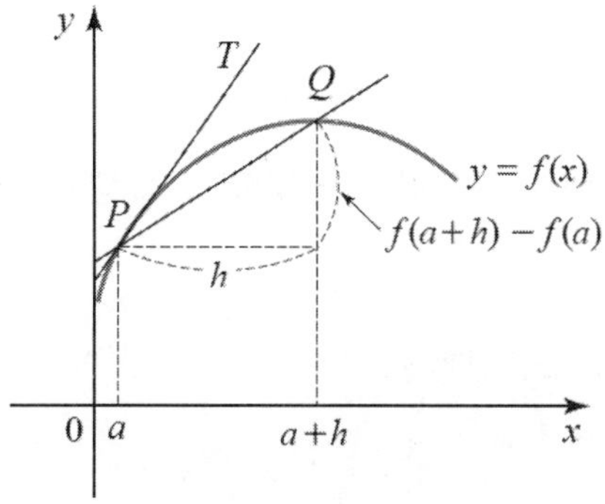


평균변화율은 함수 $f$의 그래프 위의 두 점 $P(a,f(a))$와 $Q(a+h,f(a+h))$를 잇는 직선의 기울기이다. 이제 $a$를 고정하고 $h$가 한없이 0에 가까이 갈 때, 그래프 위의 점 $Q$는 곡선을 따라 점 $P$에 가까이 감에 따라 점 $P$에서 이 곡선에 대한 접선 $\overline{PT}$로 접근하게 된다. 따라서

$$\lim_{h\to 0}\frac{f(a+h)-f(a)}{h}$$

가 존재하면 이 극한값은 곡선 $y=f(x)$ 위의 점 $(a,f(a))$에서 곡선에 접하는 접선의 기울기를 나타낸다.

**정의 5.1.2**

함수 $f$의 정의역에 속하는 $a$에 대하여 극한

$$\lim_{h\to 0}\frac{f(a+h)-f(a)}{h}$$

가 존재하면 $f$는 $a$에서 **미분가능**하다고 하고, 이 극한값을 $a$에서 $f$의 **미분계수** 또는 **순간변화율**이라 하고 $f'(a)$로 쓴다. 또 함수 $f$의 정의역의 모든 점에서 미분가능할 때 $f$를 **미분가능한 함수**라 부른다.

**참고** $a+h=b$로 치환하면 다음이 성립함을 알 수 있다.

$$f'(a)=\lim_{h\to 0}\frac{f(a+h)-f(a)}{h}=\lim_{b\to a}\frac{f(b)-f(a)}{b-a}$$

**예제 5.1.1**

$f(x)=x^2$일 때, $x=1$에서 $x=3$까지 변할 때 $f$의 평균변화율을 구하시오.

**풀이**

$f(1)=1, f(3)=9$이므로 평균변화율은

$$\frac{f(3)-f(1)}{3-1}=\frac{8}{2}=4$$

**예제 5.1.2**

$f(x)=x^2$일 때, $x=2$에서의 순간변화율을 구하시오.

**풀이**

$$\begin{aligned}f'(2)&=\lim_{h\to 0}\frac{f(2+h)-f(2)}{h}\\&=\lim_{h\to 0}\frac{(2+h)^2-(2)^2}{h}=\lim_{h\to 0}\frac{4h+h^2}{h}\\&=\lim_{h\to 0}(4+h)=4\end{aligned}$$

**정의 5.1.3**

함수 $y=f(x)$의 도함수 $f'(x)$는 $f$의 미분가능한 모든 점 $x$를 정의역으로 하여 다음과 같이 정의되는 함수이다.

$$f'(x)=\lim_{h\to 0}\frac{f(x+h)-f(x)}{h}$$

함수의 도함수를 구하는 것을 '**미분한다**'라고 한다.

함수 $y=f(x)$의 도함수를 나타내는 기호는

$$y',\ f'(x),\ \frac{dy}{dx},\ \frac{df}{dx},\ \frac{d}{dx}f(x)$$

등으로 나타낸다. 교재에 따라 기호를 혼용해서 사용하므로 이 교재에서도 다양하게 사용하도록 한다.

$f$의 도함수를 알면 $x=a$에서의 미분계수 $f'(a)$는 $x=a$에서 도함수의 함숫값 $f'(a)$가 된다.

**예제 5.1.3**

함수 $f(x)=x^2+1$의 도함수 $f'(x)$를 정의에 의하여 구하고, 함수 그래프 위의 점 $(-2,5)$와 점 $(1,2)$에서 접선의 기울기를 구하시오.

**풀이**

도함수 정의에 의하여

$$f'(x)=\lim_{h\to 0}\frac{f(x+h)-f(x)}{h}=\lim_{h\to 0}\frac{(x+h)^2+1-(x^2+1)}{h}$$
$$=\lim_{h\to 0}\frac{2xh+h^2}{h}=\lim_{h\to 0}(2x+h)=2x$$

이고, 점 $(-2,5)$와 점 $(1,2)$에서의 접선의 기울기는

$$f'(-2)=-4\ ,\ f(1)=2$$

이다.

**예제 5.1.4**

함수 $f(x)=\sqrt{x}$ 의 도함수 $f'(x)$를 정의에 의하여 구하고, 함수 그래프 위의 점 $(4,2)$에서 접선의 방정식 구하시오.

**풀이**

도함수 정의에 의하여

$$\begin{aligned} f'(x) &= \lim_{h\to 0}\frac{f(x+h)-f(x)}{h} = \lim_{h\to 0}\frac{\sqrt{x+h}-\sqrt{x}}{h} \\ &= \lim_{h\to 0}\frac{(\sqrt{x+h}-\sqrt{x})(\sqrt{x+h}+\sqrt{x})}{h(\sqrt{x+h}+\sqrt{x})} \\ &= \lim_{h\to 0}\frac{(x+h-x)}{h(\sqrt{x+h}+\sqrt{x})} \\ &= \lim_{h\to 0}\frac{1}{\sqrt{x+h}+\sqrt{x}} = \frac{1}{2\sqrt{x}} \end{aligned}$$

이다. 따라서 점 $(4,2)$에서의 접선의 기울기는

$$f'(4)=\frac{1}{2\sqrt{4}}=\frac{1}{4}$$

이고 접선의 방정식은

$$y-2=\frac{1}{4}(x-4) \Rightarrow y=\frac{1}{4}x+1$$

이다.

**참고** 점 $(a,b)$를 지나고 기울기가 $m$인 직선의 방정식은 $y-b=m(x-a)$로 나타낼 수 있다.

**정의 5.1.4**

함수 $f(x)$의 $x=a$에서의 좌도함수 $f'_-(a)$와 우도함수 $f'_+(a)$는 각각 다음과 같이 정의된다.

$$f'_-(a)=\lim_{h\to 0^-}\frac{f(a+h)-f(a)}{h}$$

$$f'_+(a)=\lim_{h\to 0^+}\frac{f(a+h)-f(a)}{h}$$

**예제 5.1.5**

$f(x)=|x|$는 $x=0$에서 미분불가능함을 보이시오.

**풀이**

미분계수의 정의에 의하여

$$f'(0)=\lim_{h\to 0}\frac{f(0+h)-f(0)}{h}=\lim_{h\to 0}\frac{|h|}{h}$$

이다. 여기서 $x=0$의 좌우에서 함수가 다르기 때문에 좌도함수와 우도함수를 각각 구해보면

$$f'_-(0)=\lim_{h\to 0^-}\frac{|h|}{h}=\lim_{h\to 0^-}\frac{-h}{h}=-1$$

$$f'_+(0)=\lim_{h\to 0^+}\frac{|h|}{h}=\lim_{h\to 0^+}\frac{h}{h}=1$$

이다. 위의 좌극한과 우극한이 일치하지 않으므로 $f'(0)$은 존재하지 않는다. 따라서 $f(x)=|x|$는 $x=0$에서 미분불가능하다.

---

**정의 5.1.5**

(1) 함수 $f$가 개구간 $(a,b)$의 모든 점에서 미분가능이면 함수 $f$는 구간 $(a,b)$에서 미분가능이라 한다.

(2) 함수 $f$가 개구간 $(a,b)$의 모든 점에서 미분가능하고 $x=a$에서 우도함수와 $x=b$에서 좌도함수가 존재하면 $f$는 폐구간 $[a,b]$에서 미분가능이라 한다.

예제 5.1.5에서 $f(x)=|x|$는 $x=0$에서 연속이지만 미분불가능임을 보였다. 다음은 미분가능성은 연속이기 위한 충분조건임을 보여준다.

**정리 5.1.1**

함수 $f(x)$가 $x=a$에서 미분가능하면 $f(x)$는 $x=a$에서 연속이다.

**증명** $\lim_{x \to a} f(x) = f(a)$임을 보이면 된다.

$f(x)$가 $x = a$에서 미분가능하므로

$$\lim_{h \to 0} \frac{f(a+h) - f(a)}{h} = f'(a)$$

가 존재하고,

$$\begin{aligned} \lim_{x \to a} f(x) &= \lim_{x \to a} \left\{ f(a) + \frac{f(x) - f(a)}{(x-a)}(x-a) \right\} \\ &= \lim_{x \to a} f(a) + \lim_{x \to a} \frac{f(x) - f(a)}{x - a} \cdot \lim_{x \to a}(x-a) \\ &= f(a) + f'(a) \cdot 0 = f(a) \end{aligned}$$

이다. 즉 $\lim_{x \to a} f(x) = f(a)$ 이므로 $f(x)$는 $x = a$에서 연속이다.

함수 $y = f(x)$의 도함수 $f'(x)$를 $f(x)$의 1계 도함수라고도 한다. 1계 도함수의 도함수를 2계 도함수라 하고

$$y'',\ f''(x),\ f^{(2)}(x),\ \frac{d^2y}{dx^2},\ \frac{d^2}{dx^2}f(x)$$

등으로 나타낸다. $n \ge 3$일 때, $n$계 도함수는 비슷한 방법으로 나타낸다. 일반적으로 $n \ge 2$인 정수일 때 $n$계 도함수 $f^{(n)}(x)$를 $f$의 **고계 도함수**라 한다.

**예제 5.1.6**

$f(x) = x^2 + 1$의 $f'(x) = 2x$임을 이용하여 2계 도함수 $f''(x)$를 구하시오.

**풀이**

$$\begin{aligned} f''(x) &= \lim_{h \to 0} \frac{f'(x+h) - f'(x)}{h} \\ &= \lim_{h \to 0} \frac{2(x+h) - 2x}{h} = \lim_{h \to 0} \frac{2h}{h} = 2 \end{aligned}$$

이므로 $f(x)$의 2계 도함수 $f''(x) = 2$이다.

## 연습문제 5.1

**01** 함수 $f(x)=5x^2$에 대하여 다음을 구하시오.

(1) $x=1$에서 $x=5$까지 변할 때 평균변화율을 구하시오.

(2) $x=2$에서 순간변화율을 구하시오.

(3) 점 $(1,5)$에서 접선의 방정식을 구하시오.

**02** 함수 $f(x)=\sqrt{2x+1}$에 대하여 다음을 구하시오.

(1) $x=0$에서 $x=4$까지 변할 때 평균변화율을 구하시오.

(2) $x=3$에서 순간변화율을 구하시오.

(3) 점 $(4,3)$에서 접선의 방정식을 구하시오.

**03** 함수 $f(x)=\dfrac{1}{x}$에 대하여 다음을 구하시오.

(1) $x=1$에서 $x=3$까지 변할 때 평균변화율을 구하시오.

(2) $x=2$에서 순간변화율을 구하시오.

(3) 점 $\left(5,\dfrac{1}{5}\right)$에서 접선의 방정식을 구하시오.

**04** $f(x)=x^3$의 도함수를 정의에 의하여 구하시오.

**05** 다음 함수에 대하여 주어진 점에서의 미분계수를 정의에 의하여 구하시오.

(1) $f(x)=3x+2,\ x=1$

(2) $f(x)=x^2-x,\ x=2$

(3) $f(x)=\sqrt{x+1},\ x=3$

(4) $f(x)=\dfrac{1}{2x+1},\ x=0$

**06** 함수 $f(x)$가 다음과 같이 정의되었을 때, $f'(1)$이 존재하는지 판별하시오.

(1) $f(x)=\begin{cases} x^3, x \geq 1 \\ x^2, x < 1 \end{cases}$

(2) $f(x)=\begin{cases} (x-1)^3, x \geq 1 \\ (x-1)^2, x < 1 \end{cases}$

**07** $f(x)=\dfrac{5}{x}+1$의 2계 도함수 $f''(x)$를 정의에 의하여 구하시오.

**08** 다항함수 $f(x)$에 대하여 $\lim_{x\to1}\dfrac{f(x^2)-2}{x-1}=5$일 때, $\lim_{h\to0}\dfrac{f(1+2h)-2}{3h}$의 값을 구하시오.

**09** 함수 $f(x)=x^2+ax$에서 $x$의 값이 1에서 3까지 변할 때의 함수 $y=f(x)$의 평균변화율이 $af'(1)$의 값과 같도록 하는 모든 상수 $a$의 값의 합을 구하시오.

**10** 다항함수 $f(x)$에 대하여 $f(2)=2$, $f'(2)=3$일 때, $\lim_{x\to2}\dfrac{\{f(x)\}^2-x^2}{x-2}$의 값을 구하시오.

**11** 다항함수 $f(x)$가 모든 실수 $x$에 대하여 다음을 만족할 때, $f''(3)$의 값을 구하시오.

$$f'(1)+\lim_{h\to0}\frac{f(x+2h)-f(x)}{f(1+h)-f(1)}=x^2+3x$$

**12** 다항함수 $y=f(x)$의 그래프 위의 점 $(x,\ f(x))$에서의 접선의 기울기가 $3x^2-4x-2$일 때, $\lim_{h\to0}\dfrac{f(1-2h)-f(1)}{h}$의 값을 구하시오.

## 5.2 미분법

도함수를 구하는 것을 '미분한다'라고 한다. 이 절에서는 기본 함수들의 도함수를 이용하여 좀 더 복잡한 함수들의 도함수를 간단하게 구할 수 있는 미분법에 관한 정리를 알아보자.

**정리 5.2.1**

$f(x)=k$($k$는 상수)이면

$$f'(x)=0$$

이다.

**증명** $f'(x)=\lim_{h\to 0}\frac{f(x+h)-f(x)}{h}=\lim_{h\to 0}\frac{k-k}{h}=\lim_{h\to 0}0=0$

**예제 5.2.1**

다음 함수를 미분하시오.

(1) $f(x)=5$ (2) $f(x)=e^2$ (3) $f(x)=\pi$

**풀이**

(1), (2), (3)의 경우 $f(x)$가 모두 상수함수이므로 $f'(x)=0$이다.

**정리 5.2.2**

자연수 $n$에 대하여

$$f(x)=x^n \text{이면 } f'(x)=nx^{n-1}$$

이다.

**증명** 도함수 정의에 의하여

$$f'(x) = \lim_{h\to 0}\frac{f(x+h)-f(x)}{h} = \lim_{h\to 0}\frac{(x+h)^n - x^n}{h}$$

$$= \lim_{h\to 0}\frac{(x^n + nx^{n-1}h + \cdots + nxh^{n-1} + h^n) - x^n}{h}$$

$$= \lim_{h\to 0}(nx^{n-1} + \cdots + nxh^{n-2} + h^{n-1}) = nx^{n-1}$$

**참고** 이항정리 $(a+b)^n = \sum_{r=0}^{n} {}_nC_r a^{n-r}b^r$임을 이용하면 위 증명을 쉽게 이해할 수 있다.

**예제 5.2.2**

다음 함수를 미분하시오.

(1) $f(x) = x^5$  (2) $f(x) = x^{100}$

**풀이**

$f'(x) = nx^{n-1}$이므로

(1) $n = 5$이므로 $f'(x) = 5x^4$이다.

(2) $n = 100$이므로 $f'(x) = 100x^{99}$이다.

**정리 5.2.3**

두 함수 $f(x)$, $g(x)$가 미분가능한 함수이고 $k$가 상수일 때 다음이 성립한다.

(1) $(kf)'(x) = kf'(x)$

(2) $(f+g)'(x) = f'(x) + g'(x)$

(3) $(f-g)'(x) = f'(x) - g'(x)$

(4) $(fg)'(x) = f'(x)g(x) + f(x)g'(x)$

(5) $\left(\dfrac{f}{g}\right)'(x) = \dfrac{f'(x)g(x) - f(x)g'(x)}{\{g(x)\}^2}$

**증명** (1) $(kf)'(x) = \lim_{h\to 0}\dfrac{(kf)(x+h)-(kf)(x)}{h} = \lim_{h\to 0}\dfrac{kf(x+h)-kf(x)}{h}$

$$= \lim_{h\to 0}k\frac{f(x+h)-f(x)}{h} = kf'(x)$$

(2) $(f+g)'(x) = \lim_{h\to 0} \frac{(f+g)(x+h)-(f+g)(x)}{h}$

$$= \lim_{h\to 0} \frac{f(x+h)+g(x+h)-f(x)-g(x)}{h}$$

$$= \lim_{h\to 0} \left\{ \frac{f(x+h)-f(x)}{h} + \frac{g(x+h)-g(x)}{h} \right\}$$

$$= f'(x)+g'(x)$$

(3) $(f-g)'(x) = \lim_{h\to 0} \frac{(f-g)(x+h)-(f-g)(x)}{h}$

$$= \lim_{h\to 0} \frac{f(x+h)-g(x+h)-f(x)+g(x)}{h}$$

$$= \lim_{h\to 0} \left\{ \frac{f(x+h)-f(x)}{h} - \frac{g(x+h)-g(x)}{h} \right\}$$

$$= f'(x)-g'(x)$$

(4) $(fg)'(x) = \lim_{h\to 0} \frac{(fg)(x+h)-(fg)(x)}{h}$

$$= \lim_{h\to 0} \frac{f(x+h)g(x+h)-f(x)g(x)}{h}$$

$$= \lim_{h\to 0} \frac{g(x+h)\{f(x+h)-f(x)\}+f(x)\{g(x+h)-g(x)\}}{h}$$

$$= \lim_{h\to 0} \left\{ g(x+h)\frac{f(x+h)-f(x)}{h} + f(x)\frac{g(x+h)-g(x)}{h} \right\}$$

$$= f'(x)g(x)+f(x)g'(x)$$

(5) $\left(\frac{f}{g}\right)'(x) = \lim_{h\to 0} \frac{1}{h}\left\{\left(\frac{f}{g}\right)(x+h)-\left(\frac{f}{g}\right)(x)\right\} = \lim_{h\to 0} \frac{1}{h}\left\{\frac{f(x+h)}{g(x+h)}-\frac{f(x)}{g(x)}\right\}$

$$= \lim_{h\to 0} \frac{1}{h} \frac{f(x+h)g(x)-f(x)g(x+h)}{g(x+h)g(x)}$$

$$= \lim_{h\to 0} \frac{1}{h} \frac{g(x)\{f(x+h)-f(x)\}-f(x)\{g(x+h)-g(x)\}}{g(x+h)g(x)}$$

$$= \lim_{h\to 0} \left\{ \frac{f(x+h)-f(x)}{h}g(x) - f(x)\frac{g(x+h)-g(x)}{h} \right\} \frac{1}{g(x+h)g(x)}$$

$$= \{f'(x)g(x)-f(x)g'(x)\}\frac{1}{g^2(x)} = \frac{f'(x)g(x)-f(x)g'(x)}{\{g(x)\}^2}$$

### 예제 5.2.3

다음 함수의 도함수를 구하시오.

(1) $y=3x^5$

(2) $y=x^4+x^3-x^2$

(3) $y=(2x-1)(4x^3+x)$

(4) $y=\dfrac{x^2+1}{3x-2}$

**풀이**

(1) $y'=3(x^5)'=3(5x^4)=15x^4$

(2) $y'=(x^4)'+(x^3)'-(x^2)'=4x^3+3x^2-2x$

(3) $y'=(2x-1)'(4x^3+x)+(2x-1)(4x^3+x)'$

$=2(4x^3+x)+(2x-1)(12x^2+1)=32x^3-12x^2+4x-1$

(4) $y'=\dfrac{(x^2+1)'(3x-2)-(x^2+1)(3x-2)'}{(3x-2)^2}$

$=\dfrac{2x(3x-2)-3(x^2+1)}{(3x-2)^2}=\dfrac{3x^2-4x-3}{(3x-2)^2}$

**정리 5.2.4**

정수 $n$에 대하여 다음이 성립한다.

$$\frac{d}{dx}(x^n)=nx^{n-1}$$

**증명** $n>0$인 경우에는 정리 5.2.2에서 보였으므로 $n=0$인 경우와 $n<0$인 경우만 증명하면 된다.

$n=0$인 경우에는

$$\frac{d}{dx}(x^0)=\frac{d}{dx}(1)=0=0\cdot x^{-1}$$

이고

$n<0$인 경우에는 $n=-m$ $(m>0)$이라 하자. 그러면

$$\frac{d}{dx}(x^n) = \frac{d}{dx}(x^{-m}) = \frac{d}{dx}\left(\frac{1}{x^m}\right)$$

$$= \frac{-mx^{m-1}}{x^{2m}} = -mx^{-m-1} = nx^{n-1}$$

이다. 따라서 정수 $n$에 대하여 $(x^n)' = nx^{n-1}$이다.

**예제 5.2.4**

다음 함수의 도함수를 구하시오.

(1) $y = x^{-7}$　　　　(2) $y = \frac{1}{x^4}$

**풀이**

(1) $y' = (x^{-7})' = -7x^{-8}$

(2) $y' = \left(\frac{1}{x^4}\right)' = (x^{-4})' = -4x^{-5} = -\frac{4}{x^5}$

## 연습문제 5.2

**01** 다음 주어진 함수의 도함수를 구하시오.

(1) $f(x)=4x^7+5$　　(2) $f(x)=3x^4-2x^2+3x$

(3) $f(x)=7x^{-5}$　　(4) $f(x)=-3x^{-8}$

(5) $f(x)=2x+\dfrac{1}{3x}$　　(6) $f(x)=x^{-3}+\dfrac{1}{x^6}$

(7) $f(x)=(3x^4+5)\left(2x-\dfrac{1}{3}\right)$　　(8) $f(x)=\left(\dfrac{1}{x}-\dfrac{1}{x^3}\right)(4x^3+5)$

(9) $f(x)=\dfrac{2x}{3x+4}$　　(10) $f(x)=\dfrac{x^2-3}{2x}$

**02** $y=ax^2+bx$ 위의 점 $(2,1)$에서 기울기가 $4$인 접선을 가질 때, $a$와 $b$의 값을 구하시오.

**03** 다항함수 $f(x)$가 $\lim_{x\to-1}\dfrac{f(x)+2}{1-x^2}=1$을 만족시킬 때,

함수 $g(x)=(2x^3-3x)f(x)$에 대하여 $g(-1)\times g'(-1)$의 값을 구하시오.

**04** 함수 $f(x)=\dfrac{1}{3}x^3+x^2-2x$에 대하여 $x=a$에서의 미분계수와 $x=2a$에서의 미분계수의 합이 $28$일 때, 양수 $a$의 값을 구하시오.

**05** 함수 $f(x)=(x-1)(x^3+ax^2+2)$에 대하여 $f'(2)=2$일 때, $f'(1)$의 값을 구하시오. (단, $a$는 상수이다.)

**06** $y=2x^3-2x^2+a$위의 점 $(1,a)$에서의 접선이 점 $(0,4)$를 지날 때, 상수 $a$의 값을 구하시오.

## 5.3 연쇄법칙과 음함수의 미분

앞 절에서 도함수의 성질을 이용하여 다항식과 관련된 단순한 형태의 도함수를 구할 수 있었다. 그러나 보다 복잡한 경우에는 이번에 소개하는 미분법을 이용하면 편리하게 도함수를 구할 수 있다.

**정리 5.3.1 합성함수의 미분법(연쇄법칙)**

함수 $g(x)$가 미분가능하고 $f(x)$가 $g(x)$의 치역을 포함하는 영역에서 미분가능하면 합성함수 $y=(f \circ g)(x)$도 미분가능하고, $y=(f \circ g)(x)=f(g(x))$에서 $u=g(x)$라 놓으면

$$\frac{dy}{dx}=\frac{dy}{du}\cdot\frac{du}{dx}$$

또는

$$(f \circ g)'(x)=f'(g(x))g'(x)$$

이다.

이 정리가 여러 복잡한 함수의 도함수를 구하는데 적용되는 방법을 알아보도록 하자.

**예제 5.3.1**

$y=(x^2+3x-2)^{10}$의 도함수를 구하시오.

**풀이**

$u=x^2+3x-2$라 두면 $y=u^{10}$이다. 도함수를 구하기 위해 연쇄법칙을 적용하면 다음과 같다.

$$\begin{aligned}\frac{dy}{dx}=\frac{dy}{du}\cdot\frac{du}{dx}&=(10u^9)(2x+3)\\&=10(x^2+3x-2)^9(2x+3)\end{aligned}$$

**예제 5.3.2**

$f(x)=\dfrac{1}{2x^3-x^2+5x}$의 도함수를 구하시오.

**풀이**

$u=2x^3-x^2+5x$라 두면 $f(x)=\dfrac{1}{u}$이다. 도함수를 구하기 위해 연쇄법칙을 적용하면 다음과 같다.

$$\begin{aligned} f'(x) &= \frac{df}{dx}=\frac{df}{du}\cdot\frac{du}{dx}=\left(-u^{-2}\right)\left(6x^2-2x+5\right) \\ &= -\frac{6x^2-2x+5}{\left(2x^3-x^2+5x\right)^2} \end{aligned}$$

## 음함수의 미분법

$y$가 $x$의 함수일 때 $y=f(x)$와 같이 종속변수 $y$가 독립변수 $x$에 관한 식으로 표현된 경우를 **양함수**(explicit function) 표현이라 한다. 반면에 $x$와 $y$의 관계식이

$$F(x, y)=0$$

의 형태로 주어질 때 이를 **음함수**(implicit function) 표현이라 한다.

예를 들어, $y$가 $x$의 함수이고 그 관계가

$$y^3-2y-x^2+3=0$$

일 때 이것은 음함수 표현이다. 이 경우에는 $y$를 $x$에 관한 식으로 나타낼 수 없으므로 양함수 표현이 불가능하다. 물론 음함수 표현된 함수들 중에는 양함수 표현이 가능한 함수도 있다. 예를 들어 $y$는 $x$의 함수이고 그 관계가

$$2x-y+3=0$$

인 경우의 양함수 표현은 다음과 같다.

$$y=2x+3$$

**정리 5.3.2**

음함수 $F(x, y)=0$에서 $\frac{dy}{dx}$를 구할 때는 $y$를 $x$의 함수로 보고 양변을 $x$에 대하여 미분한 다음 $\frac{dy}{dx}$를 좌변으로 분리하면 된다.

**예제 5.3.3**

방정식 $y^3+2y-x^2=0$에서 $\frac{dy}{dx}$를 구하시오.

**풀이**

$y$를 $x$의 함수로 보고 양변을 $x$에 대하여 미분하면

$$\frac{d}{dx}(y^3)+2\frac{d}{dx}(y)-\frac{d}{dx}(x^2)=\frac{d}{dx}(0)$$

이고 연쇄법칙에 의하여

$$\frac{d}{dx}(y^3)=\frac{d}{dy}(y^3)\frac{dy}{dx}=3y^2\frac{dy}{dx}$$

이므로

$$3y^2\frac{dy}{dx}+2\frac{dy}{dx}-2x=0$$

이다. 이제 $\frac{dy}{dx}$를 왼쪽으로 분리하여 정리하면 다음과 같다.

$$\frac{dy}{dx}(3y^2+2)=2x$$

$$\frac{dy}{dx}=\frac{2x}{3y^2+2}$$

**예제 5.3.4**

원 $x^2+y^2=25$ 위의 점 $(3,4)$에서의 접선의 방정식을 구하시오.

**풀이**

먼저 방정식의 양변을 $x$에 대하여 미분하면

$$\frac{d}{dx}(x^2)+\frac{d}{dy}(y^2)\frac{dy}{dx}=\frac{d}{dx}(25)$$

$$2x+2y\frac{dy}{dx}=0$$

$$\frac{dy}{dx}=-\frac{x}{y}$$

이다. 점 $(3,4)$에서 접선의 기울기는 $-\frac{3}{4}$이다. 그러므로 접선의 방정식은 다음과 같다.

$$y-4=-\frac{3}{4}(x-3)$$

$$y=-\frac{3}{4}x+\frac{25}{4}$$

**예제 5.3.5**

$x^2-xy+y^2=1$에서 $\frac{dy}{dx}$를 구하시오.

**풀이**

두 함수곱의 미분에 의하여

$$\frac{d}{dx}(xy)=y\frac{d}{dx}(x)+x\frac{dy}{dx}$$

이므로 주어진 방정식을 $x$에 대하여 양변을 미분하여 정리하면 다음과 같다.

$$2x-y-x\frac{dy}{dx}+2y\frac{dy}{dx}=0$$

$$(2y-x)\frac{dy}{dx}=y-2x$$

$$\frac{dy}{dx} = \frac{y-2x}{2y-x}$$

---

주어진 함수의 역함수가 존재하고 역함수 또한 미분가능일 때, 역함수를 구하지 않고서도 주어진 점에서 역함수의 미분계수를 구하는 방법이 있다.

**정리 5.3.3 역함수의 미분법**

미분가능한 함수 $y = f(x)$의 역함수 $x = f^{-1}(y)$가 존재하고 $f'(x) \neq 0$이면, $x = f^{-1}(y)$도 미분가능하고 다음이 성립한다.

$$\frac{dx}{dy} = \frac{1}{\frac{dy}{dx}}, \text{ 즉 } (f^{-1})'(y) = \frac{1}{f'(x)} \quad (\text{단, } y = f(x))$$

**증명** $y = f(x)$의 역함수를 $x = f^{-1}(y)$라 하자. 양변을 $x$에 대하여 연쇄법칙을 이용하여 미분하면

$$1 = \frac{d}{dx} f^{-1}(y) = \frac{d}{dy} f^{-1}(y) \frac{dy}{dx}$$

이므로

$$\frac{dx}{dy} = \frac{1}{\frac{dy}{dx}}$$

또는

$$(f^{-1})'(y) = \frac{1}{f'(x)} \quad (\text{단, } y = f(x))$$

이다.

**예제 5.3.6**

$y = x^3 - 2$에서 $\frac{dx}{dy}$를 구하시오.

**풀이**

$\frac{dy}{dx} = 3x^2$이므로

$$\frac{dx}{dy} = \frac{1}{\frac{dy}{dx}} = \frac{1}{3x^2}$$

이다.

---

**예제 5.3.7**

함수 $f(x) = x^2 + 4x + 1 \ (x \geq -2)$에 대하여 $(f^{-1})'(6)$을 구하시오.

**풀이**

$y = 6$일 때 $x = 1$이고, $f'(x) = 2x + 4$이므로

$$(f^{-1})'(6) = \frac{1}{f'(1)} = \frac{1}{6}$$

이다.

---

**정리 5.3.4 매개변수 함수의 미분법**

$x = f(t)$와 $y = g(t)$가 $t$에 대하여 미분가능이고 $f'(t) \neq 0$이면,

$$\frac{dy}{dx} = \frac{\frac{dy}{dt}}{\frac{dx}{dt}} = \frac{g'(t)}{f'(t)}$$

이다.

**증명** 연쇄법칙 $\frac{dy}{dx} = \frac{dy}{dt}\frac{dt}{dx} = \frac{\frac{dy}{dt}}{\frac{dx}{dt}} = \frac{g'(t)}{f'(t)}$에 의하여 자명하다.

**예제 5.3.8**

$x=\sqrt{t+1}$, $y=t^2-3t+2$일 때, $\dfrac{dy}{dx}$를 구하고 $t=3$에서 접선의 기울기를 구하시오.

**풀이**

$\dfrac{dx}{dt}=\dfrac{1}{2\sqrt{t+1}}$, $\dfrac{dy}{dt}=2t-3$이므로

$$\frac{dy}{dx}=\frac{\frac{dy}{dt}}{\frac{dx}{dt}}=\frac{2t-3}{\frac{1}{2\sqrt{t+1}}}=2(2t-3)\sqrt{t+1}$$

이고 $t=3$일 때 $\dfrac{dy}{dx}=12$이다.

---

지금까지는 정수 $n$에 대하여 $(x^n)'=nx^{n-1}$임을 알았다. 음함수의 미분을 이용하면 유리수 $n$에 대하여도 같은 결과임을 알 수 있다.

**정리 5.3.5**

$r$이 유리수이고 $y=x^r$일 때

$$\frac{dy}{dx}=rx^{r-1}$$

이다.

**증명** 두 정수 $m$, $n(n\neq 0)$에 대하여 $r=\dfrac{n}{m}$이라 하자.

$$y=x^r=x^{\frac{n}{m}}$$

$$y^m=x^n$$

이고 양변을 $x$에 대하여 미분하여 정리하면 다음과 같다.

$$my^{m-1}\frac{dy}{dx}=nx^{n-1}$$

$$\begin{aligned}\frac{dy}{dx} &= \frac{n}{m}x^{n-1}y^{1-m} = \frac{n}{m}x^{n-1}x^{\frac{n}{m}(1-m)} \\ &= \frac{n}{m}x^{n-1+\frac{n(1-m)}{m}} = \frac{n}{m}x^{\frac{n}{m}-1} \\ &= rx^{r-1}\end{aligned}$$

**예제 5.3.9**

$y = \sqrt{x^2 - x + 4}$ 에서 $y'$을 구하시오.

**풀이**

$u = x^2 - x + 4$로 치환하면 $y = \sqrt{u}$ 이므로 합성함수 미분에 의하여

$$\begin{aligned}y' &= \frac{1}{2}u^{-\frac{1}{2}}(x^2 - x + 4)' \\ &= \frac{2x-1}{2\sqrt{u}} = \frac{2x-1}{2\sqrt{x^2 - x + 4}}\end{aligned}$$

**예제 5.3.10**

$y = \dfrac{\sqrt{x}}{1+\sqrt{x}}$ 에서 $y'$을 구하시오.

**풀이**

분수함수에 관한 미분을 이용하면

$$\begin{aligned}y' &= \frac{(\sqrt{x})'(1+\sqrt{x}) - \sqrt{x}(1+\sqrt{x})'}{(1+\sqrt{x})^2} \\ &= \frac{\frac{1}{2\sqrt{x}}(1+\sqrt{x}) - \sqrt{x}\frac{1}{2\sqrt{x}}}{(1+\sqrt{x})^2} \\ &= \frac{1}{2\sqrt{x}(1+\sqrt{x})^2}\end{aligned}$$

## 연습문제 5.3

**01** 연쇄법칙을 이용하여 $\dfrac{dy}{dt}$를 구하시오.

(1) $y = \sqrt{u}\,,\ u = t + \dfrac{1}{t}$  (2) $y = x^2 - 2x,\ x = \sqrt{t}$

(3) $y = u^9 + u^2,\ u = t^3 - 2t$  (4) $y = x^2 + \dfrac{1}{x},\ x = 2t - 3$

**02** 연쇄법칙을 이용하여 $\dfrac{dy}{dx}$를 구하시오.

(1) $y = (x^3 - 2x^2 + 3)^6$  (2) $y = \left(x - \dfrac{1}{x}\right)^8$

(3) $y = \dfrac{2}{(x^3 + 2x - 5)^4}$  (4) $y = \sqrt{x^2 + 3x + 4}$

**03** 음함수의 미분법을 이용하여 $\dfrac{dy}{dx}$를 구하시오.

(1) $xy^{\frac{4}{3}} + 5 = x - 2y$  (2) $xy^3 = 6 + xy^2$

(3) $x^2y - y^3 = 5$  (4) $\sqrt{x+y} + xy = 7$

**04** 음함수의 미분법을 이용하여 다음 곡선 위의 주어진 점에서 접선의 기울기를 구하시오.

(1) $x^2y + y^3x = 10,\ (1, 2)$  (2) $y^2 + xy^2 - x^2 = 5,\ (2, -1)$

(3) $\sqrt{x+y} + y = 3,\ (3, 1)$  (4) $\sqrt{x} - \sqrt{y} + x = 1,\ (1, 1)$

**05** 역함수의 도함수에 대하여 다음을 구하시오.

(1) $f(x) = x^3 - 1$에 대하여 $(f^{-1})'(7)$의 값을 구하시오.

(2) $f(x) = (x-1)^2 - 1\ \ (x > 1)$에 대하여 $(f^{-1})'(8)$의 값을 구하시오.

**06** 다음을 구하시오.

(1) $x = 2t,\ y = t^3 + 1$일 때, $t = 2$에서 $\dfrac{dy}{dx}$를 구하시오.

(2) $x = t^3 - 2t,\ y = \sqrt{t^2 + 1}$일 때, $t = 2$에서 $\dfrac{dy}{dx}$를 구하시오.

## 5.4 지수함수와 로그함수의 미분

함수의 극한을 이용하여 지수함수의 도함수를 구할 수 있고, 또한 음함수 미분을 이용하면 지수함수의 도함수를 간단히 구할 수 있다.

### 로그함수의 도함수

오일러 수 $e$는 수열 $\left(1+\frac{1}{n}\right)^n$의 극한, 즉 $\lim_{n\to\infty}\left(1+\frac{1}{n}\right)^n = e$로 정의되었다. 이제 실수 $x$에 대하여 적절한 치환에 의하여

$$\lim_{n\to\infty}\left(1+\frac{x}{n}\right)^n = e^x$$

이다. 여기서 $\frac{1}{n} = h$로 치환하면

$$\lim_{h\to 0}(1+hx)^{\frac{1}{h}} = e^x$$

을 얻는다. 이 극한은 로그함수의 극한을 구하는데 사용된다.

**정리 5.4.1**

(1) $(\log_a x)' = \frac{1}{x}\log_a e$ (2) $(\ln x)' = \frac{1}{x}$

**증명** (1) 로그함수의 성질을 이용하여 극한을 계산한다.

$$(\log_a x)' = \lim_{h\to 0}\frac{\log_a(x+h) - \log_a x}{h}$$

$$= \lim_{h\to 0}\frac{1}{h}\log_a\frac{x+h}{x}$$

$$= \lim_{h \to 0} \log_a \left(1 + \frac{h}{x}\right)^{\frac{1}{h}}$$

이고 $\lim_{h \to 0}(1+hx)^{\frac{1}{h}} = e^x$에 의하여

$$= \log_a e^{\frac{1}{x}} = \frac{1}{x}\log_a e$$

이다.

(2) $\ln x = \log_e x$이므로 (1)에 의하여

$$(\ln x)' = \frac{1}{x}\log_e e = \frac{1}{x}$$

이다.

**예제 5.4.1**

$y = \log_2(x^3 - 2x + 4)$일 때 $\frac{dy}{dx}$를 구하시오.

**풀이**

$u = x^3 - 2x + 4$로 치환하면 $y = \log_2 u$이고 연쇄법칙을 적용하면

$$\frac{dy}{dx} = \frac{dy}{du}\frac{du}{dx} = \frac{1}{u}\log_2 e(3x^2 - 2) = \frac{3x^2 - 2}{x^3 - 2x + 4}\log_2 e$$

다음 내용을 알면 로그함수의 합성과 관련된 함수의 도함수를 구하는 것이 편리하다.

**정리 5.4.2**

(1) $\frac{d}{dx}\{\log_a f(x)\} = \frac{f'(x)}{f(x)}\log_a e$ (2) $\frac{d}{dx}\{\ln f(x)\} = \frac{f'(x)}{f(x)}$

**증명** $u = f(x)$로 치환하여 연쇄법칙을 이용하면 (1)과 (2)가 증명된다.

### 예제 5.4.2

다음 함수의 $\frac{dy}{dx}$ 를 구하시오.

(1) $y = \log_3(x^3 + x)$ (2) $y = \ln(x^2 + 4)$

**풀이**

(1) $\frac{dy}{dx} = \frac{3x^2+1}{x^3+x}\log_3 e$ (2) $\frac{dy}{dx} = \frac{2x}{x^2+4}$

로그함수가 분수 형태를 포함하는 경우에 도함수를 구할 때는 로그의 성질을 이용하여 주어진 함수를 간결하게 표현한 후에 도함수를 구하면 간편하다.

### 예제 5.4.3

다음 함수의 $\frac{dy}{dx}$ 를 구하시오.

(1) $y = \ln\left(\frac{1+x^2}{1-x^2}\right)$ (2) $y = \ln\left(x^2\sqrt{\frac{x+3}{x+1}}\right)$

**풀이**

(1) $y = \ln\left(\frac{1+x^2}{1-x^2}\right) = \ln(1+x^2) - \ln(1-x^2)$ 으로부터

$$\frac{dy}{dx} = \frac{2x}{1+x^2} - \frac{-2x}{1-x^2} = \frac{4x}{1-x^4}$$

(2) $y = \ln\left(x^2\sqrt{\frac{x+3}{x+1}}\right) = 2\ln x + \frac{1}{2}\{\ln(x+3) - \ln(x+1)\}$ 으로부터

$$\frac{dy}{dx} = \frac{2}{x} + \frac{1}{2}\left(\frac{1}{x+3} - \frac{1}{x+1}\right)$$

### 예제 5.4.4

다음 함수의 도함수를 구하시오.

(1) $y = \frac{(x+1)^2}{(x-1)(x+3)^2}$ (2) $y = x^2\sqrt{x+3}$

**풀이**

(1) 양변에 로그를 취하여 정리하면

$$\ln y = 2\ln(x+1) - \ln(x-1) - 2\ln(x+3)$$

이고, 양변을 $x$에 대하여 미분하면

$$\frac{y'}{y} = \frac{2}{x+1} - \frac{1}{x-1} - \frac{2}{x+3}$$

$$y' = \left(\frac{2}{x+1} - \frac{1}{x-1} - \frac{2}{x+3}\right)y$$

$$y' = \left(\frac{2}{x+1} - \frac{1}{x-1} - \frac{2}{x+3}\right)\frac{(x+1)^2}{(x-1)(x+3)^2}$$

(2) (1)과 같은 방법으로

$$\ln y = 2\ln x + \frac{1}{2}\ln(x+3)$$

$$\frac{y'}{y} = \frac{2}{x} + \frac{1}{2(x+3)}$$

$$y' = \frac{5x+12}{2x(x+3)}y$$

$$y' = \frac{(5x+12)x^2\sqrt{x+3}}{2x(x+3)} = \frac{x(5x+12)\sqrt{x+3}}{2(x+3)}$$

유리수 $r$에 대하여 $(x^r)' = rx^{r-1}$은 $r$이 실수인 경우까지 확장할 수 있다.

**예제 5.4.5**

실수 $a$에 대하여 $y = x^a$일 때, $y' = ax^{a-1}$임을 보이시오.

**풀이**

양변에 로그를 취하고 $x$에 대하여 미분하면

$$\ln y = a\ln x$$

$$\frac{y'}{y} = \frac{a}{x}$$

$$y' = \frac{a}{x}x^a = ax^{a-1}$$

### 지수함수의 도함수

지수함수의 도함수는 지수함수의 양변에 로그를 취한 다음에 양변을 미분하면 쉽게 얻을 수 있다.

**정리 5.4.3**

(1) $(a^x)' = a^x \ln a$ (2) $(e^x)' = e^x$

**증명** (1) $y = a^x$의 양변에 로그를 취하고 $x$에 대하여 미분하면

$$\ln y = x \ln a$$

$$\frac{y'}{y} = \ln a$$

$$y' = y \ln a = a^x \ln a$$

이다.

(2) (1)에 의하여 $(e^x)' = e^x \ln e = e^x$ 이다.

지수함수와 합성함수의 도함수에 의하여 다음을 알 수 있다.

**정리 5.4.4**

(1) $\frac{d}{dx}\{a^{f(x)}\} = a^{f(x)} f'(x) \ln a$ (2) $\frac{d}{dx}\{e^{f(x)}\} = e^{f(x)} f'(x)$

**예제 5.4.6**

다음 함수의 도함수 $\frac{dy}{dx}$를 구하시오.

(1) $y = \pi^{x^2+1}$ (2) $y = e^{x^3+x}$

**풀이**

(1) $\dfrac{dy}{dx} = \pi^{x^2+1}\ln\pi(x^2+1)' = 2x\,\pi^{x^2+1}\ln\pi$

(2) $\dfrac{dy}{dx} = e^{x^3+x}(x^3+x)' = (3x^2+1)\,e^{x^3+x}$

---

**예제 5.4.7**

$y = e^{-3x}\ln x$일 때, $y'$을 구하시오.

**풀이**

두 함수의 곱에 대한 미분을 적용하면

$$
\begin{aligned}
y' &= (e^{-3x})'\ln x + e^{-3x}(\ln x)' \\
&= -3e^{-3x}\ln x + \frac{e^{-3x}}{x} \\
&= e^{-3x}\left(-3\ln x + \frac{1}{x}\right)
\end{aligned}
$$

---

**예제 5.4.8**

$y = x^x$일 때, $y'$을 구하시오.

**풀이**

지수함수 $x^n$에서 $n$은 고정된 실수이다. 여기서 지수는 $x$로 변수이기 때문에 도함수 $(x^n)' = nx^{n-1}$이 적용되지 않는다. 양변에 로그를 취해 $x$에 대하여 미분하면

$$\ln y = x\ln x$$

$$\frac{y'}{y} = \ln x + x\frac{1}{x}$$

$$y' = (\ln x + 1)x^x$$

---

## 연습문제 5.4

**01** 다음 함수의 도함수를 구하시오.

(1) $y=\ln(x+1)^2$

(2) $y=\log_3 5x$

(3) $y=\ln\left(2-x^2\right)$

(4) $y=\log_{10}\dfrac{x+1}{x}$

(5) $y=\sqrt{\ln 2x}$

(6) $y=\ln\left(\dfrac{1-x^2}{1+x^2}\right)$

(7) $y=\ln x \cdot \sqrt{x^2+1}$

(8) $y=\ln\sqrt{\dfrac{x^2}{(x+3)^4}}$

(9) $y=\dfrac{x}{1+\ln x}$

(10) $y=\ln(\ln 2x)$

**02** 다음 함수의 도함수를 로그를 이용하여 구하시오.

(1) $y=\dfrac{x^2\sqrt{3x+2}}{(2x+1)^3}$

(2) $y=\sqrt[3]{\dfrac{x^2+1}{x(x+5)}}$

**03** 다음 함수의 도함수를 구하시오.

(1) $y=3^{2x}$

(2) $y=2^{\ln x}$

(3) $y=e^{\ln 5x}$

(4) $y=e^{x^3}$

**04** 다음 함수의 도함수를 구하시오.

(1) $y=(2x)^{\frac{1}{x}}$

(2) $y=x^{\sqrt{2x}}$

(3) $y=x^{\ln(x^2+1)}$

(4) $y=(\ln x)^{x+1}$

**05** 다음 함수의 이계도함수를 구하시오.

(1) $y=xe^{x^2}$

(2) $y=x^2\ln x$

## 5.5 삼각함수와 역삼각함수의 미분

이 절에서는 삼각함수의 도함수를 구해본다. 다음은 삼각함수의 도함수를 구하는 과정에서 필요한 극한이다.

**정리 5.5.1**

(1) $\lim_{h\to 0}\sin h = 0$ (2) $\lim_{h\to 0}\cos h = 1$

(3) $\lim_{h\to 0}\frac{\sin h}{h} = 1$ (4) $\lim_{h\to 0}\frac{\cos h - 1}{h} = 0$

**증명** (1)과 (2)는 함수의 연속성에 의하여 (3)은 Sandwich 정리에 의하여 이미 증명이 되었다. 여기서는 (4)만 증명하기로 하자. 먼저 $0 < h < \frac{\pi}{2}$ 인 경우를 생각해 보자.

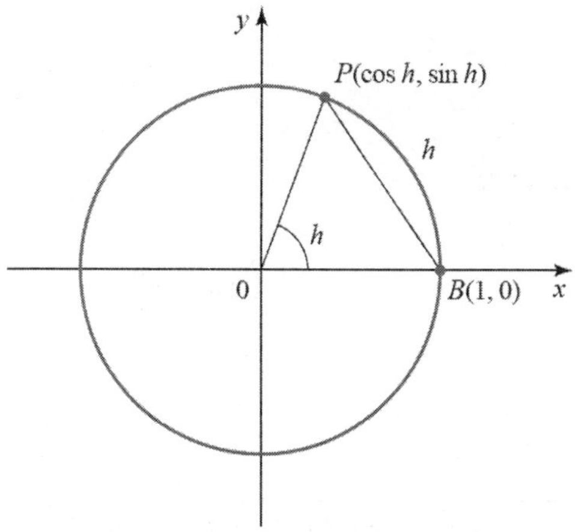


그림에서

$$\text{선분 } \overline{BP}\text{의 길이} = \sqrt{(1-\cos h)^2 + \sin^2 h}$$

$$\text{호 } \widehat{BP}\text{의 길이} = h$$

이고, 선분 $\overline{BP}$의 길이는 호 $\widehat{BP}$의 길이보다 짧다.

이로부터

$$0 < \sqrt{(1-\cos h)^2 + \sin^2 h} < h$$

$$0 < (1-\cos h)^2 + \sin^2 h < h^2$$

$$0 < 2 - 2\cos h < h^2$$

$$0 < \frac{1-\cos h}{h} < \frac{h}{2}$$

이다. 부등식의 좌변과 우변은 $\lim_{h \to 0^+}$ 에서 극한이 0이므로 Sandwich 정리에 의하여

$$\lim_{h \to 0^+} \frac{\cos h - 1}{h} = 0$$

이다. 이제 $h < 0$인 경우에 대하여 $h = -t \ (t > 0)$로 치환하면

$$\lim_{h \to 0^-} \frac{\cos h - 1}{h} = \lim_{t \to 0^+} \frac{\cos(-t) - 1}{-t}$$
$$= \lim_{t \to 0^+} \frac{1 - \cos t}{t} = 0$$

이다. 따라서

$$\lim_{h \to 0} \frac{\cos h - 1}{h} = 0$$

이다.

**정리 5.5.2**

삼각함수의 도함수는 다음과 같다.

(1) $(\sin x)' = \cos x$　　(2) $(\cos x)' = -\sin x$

(3) $(\tan x)' = \sec^2 x$　　(4) $(\cot x)' = -\csc^2 x$

(5) $(\sec x)' = \sec x \tan x$　　(6) $(\csc x)' = -\csc x \cot x$

증명 (1) 도함수 정의를 이용하면

$$(\sin x)' = \lim_{h\to 0}\frac{\sin(x+h)-\sin x}{h}$$

에서 $\sin(x+h)=\sin x\cos h+\cos x\sin h$를 이용하면

$$= \lim_{h\to 0}\frac{\sin x\cos h+\cos x\sin h-\sin x}{h}$$

$$= \lim_{h\to 0}\left(\sin x\frac{\cos h-1}{h}+\cos x\frac{\sin h}{h}\right)$$

$$= \sin x\cdot 0+\cos x\cdot 1=\cos x$$

(2) 도함수 정의를 이용하면

$$(\cos x)' = \lim_{h\to 0}\frac{\cos(x+h)-\cos x}{h}$$

에서 $\cos(x+h)=\cos x\cos h-\sin x\sin h$를 이용하면

$$= \lim_{h\to 0}\frac{\cos x\cos h-\sin x\sin h-\cos x}{h}$$

$$= \lim_{h\to 0}\left(\cos x\frac{\cos h-1}{h}-\sin x\frac{\sin h}{h}\right)$$

$$= \cos x\cdot 0-\sin x\cdot 1=-\sin x$$

(3) $(\tan x)' = \left(\dfrac{\sin x}{\cos x}\right)' = \dfrac{(\sin x)'\cos x-\sin x(\cos x)'}{\cos^2 x}$

$$= \frac{\cos^2 x+\sin^2 x}{\cos^2 x}=\frac{1}{\cos^2 x}=\sec^2 x$$

(4) $(\cot x)' = \left(\dfrac{\cos x}{\sin x}\right)' = \dfrac{(\cos x)'\sin x-\cos x(\sin x)'}{\sin^2 x}$

$$= \frac{-\sin^2 x-\cos^2 x}{\sin^2 x}=\frac{-1}{\sin^2 x}=-\csc^2 x$$

(5) $(\sec x)' = \left(\dfrac{1}{\cos x}\right)' = \dfrac{(1)'\cos x-1(\cos x)'}{\cos^2 x}$

$$= \frac{\sin x}{\cos^2 x}=\frac{1}{\cos x}\cdot\frac{\sin x}{\cos x}=\sec x\tan x$$

$$(6)\ (\csc x)' = \left(\frac{1}{\sin x}\right)' = \frac{(1)'\sin x - 1(\sin x)'}{\sin^2 x}$$

$$= \frac{-\cos x}{\sin^2 x} = -\frac{1}{\sin x}\cdot\frac{\cos x}{\sin x} = -\csc x \cot x$$

**예제 5.5.1**

다음 함수의 도함수를 구하시오.

(1) $y = \sin 4x$ (2) $y = \sin(\sqrt{x} + x)$

**풀이**

합성함수에 대한 연쇄법칙을 이용한다.

(1) $\dfrac{dy}{dx} = \cos 4x\,(4x)' = 4\cos 4x$

(2) $\dfrac{dy}{dx} = \cos(\sqrt{x} + x)(\sqrt{x} + x)' = \cos(\sqrt{x} + x)\left(\dfrac{1}{2\sqrt{x}} + 1\right)$

**예제 5.5.2**

$y = \cos^3 2x$의 도함수를 구하시오.

**풀이**

합성함수에 대한 연쇄법칙을 두 번 적용하여 구한다.

$$\frac{dy}{dx} = 3\cos^2 2x\,(\cos 2x)'$$

$$= 3\cos^2 2x(-\sin 2x)(2x)'$$

$$= -6\cos^2 2x \sin 2x$$

**예제 5.5.3**

다음 함수의 도함수를 구하시오.

(1) $y = \tan\sqrt{x}$ (2) $y = \cot x^2$

(3) $y = \sec(x^2 + x)$ (4) $y = \csc\sqrt{x}$

**풀이**

기본 함수의 도함수에 연쇄법칙을 이용한다.

(1) $\dfrac{dy}{dx} = \sec^2\sqrt{x}(\sqrt{x})' = \dfrac{\sec^2\sqrt{x}}{2\sqrt{x}}$

(2) $\dfrac{dy}{dx} = -\csc^2(x^2)(x^2)' = -2x\csc^2(x^2)$

(3) $\dfrac{dy}{dx} = \sec(x^2+x)\tan(x^2+x)(x^2+x)' = (2x+1)\sec(x^2+x)\tan(x^2+x)$

(4) $\dfrac{dy}{dx} = -\csc\sqrt{x}\cot\sqrt{x}(\sqrt{x})' = -\dfrac{\csc\sqrt{x}\cot\sqrt{x}}{2\sqrt{x}}$

## 역삼각함수의 도함수

역삼각함수의 도함수를 구하는 데는 다음 사실이 이용된다. 즉, $y = f(x)$의 역함수 $x = f^{-1}(y)$의 도함수 $(f^{-1})'(y)$는

$$(f^{-1})'(y) = \frac{dx}{dy} = \frac{1}{\frac{dy}{dx}} = \frac{1}{f'(x)}$$

이다.

**정리 5.5.3**

역삼각함수의 도함수는 다음과 같다.

(1) $(\sin^{-1}x)' = \dfrac{1}{\sqrt{1-x^2}}$, $(|x| < 1)$

(2) $(\cos^{-1}x)' = -\dfrac{1}{\sqrt{1-x^2}}$, $(x < 1)$

(3) $(\tan^{-1}x)' = \dfrac{1}{1+x^2}$, $(-\infty < x < \infty)$

(4) $(\cot^{-1}x)' = -\dfrac{1}{1+x^2}$, $(-\infty < x < \infty)$

(5) $(\sec^{-1}x)' = \dfrac{1}{|x|\sqrt{x^2-1}}$, $(x>1)$

(6) $(\csc^{-1}x)' = -\dfrac{1}{|x|\sqrt{x^2-1}}$, $(x>1)$

**증명** (1) $y=\sin^{-1}x$라 하면 $x=\sin y$이고 역함수의 도함수에 의하여

$$\frac{dy}{dx}=\frac{1}{\frac{dx}{dy}}=\frac{1}{\cos y}$$

이다. 한편 $-\frac{\pi}{2}<y<\frac{\pi}{2}$이므로 $\cos y>0$이고

$\cos y=\sqrt{1-\sin^2 y}=\sqrt{1-x^2}$ 이다. 따라서

$$\frac{dy}{dx}=\frac{1}{\sqrt{1-x^2}} \quad (|x|<1)$$

이다.

(2) $y=\cos^{-1}x$라 하면 $x=\cos y$이고 역함수의 도함수에 의하여

$$\frac{dy}{dx}=\frac{1}{\frac{dx}{dy}}=-\frac{1}{\sin y}$$

이다. 한편 $0<y<\pi$이므로 $\sin y>0$이고

$\sin y=\sqrt{1-\cos^2 y}=\sqrt{1-x^2}$ 이다. 따라서

$$\frac{dy}{dx}=-\frac{1}{\sqrt{1-x^2}} \quad (|x|<1)$$

이다.

(3) $y=\tan^{-1}x$라 하면 $x=\tan y$이고 역함수의 도함수에 의하여

$$\frac{dy}{dx}=\frac{1}{\frac{dx}{dy}}=\frac{1}{\sec^2 y}$$

이다. 한편 $\sec^2 y = 1 + \tan^2 y = 1 + x^2$이므로

$$\frac{dy}{dx} = \frac{1}{1+x^2} \quad (-\infty < x < \infty)$$

이다.

(4) $y = \cot^{-1} x$라 하면 $x = \cot y$이고 역함수의 도함수에 의하여

$$\frac{dy}{dx} = \frac{1}{\frac{dx}{dy}} = \frac{1}{-\csc^2 y}$$

이다. 한편 $\csc^2 y = 1 + \cot^2 y = 1 + x^2$이므로

$$\frac{dy}{dx} = -\frac{1}{1+x^2} \quad (-\infty < x < \infty)$$

이다.

(5) $y = \sec^{-1} x$라 하면 $x = \sec y$이고 역함수의 도함수에 의하여

$$\frac{dy}{dx} = \frac{1}{\frac{dx}{dy}} = \frac{1}{\sec y \tan y}$$

이다. 한편 $\tan^2 y = \sec^2 y - 1$이고 $\tan y = \sqrt{\sec^2 y - 1}$이므로

$$\frac{dy}{dx} = \frac{1}{|x|\sqrt{x^2-1}} \quad (x > 1)$$

이다.

(6) $y = \csc^{-1} x$라 하면 $x = \csc y$이고 역함수의 도함수에 의하여

$$\frac{dy}{dx} = \frac{1}{\frac{dx}{dy}} = \frac{1}{-\csc y \cot y}$$

이다. 한편 $\cot^2 y = \csc^2 y - 1$이고 $\cot y = \sqrt{\csc^2 y - 1}$이므로

$$\frac{dy}{dx} = -\frac{1}{|x|\sqrt{x^2-1}} \quad (x > 1)$$

이다.

### 예제 5.5.4

다음 함수의 도함수를 구하시오.

(1) $y = \sin^{-1}(1-x)$　　(2) $y = \cos^{-1}(x^2)$

(3) $y = \tan^{-1}(\sqrt{x})$　　(4) $y = \sec^{-1}(-2x)$

**풀이**

(1) $y' = \dfrac{1}{\sqrt{1-(1-x)^2}}(1-x)' = -\dfrac{1}{\sqrt{2x-x^2}}$

(2) $y' = -\dfrac{1}{\sqrt{1-(x^2)^2}}(x^2)' = -\dfrac{2x}{\sqrt{1-x^4}}$

(3) $y' = \dfrac{1}{1+(\sqrt{x})^2}(\sqrt{x})' = \dfrac{1}{2\sqrt{x}(1+x)}$

(4) $y' = \dfrac{1}{|-2x|\sqrt{(-2x)^2-1}}(-2x)' = -\dfrac{1}{|x|\sqrt{4x^2-1}}$

## 연습문제 5.5

**01** 다음 함수의 도함수를 구하시오.

(1) $f(x) = 2\sin x - 3\cos x$ (2) $f(x) = \sin^2 x + \cos x$

(3) $f(x) = x\sin x$ (4) $f(x) = \tan x \csc x$

(5) $f(x) = \dfrac{\tan x}{1 + \sec x}$ (6) $f(x) = \sec x - \tan x$

(7) $f(x) = \dfrac{\sec x}{\cot x}$ (8) $f(x) = \dfrac{1}{\tan x}$

**02** 다음 함수의 도함수를 구하시오.

(1) $y = \cos(x^2 + 2x)$ (2) $y = \sin(2 - 3x)$

(3) $y = \sin(\tan x)$ (4) $y = \cos^2 \sqrt{3x}$

(5) $y = \sin^2(2x + 3)$ (6) $y = \tan^2(1 + x^2)$

**03** 다음 함수의 도함수를 구하시오.

(1) $y = \sin^{-1}(x^2)$ (2) $y = \cos^{-1}(1 - x)$

(3) $y = (x^2 - 1)\sin^{-1}\sqrt{x}$ (4) $y = x\cos^{-1}\sqrt{x}$

(5) $y = x\tan^{-1}(3x)$ (6) $y = \dfrac{1}{\sin^{-1} x}$

**04** 다음 함수의 도함수를 구하시오.

(1) $f(x) = \sec^{-1}\dfrac{1}{x}$ (2) $f(x) = \cot^{-1}(2x + 1)$

(3) $f(x) = \sec^{-1}\sqrt{x}$ (4) $f(x) = x^2\sec^{-1}(2x + 1)$

**05** 주어진 점에서 다음 함수의 접선 방정식을 구하시오.

(1) $y = \cos x$, $x = \dfrac{\pi}{3}$ (2) $y = \tan x$, $x = -\dfrac{\pi}{4}$

CHAPTER

06

# 미분의 응용

## 6.1 최댓값과 최솟값

도함수가 응용되는 중요한 문제 중의 하나는 어떤 문제에서 가장 좋은 방법을 찾는 최적화 문제이다. 이러한 최적화 문제의 대부분은 어떤 주어진 함수에서 최댓값 또는 최솟값을 갖는 문제이다. 주어진 함수 $f(x)$에서의 최댓값, 최솟값에 대한 정의는 다음과 같다.

**정의 6.1.1 최댓값과 최솟값**

함수 $f(x)$가 정의역 $D$에서 정의되고 $c \in D$일 때 모든 $x \in D$에 대하여

(1) $f(x) \leq f(c)$ 이면 $f(x)$는 $x = c$에서 최댓값(maximum value) $f(c)$를 갖는다고 한다.

(2) $f(c) \leq f(x)$ 이면 $f(x)$는 $x = c$에서 최솟값(minimum value) $f(c)$를 갖는다고 한다.

**정의 6.1.2 극댓값과 극솟값**

함수 $f(x)$가 정의역 $D$에서 정의되고 $c \in D$일 때 $c$를 포함하는 어떤 개구간 $(\alpha, \beta)$가 존재하여 모든 $x \in (\alpha, \beta)$에 대하여

(1) $f(x) \leq f(c)$ 이면 $f(x)$는 $x = c$에서 극댓값(local maximum value) $f(c)$를 갖는다고 한다.

(2) $f(c) \leq f(x)$ 이면 $f(x)$는 $x = c$에서 극솟값(local minimum value) $f(c)$를 갖는다고 한다.

(3) $f(c)$가 극댓값 또는 극솟값일 때 $f(c)$를 극값(extreme value)이라 한다.

최댓값 또는 최솟값은 당연히 극댓값 또는 극솟값이 되지만 일반적으로 그 역은 성립하지 않는다. 정의를 살펴보면 극값 중에서 가장 작은 값이 최솟값이 되고 극값 중에서 가장 큰 값이 최댓값이 됨을 알 수 있다. 즉, 최댓값과 최솟값을 구하는 문제는 극값을 구하는 문제가 된다. 이러한 극값을 가질 수 있는 점들은 다음 세가지 경우로

나눌 수 있다.

(1) 정의역의 끝점

(2) 끝점이 아니면서 미분가능하지 않는 점

(3) 끝점이 아니면서 미분가능한 점

**정의 6.1.3 정점, 특이점, 임계점**

함수 $f(x)$가 폐구간 $[a,b]$에서 정의 되었을 때

(1) $f'(x)=0$인 점 $c\in(a,b)$를 $f(x)$의 정점(stationary point)이라 한다.

(2) 구간의 끝점이 아닌 점으로서 도함수가 존재하지 않는 점을 $f(x)$의 특이점(singular point)이라 한다.

(3) 정점과 특이점, 끝점을 합쳐서 임계점(critical point)이라 한다.

즉, 임계점 = {정점, 특이점, 끝점}

먼저 끝점이 아니면서 미분가능한 점에서 극값을 구하는 방법을 알아보자.

함수 $f(x)$가 폐구간 $[a,b]$위에서 연속이고 $a$와 $b$가 아닌 점 $c$에서 극값을 갖고 또 $c$에서 미분가능하다고 가정하자. 그러면 $c$에서 $f(x)$의 도함수 $f'(c)$는 점 $(c,f(c))$에서 함수 $y=f(x)$의 접선의 기울기와 같으므로 그림과 같이 $f'(c)=0$이 된다.

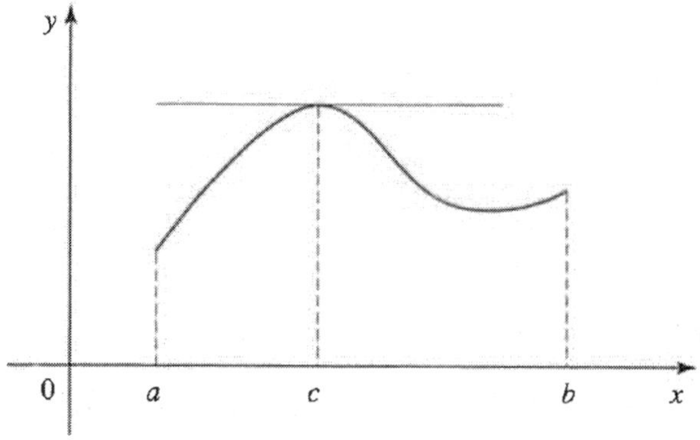

**정리 6.1.1**

함수 $f(x)$가 구간 $[a, b]$에서 연속이고 끝점이 아닌 점 $c \in (a, b)$에서 극값을 가지면 $f'(c)$가 존재하고 $f'(c) = 0$이다.

**증명** 함수 $f(x)$가 $x = c$에서 극댓값을 갖는다고 가정하면, $c$ 근방의 모든 $x$에 대하여 $f(x) \le f(c)$이다. 가정에서

$$f'(c) = \lim_{x \to c} \frac{f(x) - f(c)}{x - c}$$

가 존재한다. 그런데

$$f'_{-}(c) = \lim_{x \to c^-} \frac{f(x) - f(c)}{x - c} \ge 0, \quad f'_{+}(c) = \lim_{x \to c^+} \frac{f(x) - f(c)}{x - c} \le 0$$

이므로

$$f'(c) = f'_{-}(c) = f'_{+}(c) = 0$$

이 됨을 알 수 있다. 즉 $x = c$에서 $f'(c) = 0$이다. 같은 방법으로 $x = c$에서 극솟값을 갖는 경우도 증명 된다.

**예제 6.1.1**

$f(x) = -x^2 + 2x + 1, \ x \in [0, 2]$일 때 최댓값과 최솟값을 구하시오.

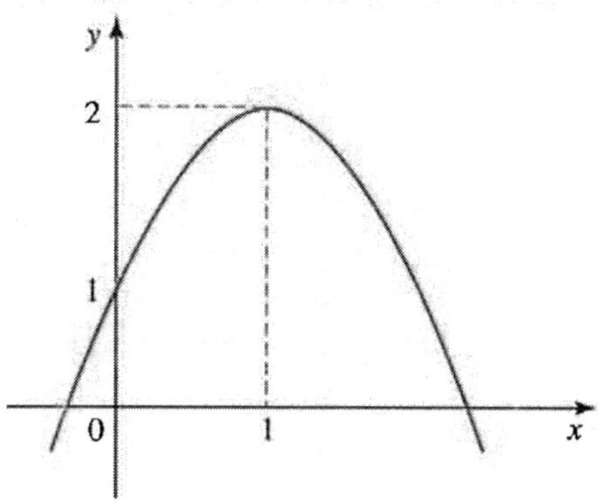

**풀이**

함수 $f(x)$는 $[0, 2]$에서 연속이고, $(0, 2)$에서 미분가능하고 그 도함수는 $f'(x) = -2x + 2$이다. 따라서 임계점은 끝점 $x = 0, 2$인 점과 $f'(x) = 0$인 $x = 1$인 점이다. 임계점의 함숫값은 $f(0) = 1$, $f(2) = 1$, $f(1) = 2$이다. 그러므로 최댓값은 2이고, 최솟값은 1이다.

**예제 6.1.2**

$f(x) = |x|$의 최솟값을 구하시오.

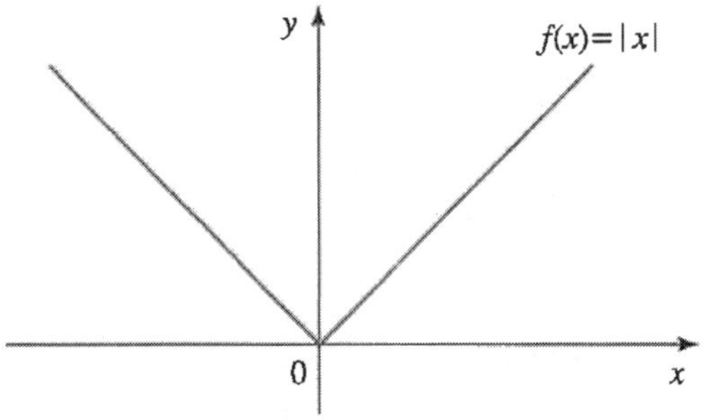


**풀이**

함수 $f(x)$는 $x > 0$이면 $f'(x) = 1$, $x < 0$이면 $f'(x) = -1$이고 $x = 0$에서 미분 불가능하다. 하지만 $x = 0$에서 최솟값 $f(0) = 0$을 갖는다.

**예제 6.1.3**

$f(x) = x^3$, $x \in [-1, 1]$일 때, 최댓값과 최솟값을 구하시오.

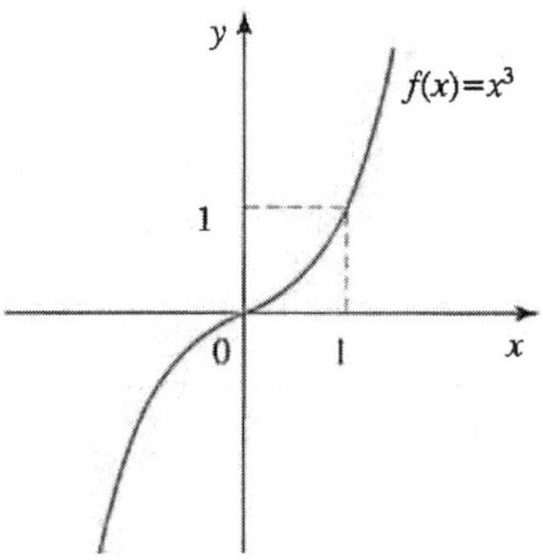

**풀이**

함수 $f(x)$는 $[-1, 1]$에서 연속이고 끝점의 함숫값은 $f(1)=1$, $f(-1)=-1$이다. $f'(x)=3x^2$이고 $f'(x)=0$인 $x=0$이고 $0\in(-1,1)$이지만 $x=0$에서 극값을 갖지 못한다. 그러므로 최댓값은 $f(1)=1$이고, 최솟값은 $f(-1)=-1$이다.

---

**예제 6.1.4**

$f(x)=|2-x^2|$, $x\in[-2,3]$일 때, 극댓값, 극솟값, 최댓값, 최솟값을 구하시오.

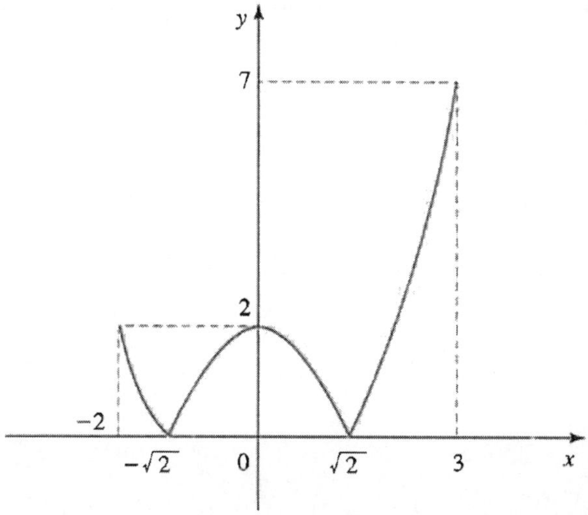


**풀이**

$$f(x)=\begin{cases} 2-x^2, & (-\sqrt{2}\le x\le\sqrt{2}) \\ x^2-2, & (x>\sqrt{2}, x<-\sqrt{2}) \end{cases}$$

이고

$$f'(x)=\begin{cases} -2x, & (-\sqrt{2}\le x\le\sqrt{2}) \\ 2x, & (x>\sqrt{2}, x<-\sqrt{2}) \end{cases}$$

이다. 따라서 임계점을 구하면 다음과 같다.

(1) 끝점 : $x=-2, 3$

(2) 정점 : $x=0$

(3) 특이점 : $x=-\sqrt{2}, \sqrt{2}$

즉, 극댓값은 $f(-2)=2$, $f(0)=2$, $f(3)=7$이고, 극솟값은 $f(-\sqrt{2})=0$, $f(\sqrt{2})=0$이다. 최댓값은 7이고, 최솟값은 0이다.

**예제 6.1.5**

$f(x)=2x^3-6x+1$, $x\in[0,2]$ 일 때, 최댓값과 최솟값을 구하시오.

**풀이**

$f(x)$는 $[0,2]$에서 연속이고, $(0,2)$에서 미분가능하고 그 도함수는

$$f'(x)=6x^2-6$$

이다. 따라서 임계점은 끝점인 $x=0,2$와 $f'(x)=0$인 $x=1$이고 임계점의 함숫값은 $f(0)=1$, $f(2)=5$, $f(1)=-3$이다. 따라서 최댓값은 5이고, 최솟값은 $-3$이다.

## 연습문제 6.1

01 다음 함수들이 각각 주어진 구간에 속하는 $x$에 대하여 최댓값과 최솟값의 존재 여부를 확인하고, 존재하면 그 값을 구하시오.

(1) $f(x)=x^3$, $[2, 4]$  (2) $f(x)=x^4$, $(1, 2)$

(3) $f(x)=2-x^2$, $(-1, 1)$  (4) $f(x)=2+x^2$, $(-1, 1)$

02 다음 주어진 구간에서 각 함수의 최댓값과 최솟값을 구하시오.

(1) $f(x)=|x|+2$, $-2 \le x \le 1$

(2) $f(x)=\begin{cases} x^2+1, & -1 \le x < 0 \\ 1-x^2, & 0 \le x \le 1 \end{cases}$

(3) $f(x)=\sqrt{10-x^2}$, $-1 \le x \le 2$

03 $f(x)=x^3+3x^2+2$가 $\left[-\frac{1}{3}, 3\right]$에서 정의되었을 때, $f(x)$의 임계점을 모두 구하고 최댓값과 최솟값을 구하시오.

04 구간 $[-5, 10]$에서 함수 $f(x)=|x-5|+|x+2|$의 최댓값과 최솟값을 구하시오.

05 함수 $f(x)=\frac{1}{2}(\sin x+\cos x)$, $0 \le x \le 2\pi$의 최댓값과 최솟값을 구하시오.

06 합이 30이고 곱이 최대가 되는 두 양의 정수를 구하시오.

## 6.2 평균값 정리

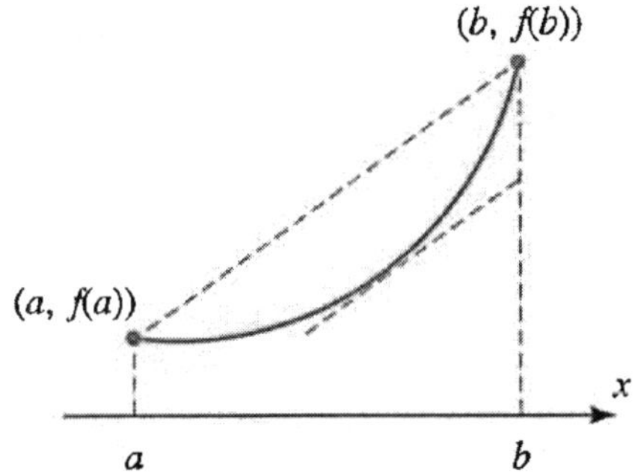


함수 $y=f(x)$의 구간 $[a,b]$에서 평균변화율은

$$\frac{f(b)-f(a)}{b-a}$$

이다. 이는 기하학적으로 $y=f(x)$의 그래프 위의 두 점 $(a,f(a))$, $(b,f(b))$를 지나는 직선의 기울기이다. 이 절에서는 $f(x)$가 $[a,b]$에서 연속이고 $(a,b)$에서 미분가능할 때 위의 평균값을 미분계수로 가지는 점의 존재를 보이며, 이것을 평균값 정리라 부른다. 이 정리는 미적분학의 여러 중요한 성질의 기초가 된다.

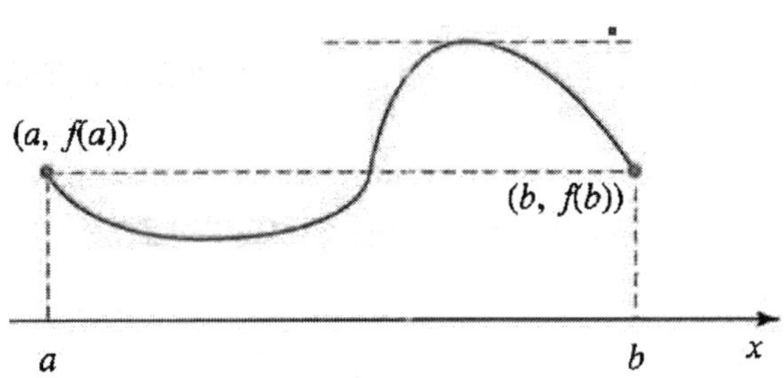

**정리 6.2.1 롤(Rolle)의 정리**

함수 $y=f(x)$가
(1) 폐구간 $[a,b]$에서 연속이고
(2) 개구간 $(a,b)$에서 미분가능하고
(3) $f(a)=f(b)$이면
$f'(c)=0$이 되는 점 $c$가 $(a,b)$안에 적어도 하나 존재한다.

**증명** (i) $f(x)$가 상수함수인 경우 : 이 때 $a$와 $b$사이의 모든 $x$에 대하여 $f'(x)=0$이므로 $f'(c)=0$인 점 $c$는 무수히 많다.

(ii) $f(x)$가 상수함수가 아닌 경우 : 함수 $f(x)$가 폐구간 $[a,b]$에서 연속이므로 최댓값과 최솟값을 갖는다. $f(x)$는 상수함수가 아니므로 최댓값과 최솟값이 동시에 양 끝점에서의 값이 될 수 없다. 만약 최댓값 $f(c)$가 $f(a)$가 아니라면 $a<c<b$이다. 함수 $f(x)$는 $(a,b)$에서 미분가능하므로 $f'(c)=0$이다.

**예제 6.2.1**

구간 $[0,2]$에서 함수 $f(x)=x^3-4x$가 롤의 정리를 만족하는지 보이시오.

**풀이**

$f(x)=x^3-4x$는 $[0,2]$에서 연속이고 $(0,2)$에서 미분가능하며 $f(0)=f(2)$이다. 따라서 $f(x)$는 롤의 정리의 가정을 모두 만족하므로 $f'(c)=0$이 되는 $c$가 0과 2사이에 존재한다. $f(x)$의 도함수는

$$f'(x)=3x^2-4$$

이고 $f'(c)=0$인 $c\in(0,2)$는 $\dfrac{2}{\sqrt{3}}$이다.

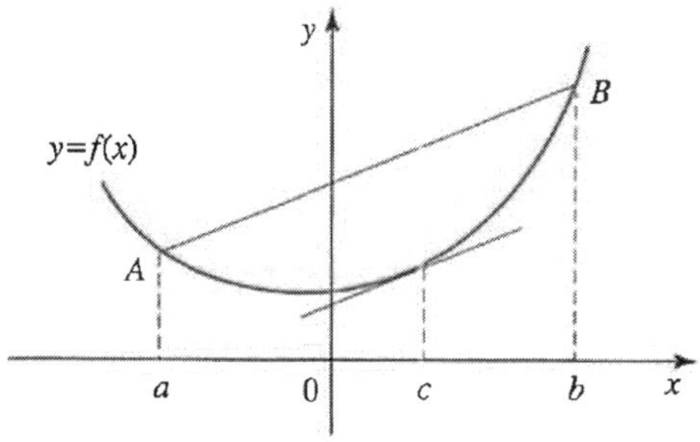

(a)

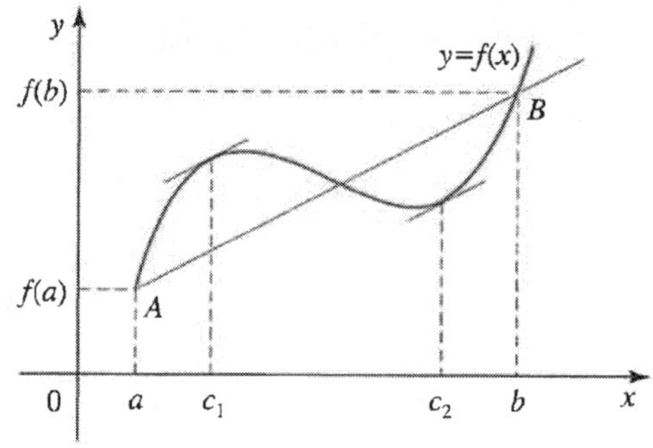

(b)

그림 (a)는 구간 $(a, b)$에서 미분가능한 함수 $f(x)$의 끝점 $A(a, f(a))$, $B(b, f(b))$를 연결하는 선분 $\overline{AB}$에 평행한 접선이 점 $(c, f(c))$에서 나타남을 보여준다. 또한 그림 (b)는 평행한 접선이 여러 점에서 나타남을 보여준다. 이러한 현상은 롤의 정리를 일반화한 것이며 평균값 정리(mean value theorem)라 한다. 이를 구체적으로 알아보도록 하자.

**정리 6.2.2 평균값 정리**

$y = f(x)$가 폐구간 $[a, b]$에서 연속이고, 개구간 $(a, b)$에서 미분가능하면, $a$와 $b$사이에 다음을 만족하는 $c$가 적어도 하나 존재한다.

$$\frac{f(b) - f(a)}{b - a} = f'(c)$$

**증명**

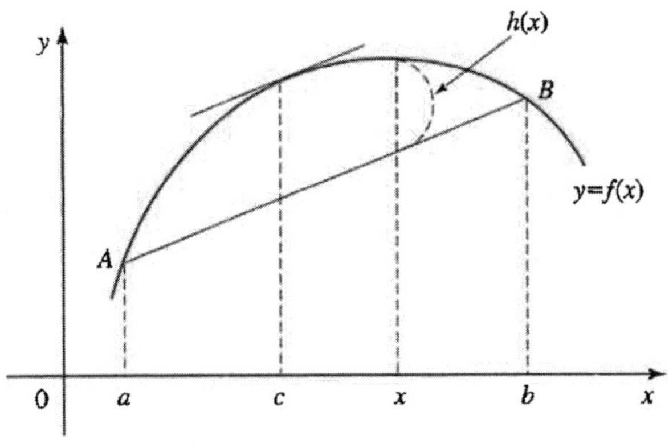

점 $A(a, f(a))$와 점 $B(b, f(b))$를 지나는 직선의 방정식은

$$y - f(a) = \frac{f(b) - f(a)}{b - a}(x - a)$$

즉,

$$y = \frac{f(b) - f(a)}{b - a}(x - a) + f(a)$$

이다. 이제 폐구간 $[a, b]$ 위에서 새로운 함수 $h(x)$를

$$h(x) = f(x) - \frac{f(b) - f(a)}{b - a}(x - a) - f(a)$$

로 정의하면 $h(x)$는

(1) 폐구간 $[a, b]$에서 연속이고

(2) 개구간 $(a, b)$에서 미분가능하며

(3) $h(a) = h(b)$이다.

따라서, 롤의 정리에 의하여 $h'(c) = 0$인 $c \in (a, b)$가 존재한다. 그런데

$$h'(c) = f'(c) - \frac{f(b) - f(a)}{b - a}$$

이므로

$$f'(c) = \frac{f(b) - f(a)}{b - a}$$

인 $c$가 $(a, b)$안에 존재한다.

**예제 6.2.2**

$f(x) = \sqrt{x}$가 $[0, 1]$에서 정의되었을 때, 평균값 정리를 만족하는 $c$를 구하시오.

**풀이**

$f(x) = \sqrt{x}$는 $[0, 1]$에서 연속이고, $(0, 1)$에서 미분가능하다. 따라서 평균값 정리에 의하여

$$\frac{f(1) - f(0)}{1 - 0} = f'(c)$$

가 되는 $c$가 $(0, 1)$안에 존재한다. $f(x)$의 도함수는

$$f'(x) = \frac{1}{2\sqrt{x}}$$

이다. 따라서

$$f'(c) = \frac{1}{2\sqrt{c}} = 1$$

인 $c$가 $(0, 1)$안에 존재하며 $c = \frac{1}{4}$이다.

---

**예제 6.2.3**

함수 $f(x) = x^2$이 구간 $[-1, 2]$에서 평균값 정리를 만족함을 보이고, 평균값 정리를 만족하는 점 $c$를 구하시오.

**풀이**

$f(x) = x^2$은 $[-1, 2]$에서 연속이고 $(-1, 2)$에서 미분가능이다. 따라서 평균값 정리에 의하여 다음을 만족하는 점 $c \in (-1, 2)$가 적어도 하나 존재한다. 즉

$$\frac{f(2) - f(-1)}{2 - (-1)} = f'(c)$$

$$c = \frac{1}{2}$$

---

**예제 6.2.4**

함수 $f(x) = \frac{1}{2}x^{\frac{2}{3}}$는 폐구간 $[-8, 27]$에서 평균값 정리가 성립하지 않는 이유를 설명하시오.

**풀이**

함수 $f$는 폐구간 $[-8, 27]$에서 연속이다. 도함수 $f'(x) = \frac{1}{3\sqrt[3]{x}}$이므로 $x = 0$에서 미분불가능하고 폐구간 $[-8, 27]$에서 평균값 정리의 가정을 만족하지 않는다. 따라서

$$\frac{f(8) - f(-1)}{8 - (-1)} = f'(c)$$

인 점 $c \in (-8, 27)$이 존재할 수도 있고 존재하지 않을 수도 있다. 실제로 위 방정식에서 $c$를 구하여 보면

$$\frac{1}{3\sqrt[3]{c}} = \frac{1}{14}$$

$$c = \left(\frac{14}{3}\right)^3 \fallingdotseq 101.6$$

이므로 $c \notin (-8, 27)$이다. 따라서 평균값 정리를 만족하는 $c$가 존재하지 않는다.

---

평균값 정리를 이용하면 $f'(x) = 0$인 함수 $f(x)$는 상수함수임을 알 수 있다.

**정리 6.2.3 도함수와 상수함수**

함수 $y = f(x)$가
(1) 폐구간 $[a, b]$에서 연속이고
(2) 개구간 $(a, b)$내의 모든 $x$에 대하여 $f'(x) = 0$이면
$f(x)$는 상수함수이다.

**증명** $x_1, x_2$ $(a \le x_1 < x_2 \le b)$를 $[a, b]$내의 임의의 두 점이라 하자. 그러면 $[x_1, x_2]$에서 정의되는 함수 $f(x)$는 평균값 정리의 가정을 모두 만족시킨다. 따라서 평균값 정리에 의하여

$$\frac{f(x_2) - f(x_1)}{x_2 - x_1} = f'(c)$$

인 $c$가 $x_1$과 $x_2$ 사이에 존재한다. 그런데 $(a, b)$ 사이의 모든 $x$에 대한 도함수가 0이므로 $f'(c) = 0$이다. 따라서

$$f(x_2) - f(x_1) = 0$$

이다. 즉, $f(x)$는 $[a, b]$내의 임의의 두 점에서 그 함숫값이 같으므로 $f(x)$는 $[a, b]$에서 상수함수이다.

**정리 6.2.4**

함수 $y=f(x)$가

(1) 폐구간 $[a,b]$에서 연속이고

(2) 개구간 $(a,b)$내의 모든 $x$에 대하여 $f'(x)=g'(x)$이면

$[a,b]$내의 모든 $x$에 대하여

$$f(x)=g(x)+c$$

이다. 단, $c$는 적당한 상수이다.

**증명** $h(x)=f(x)-g(x)$라 두면 $(a,b)$내의 모든 $x$에 대하여

$$h'(x)=f'(x)-g'(x)=0$$

이다. 따라서 $h(x)$는 상수함수이다. 즉,

$$h(x)=f(x)-g(x)=c,\quad x\in[a,b]$$

그러므로

$$f(x)=g(x)+c$$

이다.

## 연습문제 6.2

**01** 다음 함수에서 롤의 정리를 만족함을 보이고, 그 정리를 만족하는 점 $c$를 구하시오.

(1) $f(x)=x^2-6x+8,\ [2,4]$ (2) $f(x)=x^3-3x^2+2x,\ [0,2]$

(3) $f(x)=\cos x,\ \left[\frac{\pi}{2}, \frac{3\pi}{2}\right]$ (4) $f(x)=\frac{x^2-1}{x-2},\ [-1,1]$

**02** 다음 함수에서 평균값 정리를 만족하는지 보이시오.

(1) $f(x)=x^{\frac{2}{3}},\ [-1,8]$ (2) $f(x)=\sqrt{x(1-x)},\ [0,1]$

(3) $f(x)=x^3+1,\ [1,3]$ (4) $f(x)=\sin x,\ \left[0, \frac{\pi}{2}\right]$

**03** 다음 함수에서 구간 $[0,2]$ 위에서 평균값 정리의 가정을 만족하기 위한 $a, m, b$의 값을 구하시오.

$$f(x)=\begin{cases} 3 &, \ x=0 \\ -x^2+3x+a &, \ 0<x<1 \\ mx+b &, \ 1 \le x \le 2 \end{cases}$$

**04** 주어진 구간에서 함수 $f(x)$는 평균값 정리를 만족함을 보이고, 그 정리를 만족하는 점 $c$를 구하시오.

(1) $f(x)=x^2+x,\ [-4,6]$ (2) $f(x)=x^3+x-4,\ [-1,2]$

(3) $f(x)=x^2+2x-1,\ [0,1]$ (4) $f(x)=\sqrt{x-1},\ [1,3]$

(5) $f(x)=\sqrt{x+1},\ [0,3]$ (6) $f(x)=x+\frac{1}{x},\ [3,4]$

**05** 함수 $f(x)$는 모든 $x$에서 $f'(x)=0$이고 $f(0)=3$이라 하자. 그러면 모든 $x$에서 $f(x)=3$임을 보이시오.

**06** 평균값 정리를 이용하여 두 실수 $a$, $b$에 대하여 $|\cos b-\cos a| \le |b-a|$임을 보이시오.

## 6.3 함수의 증감과 일계도함수

함수의 그래프를 그리려면 주어진 구간에서 함수가 증가하는지 감소하는지, 오목한지 볼록한지를 아는 것이 필요하다. 이 절에서는 함수의 증가, 감소 여부를 판정하는 법과 이것을 이용해 극댓값, 극솟값을 구하는 법에 대하여 알아보자.

먼저 주어진 구간에서 함수가 증가하고 감소하는 것의 정의를 알아 보도록 하자.

**정의 6.3.1 증가, 감소 및 단조성 함수**

함수 $f: I \to R$ 가 구간 $I$ 내의 모든 $x_1, x_2 (x_1 < x_2)$에 대하여 $f(x_1) < f(x_2)$ 이면 $f(x)$는 구간 $I$에서 **증가**한다고 하면, $f(x_1) > f(x_2)$ 이면 $f(x)$는 구간 $I$에서 **감소**한다고 한다. $f(x)$가 구간 $I$에서 증가하거나 또는 감소할 때 $f(x)$는 구간 $I$에서 **단조함수**(monotone function)라 한다.

예를 들어 $f(x) = x^2$은 $(-\infty, 0]$에서 감소하고, $[0, \infty)$에서 증가하는 함수이다.

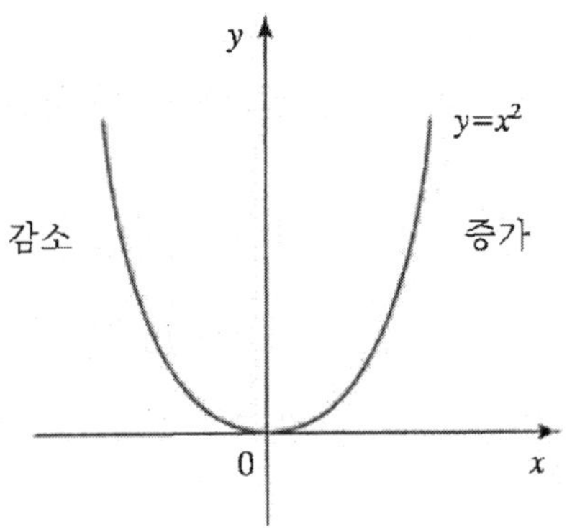


다음 정리는 일차 도함수를 이용하여 함수 $f(x)$의 증가, 감소를 판별하는 방법을 설명한다.

**정리 6.3.1 함수의 증가와 감소 판별**

함수 $f(x)$가 $[a, b]$에서 연속이고, $(a, b)$에서 미분가능할 때

(1) 모든 $x \in (a, b)$에 대하여 $f'(x) > 0$이면 $f(x)$는 구간 $[a, b]$에서 증가한다.
(2) 모든 $x \in (a, b)$에 대하여 $f'(x) < 0$이면 $f(x)$는 구간 $[a, b]$에서 감소한다.

**증명** (1) 구간 $[a, b]$ 내의 임의의 두 점을 $x_1, x_2 (x_1 < x_2)$라 하면 함수 $f(x)$는 구간 $[x_1, x_2]$에서 평균값 정리의 모든 가정을 만족시킨다. 평균값 정리를 적용하면 $(x_1, x_2)$내의 어떤 점 $c$에 대하여

$$\frac{f(x_2) - f(x_1)}{x_2 - x_1} = f'(c)$$

를 만족시킨다. $f'(x) > 0$, $x \in (a, b)$이면

$$f(x_2) - f(x_1) = (x_2 - x_1) f'(x) > 0$$

이다. 즉, 구간 $[a, b]$ 내의 임의의 두 점 $x_1$, $x_2 (x_1 < x_2)$에 대하여

$$f(x_1) < f(x_2)$$

이므로 $f(x)$는 구간 $[a, b]$에서 증가한다.

(2)도 마찬가지 방법으로 증명된다.

**예제 6.3.1**

$f(x) = 2x^3 + 3x^2 - 12x + 3$일 때 $f(x)$가 증가 또는 감소하는 구간을 구하시오.

**풀이**

함수 $f(x)$의 도함수 $f'(x)$를 구하면

$$f'(x) = 6x^2 + 6x - 12 = 6(x-1)(x+2)$$

이다. 따라서 $f'(x)$는

$$\begin{cases} x < -2, \ x > 1 : f'(x) > 0 \\ -2 < x < 1 \quad : f'(x) < 0 \end{cases}$$

이다. 그러므로 $(-\infty, -2)$ 또는 $(1, \infty)$에서 $f(x)$는 증가하고 구간 $(-2, 1)$에서 $f(x)$는 감소한다. 이것을 다음과 같이 표로 나타내면 편리하다.

| $x$ | $x<-2$ | $-2$ | $-2<x<1$ | $1$ | $1<x$ |
|---|---|---|---|---|---|
| $f'(x)$ | $+$ | $0$ | $-$ | $0$ | $+$ |
| $f(x)$ | ↗ | 극대 | ↘ | 극소 | ↗ |

**예제 6.3.2**

구간 $[0, 1]$에서 $x \geq \sin x$임을 보이시오.

**풀이**

$f(x) = x - \sin x$라 두면 $f'(x) = 1 - \cos x$이다. 그런데 $-1 \leq \cos x \leq 1$이므로 주어진 구간에서 $f'(x) \geq 0$이다. 즉, $f(x)$는 구간 $[0, 1]$에서 단조 증가한다. 한편, $f(0) = 0 - \cos 0 = 0$이므로 $f(x) \geq 0$이다. 그러므로 구간 $[0, 1]$에서 $x \geq \sin x$이다.

함수 $f(x)$가 $x = c$에서 극값을 가지면 $x = c$는 $f(x)$의 임계점이다. 그러나 모든 임계점에서 $f(x)$가 극값을 갖는 것은 아니다. 다음 정리는 주어진 임계점에서 극값을 갖는지 여부를 판정한다.

**정리 6.3.2 일계 도함수에 의한 극값 판정법**

함수 $f(x)$가 구간 $(a, b)$에서 미분가능하고, 점 $c \in (a, b)$에서 $f'(c) = 0$이라 할 때 다음이 성립한다.

(1) $x = c$의 좌우에서 $f'(x)$의 부호가 양$(+)$에서 음$(-)$으로 변하면 $f(x)$는 $x = c$에서 극대가 된다. 이때 $f(c)$를 **극댓값**, 점 $(c, f(c))$를 **극댓점**이라 한다.

(2) $x = c$의 좌우에서 $f'(x)$의 부호가 음$(-)$에서 양$(+)$으로 변하면 $f(x)$는 $x = c$에서 극소가 된다. 이때 $f(c)$를 **극솟값**, 점 $(c, f(c))$를 **극솟점**이라 한다.

극댓값과 극솟값을 통틀어 **극값**이라고 한다.

**증명** (1) 점 $c$의 왼쪽, 즉 $(c-\delta, c)$에서 $f'(x) > 0$이므로 $f(x)$는 $(c-\delta, c)$에서 증가한다. 따라서 모든 $x \in (c-\delta, c)$에 대하여

$$f(c) \geq f(x)$$

이다. 또한 점 $c$의 오른쪽, 즉 $(c, c+\delta)$에서 $f'(x) < 0$이므로 $f(x)$는 $(c, c+\delta)$에서 감소한다. 따라서 모든 $x \in (c, c+\delta)$에 대하여

$$f(c) \geq f(x)$$

이다. 따라서 점 $c$의 좌우, 즉 $(c-\delta,\ c+\delta)$에서

$$f(c) \geq f(x)$$

이다. 그러므로 $f(x)$는 $x=c$에서 극댓값 $f(c)$를 갖는다.

(2)의 증명도 (1)과 유사하다.

### 예제 6.3.3

$f(x) = 2x^3 + 3x^2 + 2$의 극값을 구하시오.

**풀이**

함수 $f(x)$는 다항식이므로 전 구간에서 연속이고 미분가능하다. 또한

$$f'(x) = 6x^2 + 6x = 6x(x+1)$$

이다. 따라서 $f'(x)$는

$$\begin{cases} x < -1,\ x > 0 : f'(x) > 0 \\ -1 < x < 0 \quad : f'(x) < 0 \end{cases}$$

이다. $f(x)$의 임계점은 $x = 0, -1$이고 $x = -1$일 때 극댓값 $f(-1) = 3$을 갖고, $x = 0$에서 극솟값 $f(0) = 2$를 갖는다. 이것을 다음과 같이 표로 나타내면 편리하다.

| $x$ | $x<-1$ | $-1$ | $-1<x<0$ | $0$ | $0<x$ |
|---|---|---|---|---|---|
| $f'(x)$ | $+$ | $0$ | $-$ | $0$ | $+$ |
| $f(x)$ | ↗ | 극대 | ↘ | 극소 | ↗ |

**예제 6.3.4**

함수 $f(x)=\dfrac{2x-1}{x^2+2}$의 극값을 구하시오.

**풀이**

함수 $f(x)$는 유리함수이고 분모$\neq 0$이므로 전 구간에서 연속이고 미분가능하다. 또한

$$f'(x)=\frac{2(x^2+2)-(2x-1)(2x)}{(x^2+2)^2}=\frac{-2(x-2)(x+1)}{(x^2+2)^2}$$

이다. $f(x)$의 임계점은 $x=-1, 2$이고 표로 정리하면 다음과 같다.

| $x$ | $\cdots$ | $-1$ | $\cdots$ | $2$ | $\cdots$ |
|---|---|---|---|---|---|
| $f'(x)$ | $-$ | $0$ | $+$ | $0$ | $-$ |
| $f(x)$ | ↘ | 극소 | ↗ | 극대 | ↘ |

따라서 $x=-1$일 때 극솟값 $f(-1)=-1$을 갖고, $x=2$에서 극댓값 $f(2)=\dfrac{1}{2}$을 갖는다.

## 연습문제 6.3

**01** 다음 주어진 함수에 대하여 증가, 감소하는 구간을 구하고 극댓값과 극솟값을 구하시오.

(1) $f(x)=2-2x-x^2$

(2) $f(x)=x^3-x+5$

(3) $f(x)=x^4-4x^3-8x^2+1$

(4) $f(x)=-2x^3+3x^2+12x$

(5) $f(x)=x(6-2x)^2$

(6) $f(x)=x+\sin x$, $(0 \le x \le 2\pi)$

(7) $f(x)=|x^2-1|$

(8) $f(x)=\sin|x|$, $(-\pi \le x \le \pi)$

**02** 구간 $[1,5]$에서 함수 $f(x)=2x^3-15x^2+36x$의 최댓값과 최솟값을 구하시오.

**03** 구간 $[-2,2]$에서 함수 $f(x)=x^3+\dfrac{3}{2}x^2-6x+a$($a$는 상수)의 최댓값이 14이고 최솟값이 $m$일 때, $m$의 값을 구하시오.

**04** 함수 $f(x)=x^3+ax^2+bx+1$가 $x=-1$에서 극솟값을 $x=-3$에서 극댓값을 가질 때 $a$와 $b$의 값을 구하시오.

**05** 구간 $[-1,2]$에서 함수 $f(x)=3x^4-4x^3+a$의 최댓값을 $M$, 최솟값을 $m$이라 하자. $M+m=18$일 때, 상수 $a$의 값을 구하시오.

**06** $f(x)=x+\cos x\,(0 \le x \le 2\pi)$의 임계점을 모두 구하고 극값이 있으면 구하시오.

## 6.4 함수의 볼록성과 이계도함수

이 절에서는 함수의 이계도함수를 이용하여 함수가 주어진 구간에서 위로 볼록, 아래로 볼록하기 위한 조건을 알아보고 또 극값도 구해보자.

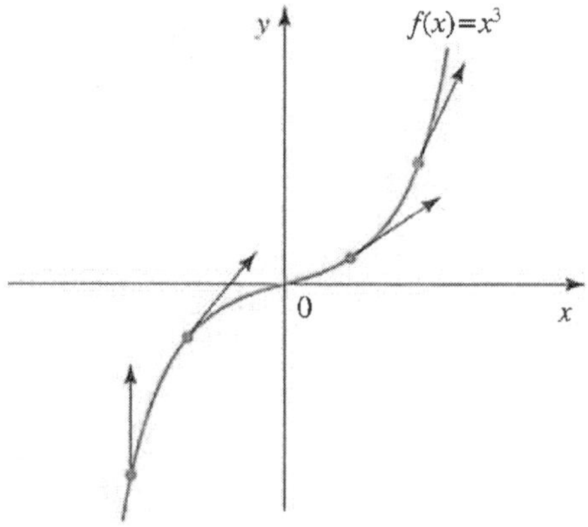


그림과 같이 함수 $f(x)=x^3$은 모든 구간 $(-\infty, \infty)$에서 증가하는 함수이다. 그러나 $f(x)$가 증가하는 모양이 $(-\infty, 0)$에서는 곡선이 위로 볼록하게 증가하고, $(0, \infty)$에서는 곡선이 아래로 볼록하면서 증가한다.

다시 말하면 $(-\infty, 0)$에서 접선의 기울기 $f'(x)=3x^2$은 감소하고, $(0, \infty)$에서 접선의 기울기는 증가한다. 이와같이 접선이 어떻게 변화하는지에 따라 함수의 휘는 방향이 결정된다. 즉, 접선이 $f(x)$의 그래프를 따라 왼쪽에서 오른쪽으로 이동할 때 시계방향으로 회전하면 위로 볼록이라 하고 반시계방향으로 회전하면 아래로 볼록이라 하며 다음과 같이 정의한다.

**정의 6.4.1**

함수 $y=f(x)$가 $(a, b)$에서 미분가능한 함수일 때, $f'(x)$가 $(a, b)$에서 증가하면 구간 $(a, b)$내의 임의의 점에서의 접선이 $f(x)$의 그래프보다 아래에 있으면 $f(x)$는 $(a, b)$에서 **아래로 볼록**(convex downward)하다고 하고, $f'(x)$가 $(a, b)$에서 감소하면 구간 $(a, b)$내의 임의의 점에서의 접선이 $f(x)$의 그래프보다 위에 있으면 $f(x)$는 $(a, b)$에서 **위로 볼록**(convex upward)하다고 한다.

**정리 6.4.1 곡선의 요철**

$f(x)$가 $(a, b)$에서 두 번 미분가능할 때, 다음이 성립한다.

(1) $(a, b)$에서 $f''(x) > 0$이면 $f(x)$는 $(a, b)$에서 **아래로 볼록**하다.
(2) $(a, b)$에서 $f''(x) < 0$이면 $f(x)$는 $(a, b)$에서 **위로 볼록**하다.

**예제 6.4.1**

$f(x) = x^3 - 3x - 1$의 증가, 감소, 아래로 볼록, 위로 볼록인 구간을 구하시오.

**풀이**

$f(x)$의 일계도함수와 이계도함수를 구하면

$$f'(x) = 3x^2 - 3, \quad f''(x) = 6x$$

이고, $f(x)$의 임계점은 $x = -1, 1$이고 표로 정리하면 다음과 같다.

| $x$ | $\cdots$ | $-1$ | $\cdots$ | $1$ | $\cdots$ |
|---|---|---|---|---|---|
| $f'(x)$ | $+$ | $0$ | $-$ | $0$ | $+$ |
| $f(x)$ | ↗ | 극대 | ↘ | 극소 | ↗ |
| $f''(x)$ | $-$ | | $x=0$ | $+$ | |

따라서 증가 구간은 $(-\infty, -1)$, $(1, \infty)$이고 감소구간은 $(-1, 1)$이다. 그리고 구간 $(-\infty, 0)$에서 위로 볼록하고 $(0, \infty)$에서 아래로 볼록하다.

**정의 6.4.2 변곡점**

함수 $y = f(x)$가 $x = c$에서 연속함수이고, $x = c$를 경계로 한쪽에서는 아래로 볼록하고, 다른 한쪽에서는 위로 볼록하다고 하자. 이때 점 $(c, f(c))$를 $f(x)$의 **변곡점**(inflection point)이라고 한다.

따라서 $f(x)$가 두 번 미분가능하면 변곡점 $x = c$의 한쪽에서는 $f''(x)$는 양의 값을 갖고 다른 한쪽에서는 음의 값을 갖는다. 만약 $f''(x)$이 연속함수라면 변곡점 $(c, f(c))$에서 $f''(c)=0$이다. 그러나 $f''(c)=0$이라도 $(c, f(c))$는 변곡점이 아닐 수도 있다.

예를 들어, $f(x)=x^4$일 때 $f''(x)=12x^2$은 연속함수이고 $f''(0)=0$이다. 그러나 $(0,0)$은 $f(x)=x^4$의 변곡점이 아니다. $f''(x)$는 $x=0$의 양쪽에서 모두 양의 값을 가지므로 부호가 바뀌지 않는다. 이제 이계도함수를 이용하여 함수의 극댓값과 극솟값을 구하는 방법을 알아보자.

**정리 6.4.2 2계 도함수에 의한 극값 판정법**

함수 $f(x)$가 $(a, b)$에서 두 번 미분가능하고 $(a, b)$ 내의 한 점 $c$에서 $f'(c)=0$이라고 하자. 이때

(1) $f''(c)<0$이면 $f(x)$는 $x=c$에서 극댓값 $f(c)$를 가진다.
(2) $f''(c)>0$이면 $f(x)$는 $x=c$에서 극솟값 $f(c)$를 가진다.

**증명** (1) 가정에서 $f'(c)=0$이므로

$$f''(c)=\lim_{x\to c}\frac{f'(x)-f'(c)}{x-c}=\lim_{x\to c}\frac{f'(x)}{x-c}<0$$

이다. 따라서 적당한 $\delta>0$가 존재하여 다음 식이 성립한다.

$$\frac{f'(x)}{x-c}<0,\ \ x\neq c,\ \ x\in(c-\delta, c+\delta)$$

그러므로 $c-\delta<x<c$이면 $f'(x)>0$이므로 $f(x)$는 $(c-\delta, c)$에서 증가하고, $c<x<c+\delta$이면 $f'(x)<0$이므로 $f(x)$는 $(c, c+\delta)$에서 감소하고 $f(x)$는 $x=c$에서 극댓값을 갖는다.

(2) (1)과 같은 방법으로 증명된다.

**예제 6.4.2**

$f(x)=2x^3-9x^2+5$의 극댓값과 극솟값을 구하시오.

**풀이**

$f(x)$의 일계도함수와 이계도함수를 구하면

$$f'(x)=6x^2-18x=6x(x-3),\ \ f''(x)=12x-18=6(2x-3)$$

이고 $f(x)$의 임계점은 $x=0, 3$이다. $f''(0)=-18<0$이므로 $x=0$에서 극댓값 $f(0)=5$를 갖고, $f''(3)=18>0$이므로 $x=3$에서 극솟값 $f(3)=-22$를 갖는다.

---

**주의** 위의 극댓값, 극솟값 판정법은 이계 도함수가 존재하지 않는 특이점에 대하여서는 적용될 수가 없을 뿐 아니라 $f'(c)=0$이고 $f''(c)=0$인 점 $c$에서는 이계도함수를 이용한 판정을 할 수 없다. 예를 들어 $f(x)=x^3$은 $x=0$에서 $f'(0)=0$이고 $f''(0)=0$이지만 $x=0$에서 극댓값과 극솟값을 갖지 않는다. 이 경우에는 일계도함수에 의한 극값판정법을 사용한다.

### 예제 6.4.3

$f(x)=x^4-2x^3$의 극값을 모두 구하시오.

**풀이**

2계 도함수에 의한 극값 판정법을 사용하면

$$f'(x)=4x^3-6x^2=2x^2(2x-3)$$

이고 $f'(x)=0$인 $x=0, \dfrac{3}{2}$이다.

$$f''(x)=12x^2-12x=12x(x-1)$$

이고 $f''\left(\dfrac{3}{2}\right)=9>0$이므로 $x=\dfrac{3}{2}$에서 극솟값 $f\left(\dfrac{3}{2}\right)=-\dfrac{27}{16}$을 갖는다. $f''(0)=0$이고 $f'(x)=0$이므로 일계도함수를 이용한 판정법을 사용한다.

| $x$ | $\cdots$ | 0 | $\cdots$ | $\frac{3}{2}$ | $\cdots$ |
|---|---|---|---|---|---|
| $f'(x)$ | $-$ | 0 | $-$ | 0 | $+$ |
| $f(x)$ | ↘ | × | ↘ | 극소 | ↗ |

따라서 $x=0$에서 극값을 갖지 않는다.

## 예제 6.4.4

$f(x)=x^4-2x^3$의 아래로 볼록, 위로 볼록 구간과 변곡점을 구하시오.

**풀이**

$f(x)$의 일계도함수와 이계도함수를 구하면

$$f'(x)=4x^3-6x^2=2x^2(2x-3),\ f''(x)=12x^2-12x=12x(x-1)$$

이고 $f'(x)=0$인 $x=0, \dfrac{3}{2}$이다. $0<x<1$이면 $f''(x)<0$이고 $x<0, x>1$이면 $f''(x)>0$이다. 이를 표로 정리하면 다음과 같다.

| $x$ | $\cdots$ | $0$ | $\cdots$ | $1$ | $\cdots$ | $\frac{3}{2}$ | $\cdots$ |
|---|---|---|---|---|---|---|---|
| $f'(x)$ | $-$ | $0$ | $-$ | $-$ | $-$ | $0$ | $+$ |
| $f''(x)$ | $+$ | $0$ | $-$ | $0$ | $+$ | $+$ | $+$ |
| $f(x)$ | ↘ | 변곡 | ↘ | 변곡 | ↘ | 극소 | ↗ |

따라서 $(-\infty, 0)$과 $(1, \infty)$에서 아래로 볼록하고 $(0, 1)$에서는 위로 볼록하다. 변곡점은 $f''(x)$의 부호가 바뀌는 $(0, 0)$, $(1, -1)$이다.

## 예제 6.4.5

$f(x)=x+2\sin x\ (0<x<2\pi)$에 대하여 극점과 변곡점을 구하고 곡선의 개형을 구하시오.

**풀이**

$f(x)$의 일계도함수와 이계도함수를 구하면

$$f'(x)=1+2\cos x,\ f''(x)=-2\sin x$$

이고 $f'(x)=0$인 $\cos x=-\dfrac{1}{2}$이고 $0<x<2\pi$에서 $x=\dfrac{2}{3}\pi, \dfrac{4}{3}\pi$이다. $f''(x)=0$인 $\sin x=0$이고 $0<x<2\pi$에서 $x=\pi$이다. 이를 표로 정리하면 다음과 같다.

| $x$ | $\cdots$ | $\frac{2}{3}\pi$ | $\cdots$ | $\pi$ | $\cdots$ | $\frac{4}{3}\pi$ | $\cdots$ |
|---|---|---|---|---|---|---|---|
| $f'(x)$ | $+$ | $0$ | $-$ | $-$ | $-$ | $0$ | $+$ |
| $f''(x)$ | $-$ | $-$ | $-$ | $0$ | $+$ | $+$ | $+$ |
| $f(x)$ | ↗ | 극대 | ↘ | 변곡 | ↘ | 극소 | ↗ |

따라서 극댓점은 $\left(\frac{2}{3}\pi, \frac{2}{3}\pi+\sqrt{3}\right)$, 극솟점은 $\left(\frac{4}{3}\pi, \frac{4}{3}\pi-\sqrt{3}\right)$, 변곡점은 $(\pi, \pi)$이다. 곡선의 개형은 아래와 같다.

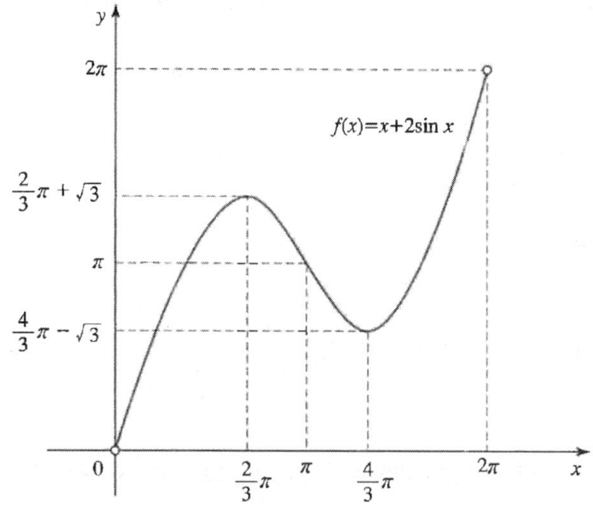

## 연습문제 6.4

**01** 다음 주어진 함수들에 대하여 극값과 변곡점, 아래로 볼록인 구간과 위로 볼록인 구간을 구하시오.

(1) $f(x)=2x^3-9x^2+12x$

(2) $f(x)=x^4-6x^2$

(3) $f(x)=(2x-1)^5$

(4) $f(x)=|x^2-4|$

(5) $f(x)=\dfrac{x}{x^2+2}$

(6) $f(x)=x+\sin x \ \ (0 \le x \le 2\pi)$

**02** 함수 $f(x)=\ln(1+2x)$에 대하여 $\lim_{h\to 0}\dfrac{f'(2+h)-f'(2)}{h}$의 값을 구하시오.

**03** $y=(\ln x)^2-x+1$의 변곡점에서의 접선의 방정식을 구하시오.

**04** $y=xe^{-2x}$의 변곡점을 $A$라 하고, 점 $A$에서의 접선이 $x$축과 만나는 점을 $B$라고 할 때, 삼각형 $OAB$의 넓이를 구하시오. (단, 점 $O$는 원점이다.)

## 6.5 부정형과 로피탈의 법칙

$x$가 $a$로 접근할 때 $f(x)$와 $g(x)$가 각각 0으로 접근하거나 무한히 커지거나 작아지면

$$\frac{f(x)}{g(x)},\ f(x)\cdot g(x),\ f(x)-g(x),\ f(x)^{g(x)}$$

는

$$\frac{0}{0},\ \frac{\infty}{\infty},\ 0\cdot\infty,\ \infty-\infty,\ 0^0,\ 0^\infty,\ \infty^0$$

의 형태가 된다. 또 $x$가 $a$로 접근할 때 $f(x)$가 1로 접근하고 $g(x)$가 무한히 커지면 $1^\infty$ 형태가 된다. 이와 같은 형태의 극한을 부정형(indeterminate form)이라 하는데 이런 경우에는 도함수를 이용하여 극한을 구할 수 있다.

### $\frac{0}{0}$ 형태의 극한

$x$가 $a$로 접근할 때 $f(x)$와 $g(x)$가 각각 0으로 접근하면 $\frac{f(x)}{g(x)}$는 $\frac{0}{0}$ 형태의 부정형이라고 한다.

**정리 6.5.1 로피탈의 법칙**

함수 $f(x)$, $g(x)$가

(1) $f(a)=g(a)=0$이고,

(2) $f'(a)$와 $g'(a)$가 존재하고 $g'(a)\neq 0$이면

$$\lim_{x\to a}\frac{f(x)}{g(x)}=\frac{f'(a)}{g'(a)}$$

가 성립한다.

**증명** 도함수의 정의와 극한의 성질에 의하여

$$\frac{f'(a)}{g'(a)} = \frac{\lim\limits_{x\to a}\frac{f(x)-f(a)}{x-a}}{\lim\limits_{x\to a}\frac{g(x)-g(a)}{x-a}} = \lim_{x\to a}\frac{\frac{f(x)-f(a)}{x-a}}{\frac{g(x)-g(a)}{x-a}}$$

$$= \lim_{x\to a}\frac{f(x)-f(a)}{g(x)-g(a)} = \lim_{x\to a}\frac{f(x)-0}{g(x)-0}$$

$$= \lim_{x\to a}\frac{f(x)}{g(x)}$$

이다.

**예제 6.5.1**

$\lim\limits_{x\to 1}\frac{x^3-1}{x^2-1}$을 구하시오.

**풀이**

$f(x)=x^3-1$, $g(x)=x^2-1$라 두면

$$f(1)=g(1)=0$$

이고

$$f'(x)=3x^2,\ g'(x)=2x$$

이므로 로피탈의 법칙에 의하여

$$\lim_{x\to 1}\frac{f(x)}{g(x)}=\frac{f'(1)}{g'(1)}=\frac{3}{2}$$

이다.

**예제 6.5.2**

$\lim\limits_{x\to 0}\frac{x+2\sin x}{x-\sin 2x}$를 구하시오.

**풀이**

$f(x)=x+2\sin x$, $g(x)=x-\sin 2x$라 두면

$$f(0) = g(0) = 0$$

이고

$$f'(x) = 1 + 2\cos x, \quad g'(x) = 1 - 2\cos 2x$$

이므로 로피탈의 법칙에 의하여

$$\lim_{x \to 0} \frac{f(x)}{g(x)} = \frac{f'(0)}{g'(0)} = \frac{3}{-1} = -3$$

---

$\frac{0}{0}$ 형태의 극한문제에서 $f(a) = g(a) = 0$이고 $f'(a) = g'(a) = 0$이면 $\lim_{x \to a} \frac{f(x)}{g(x)}$를 구하는데 있어서 로피탈의 법칙을 사용할 수가 없다. 이런 경우를 해결하기 위해 다음 정리를 알아보자.

**정리 6.5.2 코시(Cauchy)의 평균값 정리**

함수 $f(x)$와 $g(x)$가

(1) $[a, b]$에서 연속이고,
(2) $(a, b)$에서 미분가능하고,
(3) $(a, b)$에 대하여 $g'(x) \neq 0$이면

$$\frac{f(b) - f(a)}{g(b) - g(a)} = \frac{f'(c)}{g'(c)}$$

를 만족하는 $c$가 $(a, b)$내에 존재한다.

**증명** 함수 $g(x)$에 대하여 평균값 정리를 사용하면

$$\frac{g(b) - g(a)}{b - a} = g'(c)$$

가 되는 점 $c$가 $(a, b)$내에 존재한다. 그러나 $(a, b)$에서 $g'(x) \neq 0$이므로 $g'(c) \neq 0$이고 $g(b) - g(a) \neq 0$이다. 따라서 아래와 같이 함수 $h(x)$를 정의하면

$$h(x) = f(x) - f(a) - \frac{f(b) - f(a)}{g(b) - g(a)} \{g(x) - g(a)\}$$

이고 함수 $h(x)$는 롤의 정리의 조건을 만족한다. 따라서 $h'(x)=0$인 점 $c$가 $(a, b)$내에 존재한다. 즉

$$h'(c)=f'(c)-\frac{f(b)-f(a)}{g(b)-g(a)}g'(c)=0$$

이고

$$\frac{f(b)-f(a)}{g(b)-g(a)}=\frac{f'(c)}{g'(c)}$$

이다.

코시의 평균값 정리에서 $g(x)=x$라 하면 평균값 정리와 일치한다. 코시의 평균값 정리를 이용하면 다음의 로피탈의 법칙을 증명할 수 있다.

**정리 6.5.3 로피탈의 법칙**

함수 $f(x)$, $g(x)$가

(1) $f(a)=g(a)=0$이고,
(2) $a$를 포함하는 개구간 $I$ 에서 미분가능하며
(3) $a$를 제외한 개구간 $I$ 내의 모든 점 $x$에 대하여 $g'(x)\neq 0$이면

$$\lim_{x\to a}\frac{f(x)}{g(x)}=\lim_{x\to a}\frac{f'(x)}{g'(x)}$$

이다.

**증명** $x$가 오른쪽에서 $a$로 접근할 때 $[a, x]$에 코시의 평균값 정리를 적용하면 $a$와 $x$사이에 $c$가 존재하여

$$\frac{f(x)-f(a)}{g(x)-g(a)}=\frac{f'(c)}{g'(c)}$$

이다. 그러나 $f(a)=g(a)=0$이고 $x\to a^+$일 때 $c\to a^+$이므로

$$\lim_{x\to a^+}\frac{f(x)}{g(x)}=\lim_{x\to a^+}\frac{f'(c)}{g'(c)}=\lim_{c\to a^+}\frac{f'(c)}{g'(c)}=\lim_{x\to a^+}\frac{f'(x)}{g'(x)}$$

이며, $x$가 왼쪽에서 $a$로 접근할 때 $[x, a]$에 코시의 평균값 정리를 적용하면

$$\lim_{x\to a^-}\frac{f(x)}{g(x)}=\lim_{x\to a^-}\frac{f'(c)}{g'(c)}=\lim_{c\to a^-}\frac{f'(c)}{g'(c)}=\lim_{x\to a^-}\frac{f'(x)}{g'(x)}$$

이다. 따라서

$$\lim_{x\to a}\frac{f(x)}{g(x)}=\lim_{x\to a}\frac{f'(x)}{g'(x)}$$

이다.

로피탈의 법칙에서 $\lim\limits_{x\to a}$는 $\lim\limits_{x\to a^+}$, $\lim\limits_{x\to a^-}$, $\lim\limits_{x\to\infty}$, $\lim\limits_{x\to-\infty}$ 로 바꾸어도 같은 결과를 얻을 수 있다. $\lim\limits_{x\to\infty}$인 경우에는

$$f(a)=g(a)=0$$

이라는 조건 대신에

$$\lim_{x\to\infty}f(x)=\lim_{x\to\infty}g(x)=0$$

이 성립된다. 로피탈의 법칙은 $\frac{0}{0}$형태의 극한문제에 있어서 $\frac{0}{0}$형태가 계속되는 한 연속적으로 로피탈의 법칙을 사용할 수 있음을 의미한다. 따라서 분자와 분모 중 어느 한 도함수의 극한값이 0이 아닐 때까지 연속적으로 로피탈의 법칙을 적용함으로써 원하는 극한값을 구할 수 있다.

**예제 6.5.3**

$\lim\limits_{x\to 0}\frac{x-\sin x}{x^3}$를 구하시오.

**풀이**

$f(x)=x-\sin x$, $g(x)=x^3$이라 두면 $f(x)$와 $g(x)$는 미분가능하고

$$f(0)=g(0)=0,\ f'(0)=g'(0)=0$$

이다. 따라서 로피탈의 법칙을 반복하여 적용하면

$$\lim_{x\to 0}\frac{x-\sin x}{x^3}=\lim_{x\to 0}\frac{1-\cos x}{3x^2}=\lim_{x\to 0}\frac{\sin x}{6x}=\lim_{x\to 0}\frac{\cos x}{6}=\frac{1}{6}$$

이다.

---

## $\frac{\infty}{\infty}$ 형태의 극한

$x$가 $a$로 접근할 때 $|f(x)|$와 $|g(x)|$가 각각 $\infty$로 접근하면 $\frac{f(x)}{g(x)}$는 $\frac{\infty}{\infty}$ 형태의 부정형이라 한다.

**정리 6.5.4 $\frac{\infty}{\infty}$ 형태의 로피탈의 법칙**

$\lim_{x\to a}|f(x)|=\lim_{x\to a}|g(x)|=\infty$ 이면

$$\lim_{x\to a}\frac{f(x)}{g(x)}=\lim_{x\to a}\frac{f'(x)}{g'(x)}$$

이다.

**예제 6.5.4**

$\lim_{x\to\infty}\frac{x+3x^2}{4x+7x^3}$을 구하시오.

**풀이**

$f(x)=x+3x^2$, $g(x)=4x+7x^3$이라 두면

$$\lim_{x\to\infty}|f(x)|=\lim_{x\to\infty}|g(x)|=\infty$$

이다. 따라서 로피탈의 법칙을 적용하면

$$\lim_{x\to\infty}\frac{x+3x^2}{4x+7x^3}=\lim_{x\to\infty}\frac{1+6x}{4+21x^2}=\lim_{x\to\infty}\frac{6}{42x}=0$$

이다.

---

### $\infty \cdot 0$형태와 $\infty - \infty$형태의 극한

$\infty \cdot 0$형태와 $\infty - \infty$형태는 대수적 연산을 하여 $\frac{0}{0}$형태 또는 $\frac{\infty}{\infty}$형태로 바꾸어서 로피탈의 법칙을 적용한다. $x \to a$일 때 $f(x) \to 0$이고 $g(x) \to \infty$이면 $f(x)g(x)$의 극한은 $a$에서 $\infty \cdot 0$형태의 부정형을 갖는다. 이 경우에는

$$f(x)g(x) = \frac{f(x)}{\frac{1}{g(x)}}$$

로 쓰면 $\frac{0}{0}$형태의 부정형이 되어 로피탈의 법칙을 이용하여 극한을 구할 수 있다.

**예제 6.5.5**

$\lim_{x \to \frac{\pi}{2}} \left(x - \frac{\pi}{2}\right) \tan x$를 구하시오.

**풀이**

$\lim_{x \to \frac{\pi}{2}} \left(x - \frac{\pi}{2}\right) = 0$이고 $\lim_{x \to \frac{\pi}{2}} |\tan x| = \infty$이다. 따라서 $0 \cdot \infty$형태이지만

$$\lim_{x \to \frac{\pi}{2}} \left(x - \frac{\pi}{2}\right) \tan x = \lim_{x \to \frac{\pi}{2}} \frac{\left(x - \frac{\pi}{2}\right)}{\cot x}$$

로 바꾸면 $\frac{0}{0}$형태이다. 따라서

$$\lim_{x \to \frac{\pi}{2}} \left(x - \frac{\pi}{2}\right) \tan x = \lim_{x \to \frac{\pi}{2}} \frac{\left(x - \frac{\pi}{2}\right)}{\cot x} = \lim_{x \to \frac{\pi}{2}} \frac{1}{-\csc^2 x} = \lim_{x \to \frac{\pi}{2}} -\sin^2 x = -1$$

이다.

$x \to a$일 때 $f(x) \to \infty$이고 $g(x) \to \infty$이면 $f(x) - g(x)$의 극한은 $x = a$에서 $\infty - \infty$형태의 부정형을 갖는다고 한다. 이 경우에는

$$f(x)-g(x)=f(x)g(x)\left\{\frac{1}{g(x)}-\frac{1}{f(x)}\right\}$$

로 바꿔쓰면 $\infty \cdot 0$형태이고

$$f(x)-g(x)=\frac{\dfrac{1}{g(x)}-\dfrac{1}{f(x)}}{\dfrac{1}{f(x)g(x)}}$$

로 바꿔쓰면 $\frac{0}{0}$형태로 만들어 로피탈의 법칙을 적용할 수 있다. 일반적으로 다음 예제에서와 같이 간단히 대수적 연산을 하면 $\infty-\infty$형태의 극한을 구할 수 있다.

**예제 6.5.6**

$\lim_{x\to 0}\left(\frac{2}{x}-\frac{2}{\sin x}\right)$를 구하시오.

**풀이**

$\frac{2}{x}-\frac{2}{\sin x}$는 $\infty-\infty$형태의 부정형 형태이나

$$\frac{2}{x}-\frac{2}{\sin x}=\frac{2(\sin x-x)}{x\sin x}$$

로 바꿔쓰면 $\frac{0}{0}$형태이다. 따라서 로피탈의 법칙을 적용하면

$$\begin{aligned}\lim_{x\to 0}\left(\frac{2}{x}-\frac{2}{\sin x}\right)&=\lim_{x\to 0}\frac{2(\sin x-x)}{x\sin x}=\lim_{x\to 0}\frac{2(\cos x-1)}{\sin x+x\cos x}\\&=\lim_{x\to 0}\frac{2(-\sin x)}{\cos x+\cos x-x\sin x}\\&=\frac{0}{2}=0\end{aligned}$$

이다.

### $0^0$, $\infty^0$, $0^\infty$, $1^\infty$ 형태의 극한

$x \to a$일 때

$$f(x) \to 0\,,\;\; g(x) \to 0$$

$$f(x) \to 0\,,\;\; g(x) \to \infty$$

$$f(x) \to \infty\,,\;\; g(x) \to 0$$

$$f(x) \to 1\,,\;\; g(x) \to \infty$$

일 때

$$\lim_{x \to a}\{f(x)\}^{g(x)} \to 0^0,\;\; \infty^0,\;\; 0^\infty,\;\; 1^\infty$$

형태의 부정형을 갖는다. 이 때에는

$$y = \{f(x)\}^{g(x)}$$

라 놓고 양변에 자연로그(ln)를 취하면

$$\ln y = g(x) \ln f(x)$$

가 되어 $\frac{0}{0}$, $0 \cdot \infty$, $\frac{\infty}{\infty}$ 형태의 부정형이 되기 때문에 앞에서의 방법으로 극한을 구할 수 있다.

**예제 6.5.7**

$\lim\limits_{x \to 0^+} x^x$을 구하시오.

**풀이**

$x \to 0^+$이면 $x^x$은 $0^0$형태의 부정형이다. 따라서 $y = x^x$이라 놓고 자연로그(ln)를 취하면 $\ln y = x \ln x$이고 $0 \cdot \infty$ 형태의 부정형이다.

$$\lim_{x\to 0^+}\ln y = \lim_{x\to 0^+} x\ln x = \lim_{x\to 0^+}\frac{\ln x}{\frac{1}{x}} = \lim_{x\to 0^+}\frac{\frac{1}{x}}{-\frac{1}{x^2}} = \lim_{x\to 0^+}(-x) = 0$$

그러므로

$$\lim_{x\to 0^+} x^x = \lim_{x\to 0^+} y = \lim_{x\to 0^+} e^0 = 1$$

이다.

---

**예제 6.5.8**

$\lim_{x\to 0}(1-\sin x)^{\frac{1}{x}}$을 구하시오.

**풀이**

$x\to 0$이면 $(1-\sin x)\to 1$이고 $\frac{1}{x}\to\infty$이므로 $1^\infty$ 형태의 부정형이다.

$y=(1-\sin x)^{\frac{1}{x}}$라 놓고 자연로그(ln)를 취하면

$$\ln y = \frac{\ln(1-\sin x)}{x}$$

가 되어 $\frac{0}{0}$형태의 부정형이 된다.

$$\lim_{x\to 0}\ln y = \lim_{x\to 0}\frac{\ln(1-\sin x)}{x} = \lim_{x\to 0}\frac{\frac{-\cos x}{1-\sin x}}{1} = -1$$

이다. 따라서

$$\lim_{x\to 0}(1-\sin x)^{\frac{1}{x}} = \lim_{x\to 0} y = \lim_{x\to 0} e^{\ln y} = e^{-1} = \frac{1}{e}$$

이다.

---

## 연습문제 6.5

**01** 다음 극한을 구하시오.

(1) $\lim_{x\to 2}\dfrac{x^3-x^2-4}{x^2-4}$

(2) $\lim_{x\to 2}\dfrac{\sqrt{x^2+4}}{x}$

(3) $\lim_{x\to 0}\dfrac{xe^x}{1-e^x}$

(4) $\lim_{x\to 0}\dfrac{e^x-x-1}{3x^2}$

(5) $\lim_{x\to 0}\dfrac{\tan 7x}{\sin 3x}$

(6) $\lim_{x\to 0}\dfrac{x^2}{1-\cos^2 x}$

(7) $\lim_{x\to 0}\dfrac{x-\sin x}{x^3}$

(8) $\lim_{x\to 0}\dfrac{x-\ln(1+x)}{x^2}$

(9) $\lim_{x\to \infty}\dfrac{x^3}{e^x}$

(10) $\lim_{x\to \infty}\dfrac{\ln x^3}{x^2}$

(11) $\lim_{x\to \infty}\dfrac{5x+2\ln x}{x+3\ln x}$

(12) $\lim_{x\to 0}\dfrac{8^x-2^x}{4x}$

**02** 다음 극한을 구하시오.

(1) $\lim_{x\to 0}\left(\csc x-\dfrac{1}{x}\right)$

(2) $\lim_{x\to \frac{\pi}{2}}(\sec x-\tan x)$

(3) $\lim_{x\to 0^+}\left(\dfrac{1}{x}-\dfrac{1}{\sqrt{x}}\right)$

(4) $\lim_{x\to \infty}\left(x-\sqrt{x^2+x+1}\right)$

**03** 다음 극한을 구하시오.

(1) $\lim_{x\to 0^+}x\ln x$

(2) $\lim_{x\to 0^+}xe^{-x}$

(3) $\lim_{x\to \infty}\left(1+\dfrac{3}{x}\right)^x$

(4) $\lim_{x\to \infty}\dfrac{\ln x}{x^2}$

(5) $\lim_{x\to 0}\dfrac{xe^x}{4-4e^x}$

(6) $\lim_{x\to 1}x^{\frac{1}{x-1}}$

(7) $\lim_{x\to \infty}x^{\frac{1}{x}}$

(8) $\lim_{x\to 0^+}(\sin x)^x$

**04** 다음 극한을 구하시오.

(1) $\lim_{x \to 0^+} x^{\sin x}$

(2) $\lim_{x \to \infty} \left( \frac{x}{x-2} \right)^x$

(3) $\lim_{x \to 0^+} (1+x)^{\ln x}$

(4) $\lim_{x \to \frac{\pi}{2}^-} (\tan x)^{\cos x}$

## 6.6 도함수의 응용

이 절에서는 도함수를 이용하여 물리학에서 다루는 여러 가지 문제들을 해결해 보자.

### 속도와 가속도

어떤 물체가 수직선상에서 움직이고 있다고 가정하자. 시간 $t$에서 물체의 위치를 $f(t)$로 나타내자.

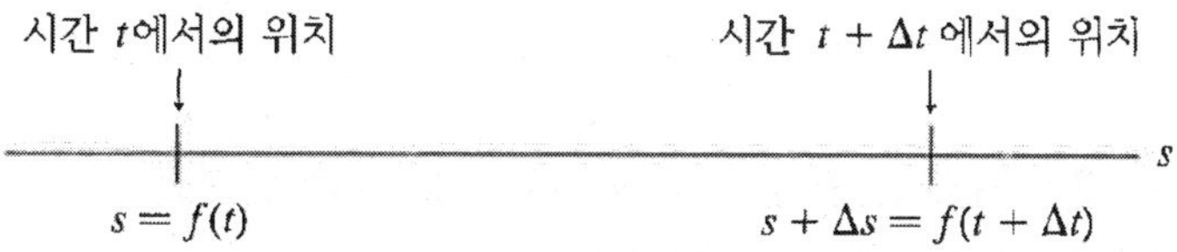


시간 $t$에서 $s=f(t)$에 위치한 물체는 시간 $t+\Delta t$에서는 $s+\Delta s=f(t+\Delta t)$에 위치한다. 따라서 $\Delta t$시간 동안 물체의 위치는 $\Delta s=f(t+\Delta t)-f(t)$ 만큼 변화한다. 따라서 이 물체의 시간 $t$에서 $t+\Delta t$ 동안의 평균속도 $v$는

$$v=\frac{\Delta s}{\Delta t}=\frac{f(t+\Delta t)-f(t)}{\Delta t}$$

이다. 그리고 시간 $t$인 순간 속도는 $\Delta t$가 거의 0에 가까울 때의 값이므로 시간 $t$에서의 속도는

$$v(t)=\lim_{\Delta t\to 0}\frac{\Delta s}{\Delta t}=\lim_{\Delta t\to 0}\frac{f(t+\Delta t)-f(t)}{\Delta t}\ (\mathrm{km/h})$$

이다. 즉, 시간 $t$에서의 위치함수 $f(t)$의 $t$에 대한 도함수가 된다. 그리고 시간 $t$에서 속도의 변화율을 말해주는 가속도 $a(t)$는

$$a(t)=\frac{dv}{dt}=\frac{d^2s}{dt^2}=\frac{d^2f}{dt^2}\ (\mathrm{km/h^2})$$

이다. 즉, 시간 $t$에서의 위치함수 $f(t)$의 $t$에 대한 도함수가 된다. 시간 $t$에서 속도의 변화율을 말해주는 가속도 $a(t)$는

$$a(t)=\frac{dv}{dt}=\frac{d^2s}{dt^2}=\frac{d^2f}{dt^2}\,(\mathrm{km/h^2})$$

가 된다.

**예제 6.6.1**

자유낙하운동 : 다리 위에서 공을 자유낙하시켜서 다리의 높이를 측정하는 실험을 해보자. 공을 낙하시키고 $t$초가 지난 후 공의 위치는 낙하지점으로부터

$$s=\frac{1}{2}gt^2 \quad (g\text{는 중력가속도, } g=9.8\,\mathrm{m/s^2})$$

만큼 멀어짐이 알려져있다. 만약 2초 후에 공이 물 위에 떨어졌다면 다리의 높이와 물 위에 떨어지는 순간의 속도를 구하시오

**풀이**

다리의 높이는

$$\frac{1}{2}\times 9.8\times 2^2=19.6\,(\mathrm{m})$$

이다. 시간 $t$에서의 공이 움직이는 속도 $v(t)$는

$$v(t)=\frac{ds}{dt}=gt$$

이므로 물에 떨어지는 순간의 속도는

$$v(2)=9.8\times 2=19.6\,(\mathrm{m/s})$$

이다.

**예제 6.6.2**

비누방울 : 구 모양의 비누방울에 $10\,\mathrm{cm^3/s}$로 공기를 불어 넣을 때 비누방울의 반지름의 증가율을 구하시오.

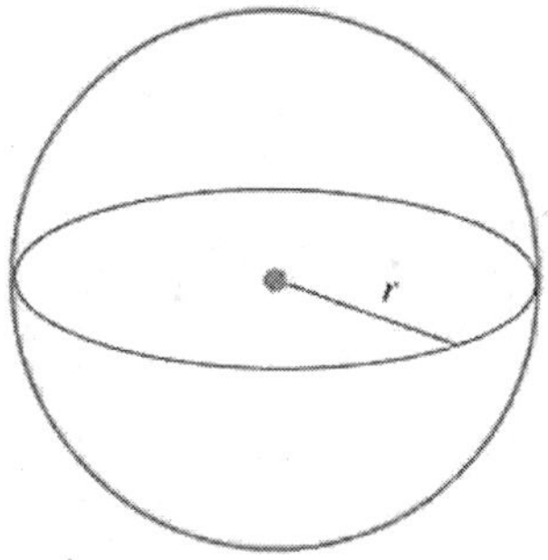


**풀이**

시간 $t$에서 공기방울의 반지름을 $r(t)$, 구의 부피를 $V(t)$라고 하면 $V(t)=\frac{4}{3}\pi r^3$이다. 이 식의 양변을 $t$로 미분하면

$$\frac{dV}{dt}=\frac{4}{3}\pi\frac{d(r^3)}{dr}\cdot\frac{dr}{dt}=4\pi r^2\frac{dr}{dt}$$

이므로

$$\frac{dr}{dt}=\frac{1}{4\pi r^2}\frac{dV}{dt}$$

이다. 따라서 $\frac{dV}{dt}=10$일 때 $\frac{dr}{dt}=\frac{10}{4\pi r^2}$이다. 따라서, $r$이 작아지면 $\frac{dr}{dt}$은 커지고, $r$이 커지면 $\frac{dr}{dt}$은 작아진다. 예를 들면 다음과 같다.

$$r=1\text{이면 } \frac{dr}{dt}=\frac{10}{4\pi}\simeq 0.8\,(\text{cm/s})$$

$$r=10\text{이면 } \frac{dr}{dt}=\frac{10}{400\pi}\simeq 0.008\,(\text{cm/s})$$

---

**예제 6.6.3**

원통형 물탱크 : 원통형 물탱크에 있는 물을 1초에 $3\,\text{cm}^3$의 비율로 빼낼 때, 물의 높이가 변화하는 속도를 구하시오.

**풀이**

물의 높이를 $h$, 물탱크의 반지름을 $r$, 물탱크에 있는 물의 양을 $V$라고 하면

$$V=\pi r^2 h$$

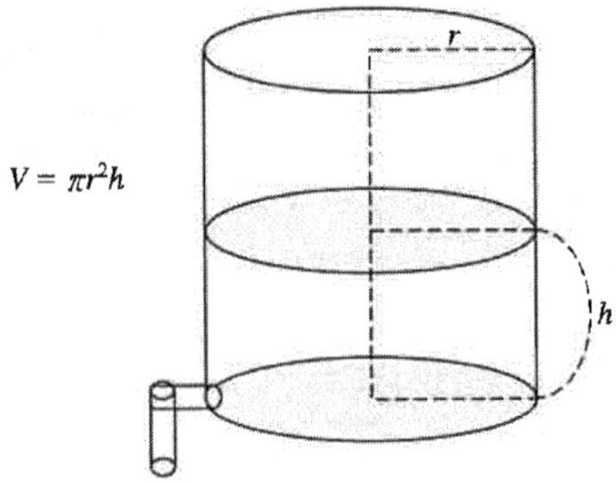


로 표현된다. 시간이 지나면 $V$와 $h$만 변화하므로 양변을 $t$로 미분하면

$$\frac{dV}{dt} = \pi r^2 \frac{dh}{dt}$$

이고

$$\frac{dh}{dt} = \frac{1}{\pi r^2} \frac{dV}{dt}$$

이다. $\frac{dV}{dt} = -3(\mathrm{cm^3/s})$이므로 $\frac{dh}{dt} = \frac{-3}{\pi r^2}(\mathrm{cm/s})$이다.

---

**예제 6.6.4**

두 트럭 사이의 거리 : 두 대의 트럭이 동시에 창고를 출발하여 트럭 $A$는 $80\,\mathrm{km/h}$로 동쪽으로 달리고 트럭 $B$는 $60\,\mathrm{km/h}$로 북쪽으로 달리고 있다. 6분 후 두 트럭 사이의 거리의 변화율을 구하시오.

**풀이**

$t$시간 후 트럭 $A$의 위치를 $x(t)$, 트럭 $B$의 위치를 $y(t)$, 두 트럭 사이의 거리를 $s(t)$라고 하자.

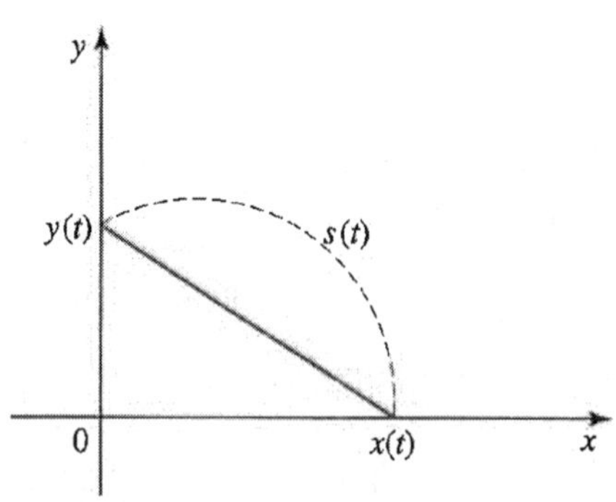

$$x(t) = 80t\,(\mathrm{km})\ ,\ y(t) = 60t\,(\mathrm{km})$$

이고

$$s^2 = x^2 + y^2$$

으로부터

$$s(t) = 100t\,(\mathrm{km})$$

가 된다. 따라서 6분후 트럭이 멀어지는 비율은

$$s'(t) = 100\,(\mathrm{km/h}),\ s'\left(\frac{6}{60}\right) = 100\,(\mathrm{km/h})$$

이다. 즉, 두 대의 트럭은 시간에 관계 없이 일정한 비율로 간격이 벌어짐을 알 수 있다.

## 연습문제 6.6

01 원형의 금속판을 오븐에 넣고 열을 가하면 반지름이 $0.01\,\mathrm{cm/min}$의 속도로 증가한다. 금속판의 반지름이 $50\,\mathrm{cm}$일 때 금속판의 면적의 증가율을 구하시오.

02 초속 $10\,\mathrm{m}$로 지면에서 위로 던진 공이 지상으로부터의 거리가 다음과 같다.

$$s = 10t - 5t^2$$

(1) 지상에 다시 떨어졌을 때의 속도를 구하시오.

(2) 속도가 $0$이 될 때의 시간을 구하시오.

03 구의 반지름이 $2\,\mathrm{cm/sec}$의 비율로 변하고 있다. 그 표면적이 $64\pi\,\mathrm{cm}^2$이 될 때 구의 부피의 변화율을 구하시오.

04 그림과 같은 원뿔형의 물탱크에 1분에 9리터의 속도로 물을 채우고 있다. 물의 높이가 $6\,\mathrm{m}$일 때 물 높이의 증가율을 구하시오.

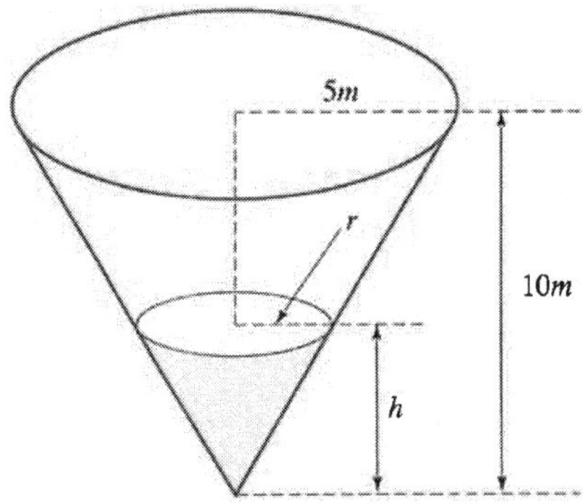


05 수직선 위를 움직이는 두 점 $P$, $Q$의 시각 $t$일 때의 위치는 각각 다음과 같다. 두 점 $P$, $Q$의 속도가 같아지는 순간 두 점 $P$, $Q$사이의 거리를 구하시오.

$$P(t)= \frac{1}{3}t^3 + 4t - \frac{2}{3}, \quad Q(t)= 2t^2 - 10$$

CHAPTER

# 07

# 적 분

## 7.1 부정적분

이전에 배운 미분을 생각해 보자. 예를 들어 $F(x)=x^2$을 미분하면 $f(x)=2x$임을 알 수 있는데 이 경우 다음 관계식

$$F'(x)=f(x)$$

가 성립한다. 이 때 $F(x)$를 $f(x)$의 **부정적분**이라 부르는데 $f(x)$의 부정적분은 미분해서 $f(x)$가 되는 함수를 의미한다. 또한 $f(x)$를 **피적분함수**하고 부른다.

**예제 7.1.1**

함수 $x^2+1$, $x^2-\frac{1}{2}$, $x^2+\sqrt{2}$의 피적분 함수를 구하시오.

**풀이**

$$(x^2+1)'=\left(x^2-\frac{1}{2}\right)'=(x^2+\sqrt{2})'=2x$$

$2x$의 부정적분은 여러 개 존재함을 알 수 있다.

---

관계식 $F'(x)=f(x)$에서 함수 $F(x)$를 기호로 다음과 같이 표시한다.

$$F(x)=\int f(x)dx$$

주어진 함수의 부정적분은 여러 개 존재하는데 이들의 관계를 살펴보자. 두 함수 $F(x)$, $G(x)$가 $f(x)$의 부정적분이면

$$F'(x)=f(x),\ G'(x)=f(x)$$

이므로

$$(F(x)-G(x))'=F'(x)-G'(x)=f(x)-f(x)=0$$

이다. 도함수가 0이 되는 함수는 상수함수이므로 이 상수를 $C$로 나타내면

$$G(x)= F(x)+ C$$

가 된다. 즉, 하나의 부정적분 $F(x)$가 주어지면 다른 부정적분은 $F(x)$에 상수 $C$를 더해준 것이 된다. 따라서 다음과 같이 표시된다.

$$\int f(x)dx = F(x)+ C$$

여기서 상수 $C$를 **적분상수**라 부르고, 부정적분을 구하는 것을 단순히 **적분**한다고 한다.

**예제 7.1.2**

다음을 부정적분 하시오.

(1) $\int 2x\,dx$　　(2) $\int 3x^2\,dx$

(3) $\int \cos x\,dx$　　(4) $\int \frac{1}{x}\,dx$

**풀이**

(1) $\frac{d}{dx}(x^2)= 2x$ 이므로 $\int 2x\,dx = x^2 + C$

(2) $\frac{d}{dx}(x^3)= 3x^2$ 이므로 $\int 3x^2\,dx = x^3 + C$

(3) $\frac{d}{dx}(\sin x)= \cos x$ 이므로 $\int \cos x\,dx = \sin x + C$

(4) $\frac{d}{dx}(\ln x)= \frac{1}{x}$ 이므로 $\int \frac{1}{x}\,dx = \ln x + C$

다음으로 함수 $f(x)$가 주어질 때 부정적분 $F(x)$를 어떻게 구하는지를 알아보자. 근본적으로 함수들의 미분식들로부터 기본적인 함수의 부정적분을 알아낼 수 있고 이들을 조합함으로써 보다 복잡한 함수의 부정적분을 계산할 수 있게 된다.

실제 부정적분의 계산은 함수의 미분공식으로부터 바로 나온다. 중요한 미분공식과 부정적분의 관계는 다음과 같다.

**[적분표]**

| | 미분 | 적분 |
|---|---|---|
| (1) | $\frac{d}{dx}x^{a+1}=(a+1)x^a$ | $\int x^a dx=\frac{1}{a+1}x^{a+1}+C\,(a\neq -1)$ |
| (2) | $\frac{d}{dx}e^{ax}=ae^{ax}$ | $\int e^{ax}dx=\frac{1}{a}e^{ax}+C$ |
| (3) | $\frac{d}{dx}a^x=a^x\ln a$ | $\int a^x dx=\frac{1}{\ln a}a^x+C\ (a>0,\,a\neq 1)$ |
| (4) | $\frac{d}{dx}\ln x=\frac{1}{x}$ | $\int \frac{1}{x}dx=\ln x+C$ |
| (5) | $\frac{d}{dx}\sin(ax)=a\cos(ax)$ | $\int \cos(ax)dx=\frac{1}{a}\sin(ax)+C$ |
| (6) | $\frac{d}{dx}\cos(ax)=-a\sin(ax)$ | $\int \sin(ax)dx=-\frac{1}{a}\cos(ax)+C$ |
| (7) | $\frac{d}{dx}\tan(ax)=a\sec^2(ax)$ | $\int \sec^2(ax)dx=\frac{1}{a}\tan(ax)+C$ |

피적분 함수가 하나의 항으로 되어있는 경우에는 위 적분공식을 이용하여 쉽게 적분을 계산할 수 있는데 여러 개의 항을 포함하거나 위 피적분 함수에 상수가 곱해진 경우에는 다음의 적분의 성질을 이용하면 적분을 어렵지 않게 계산할 수 있다.

**정리 7.1.1 부정적분의 성질**

두 함수 $f(x)$, $g(x)$의 부정적분이 존재하면 다음이 성립한다.

(1) $\int \{f(x)+g(x)\}dx=\int f(x)dx+\int g(x)dx$

(2) $\int \{f(x)-g(x)\}dx=\int f(x)dx-\int g(x)dx$

(3) $\int kf(x)dx=k\int f(x)dx$ ($k$는 상수)

### 예제 7.1.3

부정적분 $\int (x^2+x)\,dx$를 구하시오.

**풀이**

정리 7.1.1의 (1)에 의하여 다음과 같다.

$$\begin{aligned}\int (x^2+x)\,dx &= \int x^2dx + \int xdx \\ &= \left(\frac{1}{3}x^3 + C_1\right) + \left(\frac{1}{2}x^2 + C_2\right) \\ &= \frac{1}{3}x^3 + \frac{1}{2}x^2 + (C_1 + C_2) \\ &= \frac{1}{3}x^3 + \frac{1}{2}x^2 + C \text{ (단, } C = C_1 + C_2)\end{aligned}$$

### 예제 7.1.4

부정적분 $\int \left(e^{2x} - \frac{1}{x}\right) dx$를 구하시오.

**풀이**

정리 7.1.1의 (2)에 의하여 다음과 같다.

$$\begin{aligned}\int \left(e^{2x} - \frac{1}{x}\right) dx &= \int e^{2x}dx - \int \frac{1}{x}dx \\ &= \left(\frac{1}{2}e^{2x} + C_1\right) - (\ln x + C_2) \\ &= \frac{1}{2}e^{2x} - \ln x + (C_1 - C_2) \\ &= \frac{1}{2}e^{2x} - \ln x + C \text{ (단, } C = C_1 - C_2)\end{aligned}$$

### 예제 7.1.5

부정적분 $\int 5\sin 2x\,dx$를 구하시오.

**풀이**

정리 7.1.1의 (3)에 의하여 다음과 같다.

$$\begin{aligned}\int 5\sin 2x\,dx &= 5\int \sin 2x \\ &= 5\left(-\frac{1}{2}\cos 2x + C_1\right) = -\frac{5}{2}\cos 2x + 5C_1 \\ &= -\frac{5}{2}\cos 2x + C \;(\text{단, } C = 5C_1)\end{aligned}$$

---

**주의** 여러 개의 부정적분을 동시에 계산하는 경우 적분 상수는 $C$ 하나로 표현한다.

### 예제 7.1.6

$\int (2x-3)^2 dx$를 구하시오.

**풀이**

$$\begin{aligned}\int (2x-3)^2 dx &= \int (4x^2 - 12x + 9)dx \\ &= 4\int x^2 dx - 12\int x dx + 9\int 1dx \\ &= \frac{4}{3}x^3 - 6x^2 + 9x + C\end{aligned}$$

---

### 예제 7.1.7

$\int \left(3e^{-2x} + \frac{1}{2x}\right)dx$를 구하시오.

**풀이**

$$\begin{aligned}\int \left(3e^{-2x} + \frac{1}{2x}\right)dx &= 3\int e^{-2x}dx + \frac{1}{2}\int \frac{1}{x}dx \\ &= -\frac{3}{2}e^{-2x} + \frac{1}{2}\ln x + C\end{aligned}$$

---

### 예제 7.1.8

$\int (4\sec^2 3x - e^{5x})dx$를 구하시오.

**풀이**

$$\begin{aligned}\int(4\sec^2 3x - e^{5x})dx &= 4\int \sec^2 3x - \int e^{5x}dx \\ &= \frac{4}{3}\tan 3x - \frac{1}{5}e^{5x} + C\end{aligned}$$

---

**예제 7.1.9**

$\int(5^x - 2\cdot 3^x)dx$를 구하시오.

**풀이**

$$\begin{aligned}\int(5^x - 2\cdot 3^x)dx &= \int 5^x dx - 2\int 3^x dx \\ &= \frac{5^x}{\ln 5} - \frac{2\cdot 3^x}{\ln 3} + C\end{aligned}$$

---

**예제 7.1.10**

$\int(\cos x + \sin x)^2 dx$를 구하시오.

**풀이**

$$\begin{aligned}\int(\cos x + \sin x)^2 dx &= \int(\cos^2 x + 2\cos x\sin x + \sin^2 x)dx \\ &= \int(1 + 2\cos x\sin x)dx \quad (\cos^2 x + \sin^2 x = 1) \\ &= \int(1 + \sin 2x)dx \quad (2\cos x\sin x = \sin 2x) \\ &= \int 1\,dx + \int \sin 2x dx \\ &= x - \frac{1}{2}\cos 2x + C\end{aligned}$$

---

피적분 함수가 $\cos^2 x$ 나 $\sin^2 x$를 포함하는 경우에는 다음 삼각함수의 반각공식을 사용한다.

$$\cos^2(ax) = \frac{1+\cos(2ax)}{2}, \quad \sin^2(ax) = \frac{1-\cos(2ax)}{2}$$

**예제 7.1.11**

$\int \cos^2 2x\, dx$를 구하시오.

**풀이**

$$\begin{aligned}\int \cos^2 2x\, dx &= \int \frac{1+\cos 4x}{2} dx \\ &= \frac{1}{2}\int 1dx + \frac{1}{2}\int \cos 4x\, dx \\ &= \frac{1}{2}x + \frac{1}{8}\sin 4x + C\end{aligned}$$

**예제 7.1.12**

$\int \sin^2 \frac{x}{2}\, dx$를 구하시오.

**풀이**

$$\begin{aligned}\int \sin^2 \frac{x}{2}\, dx &= \int \frac{1-\cos x}{2} dx \\ &= \frac{1}{2}\int 1dx - \frac{1}{2}\int \cos x\, dx \\ &= \frac{1}{2}x - \frac{1}{2}\sin x + C\end{aligned}$$

**예제 7.1.13**

$\int (\cos 3x - 2)^2\, dx$를 구하시오.

**풀이**

$$\int (\cos 3x - 2)^2\, dx = \int \left(\cos^2 3x - 4\cos 3x + 4\right) dx$$

$$
\begin{aligned}
&= \int \left( \frac{1+\cos 6x}{2} - 4\cos 3x + 4 \right) dx \\
&= \int \left( \frac{1}{2}\cos 6x - 4\cos 3x + \frac{9}{2} \right) dx \\
&= \frac{1}{2}\int \cos 6x\,dx - 4\int \cos 3x\,dx + \frac{9}{2}\int 1\,dx \\
&= \frac{1}{12}\sin 6x - \frac{4}{3}\sin 3x + \frac{9}{2}x + C
\end{aligned}
$$

---

**예제 7.1.14**

$F(x) = \int (x+\sin x)dx$ 라고 할 때 $F(0)=0$ 이 되는 함수 $F(x)$를 구하시오.

**풀이**

$$
\begin{aligned}
F(x) &= \int (x+\sin x)dx \\
&= \int x\,dx + \int \sin x\,dx \\
&= \frac{1}{2}x^2 - \cos x + C
\end{aligned}
$$

이고

$$F(0) = 0 - \cos 0 + C = -1 + C = 0$$

이므로 $C=1$이다. 따라서

$$F(x) = \frac{1}{2}x^2 - \cos x + 1$$

이다.

---

**예제 7.1.15**

두 함수 $f(x)$, $g(x)$가 다음을 만족할 때,

$$f(x) + g(x) = x, \quad \int f(x)dx + 2\int g(x)dx = x^3$$

두 함수 $f(x)$, $g(x)$를 각각 구하시오.

**풀이**

$$\int f(x)dx + 2\int g(x)dx = x^3$$

$$\int \{f(x)+2g(x)\}dx = x^3$$

위 식의 양변을 미분하면

$$f(x)+2g(x)=3x^2$$

이다. 주어진 조건 $f(x)+g(x)=x$를 이용하면

$$g(x)=x-f(x)$$

를 $f(x)+2g(x)=3x^2$에 대입하면

$$f(x)+2\{x-f(x)\}=3x^2$$

$$f(x)=-3x^2+2x$$

이므로

$$g(x)=3x^2-x$$

이다.

---

**예제 7.1.16**

다음 조건을 만족하는 함수 $F(x)$를 구하시오.

$$F'(x)=\cos 3x-2\sin x,\quad F\left(\frac{\pi}{2}\right)=0$$

**풀이**

$$\begin{aligned} F(x) &= \int (\cos 3x - 2\sin x)dx \\ &= \int \cos 3x\, dx - 2\int \sin x\, dx \\ &= \frac{1}{3}\sin 3x + 2\cos x + C \end{aligned}$$

이므로 $F\left(\frac{\pi}{2}\right)=0$에 의하여

$$F\left(\frac{\pi}{2}\right)=\frac{1}{3}\sin\frac{3}{2}\pi+2\cos\frac{\pi}{2}+C=0$$

이다. $\sin\frac{3}{2}\pi=-1, \cos\frac{\pi}{2}=0$ 이므로 $C=\frac{1}{3}$ 이고

$$F(x)=\frac{1}{3}\sin 3x+2\cos x+\frac{1}{3}$$

이다.

**예제 7.1.17**

평면 위의 점 $(1, 2)$를 지나는 곡선 $y=f(x)$가 있다. 곡선 위에 있는 임의의 점 $(x, y)$에서 그은 접선의 기울기가 $x^2-2x+3$일 때 이 곡선의 식 $f(x)$를 구하시오.

**풀이**

곡선의 기울기는 $f'(x)$와 같으므로

$$f'(x)=x^2-2x+3$$

이고

$$\begin{aligned} f(x) &= \int x^2-2x+3\,dx \\ &= \int x^2\,dx-2\int x\,dx+3\int 1\,dx \\ &= \frac{1}{3}x^3-x^2+3x+C \end{aligned}$$

이다. $y=f(x)$가 점 $(1, 2)$를 지나므로 $x=1$일 때 $y=2$이다. 즉,

$$f(1)=\frac{1}{3}-1+3+C=\frac{7}{3}+C=2$$

이므로 $C=-\frac{1}{3}$이다. 따라서 곡선의 식 $f(x)$는 다음과 같다.

$$f(x)=\frac{1}{3}x^3-x^2+3x-\frac{1}{3}$$

## 연습문제 7.1

**01** 다음 부정적분을 구하시오.

(1) $\int x^{-5}dx$　　(2) $\int \frac{3}{x^2}dx$

(3) $\int e^{-3x}dx$　　(4) $\int \left(\frac{1}{2}\right)^x dx$

(5) $\int \cos(7x)dx$　　(6) $\int -\sin^2(5x)dx$

(7) $\int \sec^2(9x)\,dx$　　(8) $\int \tan^2 x\,dx$

**02** 다음 부정적분을 구하시오.

(1) $\int (2x+3)^2 dx$　　(2) $\int (\sqrt{x}-2x)^3 dx$

(3) $\int \frac{x^3+1}{x+1}dx$　　(4) $\int \left(\frac{1}{\sqrt{x}}-\frac{3}{x^2}\right)dx$

(5) $\int \{\cos(3x)-2\}^2 dx$　　(6) $\int \left\{3\cos\left(\frac{x}{2}\right)-4\sin(3x)\right\}dx$

(7) $\int \frac{\cos^3 x+\sin^3 x}{\cos x+\sin x}dx$　　(8) $\int (\cos x-\sin x)^2 dx$

**03** 다음 부정적분을 구하시오.

(1) $\int \left(t^{\frac{3}{2}}-\frac{1}{\sqrt{t}}\right)dt$　　(2) $\int \left(\frac{t^{-3}+1}{t^{-1}+1}\right)dt$

(3) $\int \left(2t^2-\frac{1}{t^3}\right)^2 dt$　　(4) $\int \left(e^{-3t}-\frac{2}{t}\right)dt$

(5) $\int (e^{-t}+2e^t)^2 dt$　　(6) $\int \left(e^{-t}-\frac{1}{2}e^{2t}\right)^2 dt$

(7) $\int (e^{2t}-3)^3 dt$　　(8) $\int \left(\frac{e^{3t}-1}{e^t-1}\right)dt$

**04** 다음을 만족시키는 함수 $F(x)$를 구하시오.

$$F'(x) = \frac{1}{2}e^{3x} - \cos x\,,\ \ F\left(\frac{\pi}{2}\right) = 0$$

**05** 다음을 만족시키는 함수 $F(x)$를 구하시오.

$$F'(x) = \frac{2}{x} - x + \frac{1}{2}\ ,\ \ F(e) = 3$$

## 7.2 구분구적법과 정적분

구분구적법이란 넓이나 부피를 구하고자 할 때 대상을 넓이나 부피가 쉽게 계산되는 도형(예를 들어 직사각형, 원판, 직육면체 등)으로 나누어 이들의 합을 구하고 극한을 취하는 과정이라 볼 수 있다. 다음 예제에서 구분구적법에 대하여 알아보자.

**예제 7.2.1**

구간 $[0, 1]$에서 $y = x^2$의 그래프 및 $x$축으로 둘러싸인 부분의 넓이를 구하시오.

**풀이**

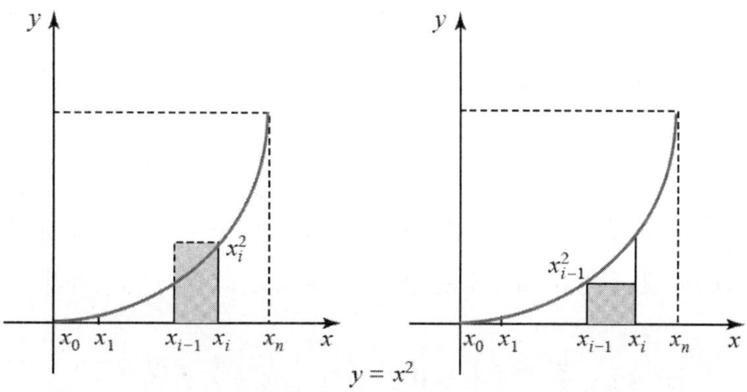


구간 $[0, 1]$을 균등하게 $n$등분한 점들을 $x_0$, $x_1$, $\cdots$, $x_n$이라 하자. 실제로

$$x_0 = 0,\ \ x_i = \frac{i}{n}\ \ (i = 1, 2, 3, \cdots, n)$$

이다. 나누어진 구간 $[x_{i-1}, x_i]$에 높이가 $(x_i)^2$인 작은 직사각형을 만들고 넓이의 합을 $U(n)$으로 나타내면

$$\begin{aligned} U(n) &= \sum_{i=1}^{n} (x_i)^2 (x_i - x_{i-1}) \\ &= \sum_{i=1}^{n} \left(\frac{i}{n}\right)^2 \frac{1}{n} = \frac{1}{n^3} \sum_{i=1}^{n} i^2 \\ &= \frac{n(n+1)(2n+1)}{6n^3} \end{aligned}$$

이다.

비슷하게 구간 $[x_{i-1}, x_i]$에 높이가 $(x_{i-1})^2$인 작은 직사각형을 만들고 넓이의 합을 $L(n)$으로 나타내면

$$\begin{aligned} L(n) &= \sum_{i=1}^{n}(x_{i-1})^2(x_i - x_{i-1}) \\ &= \sum_{i=1}^{n}\left(\frac{i-1}{n}\right)^2\frac{1}{n} = \frac{1}{n^3}\sum_{i=1}^{n}(i-1)^2 \\ &= \frac{n(n-1)(2n-1)}{6n^3} \end{aligned}$$

이다. $U(n)$과 $L(n)$의 $n\to\infty$일 때 극한을 구해보면

$$\lim_{n\to\infty} U(n) = \frac{1}{3}\ ,\ \lim_{n\to\infty} L(n) = \frac{1}{3}$$

임을 알 수 있다. 직관적으로 $n$이 커지면 $U(n)$과 $L(n)$이 구하고자 하는 도형의 넓이로 수렴하는 것을 짐작할 수 있다. 따라서 둘러싸인 부분의 넓이는 $\frac{1}{3}$이다.

---

이제 구분구적법을 일반적인 구간 $[a, b]$와 연속함수 $y = f(x)$에 대하여 적용시켜 보자. 구간 $[a, b]$를 균등하게 $n$등분한 점들을 $x_0$, $x_1$, $\cdots$, $x_n$이라 하면

$$x_i = a + \frac{b-a}{n}i\ \ (i = 0, 1, \cdots, n),\ \ x_i - x_{i-1} = \frac{b-a}{n}$$

이다. 높이가 $f(x_i)$인 직사각형을 소구간 $[x_{i-1}, x_i]$에 만들면 넓이는

$$f(x_i)\cdot\frac{b-a}{n}$$

이고 넓이의 합 $S(n)$은

$$S(n) = \sum_{i=1}^{n} f(x_i)\cdot\frac{b-a}{n}$$

이다. $n\to\infty$일 때 $S(n)$의 극한값이

$$\lim_{n\to\infty} S(n) = \lim_{n\to\infty}\sum_{i=1}^{n} f(x_i)\cdot\frac{b-a}{n},\ \ x_i = a + \frac{b-a}{n}i$$

존재하면 이 극한값을 $[a, b]$에서 $f$의 **정적분**(definite integral)이라 하고 다음과 같이 나타낸다.

$$\int_a^b f(x)dx$$

여기서 $a$는 적분하한, $b$는 적분상한, $f(x)$는 피적분함수이고 $dx$는 변수 $x$에 대한 적분을 나타낸다.

정적분이 존재하는 경우 $f$가 $[a, b]$에서 적분가능하다고 하고, 정적분을 구하는 것을 간단히 적분한다라고도 한다.

예제 7.2.1을 참조하면 $x^2$은 $[0, 1]$에서 적분가능하고

$$\int_0^1 x^2\,dx = \frac{1}{3}$$

이라 표현할 수 있다.

**정리 7.2.1 정적분의 존재성**

함수 $f: [a, b] \to R$이 연속함수이면 함수 $f$는 $[a, b]$에서 적분 가능하다.

**예제 7.2.2**

구간 $[0, 1]$에서 정의된 함수

$$f(x) = \begin{cases} 1, & (x \in \text{유리수}) \\ 0, & (x \in \text{무리수}) \end{cases}$$

가 있다. 함수 $f(x)$는 $[0, 1]$에서 적분가능 유무를 판단하시오.

**풀이**

임의의 두 유리수 사이에는 무한개의 무리수가 존재하고, 반대로 임의의 두 무리수 사이에도 무한개의 유리수가 존재한다. 구간 $[0, 1]$에는 무한개의 유리수와 무리수가 존재하므로 주어진 함수 $f(x)$는 연속함수가 아니다. 그러므로 함수 $f(x)$는 적분가능하지 않다.

정적분의 정의를 생각하면, $f(x)$가 $[a,b]$에서 적분가능하고 모든 $x \in [a,b]$에 대하여 $f(x) \geq 0$일 때 정적분 $\int_a^b f(x)\,dx$는 구간 $x \in [a,b]$의 $f(x)$ 그래프와 $x$축 사이의 넓이를 나타낸다.

좀 더 일반적으로 함수 $f(x)$가 양과 음의 값을 모두 갖는다고 하자. 이 때 정적분 $\int_a^b f(x)\,dx$는 함숫값이 양인 부분과 음인 부분의 각각의 넓이의 합으로 표시할 수 있도록 분할을 취할 수 있으므로 다음 사실을 알 수 있다.

적분가능한 함수 $f(x)$, $x \in [a,b]$에 대하여

$$\int_a^b f(x)\,dx = (x\text{축 윗부분의 넓이}) - (x\text{축 아랫부분의 넓이})$$

**예제 7.2.3**

정적분 $\int_0^1 \sqrt{1-x^2}\,dx$를 구하시오.

**풀이**

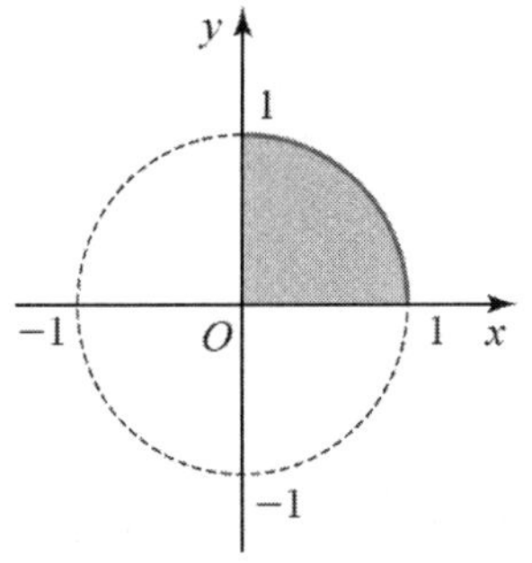


$y = \sqrt{1-x^2}\ (0 \leq x \leq 1)$은 반지름이 1이고, 중심이 원점인 원의 일부분이다.
정적분의 정의를 이용하여 계산하지 않고 원의 넓이 공식을 이용하면

$$\int_0^1 \sqrt{1-x^2}\,dx = \frac{\pi}{4}$$

임을 알 수 있다.

예제 7.2.4

정적분 $\int_0^{2\pi} \cos x\, dx$를 구하시오.

**풀이**

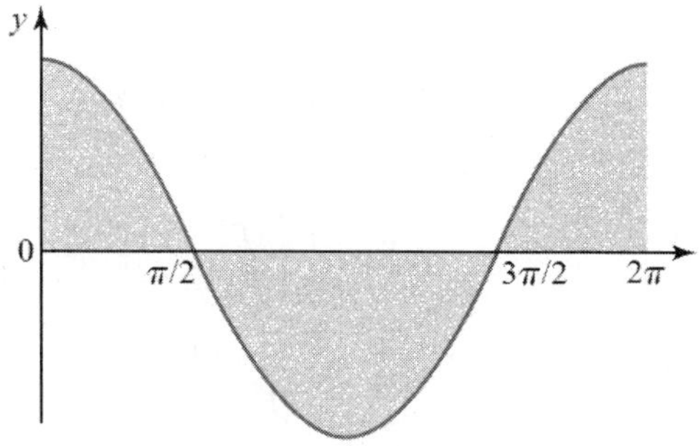


$y = \cos x\ (0 \le x \le 2\pi)$에 대하여 그림과 같이

($x$축 윗부분의 넓이) = ($x$축 아랫부분의 넓이)

이므로

$$\int_0^{2\pi} \cos x\, dx = 0$$

이다.

앞에서 살펴본 정적분의 정의를 생각하면 정적분이 어떤 영역의 넓이를 구하는 데 사용될 수 있음을 알 수 있다. 그러나 넓이는 정적분을 이용하여 계산될 수 있는 여러 양 중 하나에 불과하다. 입체의 부피, 질량, 전류의 양, 물체가 받는 힘 등 여러 분야에서 정적분을 사용할 수 있다. 정의에 입각하여 정적분을 구하는 것은 매우 어렵다. 또한 적분가능 함수라 할지라도 정적분의 계산이 불가능한 경우가 많다. 다음으로 정적분과 부정적분의 관계를 살펴보고 정적분의 몇 가지 성질을 살펴보자.

**정리 7.2.2 미적분학의 기본정리 1 (부정적분의 존재성)**

$f(x)$가 $[a, b]$에서 연속일 때

$$F(x) = \int_a^x f(t)\, dt,\ \ x \in [a, b]$$

라 하면 $F(x)$는 $[a, b]$에서 연속이고, $(a, b)$에서 미분가능하며

$$\frac{d}{dx}F(x) = F'(x) = f(x)$$

이다.

**증명**

$$\begin{aligned} F'(x) &= \lim_{h\to 0}\frac{F(x+h) - F(x)}{h} \\ &= \lim_{h\to 0}\frac{1}{h}\left\{\int_a^{x+h} f(t)\,dt - \int_a^x f(t)\,dt\right\} \\ &= \lim_{h\to 0}\frac{1}{h}\int_x^{x+h} f(t)\,dt \end{aligned}$$

이다. $[a, b]$ 사이의 구간 $[x, x+h]$에서 연속함수 $f(t)$의 최댓값을 $M$, 최솟값을 $m$이라 하면

$$m \le f(t) \le M$$

$$\int_x^{x+h} m\,dt \le \int_x^{x+h} f(t)\,dt \le \int_x^{x+h} M\,dt$$

$$\frac{1}{h}\int_x^{x+h} m\,dt \le \frac{1}{h}\int_x^{x+h} f(t)\,dt \le \frac{1}{h}\int_x^{x+h} M\,dt$$

$$m \le \frac{1}{h}\int_x^{x+h} f(t)\,dt \le M$$

$$m \le \lim_{h\to 0}\frac{1}{h}\int_x^{x+h} f(t)\,dt \le M$$

$$m \le F'(x) \le M$$

이므로 중간값 정리에 의하여 $c \in (x, x+h)$인 $F'(c) = f(c)$가 적어도 하나 존재한다. $x < c < x+h$에서 $h \to 0$이면 $c \to x$이고 $f(c) \to f(x)$ 이므로 $f(x)$는 존재한다.

**예제 7.2.5**

$F(x)=\int_0^x \frac{1}{1+t^3}\,dt$일 때 $F'(x)$를 구하시오.

**풀이**

$$F'(x)=\frac{d}{dx}\int_0^x \frac{1}{1+t^3}\,dt=\frac{1}{1+x^3}$$

**정리 7.2.3 미적분학의 기본정리 2 (부정적분을 이용한 정적분의 계산)**

$F(x)$가 $f(x)$의 부정적분 중의 하나이면 다음이 성립한다.

$$\int_a^b f(x)\,dx = F(b)-F(a)=[F(x)]_a^b$$

**증명** 정리 7.2.2에 의하여 $f(x)$의 부정적분이 적어도 하나 존재함을 알고 있다.

$$G(x)=\int_a^x f(t)\,dt$$

라고 하면

$$F(x)=G(x)+C$$

이고

$$\begin{aligned} F(b)-F(a) &= \{G(b)+C\}-\{G(a)+C\} \\ &= G(b)-G(a) \\ &= \int_a^b f(t)\,dt-\int_a^a f(t)\,dt \\ &= \int_a^b f(t)\,dt \end{aligned}$$

이므로 정리가 증명된다.

정리 7.2.2는 모든 연속함수가 부정적분을 가짐을 의미하고, 정리 7.2.3은 피적분 함수의 부정적분을 구할 수 있으면 정적분이 매우 간단하게 계산될 수 있음을 말해준다. 따라서 정적분의 계산은 부정적분의 계산에 달려있다.

**예제 7.2.6**

다음 정적분을 구하시오.

(1) $\int_1^2 x^2\,dx$ (2) $\int_0^5 e^{3x}\,dx$

(3) $\int_0^{\frac{\pi}{2}} \cos x\,dx$ (4) $\int_1^4 \frac{1}{x}\,dx$

**풀이**

(1) $\int_1^2 x^2\,dx = \left[\frac{1}{3}x^3\right]_1^2 = \frac{8}{3} - \frac{1}{3} = \frac{7}{3}$

(2) $\int_0^5 e^{3x}\,dx = \left[\frac{1}{3}e^{3x}\right]_0^5 = \frac{1}{3}e^{15} - \frac{1}{3}e^0 = \frac{e^{15}-1}{3}$

(3) $\int_0^{\frac{\pi}{2}} \cos x\,dx = [\sin x]_0^{\frac{\pi}{2}} = \sin\frac{\pi}{2} - \sin 0 = 1$

(4) $\int_1^4 \frac{1}{x}\,dx = [\ln x]_1^4 = \ln 4 - \ln 1 = \ln 4$

다음 정리는 정적분의 계산에서 유용한 몇 가지 성질을 요약한 것이다.

**정리 7.2.4 정적분의 기본성질**

두 함수 $f(x), g(x)$가 $[a, b]$에서 연속함수이면 다음이 성립한다.

(1) $\int_a^b \{f(x) \pm g(x)\}dx = \int_a^b f(x)dx \pm \int_a^b g(x)dx$

(2) $\int_a^b kf(x)\,dx = k\int_a^b f(x)dx$ ($k$는 상수)

(3) $\int_a^a f(x)\,dx = 0$

(4) $\int_a^c f(x)\,dx + \int_c^b f(x)\,dx = \int_a^b f(x)dx$

(5) $\int_b^a f(x)\,dx = -\int_a^b f(x)\,dx$

**증명** (1) $F(x)$가 $f(x)$의 부정적분 중 하나이고, $G(x)$가 $g(x)$의 부정적분 중 하나이면

$$\int_a^b f(x)dx = F(b) - F(a),\ \int_a^b g(x)dx = G(b) - G(a)$$

가 성립한다.

$$\begin{aligned}\int_a^b \{f(x)+g(x)\}dx &= \{F(b)+G(b)\} - \{F(a)+G(a)\} \\ &= \{F(b)-F(a)\} + \{G(b)-G(a)\} \\ &= \int_a^b f(x)dx + \int_a^b g(x)dx\end{aligned}$$

뺄셈도 똑같은 방법으로 증명된다.

(2) $$\begin{aligned}k\int_a^b f(x)dx &= k\{F(b)-F(a)\} = kF(b) - kF(a) \\ &= \int_a^b kf(x)\,dx\end{aligned}$$

(3) 구간 $[a, b]$에서 $b = a$인 경우이므로 0이다.

(4) $$\begin{aligned}\int_a^c f(x)\,dx + \int_c^b f(x)\,dx &= \{F(c)-F(a)\} + \{F(b)-F(c)\} \\ &= F(b) - F(a) = \int_a^b f(x)dx\end{aligned}$$

(5) $$\begin{aligned}\int_b^a f(x)\,dx &= F(a) - F(b) \\ &= -\{F(b)-F(a)\} = -\int_a^b f(x)dx\end{aligned}$$

### 예제 7.2.7

다음 정적분을 구하시오.

(1) $\int_0^1 (x^2 - x + 3)dx$

(2) $\int_0^1 10e^{5x}dx$

(3) $\int_7^7 (3x^3 - 2x + 7)dx$

(4) $\int_0^{\frac{\pi}{5}} \cos x\, dx + \int_{\frac{\pi}{5}}^{\frac{\pi}{2}} \cos x\, dx$

**풀이**

(1) $$\int_0^1 (x^2 - x + 3)dx = \int_0^1 x^2 dx - \int_0^1 x dx + \int_0^1 3dx$$
$$= \left[\frac{1}{3}x^3\right]_0^1 - \left[\frac{1}{2}x^2\right]_0^1 + [3x]_0^1 = \frac{17}{6}$$

(2) $$\int_0^1 10e^{5x}dx = 10\int_0^1 e^{5x}dx = 10\left[\frac{1}{5}e^{5x}\right]_0^1 = 10\left(\frac{e^5 - 1}{5}\right) = 2e^5 - 2$$

(3) $$\int_7^7 (3x^3 - 2x + 7)dx = 0$$

(4) $$\int_0^{\frac{\pi}{5}} \cos x\, dx + \int_{\frac{\pi}{5}}^{\frac{\pi}{2}} \cos x\, dx = \int_0^{\frac{\pi}{2}} \cos x\, dx = [\sin x]_0^{\frac{\pi}{2}} = 1$$

### 예제 7.2.8

$\int_{-1}^3 |x-2|\, dx$를 구하시오.

**풀이**

$|x-2| = \begin{cases} x-2\,, x \geq 2 \\ 2-x\,, x < 2 \end{cases}$이므로 적분구간을 나누어 다음과 같이 계산한다.

$$\int_{-1}^3 |x-2|\, dx = \int_{-1}^2 |x-2|dx + \int_2^3 |x-2|dx$$
$$= \int_{-1}^2 (2-x)\, dx + \int_2^3 (x-2)dx = 5$$

### 예제 7.2.9

다음 정적분을 구하시오.

(1) $\displaystyle\int_1^2\left(x-\frac{1}{x^2}\right)^2dx$ (2) $\displaystyle\int_0^5(3e^x-2)dx$

**풀이**

(1) $$\int_1^2\left(x-\frac{1}{x^2}\right)^2dx=\int_1^2\left(x^2-\frac{2}{x}+\frac{1}{x^4}\right)dx$$
$$=\left[\frac{1}{3}x^3-2\ln x-\frac{1}{3}x^{-3}\right]_1^2$$
$$=\frac{21}{8}-2\ln 2$$

(2) $$\int_0^5(3e^x-2)dx=\left[3e^x-2x\right]_0^5=3e^5-13$$

## 연습문제 7.2

**01** 다음을 구분구적법을 이용하여 구하시오.

(1) $y=2x\ (0\le x\le 2)$의 그래프와 $x$축 사이의 넓이

(2) $y=2-x$, $x$축, $y$축으로 둘러싸인 삼각형의 넓이

**02** 다음 정적분을 구하시오.

(1) $\displaystyle\int_{-2}^{3} 3\,dx$　　(2) $\displaystyle\int_{0}^{3}(3-x)\,dx$

(3) $\displaystyle\int_{0}^{2}(x-\sqrt{x})^2\,dx$　　(4) $\displaystyle\int_{-2}^{2}\sqrt{4-x^2}\,dx$

(5) $\displaystyle\int_{-5}^{5} x^9\,dx$　　(6) $\displaystyle\int_{0}^{1}\frac{x^3-8}{x-2}\,dx$

**03** 다음 정적분을 구하시오.

(1) $\displaystyle\int_{-3}^{5}|x-1|\,dx$　　(2) $\displaystyle\int_{1}^{5}|x^2-4|\,dx$

(3) $\displaystyle\int_{0}^{6}|\sqrt{x}-2|\,dx$　　(4) $\displaystyle\int_{-5}^{-3}|x+4|\,dx$

**04** 다음 정적분을 구하시오.

(1) $\displaystyle\int_{-\pi}^{\pi}\cos 3x\,dx$　　(2) $\displaystyle\int_{0}^{\frac{\pi}{8}}(1+\tan^2 2x)\,dx$

(3) $\displaystyle\int_{0}^{\pi}\left(\cos\frac{x}{2}-2\sin 3x\right)dx$　　(4) $\displaystyle\int_{0}^{3}(2e^{-x}-5)^2\,dx$

(5) $\displaystyle\int_{0}^{1}\frac{e^{3x}-8}{e^x-2}\,dx$　　(6) $\displaystyle\int_{0}^{1}(e^{-x}+e^x)^2\,dx$

**05** 다항함수 $f(x)$가 모든 실수 $x$에 대하여

$$\int_{-1}^{x} f(t)\,dt = x^4+ax^2+bx \quad (\text{단, } a, b\text{는 상수})$$

를 만족시킨다. $f(1)=11$일 때, $a+b$의 값을 구하시오.

06 다항함수 $f(x)$가 모든 실수 $x$에 대하여

$$\int_2^x f(t)\,dt = ax + 4 + \int_1^x \left(3t^2 - 2t\right) dt \quad (\text{단, } a\text{는 상수})$$

를 만족시킬 때, $\int_0^3 f(x)\,dx$를 구하시오.

07 함수 $f(x) = \begin{cases} 3x+1 & (x < 1) \\ 4 & (x \geq 1) \end{cases}$에 대하여 $\int_0^3 |x-1| f(x)\,dx$의 값을 구하시오.

08 함수 $f(x) = x^3 + ax^2 + 4$는 $x = 2$에서 극솟값을 갖고,

$$\int_0^2 f(x)\,dx + \int_0^2 \left(3x^2 + b\right) dx = 0 \quad (\text{단, } a, b\text{는 상수})$$

을 만족시킨다. $ab$의 값을 구하시오.

09 3차 함수 $f(x)$가 모든 실수 $x$에 대하여 $f(-x) = -f(x)$를 만족시킨다. $\int_{-1}^1 x^2 f'(x)\,dx = 8$이고 $f'(1) = 18$일 때, $f(1)$의 값을 구하시오.

## 7.3 치환적분법

합성함수의 미분법(chain rule, 연쇄법칙)을 생각해보자. 두 함수 $F(x)$와 $g(x)$가 미분가능한 함수이면

$$\frac{d}{dx}F(g(x))=F'(g(x))g'(x)$$

가 성립한다. 여기서 $F'(x)=f(x)$라 두면

$$\int f(g(x))g'(x)dx=F(g(x))+C$$

이다. 실제 계산에서는 $u=g(x)$라 하면

$$\frac{du}{dx}=g'(x) \Rightarrow du=g'(x)dx$$

이므로

$$\int f(g(x))g'(x)dx=\int f(u)du$$

를 계산한 후 $u$ 대신에 $g(x)$를 대입하면 된다. 이 과정에서 어떤 함수를 $u$로 치환할지 미리 짐작하는 것이 매우 중요하다.

**예제 7.3.1**

$\int 2x(x^2+2)^5dx$를 구하시오.

**풀이**

$u=x^2+2$로 치환하면 $du=2x\,dx$이다. 따라서

$$\int 2x(x^2+2)^5dx=\int u^5du=\frac{1}{6}u^6+C=\frac{1}{6}(x^2+2)^6+C$$

**예제 7.3.2**

$\int \sin^2 x \cos x \, dx$를 구하시오.

**풀이**

$u = \sin x$로 치환하면 $du = \cos x \, dx$이다. 따라서

$$\int \sin^2 x \cos x \, dx = \int u^2 du = \frac{1}{3}u^3 + C = \frac{1}{3}\sin^3 x + C$$

**예제 7.3.3**

$\int e^x (2e^x + 3)^2 dx$를 구하시오.

**풀이**

$u = 2e^x + 3$으로 치환하면 $du = 2e^x \, dx$이다. 따라서

$$\begin{aligned} \int e^x (2e^x + 3)^2 dx &= \int u^2 \cdot \frac{1}{2} du = \frac{1}{2}\int u^2 du \\ &= \frac{1}{2}\left(\frac{1}{3}u^3\right) + C = \frac{1}{6}u^3 + C \\ &= \frac{1}{6}(2e^x + 3)^3 + C \end{aligned}$$

**예제 7.3.4**

$\int \frac{x}{\sqrt{x^2 + 1}} dx$를 구하시오.

**풀이**

$u = x^2 + 1$로 치환하면 $du = 2x \, dx$이다. 따라서

$$\begin{aligned} \int \frac{x}{\sqrt{x^2 + 1}} dx &= \int \frac{1}{\sqrt{u}} \cdot \frac{1}{2} du = \frac{1}{2}\int u^{-\frac{1}{2}} du \\ &= \frac{1}{2}\left(2u^{\frac{1}{2}}\right) + C = \sqrt{x^2 + 1} + C \end{aligned}$$

**예제 7.3.5**

$\int \tan x\, dx$를 구하시오.

**풀이**

$\tan x = \dfrac{\sin x}{\cos x}$ 이므로, $u = \cos x$로 치환하면 $du = -\sin x\, dx$이다. 따라서

$$\begin{aligned}\int \tan x\, dx &= \int \frac{\sin x}{\cos x} dx = \int \frac{1}{u} \cdot -du \\ &= -\int \frac{1}{u} du = -\ln u + C \\ &= -\ln|\cos x| + C = \ln|\sec x| + C\end{aligned}$$

다음으로 정적분에서의 치환적분을 알아보자.

**정리 7.3.1 치환적분**

함수 $g(x)$가 미분가능한 함수이면

$$\int_a^b f(g(x))g'(x)\, dx = \int_{g(a)}^{g(b)} f(u)\, du$$

이다.

**증명** $u = g(x)$로 치환하고 $f(x)$의 부정적분 $F(x)$라 하면

$$\frac{d}{dx}F(g(x)) = F'(g(x))g'(x) = f(g(x))g'(x)$$

이므로

$$\begin{aligned}\int_a^b f(g(x))g'(x)dx &= [F(g(x))]_a^b = F(g(b)) - F(g(a)) \\ &= \int_{g(a)}^{g(b)} f(u)du\end{aligned}$$

가 성립한다.

실제 치환을 이용한 정적분의 계산은 다음과 같이 이루어진다.

$$\int_a^b f(g(x))g'(x)dx \xrightarrow[g(a)=\alpha,\, g(b)=\beta]{g(x)=u,\, g'(x)dx=du} \int_\alpha^\beta f(u)du$$

적분구간이 $[a, b]$ 에서 $[\alpha, \beta]=[g(a), g(b)]$ 로 바뀜에 유의하자.

**예제 7.3.6**

$\int_0^1 \frac{x}{1+3x^2}dx$ 를 구하시오.

**풀이**

$u=1+3x^2$ 으로 치환하면 $du=6x\,dx$ 이다. $x=0$ 일 때 $u=1$ 이고 $x=1$ 일 때 $u=4$ 이므로 적분구간은 $[1, 4]$ 이다. 따라서

$$\int_0^1 \frac{x}{1+3x^2}dx = \int_1^4 \frac{1}{u} \cdot \frac{1}{6}du = \frac{1}{6}\int_1^4 \frac{1}{u}du$$
$$= \frac{1}{6}[\ln u]_1^4 = \frac{\ln 4}{6}$$

**예제 7.3.7**

$\int_1^e \frac{(\ln x)^2}{x}dx$ 를 구하시오.

**풀이**

$u=\ln x$ 로 치환하면 $du=\frac{1}{x}dx$ 이다. $x=1$ 일 때 $u=0$ 이고 $x=e$ 일 때 $u=1$ 이므로 적분구간은 $[0, 1]$ 이다. 따라서

$$\int_1^e \frac{(\ln x)^2}{x}dx = \int_0^1 u^2 du = \left[\frac{1}{3}u^3\right]_0^1 = \frac{1}{3}$$

피적분 함수가 $\sqrt{a^2 \pm x^2}$, $\sqrt{x^2-a^2}$ 을 포함하는 경우에는 삼각함수를 이용하여 다음과 같이 치환한다. 이 경우 삼각함수를 이용하는 치환이므로 **삼각치환**이라 한다.

$$\sqrt{a^2 - x^2} \quad : x = a\sin\theta, \quad dx = a\cos\theta\, d\theta$$

$$\sqrt{a^2 + x^2} \quad : x = a\tan\theta, \quad dx = a\sec^2\theta\, d\theta$$

$$\sqrt{x^2 - a^2} \quad : x = a\sec\theta, \quad dx = a\sec\theta\tan\theta\, d\theta$$

**예제 7.3.8**

$\int_0^1 \sqrt{1-x^2}\, dx$를 구하시오.

**풀이**

$x = \sin\theta$로 치환하면 $dx = \cos\theta\, d\theta$이고 $x = 0$일 때 $\theta = 0$이고 $x = 1$일 때 $\theta = \frac{\pi}{2}$이다. 따라서

$$\begin{aligned}\int_0^1 \sqrt{1-x^2}\, dx &= \int_0^{\frac{\pi}{2}} \sqrt{1-\sin^2\theta}\cos\theta\, d\theta \\ &= \int_0^{\frac{\pi}{2}} \cos^2\theta\, d\theta = \int_0^{\frac{\pi}{2}} \frac{1+\cos 2\theta}{2} d\theta \\ &= \left[\frac{\theta}{2} + \frac{\sin 2\theta}{4}\right]_0^{\frac{\pi}{2}} = \frac{\pi}{4}\end{aligned}$$

**예제 7.3.9**

$\int \frac{1}{\sqrt{(9+x^2)^3}} dx$를 구하시오.

**풀이**

$x = 3\tan\theta$로 치환하면 $dx = 3\sec^2\theta\, d\theta$이므로

$$\begin{aligned}\int \frac{1}{\sqrt{(9+x^2)^3}} dx &= \int \frac{1}{\sqrt{(9+9\tan^2\theta)^3}} 3\sec^2\theta\, d\theta \\ &= \int \frac{3\sec^2\theta}{\sqrt{\{9(1+\tan^2\theta)\}^3}} d\theta\end{aligned}$$

$$= \frac{1}{9}\int \frac{1}{\sec\theta} d\theta = \frac{1}{9}\int \cos\theta \, d\theta$$
$$= \frac{1}{9}\sin\theta + C$$

이다. $\tan\theta = \frac{x}{3}$ 이면 $\sin\theta = \frac{x}{\sqrt{9+x^2}}$ 이므로

$$\int \frac{1}{\sqrt{(9+x^2)^3}} dx = \frac{1}{9}\sin\theta + C = \frac{x}{9\sqrt{9+x^2}} + C$$

---

**예제 7.3.10**

$\int \frac{x}{\sqrt{4-x^2}} dx$를 구하시오.

**풀이**

$x = 2\sin\theta$로 치환하면 $dx = 2\cos\theta \, d\theta$ 이므로

$$\int \frac{x}{\sqrt{4-x^2}} dx = \int \frac{2\sin\theta}{\sqrt{4-4\sin^2\theta}} 2\cos\theta \, d\theta$$
$$= 2\int \sin\theta \, d\theta = -2\cos\theta + C$$

이다. $\sin\theta = \frac{x}{2}$ 이고 $\cos\theta = \frac{\sqrt{4-x^2}}{2}$ 이므로

$$\int \frac{x}{\sqrt{4-x^2}} dx = -2\cos\theta + C$$
$$= -\sqrt{4-x^2} + C$$

---

다음은 치환적분에서 유용한 미분공식들이다.

(1) $\frac{d}{dx}\cos(g(x)) = -\sin(g(x))g'(x)$

(2) $\frac{d}{dx}\sin(g(x)) = \cos(g(x))g'(x)$

(3) $\dfrac{d}{dx}\tan(g(x)) = \sec^2(g(x))g'(x)$

(4) $\dfrac{d}{dx}e^{g(x)} = e^{g(x)}g'(x)$

(5) $\dfrac{d}{dx}\ln f(x) = \dfrac{f'(x)}{f(x)}$

(6) $\dfrac{d}{dx}(g(x))^a = ag(x)^{a-1}g'(x)$

## 연습문제 7.3

**01** 다음 부정적분을 구하시오.

(1) $\int x^2(1+x^3)^2\,dx$ (2) $\int x\sqrt{x^2-1}\,dx$

(3) $\int \frac{x}{\sqrt{x^2-3}}\,dx$ (4) $\int \frac{\cos x}{1+\sin^2 x}\,dx$

(5) $\int \frac{e^x}{(e^x+3)^9}\,dx$ (6) $\int \frac{1}{x\ln x}\,dx$

(7) $\int e^x\sqrt{e^x+1}\,dx$ (8) $\int x^3 e^{-x^4}\,dx$

**02** 다음 정적분을 구하시오.

(1) $\int_0^1 \frac{2x}{x^2+1}\,dx$ (2) $\int_0^2 \frac{x}{1+4x^2}\,dx$

(3) $\int_0^1 5x(1+x^2)\,dx$ (4) $\int_0^2 x^2\sqrt{x^3+1}\,dx$

(5) $\int_0^{\frac{\pi}{2}} \cos^3 x\sin x\,dx$ (6) $\int_0^{\frac{\pi}{2}} \sin^2 x\,dx$

(7) $\int_0^1 \frac{e^x}{e^x+1}\,dx$ (8) $\int_2^3 \frac{1}{x(\ln x)^2}\,dx$

**03** 삼각치환을 이용하여 다음 적분을 구하시오.

(1) $\int \sqrt{16-x^2}\,dx$ (2) $\int \frac{1}{x\sqrt{1-x^2}}\,dx$

(3) $\int \sqrt{4x-x^2}\,dx$ (4) $\int_0^2 x^2\sqrt{4-x^2}\,dx$

(5) $\int_{-3}^3 \frac{1}{x^2+9}\,dx$ (6) $\int_{\frac{1}{2}}^1 \frac{\sqrt{1-x^2}}{x^2}\,dx$

## 7.4 부분적분법

$u(x)$, $v(x)$의 부정적분이 간단히 구해진다 하더라도 $\int u(x)v(x)dx$를 구하는 것은 쉽지 않다. 이런 경우에는 미분 공식

$$(uv)' = u'v + uv'$$

으로부터

$$u'v = (uv)' - uv'$$

임을 이용하여 다음과 같이 계산하면 편리하다.

$$\int u'v\,dx = \int (uv)'dx - \int uv'\,dx = uv - \int uv'\,dx$$

이러한 적분방법을 **부분적분법**이라 한다.

**예제 7.4.1**

$\int x\sin x\,dx$를 구하시오.

**풀이**

$u' = \sin x$, $v = x$로 두고 부분적분법을 적용하면 $u = -\cos x$, $v' = 1$이므로

$$\begin{aligned}\int x\sin x\,dx &= -x\cos x - \int(-\cos x)dx \\ &= -x\cos x + \sin x + C\end{aligned}$$

**예제 7.4.2**

$\int x^2 e^x\,dx$를 구하시오.

**풀이**

$u' = e^x$, $v = x^2$으로 두고 부분적분법을 적용하면 다음과 같다.

$$\int x^2 e^x\,dx = x^2 e^x - \int 2x\,e^x dx = x^2 e^x - 2\int x\,e^x dx$$

그리고 $\int x\,e^x\,dx$를 구하기 위해 $u' = e^x$, $v = x$라 두고 다시 부분적분법을 적용하면

$$\int x\,e^x\,dx = x\,e^x - \int 1 \cdot e^x\,dx = x\,e^x - e^x + C$$

이다. 따라서 구하는 적분은 다음과 같다.

$$\begin{aligned}\int x^2 e^x\,dx &= x^2 e^x - 2\int x\,e^x dx \\ &= x^2 e^x - 2(x\,e^x - e^x) + C \\ &= x^2 e^x - 2x\,e^x + 2e^x + C\end{aligned}$$

---

**예제 7.4.3**

$\int \ln x\,dx$를 구하시오.

**풀이**

$\ln x = \ln x \times 1$에서 $u' = 1$, $v = \ln x$라 두면 $u = x$, $v' = \dfrac{1}{x}$이므로

$$\int \ln x\,dx = x\ln x - \int x \cdot \frac{1}{x} dx = x\ln x - x + C$$

---

삼각함수나 지수함수에 다항식이 곱해진 경우에는 삼각함수나 지수함수를 $u'$, 다항식을 $v$로 간주하는 것이 좋고, 다항식과 로그함수가 곱해진 경우에는 다항식을 $u'$, 로그함수를 $v$로 간주하는 것이 좋다. 삼각함수와 지수함수가 곱해진 경우에는 큰 차이가 없지만 부분적분법을 두 번 적용해야 한다.

**예제 7.4.4**

$\int e^x \cos x\,dx$를 구하시오.

**풀이**

$u' = e^x$, $v = \cos x$로 두면 $u = e^x$, $v' = -\sin x$이므로

$$\int e^x \cos x\, dx = e^x \cos x - \int e^x(-\sin x) dx$$
$$= e^x \cos x + \int e^x \sin x\, dx$$

이다. $\int e^x \sin x\, dx$를 계산하기 위해 $u' = e^x$, $v = \sin x$로 두면 $u = e^x$, $v' = \cos x$ 이므로

$$\int e^x \sin x\, dx = e^x \sin x - \int e^x \cos x\, dx$$

이다. 따라서

$$\int e^x \cos x\, dx = e^x \cos x + e^x \sin x - \int e^x \cos x\, dx$$

이므로 구하는 적분은 다음과 같다.

$$\int e^x \cos x\, dx = \frac{e^x(\cos x + \sin x)}{2} + C$$

---

다음으로 정적분에서의 부분적분을 알아보기로 하자.

$$\int_a^b u'(x)v(x)\, dx = \int_a^b (u(x)v(x))' dx - \int_a^b u(x)v'(x) dx$$
$$= [u(x)v(x)]_a^b - \int_a^b u(x)v'(x)\, dx$$

**예제 7.4.5**

$\int_0^\pi x \cos x\, dx$를 구하시오.

**풀이**

$u' = \cos x$, $v = x$로 두면 $u = \sin x$, $v' = 1$이므로

$$\int_0^\pi x \cos x\, dx = [x \sin x]_0^\pi - \int_0^\pi \sin x\, dx$$
$$= 0 - [-\cos x]_0^\pi = -2$$

---

**예제 7.4.6**

$\int_1^e x \ln x \, dx$를 구하시오.

**풀이**

$u' = x$, $v = \ln x$로 두면 $u = \frac{1}{2}x^2$, $v' = \frac{1}{x}$이므로

$$\begin{aligned}\int_1^e x \ln x \, dx &= \left[\frac{1}{2}x^2 \ln x\right]_1^e - \int_1^e \frac{1}{2}x^2 \cdot \frac{1}{x} dx \\ &= \frac{e^2}{2} - \left[\frac{x^2}{4}\right]_1^e = \frac{e^2}{2} - \frac{e^2}{4} + \frac{1}{4} = \frac{e^2+1}{4}\end{aligned}$$

**예제 7.4.7**

$\int_0^\pi e^x \cos x \, dx$를 구하시오.

**풀이**

예제 7.4.4에 의하여

$$\int e^x \cos x \, dx = \frac{e^x(\cos x + \sin x)}{2} + C$$

이므로

$$\int_0^\pi e^x \cos x \, dx = \left[\frac{e^x(\cos x + \sin x)}{2}\right]_0^\pi = -\frac{e^\pi + 1}{2}$$

## 연습문제 7.4

**01** 다음 부정적분을 구하시오.

(1) $\int xe^{-x}dx$

(2) $\int x^2e^{-3x}dx$

(3) $\int (2x+3)e^{-x}dx$

(4) $\int x\sin 3x\,dx$

(5) $\int x\cos x\,dx$

(6) $\int x^2\sin x\,dx$

(7) $\int x^2\ln x\,dx$

(8) $\int \left(3x^2-x\right)\ln x\,dx$

(9) $\int e^{-x}\cos x\,dx$

(10) $\int e^{x}\sin x\,dx$

**02** 다음 정적분을 구하시오.

(1) $\int_0^1 xe^{-x}dx$

(2) $\int_0^1 x^2e^{-x}dx$

(3) $\int_0^1 xe^{4x}dx$

(4) $\int_0^{\frac{\pi}{2}} x^2\cos 2x\,dx$

(5) $\int_{-\pi}^{\pi} x^2\sin x\,dx$

(6) $\int_{-\pi}^{\pi} x\cos 3x\,dx$

(7) $\int_0^1 e^{-x}\cos 2x\,dx$

(8) $\int_e^{e^2} x\ln x\,dx$

(9) $\int_{-\pi}^{\pi} |x|\cos x\,dx$

(10) $\int_{-1}^{1} |x|e^{x}dx$

**03** 주어진 구간에서 함수 $f(x)$의 그래프와 $x$축 사이에 있는 도형의 넓이를 구하시오.

(1) $f(x)=\ln x,\ [1,2]$

(2) $f(x)=x\sin x,\ \left[0,\frac{\pi}{2}\right]$

## 7.5 유리함수의 적분법

두 함수 $f(x)$, $g(x)$가 다항식일 때 $\dfrac{f(x)}{g(x)}$를 유리함수라 한다. $f(x)$의 차수가 $g(x)$의 차수보가 크거나 같으면

$$f(x)=g(x)q(x)+r(x)$$

인 다항식 $q(x)$와 $r(x)$가 존재한다. $q(x)$는 몫이라 하고 $r(x)$는 나머지라 부르는데 $r(x)$의 차수는 $g(x)$의 차수보다 작다. 이제 유리함수의 적분을 살펴보자.

$$\int \frac{f(x)}{g(x)}dx=\int q(x)dx+\int \frac{r(x)}{g(x)}dx$$

인데 $\int q(x)dx$는 쉽게 계산되므로 일반적인 유리함수의 적분은

$$\int \frac{r(x)}{g(x)}dx \quad (r(x)\text{의 차수}\langle g(x)\text{의 차수})$$

를 생각하면 된다. 분모의 다항식 $g(x)$가 1차식과 2차식의 곱으로 인수분해 할 수 있다고 하면 유리함수는 인수의 부분분수의 합으로 나타낼 수 있다.

(1) $(ax+b)^n$이 $g(x)$의 인수이면 대응하는 부분분수는 다음과 같다.

$$\frac{A_1}{ax+b}+\frac{A_2}{(ax+b)^2}+\cdots+\frac{A_n}{(ax+b)^n}$$

(2) $(ax^2+bx+c)^n$이 $g(x)$의 인수이면 대응하는 부분분수는 다음과 같다.

$$\frac{A_1x+B_1}{ax^2+bx+c}+\frac{A_2x+B_2}{(ax^2+bx+c)^2}+\cdots+\frac{A_nx+B_n}{(ax^2+bx+c)^n}$$

(단, $A_n$과 $B_n$은 상수)

이것을 유리함수의 **부분분수분해**(partial fraction decomposition)이라 부른다. 유리함수를 적분하기 위해서는 부분분수분해한 후 적분하면 된다.

**예제 7.5.1**

$\int \frac{1}{x^2+x-2}dx$를 구하시오.

**풀이**

피적분함수

$$\frac{1}{x^2+x-2}=\frac{1}{(x-1)(x+2)}$$

로 나타낼 수 있고 이것을 부분분수분해하면

$$\frac{1}{(x-1)(x+2)}=\frac{A}{x-1}+\frac{B}{x+2} \quad (A, B\text{는 상수})$$

이고, 양변에 $(x-1)(x+2)$를 곱하면

$$1=A(x+2)+B(x-1)$$

이 된다. 위의 식에 $x=-2$를 대입하면 $B=-\frac{1}{3}$이고, $x=1$을 대입하면 $A=\frac{1}{3}$이다. 따라서

$$\frac{1}{(x-1)(x+2)}=\frac{\frac{1}{3}}{x-1}+\frac{-\frac{1}{3}}{x+2}=\frac{1}{3(x-1)}-\frac{1}{3(x+2)}$$

이고

$$\begin{aligned}\int \frac{1}{(x-1)(x+2)}dx &= \int \frac{1}{3(x-1)}-\frac{1}{3(x+2)}dx \\ &= \frac{1}{3}\int \frac{1}{x-1}dx-\frac{1}{3}\int \frac{1}{x+2}dx \\ &= \frac{1}{3}\ln|x-1|-\frac{1}{3}\ln|x+2|+C \\ &= \frac{1}{3}\ln\left|\frac{x-1}{x+2}\right|+C\end{aligned}$$

**예제 7.5.2**

$\int \frac{1}{(x-1)(x-2)(x-3)}dx$를 구하시오.

**풀이**

피적분함수를 부분분수분해하면

$$\frac{1}{(x-1)(x-2)(x-3)} = \frac{A}{x-1} + \frac{B}{x-2} + \frac{C}{x-3} \quad (A, B, C\text{는 상수})$$

이고 양변에 $(x-1)(x-2)(x-3)$을 곱하면

$$1 = A(x-2)(x-3) + B(x-1)(x-3) + C(x-1)(x-2)$$

이다. 위 식에 $x = 1, 2, 3$을 순서대로 대입하면 $A = \frac{1}{2}$, $B = -1$, $C = \frac{1}{2}$이다. 따라서

$$\begin{aligned}\int \frac{1}{(x-1)(x-2)(x-3)}dx &= \int \frac{1}{2(x-1)} - \frac{1}{x-2} + \frac{1}{2(x-3)}dx \\ &= \frac{1}{2}\int \frac{1}{x-1}dx - \int \frac{1}{x-2}dx + \frac{1}{2}\int \frac{1}{x-3}dx \\ &= \frac{1}{2}\ln|x-1| - \ln|x-2| + \frac{1}{2}\ln|x-3| + C\end{aligned}$$

**예제 7.5.3**

$\int \frac{x+1}{(x-1)^2(x-2)}dx$를 구하시오.

**풀이**

피적분함수를 부분분수분해하면

$$\frac{x+1}{(x-1)^2(x-2)} = \frac{A}{x-1} + \frac{B}{(x-1)^2} + \frac{C}{x-2} \quad (A, B, C\text{는 상수})$$

이고 양변에 $(x-1)^2(x-2)$를 곱하면

$$x+1 = A(x-1)(x-2) + B(x-2) + C(x-1)^2$$

이다. 위 식에 $x = 1, 2$를 순서대로 대입하면 $A = -3$, $B = -2$, $C = 3$이다. 따라서

$$\int \frac{x+1}{(x-1)^2(x-2)}dx = \int \frac{-3}{x-1} + \frac{-2}{(x-1)^2} + \frac{3}{x-2}dx$$

$$= -3\int \frac{1}{x-1}dx - 2\int \frac{1}{(x-1)^2}dx + 3\int \frac{1}{x-2}dx$$

$$= -3\ln|x-1| + \frac{2}{x-1} + 3\ln|x-2| + C$$

$$= 3\ln\frac{|x-2|}{|x-1|} + \frac{2}{x-1} + C$$

---

**예제 7.5.4**

$\int \frac{x^2-2x+2}{x^3-x^2-4x+4}dx$를 구하시오.

**풀이**

피적분함수

$$\frac{x^2-2x+2}{x^3-x^2-4x+4} = \frac{x^2-2x+2}{(x-1)(x-2)(x+2)}$$

로 나타낼 수 있고 이것을 부분분수분해하면

$$\frac{x^2-2x+2}{(x-1)(x-2)(x+2)} = \frac{A}{x-1} + \frac{B}{x-2} + \frac{C}{x+2} \quad (A,\ B,\ C\text{는 상수})$$

이고 양변에 $(x-1)(x-2)(x+2)$를 곱하면

$$x^2-2x+2 = A(x-2)(x+2) + B(x-1)(x+2) + C(x-1)(x-2)$$

이다. 위식에 $x=1,2,3$을 순서대로 대입하면 $A=-\frac{1}{3}$, $B=\frac{1}{2}$, $C=\frac{5}{6}$이다.

따라서

$$\int \frac{x^2-2x+2}{x^3-x^2-4x+4}dx = \int -\frac{1}{3(x-1)} + \frac{1}{2(x-2)} + \frac{5}{6(x+2)}dx$$

$$= -\frac{1}{3}\int \frac{1}{x-1}dx + \frac{1}{2}\int \frac{1}{x-2}dx + \frac{5}{6}\int \frac{1}{x+2}dx$$

$$= -\frac{1}{3}\ln|x-1| + \frac{1}{2}\ln|x-2| + \frac{5}{6}\ln|x+2| + C$$

---

**예제 7.5.5**

$\int \frac{x^3+2x+1}{x^2-1}dx$를 구하시오.

**풀이**

피적분함수의 분자의 차수가 분모의 차수보다 크기 때문에 다음과 같이 변형시켜야 한다.

$$\frac{x^3+2x+1}{x^2-1}=x+\frac{3x+1}{x^2-1}$$

$\frac{3x+1}{x^2-1}$을 부분분수분해하면

$$\frac{3x+1}{(x-1)(x+1)}=\frac{A}{x-1}+\frac{B}{x+1} \quad (A, B\text{는 상수})$$

이고, 양변에 $(x-1)(x+1)$을 곱하면

$$3x+1=A(x+1)+B(x-1)$$

이 된다. 위의 식에 $x=-1, 1$을 순서대로 대입하면 $A=2$, $B=1$이다. 따라서

$$\begin{aligned}\int \frac{x^3+2x+1}{x^2-1}dx &= \int x+\frac{2}{x-1}+\frac{1}{x+1}dx \\ &= \int xdx+2\int \frac{1}{x-1}dx+\int \frac{1}{x+1}dx \\ &= \frac{1}{2}x^2+2\ln|x-1|+\ln|x+1|+C\end{aligned}$$

## 연습문제 7.5

**01** 다음 부정적분을 구하시오.

(1) $\displaystyle\int \frac{1}{(x-2)(x-3)}dx$

(2) $\displaystyle\int \frac{5}{(x-2)(x+3)}dx$

(3) $\displaystyle\int \frac{x^2}{x^2-1}dx$

(4) $\displaystyle\int \frac{3x}{x^2-8x+15}dx$

(5) $\displaystyle\int \frac{1}{x(x-1)^2}dx$

(6) $\displaystyle\int \frac{1}{(x^2-1)^2}dx$

(7) $\displaystyle\int \frac{2x+3}{x^2(x-1)}dx$

(8) $\displaystyle\int \frac{1}{x^2-2x}dx$

(9) $\displaystyle\int \frac{3x^3-x+1}{x^3-x^2}dx$

(10) $\displaystyle\int \frac{1}{x^3+x}dx$

**02** 다음 정적분을 구하시오.

(1) $\displaystyle\int_0^{\frac{1}{2}} \frac{1}{(x^2-1)^2}dx$

(2) $\displaystyle\int_0^1 \frac{1}{4-x^2}dx$

(3) $\displaystyle\int_1^2 \frac{1}{x^2+2x}dx$

(4) $\displaystyle\int_{\frac{1}{4}}^{\frac{3}{4}} \frac{1}{x-x^2}dx$

(5) $\displaystyle\int_{-1}^0 \frac{x}{x^2-3x+2}dx$

(6) $\displaystyle\int_2^4 \frac{x}{(x+1)(x+2)}dx$

(7) $\displaystyle\int_0^{\frac{1}{2}} \frac{x}{x^4-1}dx$

(8) $\displaystyle\int_2^8 \frac{4x}{(x-1)(x^2-1)}dx$

(9) $\displaystyle\int_1^2 \frac{x^2-3x+18}{x(x^2-9)}dx$

(10) $\displaystyle\int_0^1 \frac{x^2+3x+1}{x^4+2x^2+1}dx$

## 7.6 삼각함수의 적분법

피적분함수가 사인함수와 코사인함수들의 곱으로 이루어져 있는 경우에 부정적분을 계산하는 방법을 알아보자. 다음 세 가지 형태의 적분을 생각해보자.

1. $\int \sin^n x\, dx$
2. $\int \cos^n x\, dx$
3. $\int \sin^m x \cdot \cos^n x$

1, 2번 형태의 부정적분은 다음의 정리로부터 계산될 수 있다.

**정리 7.6.1**

$n \geq 2$인 자연수라 하면

(1) $\int \sin^n x\, dx = -\frac{1}{n}\sin^{n-1}x \cdot \cos x + \frac{n-1}{n}\int \sin^{n-2}x\, dx$

(2) $\int \cos^n x\, dx = \frac{1}{n}\cos^{n-1}x \cdot \sin x + \frac{n-1}{n}\int \cos^{n-2}x\, dx$

가 성립한다.

**증명** $I_n = \int \sin^n x\, dx$라 두면

$$I_n = \int \sin^n x\, dx = \int \sin^{n-1}x \cdot \sin x\, dx$$

$u' = \sin x, v = \sin^{n-1}x$로 두고 부분적분법을 적용하면
$u = -\cos x\,, v' = (n-1)\sin^{n-2}x$이므로

$$= -\sin^{n-1}x \cdot \cos x + \int (n-1)\sin^{n-2}x\cos^2 x\, dx$$

$$= -\sin^{n-1}x \cdot \cos x + (n-1)\int \sin^{n-2}x\left(1-\sin^2 x\right)dx$$

$$=-\sin^{n-1}x \cdot \cos x+(n-1)\int \sin^{n-2}x\, dx-(n-1)\int \sin^{n}x\, dx$$

$$=-\sin^{n-1}x \cdot \cos x+(n-1)I_{n-2}-(n-1)I_n$$

따라서 $I_n$에 대하여 풀면

$$I_n=-\frac{1}{n}\sin^{n-1}x \cdot \cos x+\frac{n-1}{n}I_{n-2}$$

가 된다.

정리 7.6.1을 이용하면 차수 $n$을 두 개씩 떨어뜨린 적분식으로 계속해서 바꾸어 나갈 수 있고 최종적으로 부정적분을 계산해야 할 적분식은 결국 다음의 적분들임을 알 수 있다.

$$\int 1\, dx=x+C$$

$$\int \sin x\, dx=-\cos x+C$$

$$\int \cos x\, dx=\sin x+C$$

**예제 7.6.1**

$\int \sin^3 x\, dx$를 구하시오.

**풀이**

정리 7.6.1을 이용하면 $n=3$인 경우이므로

$$\int \sin^3 x\, dx=-\frac{1}{3}\sin^2 x \cdot \cos x+\frac{2}{3}\int \sin x\, dx$$

$$=-\frac{1}{3}\sin^2 x \cdot \cos x-\frac{2}{3}\cos x+C$$

**예제 7.6.2**

$\int \cos^3 x\, dx$ 를 구하시오.

**풀이**

정리 7.6.1을 이용하면 $n=3$인 경우이므로

$$\int \cos^3 x\,dx = \frac{1}{3}\cos^2 x \cdot \sin x + \frac{2}{3}\int \cos x\,dx$$
$$= \frac{1}{3}\cos^2 x \cdot \sin x + \frac{2}{3}\sin x + C$$

---

$\cos x$와 $\sin x$가 서로 섞인 거듭제곱은 $\sin^2 x + \cos^2 x = 1$을 이용하여 정리 7.6.1의 형태로 변형하여 점화식을 쓰거나 치환적분을 사용한다. 적분형태가 다음과 같다고 하자.

$$\int \sin^m x \cdot \cos^n x\,dx \quad (m,\ n\text{은 음이 아닌 정수})$$

이 때 다음의 세 가지 경우로 나뉜다.

1) $m$이 홀수, $n$이 짝수
2) $m$이 짝수, $n$이 홀수
3) $m, n$이 짝수

### 1) $m$이 홀수인 경우

$m$이 홀수이므로 $m = 2k+1$의 형태로 쓸 수 있다. 한편

$$\sin^m x = \sin^{2k+1} x = \sin^{2k} x \sin x$$
$$= (\sin^2 x)^k \sin x = (1-\cos^2 x)^k \sin x$$

이므로, $u = \cos x$, $du = -\sin x\,dx$로 치환하여 적분하자.

$$\int \sin^m x \cdot \cos^n x\,dx = \int (1-\cos^2 x)^k \sin x \cos^n x\,dx$$
$$= -\int (1-u^2)^k u^n\,du$$

**예제 7.6.3**

$\int \sin^3 x \cdot \cos^2 x\, dx$를 구하시오.

**풀이**

$$\begin{aligned}\int \sin^3 x \cdot \cos^2 x\, dx &= \int \sin^2 x \sin x \cos^2 x\, dx \\ &= \int (1-\cos^2 x)\cos^2 x \sin x\, dx\end{aligned}$$

$u = \cos x$ , $du = -\sin x\, dx$로 치환하면

$$\begin{aligned}&= -\int (1-u^2)u^2\, du \\ &= -\int u^2 - u^4\, du \\ &= -\frac{1}{3}u^3 + \frac{1}{5}u^5 + C \\ &= -\frac{1}{3}\cos^3 x + \frac{1}{5}\cos^5 x + C\end{aligned}$$

## 2) $n$이 홀수인 경우

경우 1)과 반대로 $u = \sin x$, $du = \cos x\, dx$로 치환하면 된다.

**예제 7.6.4**

$\int \sin^2 x \cdot \cos^3 x\, dx$를 구하시오.

**풀이**

$$\begin{aligned}\int \sin^2 x \cdot \cos^3 x\, dx &= \int \sin^2 x \cos^2 x \cos x\, dx \\ &= \int \sin^2 x(1-\sin^2 x)\cos x\, dx\end{aligned}$$

$u = \sin x$, $du = \cos x\, dx$ 로 치환하면

$$= \int u^2(1-u^2)\, du$$

$$= \int u^2 - u^4\, du$$

$$= \frac{1}{3}u^3 - \frac{1}{5}u^5 + C$$

$$= \frac{1}{3}\sin^3 x - \frac{1}{5}\sin^5 x + C$$

### 3) $m$, $n$이 짝수인 경우

$$\sin^2 x = \frac{1-\cos 2x}{2}, \quad \cos^2 x = \frac{1+\cos 2x}{2}$$

를 이용하여 계산한다.

**예제 7.6.5**

$\int \sin^2 x \cdot \cos^2 x\, dx$를 구하시오.

**풀이**

$$\int \sin^2 x \cdot \cos^2 x\, dx = \int \frac{(1-\cos 2x)}{2} \cdot \frac{(1+\cos 2x)}{2}\, dx$$

$$= \frac{1}{4}\int (1-\cos^2 2x) dx$$

$$= \frac{1}{4}\int \left(1 - \frac{1+\cos 4x}{2}\right) dx$$

$$= \frac{1}{4}\int \left(\frac{1}{2} - \frac{\cos 4x}{2}\right) dx$$

$$= \frac{1}{8}x - \frac{\sin 4x}{32} + C$$

자연수 $n$에 대하여 $\tan^n x$, $\cot^n x$, $\sec^n x$, $\csc^n x$ 형태의 적분은

$$\tan^2 x = \sec^2 x - 1, \quad \cot^2 x = \csc^2 x - 1$$

을 이용하여 적분한다.

**예제 7.6.6**

$\int \tan^3 x\,dx$를 구하시오.

**풀이**

$$\begin{aligned}\int \tan^3 x\,dx &= \int \tan x \tan^2 x\,dx \\ &= \int \tan x(\sec^2 x - 1)dx \\ &= \int \tan x \sec^2 x\,dx - \int \tan x\,dx\end{aligned}$$

$u = \tan x$, $du = \sec^2 x\,dx$로 치환하면

$$\int \tan x \sec^2 x\,dx = \int u\,du = \frac{1}{2}u^2 + C = \frac{1}{2}\tan^2 x + C$$

이므로

$$\begin{aligned}\int \tan^3 x\,dx &= \int \tan x \sec^2 x\,dx - \int \tan x\,dx \\ &= \frac{1}{2}\tan^2 x + \ln|\cos x| + C\end{aligned}$$

**예제 7.6.7**

$\int \sec x\,dx$를 구하시오.

**풀이**

$$\int \sec x\,dx = \int \frac{1}{\cos x}dx = \int \frac{\cos x}{\cos^2 x}dx = \int \frac{\cos x}{1-\sin^2 x}dx$$

$u = \sin x$, $du = \cos x\,dx$로 치환하면

$$\begin{aligned}&= \int \frac{1}{1-u^2}du = \frac{1}{2}\int \frac{1}{1-u} + \frac{1}{1+u}\,du \\ &= \frac{1}{2}(-\ln|1-u| + \ln|1+u|) + C = \frac{1}{2}\ln\frac{|1+u|}{|1-u|} + C \\ &= \frac{1}{2}\ln\frac{|1+\sin x|}{|1-\sin x|} + C \\ &= \frac{1}{2}\ln\frac{|1+\sin x|^2}{|1-\sin^2 x|} + C = \frac{1}{2}\ln\frac{(1+\sin x)^2}{\cos^2 x} + C\end{aligned}$$

$$= \frac{1}{2}\ln\left(\frac{1+\sin x}{\cos x}\right)^2 + C = \ln\left|\frac{1+\sin x}{\cos x}\right| + C$$

$$= \ln|\sec x + \tan x| + C$$

**예제 7.6.8**

$\int \csc x\,dx$를 구하시오.

**풀이**

$$\int \csc x\,dx = \int \frac{1}{\sin x}dx = \int \frac{\sin x}{\sin^2 x}dx = \int \frac{\sin x}{1-\cos^2 x}dx$$

$u = \cos x$, $du = -\sin x\,dx$로 치환하면

$$= \int \frac{-1}{1-u^2}du = -\frac{1}{2}\int \frac{1}{1-u} + \frac{1}{1+u}\,du$$

$$= -\frac{1}{2}(-\ln|1-u| + \ln|1+u|) + C = -\frac{1}{2}\ln\frac{|1+u|}{|1-u|} + C$$

$$= -\frac{1}{2}\ln\frac{|1+\cos x|}{|1-\cos x|} + C$$

$$= -\frac{1}{2}\ln\frac{|1+\cos x|^2}{|1-\cos^2 x|} + C = -\frac{1}{2}\ln\frac{(1+\cos x)^2}{\sin^2 x} + C$$

$$= -\frac{1}{2}\ln\left(\frac{1+\cos x}{\sin x}\right)^2 + C = -\ln\left|\frac{1+\cos x}{\sin x}\right| + C$$

$$= -\ln|\csc x + \cot x| + C$$

**예제 7.6.9**

$\int \sec^3 x\,dx$를 구하시오.

**풀이**

$$\int \sec^3 x\,dx = \int \sec x \sec^2 x\,dx$$

$u' = \sec^2 x$, $v = \sec x$로 두고 부분적분법을 적용하면

$$= \tan x \sec x - \int \tan x(\tan x \sec x)dx$$

$$
\begin{aligned}
&= \tan x \sec x - \int \tan^2 x \sec x \, dx \\
&= \tan x \sec x - \int (\sec^2 x - 1) \sec x \, dx \\
&= \tan x \sec x - \int \sec^3 x \, dx + \int \sec x \, dx \\
&= \tan x \sec x - \int \sec^3 x \, dx + \ln|\sec x + \tan x|
\end{aligned}
$$

이다. 따라서

$$
2\int \sec^3 x \, dx = \tan x \sec x + \ln|\sec x + \tan x| + C
$$

$$
\int \sec^3 x \, dx = \frac{1}{2} \tan x \sec x + \frac{1}{2} \ln|\sec x + \tan x| + C
$$

---

역삼각함수의 적분법

$$
\int \frac{1}{\sqrt{1-x^2}} dx = \sin^{-1} x + C = -\cos^{-1} x + C
$$

$$
\int \frac{1}{1+x^2} dx = \tan^{-1} x + C
$$

$$
\int \frac{1}{x\sqrt{x^2-1}} dx = \sec^{-1}|x| + C
$$

**예제 7.6.10**

$\displaystyle\int_1^{\sqrt{3}} \frac{2}{1+x^2} dx$를 구하시오.

**풀이**

$$
\begin{aligned}
\int_1^{\sqrt{3}} \frac{2}{1+x^2} dx &= 2\int_1^{\sqrt{3}} \frac{1}{1+x^2} = 2\left[\tan^{-1} x\right]_1^{\sqrt{3}} \\
&= 2\left(\tan^{-1}\sqrt{3} - \tan^{-1} 1\right) = 2\left(\frac{\pi}{3} - \frac{\pi}{4}\right) = \frac{\pi}{6}
\end{aligned}
$$

---

**예제 7.6.11**

$\int \frac{x}{\sqrt{1-4x^4}}dx$를 구하시오.

**풀이**

$$\int \frac{x}{\sqrt{1-4x^4}}dx = \int \frac{x}{\sqrt{1-(2x^2)^2}}dx$$

$u=2x^2$, $du=4x\,dx$로 치환하면

$$\begin{aligned} &= \int \frac{1}{\sqrt{1-u^2}} \cdot \frac{1}{4}du \\ &= \frac{1}{4}\int \frac{1}{\sqrt{1-u^2}}du = \frac{1}{4}\sin^{-1}u + C \\ &= \frac{1}{4}\sin^{-1}(2x^2) + C \end{aligned}$$

**예제 7.6.12**

$\int \frac{1}{x^2+4}dx$를 구하시오.

**풀이**

$$\int \frac{1}{x^2+4}dx = \int \frac{1}{4\left(\frac{x^2}{4}+1\right)}dx = \frac{1}{4}\int \frac{1}{\left(\frac{x}{2}\right)^2+1}dx$$

$u=\frac{x}{2}$, $du=\frac{1}{2}dx$로 치환하면

$$\begin{aligned} &= \frac{1}{4}\int \frac{1}{u^2+1} \cdot 2du = \frac{1}{2}\int \frac{1}{u^2+1}du \\ &= \frac{1}{2}\tan^{-1}u + C \\ &= \frac{1}{2}\tan^{-1}\left(\frac{x}{2}\right) + C \end{aligned}$$

**예제 7.6.13**

$\displaystyle\int \frac{1}{4x^2+4x+2}dx$를 구하시오.

**풀이**

$$\int \frac{1}{4x^2+4x+2}dx = \int \frac{1}{(2x+1)^2+1}dx$$

$u=2x+1,\ du=2\,dx$로 치환하면

$$\begin{aligned}
&= \int \frac{1}{u^2+1} \cdot \frac{1}{2}du = \frac{1}{2}\int \frac{1}{u^2+1}du \\
&= \frac{1}{2}\tan^{-1}u + C \\
&= \frac{1}{2}\tan^{-1}(2x+1) + C
\end{aligned}$$

## 연습문제 7.6

**01** 다음 부정적분을 구하시오.

(1) $\int \sin^4 x\, dx$ (2) $\int \cos^3 x\, dx$

(3) $\int \sin^3 x \cos^3 x\, dx$ (4) $\int \sin^2 x \cos^5 x\, dx$

(5) $\int \csc^4 x\, dx$ (6) $\int e^x \sec^4(e^x+1)\, dx$

(7) $\int \tan^3 2x\, dx$ (8) $\int \frac{\sin^3(\ln x)\cos(\ln x)}{x}\, dx$

**02** 다음 정적분을 구하시오.

(1) $\int_0^{\frac{\pi}{3}} \sin^6 x\, dx$ (2) $\int_0^{\frac{\pi}{2}} \sin^2 2x \cos^2 2x\, dx$

(3) $\int_{\frac{\pi}{3}}^{\frac{\pi}{2}} \sin^3 x\, dx$ (4) $\int_{\frac{\pi}{3}}^{\frac{\pi}{2}} \cos^3 x\, dx$

(5) $\int_0^{\frac{\pi}{4}} \frac{\sin^4 x}{\cos^2 x}\, dx$ (6) $\int_0^{\frac{\pi}{4}} \sin^2 x \cos^2 x\, dx$

(7) $\int_0^{\frac{\pi}{4}} \sqrt{\tan^2 x + 1}\, dx$ (8) $\int_0^{\frac{\pi}{3}} \tan^2 x \sec x\, dx$

**03** 다음 적분을 구하시오.

(1) $\int \frac{1}{x\sqrt{x^2-1}}\, dx$ (2) $\int \frac{1}{1+4x^2}\, dx$

(3) $\int \frac{e^x}{e^{2x}+1}\, dx$ (4) $\int \frac{\tan^{-1} x}{1+x^2}\, dx$

(5) $\int \frac{1}{\sqrt{x}\sqrt{1-x}}\, dx$ (6) $\int \frac{\sin x}{1+\cos^2 x}\, dx$

(7) $\int_0^{\frac{1}{2}} \frac{\sin^{-1} x}{\sqrt{1-x^2}}\, dx$ (8) $\int_0^1 \frac{2(x-1)}{\sqrt{1-(x-1)^4}}\, dx$

## 7.7 특이적분

지금까지 살펴본 정적분은 $[a, b]$에서 $f(x)$가 연속함수인 경우를 다루었다. 적분구간이 무한하거나 연속함수가 아닌 경우의 적분이 여러 분야에서 나타나므로 이런 경우를 알아볼 필요가 있다.

**정의 7.7.1 무한구간에서의 특이적분**

$f:[a, \infty) \to R$ 이 연속이면

$$\int_a^\infty f(x)dx = \lim_{M\to\infty}\int_a^M f(x)dx$$

로 정의한다. 비슷하게 $g:(-\infty, b] \to R$이 연속함수이면

$$\int_{-\infty}^b g(x)dx = \lim_{N\to-\infty}\int_N^b g(x)dx$$

라 정의한다. 이들 극한이 존재하면 특이적분이 **수렴**한다고 하고, 그렇지 않으면 **발산**한다고 한다.

**예제 7.7.1**

$\int_1^\infty \frac{1}{x^2}dx$를 구하시오.

**풀이**

$$\begin{aligned}\int_1^\infty \frac{1}{x^2}dx &= \lim_{M\to\infty}\int_a^M \frac{1}{x^2}dx \\ &= \lim_{M\to\infty}\left[-\frac{1}{x}\right]_1^M \\ &= \lim_{M\to\infty}\left(-\frac{1}{M}+1\right) = 1\end{aligned}$$

### 예제 7.7.2

$\int_1^\infty \frac{1}{x^p}dx$는 $p>1$일 때만 수렴함을 보이시오.

**풀이**

$$\begin{aligned}\int_1^\infty \frac{1}{x^p}dx &= \lim_{M\to\infty}\int_1^M x^{-p}dx \\ &= \lim_{M\to\infty}\left[\frac{1}{-p+1}x^{-p+1}\right]_1^M \\ &= \lim_{M\to\infty}\frac{1}{1-p}(M^{1-p}-1)=\begin{cases}\frac{1}{p-1}, & p>1 \\ \infty, & p<1\end{cases}\end{aligned}$$

이므로 $p>1$일 때만 수렴한다.

### 예제 7.7.3

$\int_0^\infty \sin x\,dx$가 발산함을 보이시오.

**풀이**

$$\begin{aligned}\int_0^\infty \sin x\,dx &= \lim_{M\to\infty}\int_0^M \sin x\,dx \\ &= \lim_{M\to\infty}[-\cos x]_0^M \\ &= \lim_{M\to\infty}(-\cos M+1)\end{aligned}$$

이므로 발산한다.

**정의 7.7.2 불연속함수의 특이적분**

$f:[a,b]\to R$에 대하여

(1) $f$가 $x=a$에서 불연속인고 $(a,b]$에서 연속이면

$$\int_a^b f(x)\,dx=\lim_{c\to a^+}\int_c^b f(x)dx$$

(2) $f$가 $x=b$에서 불연속인고 $[a,b)$에서 연속이면

$$\int_a^b f(x)\,dx = \lim_{c \to b^-} \int_a^c f(x)dx$$

로 정의한다. 이들 극한이 존재하면 특이적분이 수렴한다고 하고 그렇지 않으면 발산한다고 한다.

**예제 7.7.4**

$\int_0^1 \frac{1}{\sqrt{x}}dx$를 구하시오.

**풀이**

$\frac{1}{\sqrt{x}}$이 $x=0$에서 불연속이므로

$$\begin{aligned}\int_0^1 \frac{1}{\sqrt{x}}dx &= \lim_{c \to 0^+} \int_c^1 \frac{1}{\sqrt{x}}dx \\ &= \lim_{c \to 0^+} \left[2\sqrt{x}\,\right]_c^1 = \lim_{c \to 0^+}(2-2\sqrt{c}) = 2\end{aligned}$$

**예제 7.7.5**

$0<p<1$일 때 특이적분 $\int_0^1 \frac{1}{x^p}dx$의 수렴, 발산을 판단하시오.

**풀이**

$$\begin{aligned}\int_0^1 \frac{1}{x^p}dx &= \lim_{c \to 0^-} \int_c^1 \frac{1}{x^p}dx \\ &= \lim_{c \to 0^-}\left[\frac{1}{-p+1}x^{-p+1}\right]_c^1 \\ &= \frac{1}{1-p}\lim_{c \to 0^-}(1-c^{1-p}) = \frac{1}{1-p}\end{aligned}$$

이므로 특이적분이 수렴하고, 그 적분값은 $\frac{1}{1-p}$이다.

**예제 7.7.6**

$\int_0^1 x\ln x\,dx$를 구하시오.

**풀이**

$u' = x,\ v = \ln x$라 두면

$$\begin{aligned}\int x\ln x\,dx &= \frac{1}{2}x^2\ln x - \int \frac{1}{2}x^2 \cdot \frac{1}{x}dx \\ &= \frac{1}{2}x^2\ln x - \frac{1}{4}x^2 + C\end{aligned}$$

이므로

$$\begin{aligned}\int_0^1 x\ln x\,dx &= \lim_{c\to0^+}\int_c^1 x\ln x\,dx \\ &= \lim_{c\to0^+}\left[\frac{1}{2}x^2\ln x - \frac{1}{4}x^2\right]_c^1 \\ &= \lim_{c\to0^+}\left(-\frac{1}{4}-\frac{1}{2}c^2\ln c+\frac{1}{4}c^2\right) = -\frac{1}{4}\end{aligned}$$

이다. 따라서

$$\int_0^1 x\ln x\,dx = -\frac{1}{4}$$

## 연습문제 7.7

**01** 다음 특이적분을 구하시오.

(1) $\displaystyle\int_0^\infty e^{-x}\,dx$

(2) $\displaystyle\int_0^\infty xe^{-x}\,dx$

(3) $\displaystyle\int_0^\infty x^2e^{-x}\,dx$

(4) $\displaystyle\int_0^\infty \frac{1}{x^2+1}\,dx$

(5) $\displaystyle\int_0^\infty e^{\ \ x}\sin x\,dx$

(6) $\displaystyle\int_0^\infty e^{-x}\cos x\,dx$

(7) $\displaystyle\int_1^\infty \frac{1}{x^4}\,dx$

(8) $\displaystyle\int_{-\infty}^\infty \frac{1}{x^2+1}\,dx$

**02** 다음 특이적분을 구하시오.

(1) $\displaystyle\int_0^1 \ln x\,dx$

(2) $\displaystyle\int_0^1 (\ln x)^2\,dx$

(3) $\displaystyle\int_0^1 x^2\ln x\,dx$

(4) $\displaystyle\int_0^3 \frac{1}{3-x}\,dx$

(5) $\displaystyle\int_2^3 \frac{1}{(x-2)^2}\,dx$

(6) $\displaystyle\int_1^4 (x-1)^{-\frac{2}{3}}\,dx$

(7) $\displaystyle\int_3^4 \frac{1}{(x-4)^2}\,dx$

(8) $\displaystyle\int_0^1 \frac{1}{e^x-e^{-x}}\,dx$

CHAPTER

# 08

# 적분의 응용

## 8.1 두 곡선 사이의 넓이

연속함수 $y = f_1(x)$, $y = f_2(x)$와 두 직선 $x = a$, $x = b$로 둘러싸인 영역의 넓이를 구해보자. 이 때 $f_1(x)$와 $f_2(x)$는 모든 $x \in [a, b]$ 위에서

$$f_1(x) \leq f_2(x)$$

를 만족한다.

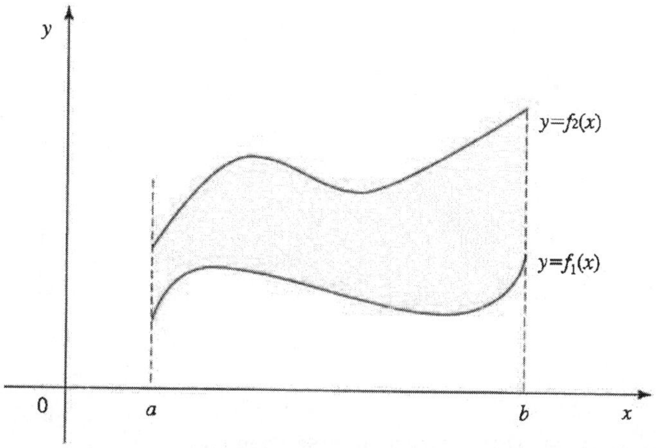


$$\text{구하는 넓이}(S) = \int_a^b f_2(x)dx - \int_a^b f_1(x)dx$$

이므로

$$S = \int_a^b \{f_2(x) - f_1(x)\}dx$$

이다.

**참고** $f_1(x)$나 $f_2(x)$가 음수 값을 가지면 양수 값을 갖도록 평행이동 시켜도 이동된 곡선 사이의 넓이는 변하지 않는다.

**예제 8.1.1**

구간 $\left[0, \frac{\pi}{2}\right]$에서 $y = x$와 $y = \sin x$로 둘러싸인 영역의 넓이를 구하시오.

**풀이**

그림과 같이 구간 $\left[0, \frac{\pi}{2}\right]$에서 $x \geq \sin x$이므로 구하고자 하는 영역의 넓이는 다음과 같다.

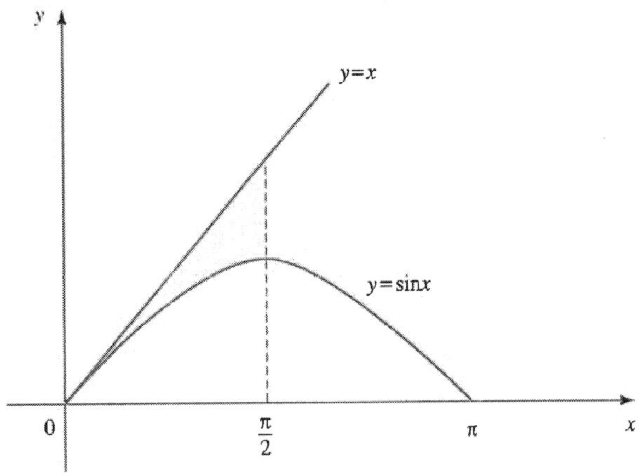


$$S = \int_0^{\frac{\pi}{2}} (x - \sin x)dx = \left[\frac{1}{2}x^2 + \cos x\right]_0^{\frac{\pi}{2}} = \frac{\pi^2}{8} - 1$$

---

**예제 8.1.2**

$y = x^2$과 $y = 4x$로 둘러싸인 영역의 넓이를 구하시오.

**풀이**

두 그래프를 이용하여 영역을 표시하면 다음 그림과 같다.

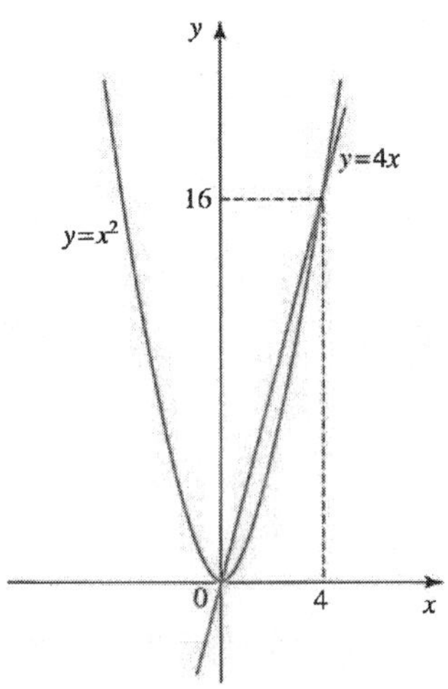

먼저, 두 그래프의 교점을 구해보자.

$$x^2 = 4x \Rightarrow x = 0, 4$$

따라서, 적분구간은 $[0, 4]$이고 이 구간에서 $4x \ge x^2$이다. 둘러싸인 영역의 넓이는 다음과 같다.

$$S = \int_0^4 (4x - x^2)dx = \left[2x^2 - \frac{1}{3}x^3\right]_0^4 = \frac{32}{3}$$

**예제 8.1.3**

구간 $[-1, 3]$에서 $y = 4 - x^2$과 $y = -x + 2$로 둘러싸인 영역의 넓이를 구하시오.

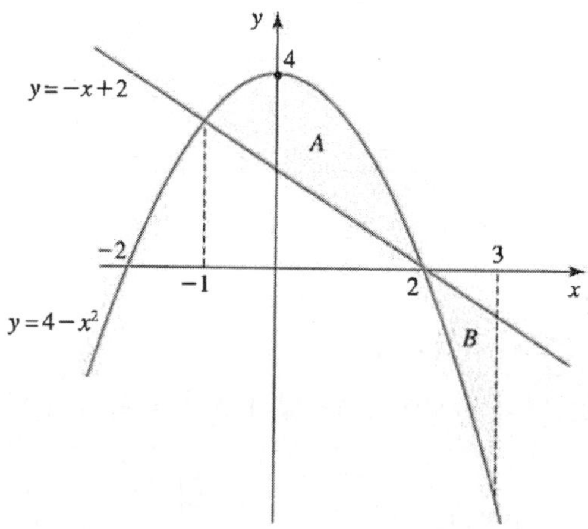


**풀이**

두 그래프가 만나는 점을 구하면

$$4 - x^2 = -x + 2 \Rightarrow x = -1, 2$$

이다. 따라서 적분영역은 두 구간 $[-1, 2]$, $[2, 3]$으로 나누어야 하고 구간 $[-1, 2]$에서는 $4 - x^2 \ge -x + 2$이고, 구간 $[2, 3]$에서는 $4 - x^2 \le -x + 2$이다. 따라서, 구하고자 하는 영역의 넓이는 다음과 같다.

$$\begin{aligned} S &= \int_{-1}^2 \{(4 - x^2) - (-x + 2)\}dx + \int_2^3 \{(-x + 2) - (4 - x^2)\}dx \\ &= \int_{-1}^2 (-x^2 + x + 2)dx + \int_2^3 (x^2 - x - 2)dx = \frac{19}{3} \end{aligned}$$

때때로 적분영역의 모양에 따라 $y=f(x)$를 $x=f(y)$ 형태로 바꾸어서 적분하면 곡선으로 둘러싸인 영역의 넓이를 쉽게 구할 수 있는 경우가 있다. 우선 다음 예제를 앞의 방법으로 계산해 보기로 하자.

**예제 8.1.4**

$x$축과 $y=2\sqrt{x}$, $y=x-3$으로 둘러싸인 영역의 넓이를 구하시오.

**풀이**

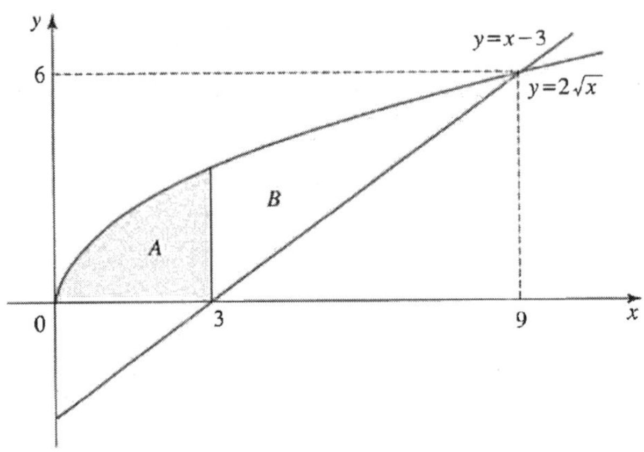


그림으로부터 구하는 영역의 넓이 $A$와 넓이 $B$는 다음과 같다.

$$A=\int_{0}^{3} 2\sqrt{3}\,dx=\left[\frac{4}{3}x^{\frac{3}{2}}\right]_{0}^{3}=4\sqrt{3}$$

$$\begin{aligned} B&=\int_{3}^{9}\{2\sqrt{x}-(x-3)\}dx \\ &=\left[\frac{4}{3}x^{\frac{3}{2}}-\frac{x^2}{2}+3x\right]_{3}^{9}=18-4\sqrt{3} \end{aligned}$$

그러므로 둘러싸인 영역의 넓이($S$)는 다음과 같다.

$$S=A+B=18$$

영역의 경계가 $x=g(y)$ $(c\le y\le d)$, $g(y)\ge 0$이면 $y$축과 곡선 사이의 넓이는 다음과 같다.

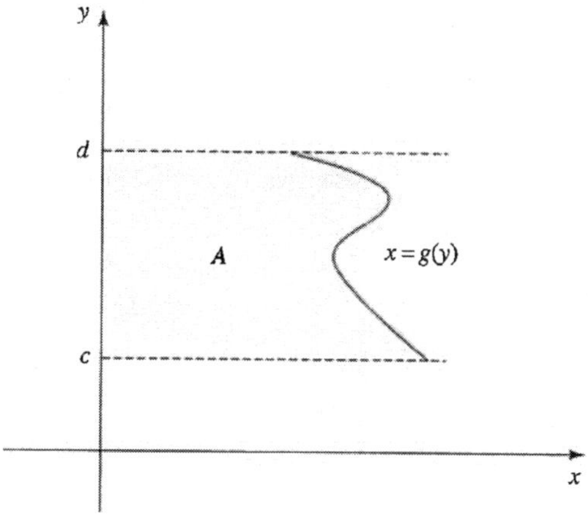


$$A = \int_c^d g(y)\,dy$$

또한 $g_1(y) \leq g_2(y)$ $(c \leq y \leq d)$일 때 $x = g_2(y)$와 $x = g_1(y)$사이의 영역의 넓이는 다음과 같다.

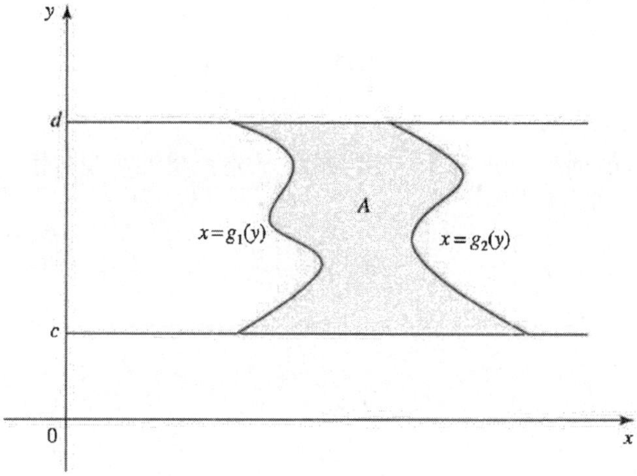


$$A = \int_c^d \{g_2(y) - g_1(y)\}\,dy$$

**예제 8.1.5**

$x$축과 $y=2\sqrt{x}$, $y=x-3$으로 둘러싸인 영역을 $x=g(y)$형태로 고쳐서 넓이를 구하시오.

**풀이**

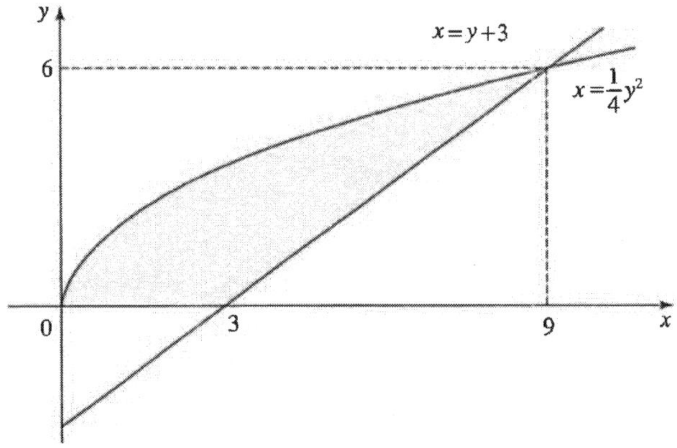


$x=g(y)$형태로 고치면

$$x=\frac{1}{4}y^2,\ \ x=y+3$$

이고 구간 $[0,6]$에서 $(y+3)\geq\frac{1}{4}y^2$이므로 구하는 영역의 넓이는 다음과 같다.

$$S=\int_0^6\left\{(y+3)-\frac{1}{4}y^2\right\}dy=\left[\frac{y^2}{2}+3y-\frac{y^3}{12}\right]_0^6=18$$

**예제 8.1.6**

$x=\dfrac{1}{2}y^2$과 $y=2x-2$로 둘러싸인 영역의 넓이를 구하시오.

**풀이**

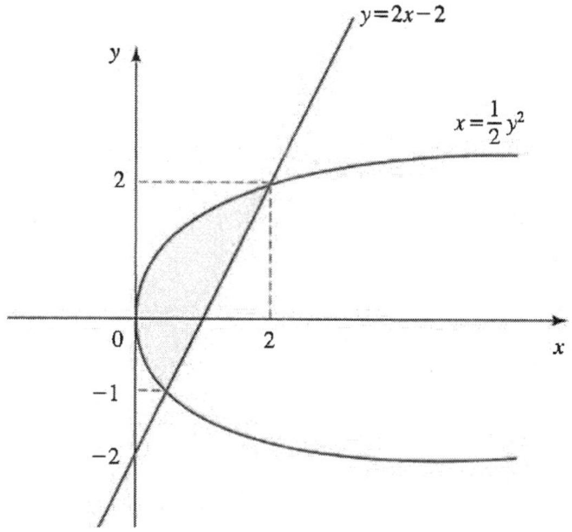


두 그래프의 교점을 구하면

$$\frac{1}{2}y^2=\frac{1}{2}(y+2)\ \Rightarrow\ y=-1,2$$

이고, 구간 $[-1,2]$에서 $\dfrac{1}{2}y^2 \le \dfrac{1}{2}(y+2)$이므로 구하고자 하는 영역의 넓이는 다음과 같다.

$$S=\int_{-1}^{2}\left\{\frac{1}{2}(y+2)-\frac{1}{2}y^2\right\}dy=\left[\frac{1}{4}y^2+y-\frac{1}{6}y^3\right]_{-1}^{2}=\frac{9}{4}$$

## 연습문제 8.1

**01** 다음 곡선과 $x$축으로 둘러싸인 도형의 넓이를 구하시오.

(1) $y = x^2 - 2x$ (2) $y = 1 - x^2$

(3) $y = x^3 - x$ (4) $y = \sin x \, (0 \le x \le \pi)$

**02** 다음 곡선과 직선 및 $y$축으로 둘러싸인 도형의 넓이를 구하시오.

(1) $y = \sqrt{x+4}$, $y = 0$

(2) $y = -\ln(x-2)$, $y = 0$, $y = 2$

**03** 다음 곡선과 직선으로 둘러싸인 도형의 넓이를 구하시오.

(1) $y = e^x - 3$, $x = 0$, $y = 1$ (2) $y = -x^2$, $y = x - 2$

(3) $y = x^2 - 3x$, $y = x - 3$ (4) $y = \dfrac{2}{x}$, $y = -x + 3$

**04** 다음 두 곡선으로 둘러싸인 도형의 넓이를 구하시오.

(1) $y = x^2 - 1$, $y = -x^2 + 2x + 3$

(2) $y = x^3 - x^2$, $y = x^2$

**05** 곡선 $y = x(x-1)(x-2)$와 $x$축으로 둘러싸인 도형의 넓이를 구하시오.

**06** 곡선 $y^2 = x + 9$와 두 직선 $x = 0$, $y = -2$로 둘러싸인 부분의 넓이를 구하시오.

**07** 곡선 $y = x(a-x)$와 $x$축으로 둘러싸인 부분의 넓이가 $\dfrac{2}{3}$일 때, 양수 $a$의 값을 구하시오.

**08** 곡선 $y = x(x-a)^2$과 $x$축으로 둘러싸인 부분의 넓이가 12일 때, 양수 $a$의 값을 구하시오.

**09** 곡선 $y = x^2(x-a)(x-b)$ (단, $0 < a < b$)와 $x$축으로 둘러싸인 두 부분의 넓이가 같을 때, $a : b$를 구하시오.

**10** 포물선 $y = x^2 - x$와 직선 $y = ax$로 둘러싸인 도형의 넓이가 $x$축에 의하여 이등분되도록 상수 $a$의 값을 정하시오.

## 8.2 입체의 부피

적분의 또 다른 응용으로서 입체의 부피를 구하는데 정적분을 이용할 수 있다.

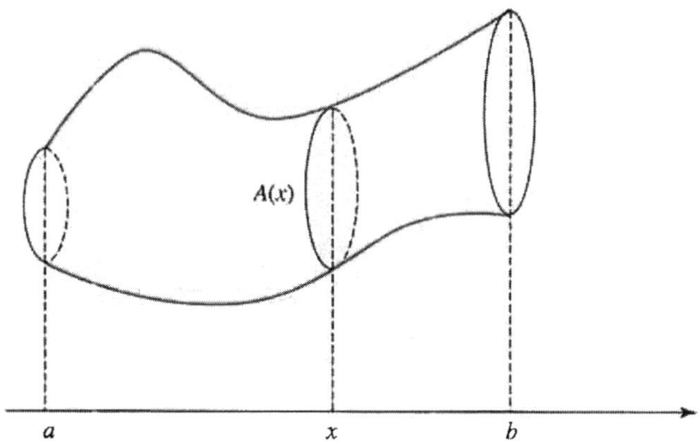


예를 들어 구간 $[a, b]$ 상에 임의의 점 $x$에서 $x$축에 수직인 평면으로 물체를 절단했을 때 생기는 절단면의 넓이를 $A(x)$라고 두면 구간 $[a, b]$에 놓여있는 물체의 부피 $V$는 다음과 같이 주어진다.

$$V = \int_a^b A(x)\,dx$$

$y = f(x)$, $x = a$, $x = b$로 둘러싸인 영역을 $x$축으로 회전시킨 회전체의 경우에는 단면의 넓이가

$$A(x) = \pi\{f(x)\}^2$$

이므로 회전체의 부피는

$$V_x = \int_a^b \pi\{f(x)\}^2 dx \quad (\text{단, } f(x) \geq 0)$$

이다. 비슷하게 $x = g(y)$, $y = c$, $y = d$사이의 영역을 $y$축으로 회전시킨 회전체의 부피는 $y$축에 수직인 단면의 넓이가

$$A(y)=\pi\{g(y)\}^2$$

이므로 회전체의 부피는 다음과 같다.

$$V_y=\int_c^d \pi\{g(y)\}^2 dy \ \ (\text{단, } g(y)\geq 0)$$

**예제 8.2.1**

$y=\sqrt{x}$, $x=4$, $x$축 사이의 영역을 $x$축으로 회전시킬 때 생기는 회전체의 부피를 구하시오.

**풀이**

그림과 같이 회전체의 단면의 넓이는

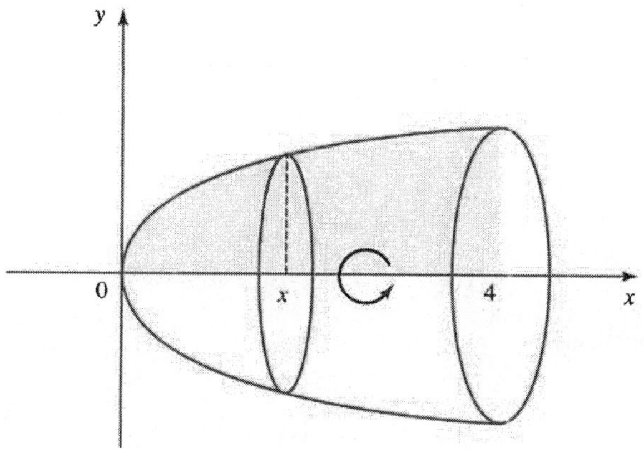


$$A(x)=\pi(\sqrt{x})^2=\pi x, \ \ 0\leq x\leq 4$$

이므로 회전체의 부피는

$$V_x=\int_0^4 \pi x\,dx=\left[\frac{\pi}{2}x^2\right]_0^4=8\pi$$

이다.

### 예제 8.2.2

$y=x^3$, $y=3$, $y$축으로 둘러싸인 영역을 $y$축으로 회전시킬 때 생기는 회전체의 부피를 구하시오.

**풀이**

회전체를 $y$축에 수직으로 자른 단면의 넓이는

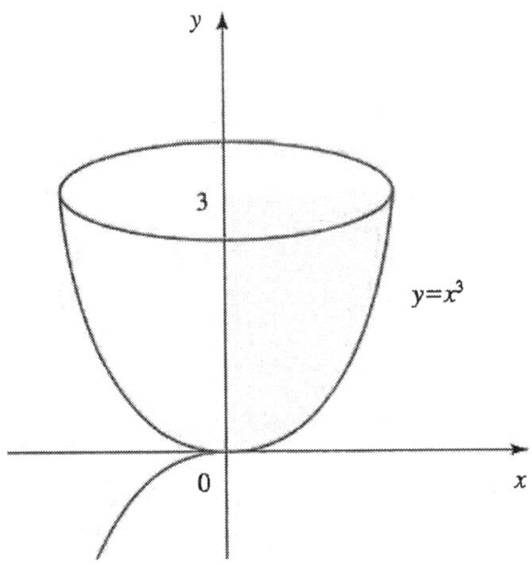


$$A(y)=\pi\left(y^{\frac{1}{3}}\right)^2,\ \ 0 \le y \le 3$$

이므로 회전체의 부피는

$$V_y=\int_0^3 \pi y^{\frac{2}{3}}\,dy=\left[\frac{3}{5}\pi y^{\frac{5}{3}}\right]_0^3=\frac{3^{\frac{8}{3}}}{5}\pi$$

이다.

### 예제 8.2.3

타원 $\frac{x^2}{a^2}+\frac{y^2}{b^2}=1$을 $x$축 둘레로 회전하여 생기는 회전체의 부피를 구하시오.
(단, $a>0$, $b>0$)

**풀이**

회전체를 $x$축에 수직으로 자른 단면의 넓이는

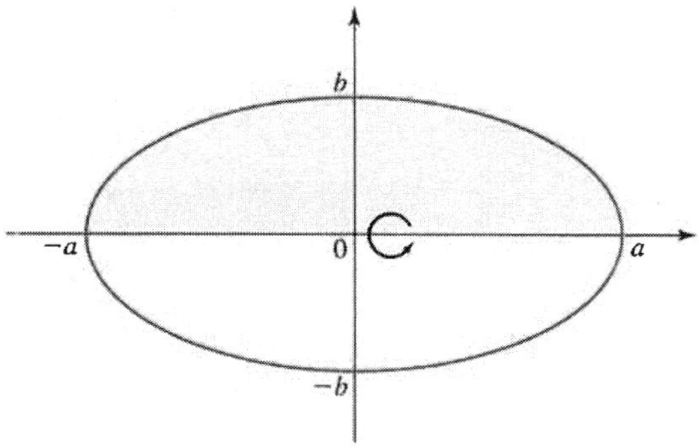


$$A(x)=\pi\left(b\sqrt{1-\frac{x^2}{a^2}}\right)^2=\pi b^2\left(1-\frac{x^2}{a^2}\right),\ -a\le x\le a$$

이므로 회전체의 부피는

$$V_x=\int_{-a}^{a}\pi b^2\left(1-\frac{x^2}{a^2}\right)dx=2\pi b^2\int_0^a\left(1-\frac{x^2}{a^2}\right)dx$$
$$=2\pi b^2\left[x-\frac{x^3}{3a^2}\right]_0^a=\frac{4}{3}\pi ab^2$$

이다.

---

위의 예제에서 $a=b=r$일 때 회전체의 부피 $V_x$는 반지름이 $r$인 구의 부피가 되므로

$$V_x=\frac{4}{3}\pi r^3$$

이 됨을 알 수 있다.

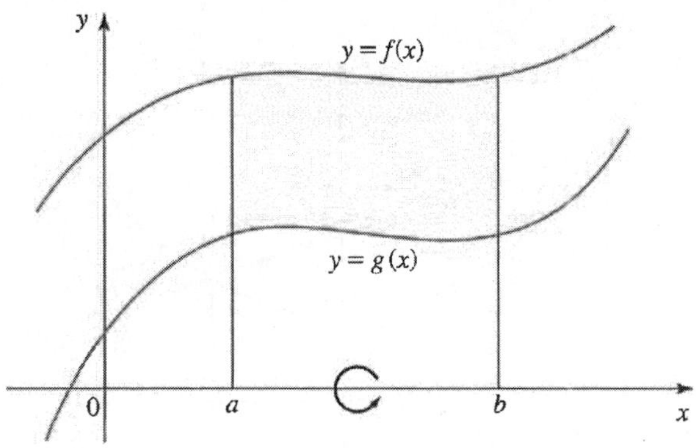

다음으로 두 곡선 $y=f(x)$, $y=g(x)$, $a \le x \le b$로 둘러싸인 영역을 $x$축으로 회전시킨 회전체의 부피를 구해보자. 단, 모든 $x \in [a,b]$에 대하여 $f(x) \ge g(x) \ge 0$이다. 이 경우

$$\text{단면의 바깥쪽 반지름 : } f(x)$$

$$\text{단면의 안쪽 반지름 : } g(x)$$

이므로 단면의 넓이는

$$A(x) = \pi\{f(x)\}^2 - \pi\{g(x)\}^2 = \pi\left[\{f(x)\}^2 - \{g(x)\}^2\right]$$

이다. 따라서 회전체의 부피는

$$V_x = \int_a^b \pi\left[\{f(x)\}^2 - \{g(x)\}^2\right]dx$$

이다. 같은 방법으로 두 곡선 $x=f(y)$, $x=g(y)$, $c \le y \le d$로 둘러싸인 영역을 $y$축으로 회전시킨 회전체의 부피는 다음과 같다.

$$V_y = \int_c^d \pi\left[\{f(y)\}^2 - \{g(y)\}^2\right]dy$$

**예제 8.2.4**

$y=x^2+2$와 $y=-x+4$로 둘러싸인 영역을 $x$축을 회전축으로 하여 회전시킬 때, 생기는 회전체의 부피를 구하시오.

**풀이**

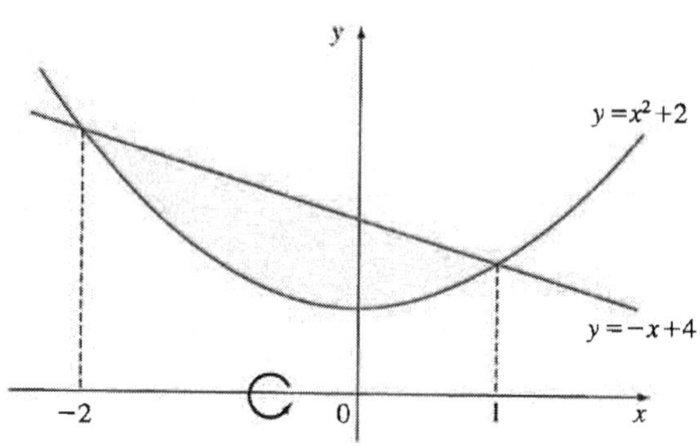

두 그래프가 만나는 점을 구하면

$$x^2+2=-x+4 \Rightarrow x=-2,1$$

이다. 따라서, 구간 $[-2,1]$에서 $x^2+2 \le -x+4$이므로 회전체의 부피는 다음과 같다.

$$V_x=\int_{-2}^{1}\pi\{(-x+4)^2-(x^2+2)^2\}dx=\frac{162}{5}\pi$$

**예제 8.2.5**

$y=x^2$와 $y=3x$로 둘러싸인 영역을 $y$축을 회전축으로 하여 회전시킬 때, 생기는 회전체의 부피를 구하시오.

**풀이**

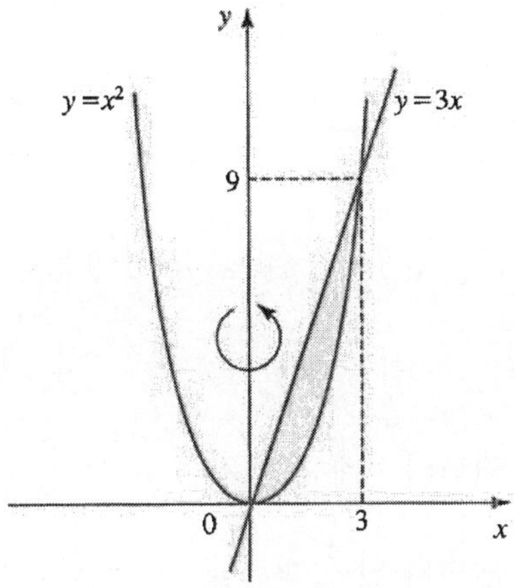


먼저 $x=f(y)$ 형태로 바꾸면 $x=\sqrt{y}$, $x=\frac{1}{3}y$이고, 두 그래프가 만나는 점을 구하면

$$\sqrt{y}=\frac{1}{3}y \Rightarrow y=0,9$$

이다. 따라서, 구간 $[0,9]$에서 $\sqrt{y} \ge \frac{1}{3}y$이므로 회전체의 부피는 다음과 같다.

$$V_y=\int_{0}^{9}\pi\left\{(\sqrt{y})^2-\left(\frac{1}{3}y\right)^2\right\}dy=\frac{27}{2}\pi$$

**예제 8.2.6**

$y=x^2$와 $y=3x$로 둘러싸인 영역을 $x=3$을 회전축으로 하여 회전시킬 때, 생기는 회전체의 부피를 구하시오.

**풀이**

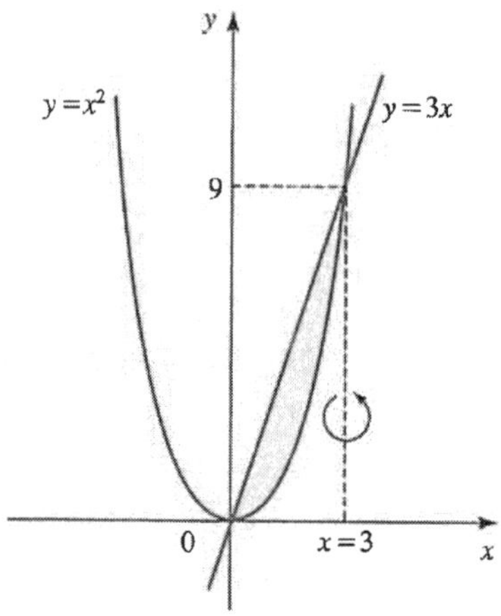


먼저 $x=f(y)$ 형태로 바꾸면 $x=\sqrt{y}$, $x=\dfrac{1}{3}y$이고, 두 그래프가 만나는 점을 구하면

$$\sqrt{y}=\frac{1}{3}y \Rightarrow y=0, 9$$

이다. 그림과 같이 단면의 반지름을 구하면

$$\text{단면의 바깥쪽 반지름} = 3-\frac{1}{3}y$$

$$\text{단면의 안쪽 반지름} = 3-\sqrt{y}$$

따라서 회전체의 부피는 다음과 같다.

$$V_y=\int_0^9 \pi\left\{\left(3-\frac{1}{3}y\right)^2-(3-\sqrt{y})^2\right\}dy=\frac{27}{2}\pi$$

## 연습문제 8.2

01 반지름이 $r$인 원을 밑면으로 하고, 높이가 $h$인 원기둥의 부피 $V$를 구하시오.

02 한 변의 길이가 $a$인 정사각형을 밑면으로 하고, 높이가 $h$인 정사각뿔의 부피 $V$를 구하시오.

03 곡선 $y=\cos x\left(0 \le x \le \frac{\pi}{2}\right)$위의 한 점 $P$에서 $x$축에 내린 수선의 발을 $Q$라 하고, $\overline{PQ}$를 한 변으로 하는 정사각형에 의하여 생기는 입체의 부피를 구하시오.

04 다음 영역을 $x$축으로 회전시킬 때 생기는 회전체의 부피를 구하시오.

(1) $y=2x,\ x=1,\ y=0$
(2) $y=x^2,\ x=1,\ x=3,\ y=0$
(3) $y=2x-x^2,\ y=0$
(4) $y=x^3,\ x=1,\ x=2,\ y=0$
(5) $y=2-x,\ x=0,\ y=0$
(6) $y=\sqrt{1-x^2},\ y=0$
(7) $y=\sqrt{4-x^2},\ y=0$
(8) $y=\sin x,\ x=\frac{\pi}{2},\ y=0$
(9) $y=e^{-x},\ x=-1,\ x=0,\ y=0$
(10) $y=x^2+2,\ y=x+4$

05 다음 영역을 $y$축으로 회전시킬 때 생기는 회전체의 부피를 구하시오.

(1) $y=x^2,\ x=0,\ y=3$
(2) $y=x,\ x=1,\ y=0$
(3) $x=\sqrt{2-y},\ x=0,\ y=0$
(4) $x=\sqrt{y},\ x=0,\ y=4$
(5) $y=\sqrt{x},\ x=0,\ y=1,\ y=2$
(6) $x=4-y^2,\ x=0,\ y=0$

# 8.3 곡선의 길이 및 속도와 거리

## 곡선의 길이

함수 $y=f(x)$가 구간 $[a,b]$에서 정의되어 있을 때 이 그래프 곡선의 길이를 생각해 보자. 구간 $[a,b]$를 균등하게 $n$등분 한 점들은 $x_0, x_1, \cdots, x_n$이라 하고 그림과 같이 그래프상의 분할 점 $\{x_i, f(x_i)\}$들을 연속해서 직선으로 연결하자. 구간 $[a,b]$상의 그래프의 길이를 $L$이라 하면 $L$은 점 $P(x_{i-1}, f(x_{i-1}))$과 점 $Q(x_i, f(x_i))$를 연결한 직선 길이들의 합을 극한으로 표시할 수 있다.

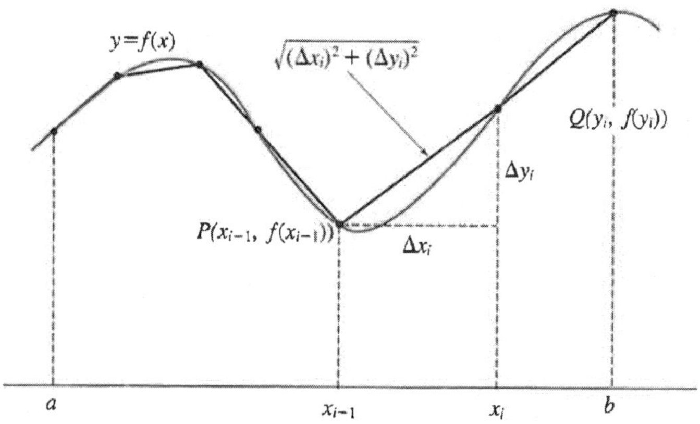


$$L=\lim_{n\to\infty}\sum_{i=1}^{n}\sqrt{(x_i-x_{i-1})^2+(f(x_i)-f(x_{i-1}))^2}$$

$$=\lim_{n\to\infty}\sum_{i=1}^{n}\sqrt{1+\left\{\frac{f(x_i)-f(x_{i-1})}{x_i-x_{i-1}}\right\}^2}\,\Delta x_i$$

위의 식에 미분의 평균값 정리를 적용하면

$$L=\lim_{n\to\infty}\sum_{i=1}^{n}\sqrt{1+\{f'(c_i)\}^2}\,\Delta x_i\ ,\quad c_i\in[x_{i-1}, x_i]$$

가 된다. 따라서

$$L = \int_a^b \sqrt{1 + \{f'(x)\}^2}\, dx$$

이다.

**예제 8.3.1**

$x = 0$과 $x = 1$사이의 직선 $y = x$의 길이를 구하시오.

**풀이**

두 점 $(0, 0)$과 $(1, 1)$사이 직선의 길이이고 그 길이는 $\sqrt{2}$ 임을 쉽게 알 수 있다. 적분을 이용하여 확인해 보면 다음과 같다.

$$L = \int_0^1 \sqrt{1 + 1^2}\, dx = \int_0^1 \sqrt{2}\, dx = \sqrt{2}$$

**예제 8.3.2**

$y = x^2$의 $x = 0$에서 $x = 1$까지의 곡선의 길이를 구하시오.

**풀이**

$f(x) = x^2$ 이라 하면 $f'(x) = 2x$ 이고

$$L = \int_0^1 \sqrt{1 + (2x)^2}\, dx$$

이다. $2x = \tan\theta$로 치환하면

$$\begin{aligned} L &= \int_0^{\tan^{-1}2} \sqrt{1 + \tan^2\theta} \cdot \frac{1}{2}\sec^2\theta\, d\theta \\ &= \frac{1}{2}\int_0^{\tan^{-1}2} \sec^3\theta\, d\theta \\ &= \frac{1}{4}\left[\tan\theta\sec\theta + \ln|\sec x + \tan x|\right]_0^{\tan^{-1}2} \\ &= \frac{1}{4}\{\ln(\sqrt{5} + 2) + 2\sqrt{5}\} \end{aligned}$$

**예제 8.3.3**

$y=\frac{2}{3}x^{\frac{3}{2}}$의 구간 $0 \le x \le 1$의 길이를 구하시오.

**풀이**

$f(x)=\frac{2}{3}x^{\frac{3}{2}}$이라 하면 $f'(x)=x^{\frac{1}{2}}$이고

$$\begin{aligned} L &= \int_0^1 \sqrt{1+\left(x^{\frac{1}{2}}\right)^2}\,dx = \int_0^1 \sqrt{1+x}\,dx \\ &= \left[\frac{2}{3}(1+x)^{\frac{3}{2}}\right]_0^1 = \frac{2}{3}(2\sqrt{2}-1) \end{aligned}$$

이다.

## 속도와 거리

수직선 위를 움직이는 물체를 생각해 보자. 시간 $t$에서 물체의 위치를 $s(t)$로 나타내면 물체의 속도는

$$v(t)=s'(t)$$

로 주어진다. 다음으로 물체의 속도와 시간 $t=a$에서 위치를 알고 있다고 가정하고 물체의 위치를 구해보자.

$$\int_a^t v(x)\,dx=\int_a^t s'(x)\,dx=s(t)-s(a)$$

이므로 물체의 위치는 다음과 같은 식으로 주어진다.

$$s(t)=\int_a^t v(x)dx+s(a)$$

$v(t)\ge 0$이면 물체는 오른쪽으로 움직이고

$$\int_a^b v(t)\,dt = s(b) - s(a) = \{t = a\text{에서 } t = b\text{까지 움직인 거리}\}$$

임을 알 수 있다. $v(t) \le 0$이면 물체는 왼쪽으로 움직이고

$$\int_a^b v(t)\,dt = -\{t = a\text{에서 } t = b\text{까지 움직인 거리}\}$$

이다. 따라서 $\int_a^b v(t)\,dt$는 $t = a$를 기준으로 위치의 변화량이라고 생각할 수 있고 실제 움직인 거리는 속도를 적분하는 것이 아니라 속력 $|v(t)|$를 적분해야 한다. 따라서, $t = a$에서 $t = b$까지 움직인 실제의 거리 $s$는 다음과 같다.

$$s = \int_a^b |v(t)|dt$$

**예제 8.3.4**

지면에서 수직방향으로 초기속도 $30\,\mathrm{m/s}$로 던질 때 속도가

$$v(t) = 30 - 9.8t,\quad t \ge 0$$

이라고 한다.

(1) 시간 $t$에서 물체의 높이를 구하시오.

(2) 물체의 최고 높이를 구하시오.

(3) $t = 1$에서 $t = 3$까지 움직인 거리를 구하시오.

**풀이**

(1) $s(t) = \int_0^t v(x)dx = \int_0^t (30 - 9.8x)dx = 30t - 4.9t^2 + s(0)$이고 $s(0) = 0$이므로 $s(t) = 30t - 4.9t^2$이다.

(2) 최고 높이일 때 $v(t) = 0$이고 $t = \dfrac{30}{9.8}(\mathrm{s})$이고 $s\left(\dfrac{30}{9.8}\right) = 45.92(\mathrm{m})$이다.

(3) $s = \int_1^3 |30 - 9.8t|dt = \left[30t - 4.9t^2\right]_1^3 = 20.8(\mathrm{m})$이다.

**예제 8.3.5**

수직선상의 점 $x=3$에서 출발하여 움직이는 물체를 생각해보자. 시간 $t$에서의 속도 $v(t)=6-3t$일 때 $t=0$에서 $t=4$까지 실제로 움직인 거리를 구하시오.

**풀이**

$0 \le t \le 2$이면 $v(t) \ge 0$이므로 오른쪽으로 움직이고, $2 \le t \le 4$이면 $v(t) \le 0$이므로 왼쪽으로 움직인다. 따라서 실제로 움직인 거리는 다음과 같다.

$$\begin{aligned} s &= \int_0^4 |v(t)|dt = \int_0^4 |6-3t|dt \\ &= \int_0^2 (6-3t)dt + \int_2^4 (3t-6)dt \\ &= \left[6t-\frac{3}{2}t^2\right]_0^2 + \left[\frac{3}{2}t^2-6t\right]_2^4 = 12 \end{aligned}$$

## 연습문제 8.3

**01** 지상 $50\,\mathrm{m}$의 높이에서 처음 속도 $20\,\mathrm{m/s}$로 똑바로 위로 던진 돌의 $t$초 후 지면으로부터의 높이를 $h$라고 하면 $h = 50 + 20t - 5t^2$이라고 한다. 이 돌을 던진 순간부터 5초 동안 움직인 거리를 구하시오.

**02** 열차가 출발하여 $3\,\mathrm{km}$를 달리는 동안은 시각 $t$분에서의 속도가 $v(t) = \frac{3}{4}t^2 + \frac{1}{2}t$이고, $3\,\mathrm{km}$ 이후로는 그 속도가 일정하게 유지된다. 출발 후 5분 동안 이 열차가 달린 거리를 구하시오.

**03** 원점을 출발하여 수직선 위를 움직이는 점 $P$의 $t$초 후의 속도 $v(t)$는 $v(t) = t^4 - 4t^3 + 4t^2$ (단, $t \geq 0$)이라고 한다. 점 $P$의 속도가 감소하기 시작하여 다시 증가하기 시작할 때까지의 점 $P$가 움직인 거리를 구하여라.

**04** 다음 곡선의 길이를 구하시오.

(1) $y = \frac{1}{2}(e^x + e^{-x}),\ -1 \leq x \leq 1$

(2) $y = \sqrt{1 - x^2},\ 0 \leq x \leq 1$

(3) $y = \ln(\cos x),\ 0 \leq x \leq \frac{\pi}{4}$

(4) $y = \frac{2}{3}(x^2 + 1)^{\frac{3}{2}},\ 0 \leq x \leq 3$

CHAPTER

09

# 급 수

## 9.1 수열의 수렴과 발산

정의역이 자연수 집합이고 공역이 실수 집합인 함수를 **수열**(sequence)이라 부르고, 자연수 $n$에 대응되는 실수 $a(n)$을 수열의 $n$번째 항이라 부른다. 예를 들어 $a(n)=\frac{n-1}{n}$이라 하면

$$a(1)=0,\ a(2)=\frac{1}{2},\ a(3)=\frac{2}{3},\ \cdots,\ a(n)=\frac{n-1}{n}$$

이 된다. 일반적으로 기호로 $a(n)=a_n$을 사용하고 $n$번째 항이 $a_n$인 수열을 $\{a_n\}$으로 나타낸다. 이때 $a_n$을 수열 $\{a_n\}$의 **일반항**이라 한다.

자연수 $n$이 무한히 커질 때, $a_n$이 $L$에 수렴하면, $L$을 수열 $\{a_n\}$의 극한이라 하고

$$\lim_{n\to\infty} a_n = L \text{ 혹은 } a_n \to L$$

로 나타내고 극한이 존재하지 않으면 $\{a_n\}$은 발산한다고 한다.

**예제 9.1.1**

수열 $\left\{\frac{1}{n}\right\}$의 수렴, 발산을 판단하시오.

**풀이**

$\lim_{n\to\infty} a_n = \lim_{n\to\infty}\frac{1}{n}=0$이므로 수열 $\left\{\frac{1}{n}\right\}$은 0에 수렴한다.

**예제 9.1.2**

수열 $\{k\}$($k$는 실수)의 수렴, 발산을 판단하시오.

**풀이**

$\lim_{n\to\infty} a_n = \lim_{n\to\infty} k = k$이므로 수열 $\{k\}$는 $k$에 수렴한다.

수열이 수렴하면 그 극한은 유일함이 알려져 있으며 수렴하는 두 수열 $\{a_n\}$과 $\{b_n\}$사이에는 다음과 같은 정리가 성립한다.

**정리 9.1.1 수열의 극한정리**

두 수열 $\{a_n\}$과 $\{b_n\}$에 대하여 $\lim_{n\to\infty} a_n = A$, $\lim_{n\to\infty} b_n = B$이면

(1) $\lim_{n\to\infty}(a_n + b_n) = A + B$

(2) $\lim_{n\to\infty}(a_n - b_n) = A - B$

(3) $\lim_{n\to\infty}(a_n \cdot b_n) = AB$

(4) $\lim_{n\to\infty}\dfrac{a_n}{b_n} = \dfrac{A}{B}$ $(B \neq 0)$

(5) $\lim_{n\to\infty}(ka_n) = kA$ ($k$는 실수)

**예제 9.1.3**

다음 수열의 극한을 구하시오.

(1) $\left\{-\dfrac{1}{n}\right\}$

(2) $\left\{\dfrac{n-1}{n}\right\}$

(3) $\left\{\dfrac{5}{n^2}\right\}$

(4) $\left\{\dfrac{4-7n^6}{n^6+3}\right\}$

**풀이**

(1) $\lim_{n\to\infty} a_n = \lim_{n\to\infty}\left(-\dfrac{1}{n}\right) = 0$

(2) $\lim_{n\to\infty} a_n = \lim_{n\to\infty}\dfrac{n-1}{n} = 1$

(3) $\lim_{n\to\infty} a_n = \lim_{n\to\infty}\dfrac{5}{n^2} = 0$

(4) $\lim_{n\to\infty} a_n = \lim_{n\to\infty}\dfrac{4-7n^6}{n^6+3} = -7$

**정리 9.1.2 수열에 관한 Sandwich 정리**

적당한 자연수 $n_0$에 대하여 $n \geq n_0$일 때

(1) $a_n \leq b_n \leq c_n$이고

(2) $\lim_{n\to\infty} a_n = \lim_{n\to\infty} c_n = L$이면

$$\lim_{n\to\infty} b_n = L$$

이다.

**예제 9.1.4**

다음 수열의 극한값을 구하시오.

(1) $\left\{\dfrac{\cos n}{n}\right\}$ (2) $\left\{(-1)^n \dfrac{1}{n}\right\}$

**풀이**

(1) $-1 \leq \cos n \leq 1$이면 $-\dfrac{1}{n} \leq \dfrac{\cos n}{n} \leq \dfrac{1}{n}$이고

$\lim_{n\to\infty}\left(-\dfrac{1}{n}\right) = 0$, $\lim_{n\to\infty}\dfrac{1}{n} = 0$이므로 Sandwich 정리에 의하여 $\lim_{n\to\infty}\dfrac{\cos n}{n} = 0$ 이다.

(2) $-\dfrac{1}{n} \leq (-1)^n \dfrac{1}{n} \leq \dfrac{1}{n}$이고 $\lim_{n\to\infty}\left(-\dfrac{1}{n}\right) = 0$, $\lim_{n\to\infty}\dfrac{1}{n} = 0$이므로

Sandwich 정리에 의하여 $\lim_{n\to\infty}(-1)^n \dfrac{1}{n} = 0$이다.

**정리 9.1.3 수열의 수렴과 연속함수**

$a_n \to L$이고 $f(x)$가

(1) 모든 $n$에서 $a_n$이 정의되고

(2) $L$에서 연속이면

$$f(a_n) \to f(L)$$

이다.

**예제 9.1.5**

$\lim_{n\to\infty}\sqrt{\dfrac{n+1}{n}}=1$임을 보이시오.

**풀이**

$a_n=\dfrac{n+1}{n}\to 1$이고 $f(x)=\sqrt{x}$ 이면

(1) 모든 $n$에서 $\dfrac{n+1}{n}$이 정의되고

(2) $x=1$에서 $f(x)=\sqrt{x}$ 가 연속이므로

$$f\left(\frac{n+1}{n}\right)\to f(1)=\sqrt{1}=1$$

이 성립한다.

**예제 9.1.6**

$\lim_{n\to\infty}2^{\frac{1}{n}}=1$임을 보이시오.

**풀이**

$a_n=\dfrac{1}{n}\to 0$이고 $f(x)=2^x$ 이면

(1) 모든 $n$에서 $\dfrac{1}{n}$이 정의되고

(2) $x=0$에서 $f(x)=2^x$ 가 연속이므로

$$f\left(\frac{1}{n}\right)\to f(0)=2^0=1$$

이 성립한다.

**정리 9.1.4 수열의 극한과 함수의 극한**

함수 $f(x)$가 모든 $x \geq n_0$에서 정의되고 $\{a_n\}$이 $n \geq n_0$에서 $a_n = f(n)$일 때

$$\lim_{x\to\infty} f(x) = L \text{이면 } \lim_{n\to\infty} a_n = L$$

이다.

**예제 9.1.7**

$\lim_{n\to\infty} \frac{\ln n}{n} = 0$임을 보이시오.

**풀이**

$f(x) = \frac{\ln x}{x}$는 모든 $x \geq 1$에서 정의되고 $a_n = \frac{\ln n}{n}$이 $n \geq 1$에서 $a_n = f(n)$이므로

$$\lim_{x\to\infty} f(x) = \lim_{x\to\infty} \frac{\ln x}{x} = \lim_{x\to\infty} \frac{\frac{1}{x}}{1} = 0$$

이다. 따라서

$$\lim_{n\to\infty} \frac{\ln n}{n} = 0$$

이다.

수열의 극한을 구하기 위해 로피탈의 법칙을 사용할 때 $n$을 함수의 변수로 보고 직접 미분하여 구하여도 무방하다.

**예제 9.1.8**

$\lim_{n\to\infty} \frac{5n}{2^n} = 0$임을 보이시오.

**풀이**

$n$을 함수의 변수로 보고 로피탈의 법칙을 이용하면

$$\lim_{n\to\infty} \frac{5n}{2^n} = \lim_{n\to\infty} \frac{5}{2^n \ln 2} = 0$$

이다.

자주 나타나는 수열의 극한은 다음과 같다.

(1) $\lim_{n\to\infty} \frac{\ln n}{n} = 0$

(2) $\lim_{n\to\infty} \sqrt[n]{n} = 1$

(3) $\lim_{n\to\infty} x^{\frac{1}{n}} = 1 \ (x > 0)$

(4) $\lim_{n\to\infty} x^n = 0 \ (|x| < 1)$

(5) $\lim_{n\to\infty} \left(1 + \frac{x}{n}\right)^n = e^x$

(6) $\lim_{n\to\infty} \frac{x^n}{n!} = 0$

## 연습문제 9.1

**01** 다음 수열의 수렴과 발산을 조사하고 수렴하면 극한을 구하시오.

(1) $a_n = 5^n$

(2) $a_n = \left(-\frac{1}{2}\right)^n$

(3) $a_n = \frac{n+3}{n^2+5n+6}$

(4) $a_n = \frac{n^2-2n+1}{n-1}$

(5) $a_n = \frac{1-n^3}{70-4n^2}$

(6) $a_n = \frac{1-5n^4}{n^4+8n^3}$

(7) $a_n = \left(\frac{n+1}{2n}\right)\left(1-\frac{1}{n}\right)$

(8) $a_n = \left(2-\frac{1}{2^n}\right)\left(3+\frac{1}{2^n}\right)$

(9) $a_n = \frac{(-1)^{n+1}}{2n-1}$

(10) $a_n = \frac{n}{2^n}$

(11) $a_n = \frac{3^n}{n^3}$

(12) $a_n = \left(1+\frac{7}{n}\right)^n$

(13) $a_n = \left(1-\frac{1}{n}\right)^n$

(14) $a_n = (n+4)^{\frac{1}{n+4}}$

(15) $a_n = \frac{\ln(1+n)}{n}$

(16) $a_n = \ln n - \ln(n+1)$

(17) $a_n = \frac{\sin n}{n}$

(18) $a_n = \frac{\sin^2 n}{2^n}$

(19) $a_n = \frac{\ln n}{\ln 2n}$

(20) $a_n = \sqrt[n]{n^2}$

(21) $a_n = \sqrt[n]{10n}$

(22) $a_n = \left(\frac{3}{n}\right)^{\frac{1}{n}}$

## 9.2 무한급수의 수렴과 발산

**정의 9.2.1**

수열 $\{a_n\}$에 대하여, 그 합

$$\sum_{n=1}^{\infty} a_n = a_1 + a_2 + \cdots + a_n + \cdots$$

을 **무한급수**(infinite series)라 한다.

$a_n$을 급수의 $n$번째 항이라 부르고

$$S_1 = a_1$$

$$S_2 = a_1 + a_2$$

$$\vdots$$

$$S_n = a_1 + a_2 + \cdots + a_n = \sum_{k=1}^{n} a_k$$

로 정의된 수열 $\{S_n\}$을 급수의 부분합 수열이라 부르고 $S_n$을 $n$번째 **부분합**(nth partial sum)이라 부른다.

**정리 9.2.1**

부분합 수열 $\{S_n\}$일 때 $S_n \to L$이면

$$a_1 + a_2 + \cdots + a_n + \cdots = \sum_{k=1}^{\infty} a_k = \lim_{n\to\infty} \sum_{k=1}^{n} a_k = \lim_{n\to\infty} S_n = L$$

이고, $L$을 급수의 합이라 한다.

부분합 수열이 수렴하지 않을 경우 급수가 발산한다고 한다.

**예제 9.2.1**

무한급수 $\frac{3}{10}+\frac{3}{10^2}+\cdots+\frac{3}{10^n}+\cdots$에 대하여 부분합 $S_n$을 구하시오.

**풀이**

$$S_1=\frac{3}{10},\ S_2=\frac{3}{10}+\frac{3}{10^2}=\frac{33}{100},\ \cdots$$

$$S_n=\frac{3}{10}+\frac{3}{10^2}+\cdots+\frac{3}{10^n}=\frac{1-\left(\frac{1}{10}\right)^n}{1-\frac{1}{10}}\cdot\frac{3}{10}=\frac{10^n-1}{3\cdot 10^n}$$

---

**정의 9.2.2**

주어진 $a(\neq 0)$와 $r$에 대하여

$$a+ar+ar^2+\cdots+ar^{n-1}+\cdots=\sum_{n=1}^{\infty}ar^{n-1}$$

을 **기하급수**(geometric series)라 하고 $a$를 **초항**, $r$을 **공비**라 한다.

**정리 9.2.2 기하급수의 수렴 및 발산**

초항이 $a$이고 공비가 $r$인 기하급수에 대하여

(1) 만약 $|r|<1$이면 기하급수는 수렴하고

$$\sum_{n=1}^{\infty}ar^{n-1}=\frac{a}{1-r}$$

(2) 만약 $|r|\geq 1$이면 기하급수는 발산한다.

**증명** 먼저 $r\neq 1$임을 가정하자.

$$S_n=a+ar+ar^2+\cdots+a^{n-1}$$

$$rS_n=ar+ar^2+ar^3+\cdots+a^n$$

$S_n - rS_n$을 계산해서 정리하면

$$S_n = \frac{a(1-r^n)}{1-r}$$

이다. 만약 $|r| < 1$ 이면 $n \to \infty$ 일 때 $r^n \to 0$이므로

$$S_n \to \frac{a}{1-r}$$

이다. 따라서 급수는 $\frac{a}{1-r}$에 수렴한다.

만약 $|r| > 1$이면 $|r^n| \to \infty$ 이므로 급수는 발산한다. 또 $r=1$이면 $S_n = na$이고 $a \neq 0$이므로 급수는 발산한다. 그리고 $r=-1$이면 $S_n = a$($n$은 홀수), $S_n = 0$ ($n$은 짝수)이므로 급수는 발산한다.

**예제 9.2.2**

순환소수 $5.232323\cdots$을 유리수로 표현하시오.

**풀이**

$$\begin{aligned} 5.232323\cdots &= 5 + \frac{23}{100} + \frac{23}{100^2} + \frac{23}{100^3} + \cdots \\ &= 5 + \frac{23}{100}\left(1 + \frac{1}{100} + \frac{1}{100^2} + \cdots\right) \\ &= 5 + \frac{23}{100} \cdot \frac{1}{1 - \frac{1}{100}} \\ &= 5 + \frac{23}{99} = \frac{518}{99} \end{aligned}$$

**예제 9.2.3**

급수 $\sum_{n=1}^{\infty} \frac{1}{n(n+1)}$의 수렴, 발산을 판단하고 수렴하면 그 값을 구하시오.

**풀이**

급수의 일반항을 부분분수로 바꾸면

$$a_k = \frac{1}{k(k+1)} = \frac{1}{k} - \frac{1}{k+1}$$

이고

$$\begin{aligned} S_n &= \sum_{k=1}^{n} \frac{1}{k(k+1)} = \sum_{k=1}^{n} \left( \frac{1}{k} - \frac{1}{k+1} \right) \\ &= \left( \frac{1}{1} - \frac{1}{2} \right) + \left( \frac{1}{2} - \frac{1}{3} \right) + \cdots + \left( \frac{1}{n} - \frac{1}{n+1} \right) \\ &= 1 - \frac{1}{n+1} \end{aligned}$$

이다. 따라서

$$\lim_{n \to \infty} S_n = \lim_{n \to \infty} \left( 1 - \frac{1}{n+1} \right) = 1$$

이다. 즉 주어진 급수는 수렴하고

$$\sum_{n=1}^{\infty} \frac{1}{n(n+1)} = 1$$

이다.

---

**정리 9.2.2**

만약 $\sum_{n=1}^{\infty} a_n$이 수렴하면 $\lim_{n \to \infty} a_n = 0$이다.

**증명** $\sum_{n=1}^{\infty} a_n$이 수렴하므로 그 부분합

$$S_n = a_1 + a_2 + \cdots + a_n$$

$$S_{n-1} = a_1 + a_2 + \cdots + a_{n-1}$$

로 이루어진 수열 $\{S_n\}, \{S_{n-1}\}$은 수렴한다. $\sum_{n=1}^{\infty} a_n = S$라 두면

$$a_n = S_n - S_{n-1}$$

이므로

$$\begin{aligned}\lim_{n\to\infty} a_n &= \lim_{n\to\infty}(S_n - S_{n-1}) \\ &= \lim_{n\to\infty} S_n - \lim_{n\to\infty} S_{n-1} \\ &= S - S = 0\end{aligned}$$

따라서 $\sum_{n=1}^{\infty} a_n$이 수렴하면

$$\lim_{n\to\infty} a_n = 0$$

이다.

**참고** (1) $\lim_{n\to\infty} a_n = 0$은 $\sum_{n=1}^{\infty} a_n$이 수렴하기 위한 필요조건이지만 충분조건은 되지 못한다.

예를 들면, 급수 $\sum_{n=1}^{\infty} \frac{1}{n}$에서 $\lim_{n\to\infty} \frac{1}{n} = 0$이지만 $\sum_{n=1}^{\infty} \frac{1}{n}$은 발산한다.

(2) 대우명제를 이용하여 $\lim_{n\to\infty} a_n \neq 0$이면 $\sum_{n=1}^{\infty} a_n$은 수렴하지 않는다. 즉 발산한다.

이는 급수의 발산을 판정함에 유용하게 쓰인다.

### 예제 9.2.4

다음 급수의 수렴과 발산을 판별하고, 수렴하면 그 수렴값을 구하시오.

(1) $\sum_{n=1}^{\infty} n^2$

(2) $\sum_{n=1}^{\infty} \frac{n+1}{n}$

(3) $\sum_{n=1}^{\infty} (-1)^{n+1}$

(4) $\sum_{n=1}^{\infty} \frac{(-1)^n}{4^n}$

**풀이**

(1) $\lim_{n\to\infty} n^2 = \infty$이므로 $\sum_{n=1}^{\infty} n^2$은 발산한다.

(2) $\lim_{n\to\infty} \frac{n+1}{n} = 1$이므로 $\sum_{n=1}^{\infty} \frac{n+1}{n}$은 발산한다.

(3) $\lim_{n\to\infty} (-1)^{n+1}$은 발산하므로 $\sum_{n=1}^{\infty} (-1)^{n+1}$은 발산한다.

(4) 주어진 급수는 공비 $r=-\frac{1}{4}$인 기하급수이고 $|r|<1$ 이므로 수렴한다.

초항 $a=-\frac{1}{4}$이므로

$$\frac{a}{1-r}=\frac{-\frac{1}{4}}{1-\left(-\frac{1}{4}\right)}=-\frac{1}{5}$$

이다.

---

**정리 9.2.3 급수의 합, 차의 정리**

수렴하는 두 급수 $\sum_{n=1}^{\infty} a_n = S$, $\sum_{n=1}^{\infty} b_n = T$이면

(1) $\sum_{n=1}^{\infty} ka_n = kS$ ($k$는 임의의 실수)

(2) $\sum_{n=1}^{\infty} (a_n + b_n) = S + T$

(3) $\sum_{n=1}^{\infty} (a_n - b_n) = S - T$

**증명** 두 급수 $\sum_{n=1}^{\infty} a_n = S$, $\sum_{n=1}^{\infty} b_n = T$이면

(1)
$$\begin{aligned}\sum_{n=1}^{\infty} ka_n &= ka_1 + ka_2 + ka_3 + \cdots \\ &= k(a_1 + a_2 + a_3 + \cdots) \\ &= k\sum_{n=1}^{\infty} a_n = kS\end{aligned}$$

(2)
$$\begin{aligned}\sum_{n=1}^{\infty} (a_n + b_n) &= (a_1 + b_1) + (a_2 + b_2) + (a_3 + b_3) + \cdots \\ &= (a_1 + a_2 + a_3 + \cdots) + (b_1 + b_2 + b_3 + \cdots) \\ &= \sum_{n=1}^{\infty} a_n + \sum_{n=1}^{\infty} b_n = S + T\end{aligned}$$

(3) $\sum_{n=1}^{\infty}(a_n - b_n) = (a_1 - b_1) + (a_2 - b_2) + (a_3 - b_3) + \cdots$

$$= (a_1 + a_2 + a_3 + \cdots) - (b_1 + b_2 + b_3 + \cdots)$$

$$= \sum_{n=1}^{\infty} a_n - \sum_{n=1}^{\infty} b_n = S - T$$

**예제 9.2.5**

$\sum_{n=1}^{\infty}\left(\frac{3}{4^n} - \frac{2}{5^{n-1}}\right)$를 구하시오.

**풀이**

$\sum_{n=1}^{\infty}\frac{1}{4^n}$, $\sum_{n=1}^{\infty}\frac{1}{5^{n-1}}$은 각각 공비가 $\frac{1}{4}$, $\frac{1}{5}$인 기하급수이며, $\left|\frac{1}{4}\right| < 1$, $\left|\frac{1}{5}\right| < 1$이므로 각각 수렴한다.

$$\sum_{n=1}^{\infty}\left(\frac{3}{4^n} - \frac{2}{5^{n-1}}\right) = 3\sum_{n=1}^{\infty}\frac{1}{4^n} - 2\sum_{n=1}^{\infty}\frac{1}{5^{n-1}}$$

$$= 3 \cdot \frac{\frac{1}{4}}{1 - \frac{1}{4}} - 2 \cdot \frac{1}{1 - \frac{1}{5}} = 1 - \frac{5}{2} = -\frac{3}{2}$$

## 연습문제 9.2

**01** 다음 급수들의 수렴과 발산을 조사하고 수렴할 경우 그 합을 구하시오.

(1) $1+\frac{1}{3}+\frac{1}{9}+\cdots+\left(\frac{1}{3}\right)^n+\cdots$

(2) $1-2+4-8+\cdots+(-1)^n 2^{n-1}+\cdots$

(3) $\frac{1}{2\cdot 3}+\frac{1}{3\cdot 4}+\frac{1}{4\cdot 5}+\cdots+\frac{1}{(n+1)\cdot(n+2)}+\cdots$

(4) $\frac{1}{\sqrt{2}+\sqrt{1}}+\frac{1}{\sqrt{3}+\sqrt{2}}+\frac{1}{\sqrt{4}+\sqrt{3}}+\cdots+\frac{1}{\sqrt{n+1}+\sqrt{n}}+\cdots$

(5) $\sum_{n=1}^{\infty}\frac{n}{3n+4}$

(6) $\sum_{n=1}^{\infty}\frac{n-1}{2n+1}$

(7) $\sum_{n=2}^{\infty}\frac{2}{n^2-1}$

(8) $\sum_{n=1}^{\infty}\frac{1}{(2n+1)^2-1}$

(9) $\sum_{n=1}^{\infty}\frac{4}{(4n-3)(4n+1)}$

(10) $\sum_{n=1}^{\infty}\ln\frac{1}{n}$

(11) $\sum_{n=1}^{\infty}(\sqrt{2})^{1-n}$

(12) $\sum_{n=1}^{\infty}\frac{2^{n+1}}{5^n}$

(13) $\sum_{n=1}^{\infty}\left(1-\frac{1}{n}\right)^n$

(14) $\sum_{n=1}^{\infty}\frac{n!}{1000^n}$

(15) $\sum_{n=1}^{\infty}\cos n\pi$

(16) $\sum_{n=1}^{\infty}\frac{5^n}{3^n+4^n}$

(17) $\sum_{n=1}^{\infty}\frac{1}{8^n}$

(18) $\sum_{n=1}^{\infty}\frac{1}{10^n}$

(19) $\sum_{n=1}^{\infty}\frac{2^n}{3^n}$

(20) $\sum_{n=1}^{\infty}\frac{1}{(\ln 2)^n}$

(21) $\sum_{n=1}^{\infty}\left(1+\frac{1}{n}\right)^n$

(22) $\sum_{n=1}^{\infty}\left(\frac{n}{n+1}\right)^n$

**02** 순환소수를 분수꼴로 표시하시오.

(1) $0.41414141\cdots$

(2) $0.513131313\cdots$

(3) $3.012301230123\cdots$

(4) $9.2135135135135\cdots$

## 9.3 양향급수의 수렴판정 I : 비교판정, 적분판정

모든 항이 $a_n > 0$을 만족할 때, $\sum_{n=1}^{\infty} a_n$은 양항급수라 부른다. 무한급수 $\sum_{n=1}^{\infty} a_n$이 양항급수이면 급수의 부분합수열 $\{S_n\}$은

$$S_1 < S_2 < \cdots < S_n < \cdots$$

의 관계를 갖고 $\{S_n\}$은 증가수열이 된다.

**정의 9.3.1 위로 유계, 상계 및 상한**

모든 자연수 $n$에 대하여 적당한 $M > 0$이 존재하여

$$S_n < M$$

을 만족하면 $\{S_n\}$은 **위로 유계**(bounded above)라 하고 $M$을 $\{S_n\}$의 **상계**(upper bound)라 한다. 또 상계 중에서 가장 작은 값을 **상한**(least upper bound)이라고 한다.

**예제 9.3.1**

$S_n = \dfrac{n}{n+1}$의 상한을 구하시오.

**풀이**

$\dfrac{n}{n+1} < 1$을 만족하므로 위로 유계이고 1은 상계인데 1보다 작은 어떤 값도 상계가 될 수 없으므로 1은 상한이다.

**정리 9.3.1 증가수열이 수렴할 조건**

증가수열 $\{S_n\}$이 수렴할 필요충분조건은 $\{S_n\}$이 위로 유계이다. 또 임의의 $n$에 대하여 $S_n \le M$이면 그 극한은 $M$보다 작거나 같다.

### 예제 9.3.2

$\sum_{n=0}^{\infty} \frac{1}{n!} = 1 + \frac{1}{1!} + \frac{1}{2!} + \cdots$ 이 수렴함을 보이시오.

**풀이**

$S_n = 1 + \frac{1}{1!} + \frac{1}{2!} + \cdots + \frac{1}{n!}$ 이라 두면

$$\begin{aligned} S_n &\le 1 + 1 + \frac{1}{2} + \frac{1}{2^2} + \cdots + \frac{1}{2^n} \\ &< 1 + \sum_{n=1}^{\infty} \frac{1}{2^{n-1}} = 1 + \frac{1}{1 - \frac{1}{2}} = 3 \end{aligned}$$

따라서 $\sum_{n=1}^{\infty} \frac{1}{n!}$ 의 임의의 부분합 $S_n$ 은 3보다 작다. 그러므로 이 급수는 수렴한다.

### 예제 9.3.3

$\sum_{n=1}^{\infty} \frac{1}{n}$ 이 발산함을 보이시오.

**풀이**

$S_n = 1 + \frac{1}{2} + \frac{1}{3} + \cdots + \frac{1}{n}$, $n = 2^m$ 이라 두면

$$\begin{aligned} S_n &= 1 + \frac{1}{2} + \left(\frac{1}{3} + \frac{1}{4}\right) + \left(\frac{1}{5} + \frac{1}{6} + \frac{1}{7} + \frac{1}{8}\right) + \cdots + \left(\cdots + \frac{1}{2^n}\right) \\ &> 1 + \frac{1}{2} + \left(\frac{1}{4} + \frac{1}{4}\right) + \left(\frac{1}{8} + \frac{1}{8} + \frac{1}{8} + \frac{1}{8}\right) + \cdots + \left(\frac{1}{2^m} + \cdots + \frac{1}{2^m}\right) \\ &= 1 + \frac{1}{2} + \frac{1}{2} + \frac{1}{2} + \cdots + \frac{1}{2} = 1 + \frac{m}{2} \end{aligned}$$

이다. $S_n > \frac{m}{2}$ 이므로 $\{S_n\}$ 이 위로 유계가 아니므로 발산한다.

**정리 9.3.2 양항급수의 비교판정법**

적당한 자연수 $n_0$에 대하여 다음이 성립한다.

(1) 수렴판정 : 만약 $a_n \le c_n$, $n \ge n_0$의 관계를 갖는 수렴급수 $\sum_{n=1}^{\infty} c_n$이 존재하면

$\sum_{n=1}^{\infty} a_n$은 수렴한다.

(2) 발산판정 : 만약 $d_n \le a_n$, $n \ge n_0$의 관계를 갖는 발산급수 $\sum_{n=1}^{\infty} d_n$이 존재하면

$\sum_{n=1}^{\infty} a_n$은 발산한다.

**증명** (1) $\sum_{n=1}^{\infty} a_n$의 부분합수열 $\{S_n\}$은

$$\begin{aligned} S_n &\le a_1 + a_2 + \cdots + a_{n_0} + \sum_{n=n_0+1}^{\infty} a_n \\ &\le a_1 + a_2 + \cdots + a_{n_0} + \sum_{n=n_0+1}^{\infty} c_n \end{aligned}$$

에 의하여 위로 유계이다. 따라서 $\sum_{n=1}^{\infty} a_n$은 수렴한다.

(2) $\sum_{n=1}^{\infty} a_n$의 부분합수열 $\{S_n\}$이 위로 유계가 아님을 보이면 된다.

만약 $\{S_n\}$이 위로 유계라면 $\sum_{n=1}^{\infty} a_n$은 수렴하고, $\sum_{n=1}^{\infty} d_n$의 부분합수열 $\{T_n\}$은

$$T_n \le d_1 + d_2 + \cdots + d_{n_0} + \sum_{n=n_0+1}^{\infty} a_n$$

에 의하여 위로 유계이며 $\sum_{n=1}^{\infty} d_n$은 수렴하게 된다. $\sum_{n=1}^{\infty} d_n$이 발산한다는 사실에 모순되므로 $\sum_{n=1}^{\infty} a_n$의 부분합수열 $\{S_n\}$은 위로 유계가 아님이 증명된다.

**예제 9.3.4**

다음 급수의 수렴, 발산을 판정하시오.

$$1+\frac{1}{2}+\frac{2}{3}+\frac{3}{4}+\frac{1}{2}+\frac{1}{3!}+\frac{1}{4!}+\cdots+\frac{1}{k!}+\cdots$$

**풀이**

첫 항부터 임의의 유한한 항까지의 합은 주어진 급수의 수렴과 발산에 영향을 주지 않음에 유의하자.

$$\begin{aligned}
&1+\frac{1}{2}+\frac{2}{3}+\frac{3}{4}+\frac{1}{2}+\frac{1}{3!}+\frac{1}{4!}+\cdots+\frac{1}{k!}+\cdots \\
&=\left(\frac{1}{2}+\frac{2}{3}+\frac{3}{4}\right)+\left(1+\frac{1}{2}+\frac{1}{3!}+\frac{1}{4!}+\cdots+\frac{1}{k!}+\cdots\right) \\
&\le\left(\frac{1}{2}+\frac{2}{3}+\frac{3}{4}\right)+\left(1+\frac{1}{2}+\frac{1}{2^2}+\frac{1}{2^3}+\cdots+\frac{1}{2^k}+\cdots\right) \\
&=\frac{23}{12}+\sum_{n=0}^{\infty}\frac{1}{2^n} \\
&=\frac{23}{12}+\frac{1}{1-\frac{1}{2}}=\frac{47}{12}
\end{aligned}$$

이다. 즉, 주어진 급수는 위로 유계이므로 수렴한다.

---

**정리 9.3.3 적분 판정법**

$\sum_{n=1}^{\infty} a_n$은 양항급수이고 (즉, $a_n > 0$인 급수), $f(n)=a_n$일 때, $x \ge n_0$인 구간에서 (단, $f(x)$는 $n$대신 $x$로 변경한 함수)

(1) $f(x)$는 연속, 감소함수이고,

(2) $f(x)\ge 0$일 때

$$\sum_{n=1}^{\infty} a_n \text{과} \int_1^{\infty} f(x)\,dx$$

는 동시에 수렴하거나, 또는 동시에 발산한다.

**증명** $n_0 = 1$인 경우만 증명하면 충분하다. $f(x)$는 연속이고 감소함수이므로 $n \le x \le n+1$일 때

$$a_{n+1} = f(n+1) \le f(x) \le f(n) = a_n \quad (n = 1, 2, 3, \cdots)$$

이다.

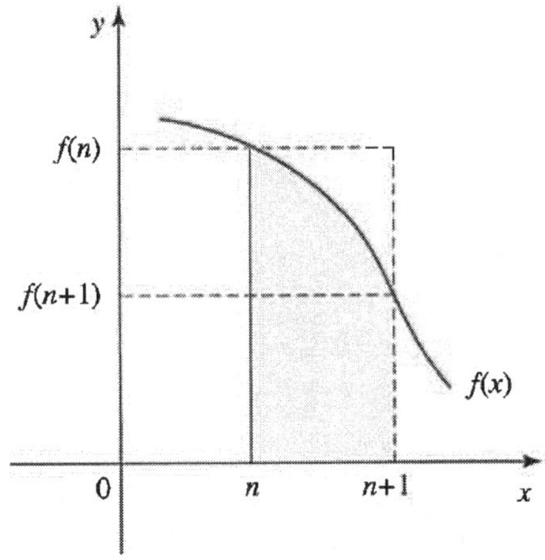


그림과 같이 넓이는

$$a_{n+1} \le \int_n^{n+1} f(x)\,dx \le a_n \quad (n = 1, 2, 3, \cdots)$$

$$\int_1^{n+1} f(x)\,dx \le S_n \le a_1 + \int_1^n f(x)\,dx$$

를 얻는다. 만약 $\int_1^{\infty} f(x)\,dx$가 $L$에 수렴하면

$$S_n \le a_1 + \int_1^n f(x)\,dx \le a_1 + \int_1^{\infty} f(x)\,dx = a_1 + L$$

이므로 $\sum_{n=1}^{\infty} a_n$은 수렴한다. 한편, $\int_1^{\infty} f(x)\,dx$가 발산하면

$\lim_{n \to \infty} \int_1^{n+1} f(x)dx = \infty$ 이므로 $\lim_{n \to \infty} S_n = \infty$ 이다. 곧 $\sum_{n=1}^{\infty} a_n$은 발산한다.

적분 판정법은 급수의 판정법 중에서 강력하고 중요한 판정법이기 때문에 다시 요약하면 다음과 같다.

> 함수 $f$: $[1,\infty)\to R$ 이 다음 조건을 만족한다고 하자.
>
> (1) $f(x)$는 양의 함수이다.
> (2) $f(x)$는 연속이고, 감소함수이다.
>
> 이때 다음이 성립한다.
>
> (1) $\sum_{n=1}^{\infty} f(n)$이 수렴한다. $\Leftrightarrow$ $\int_1^{\infty} f(x)\,dx = \lim_{n\to\infty}\int_1^n f(x)dx$의 값이 존재한다.
>
> (2) $\sum_{n=1}^{\infty} f(n)$이 발산한다. $\Leftrightarrow$ $\int_1^{\infty} f(x)\,dx = \lim_{n\to\infty}\int_1^n f(x)dx$의 값이 존재하지 않는다.

**예제 9.3.5**

$\sum_{n=1}^{\infty}\frac{1}{n}$이 발산함을 적분판정법으로 증명하시오.

**풀이**

$f(x)=\frac{1}{x}$라 두면 $f(x)$는 구간 $[1,\infty)$에서 양의 함수이며, 연속이고 감소함수이다. 따라서 적분판정법에 의하여

$$\sum_{n=1}^{\infty} f(n) = \sum_{n=1}^{\infty}\frac{1}{n} \text{과 } \int_1^{\infty} f(x)\,dx$$

는 동시에 수렴하거나, 동시에 발산한다. $\int_1^{\infty} f(x)\,dx$를 계산하면

$$\int_1^{\infty} f(x)\,dx = \lim_{n\to\infty}\int_1^n \frac{1}{x}dx = \lim_{n\to\infty}(\ln n - \ln 1) = \infty$$

이다. 즉, 적분이 발산하므로 $\sum_{n=1}^{\infty}\frac{1}{n}$은 발산한다.

**예제 9.3.6**

$\sum_{n=1}^{\infty} \frac{1}{n^p}$을 $p$-급수라 부른다. $p$-급수가 $p > 1$이면 수렴하고, $0 < p \le 1$이면 발산하는지 보이시오.

**풀이**

먼저 $p = 1$일 때 $\sum_{n=1}^{\infty} \frac{1}{n}$이므로 발산한다.

만약 $p \neq 1$이면 적분판정법에 의하여

$$\int_1^{\infty} \frac{1}{x^p} dx = \lim_{n \to \infty} \int_1^n x^{-p} dx = \lim_{n \to \infty} \left[ \frac{1}{1-p} x^{1-p} \right]_1^n$$
$$= \lim_{n \to \infty} \frac{1}{1-p} \left( n^{1-p} - 1 \right)$$

이므로,

(1) $p > 1$이면 $1 - p < 0$이므로 $\lim_{n \to \infty} n^{1-p} = 0$

(2) $0 < p < 1$이면 $1 - p > 0$이므로 $\lim_{n \to \infty} n^{1-p} = \infty$

이다.

---

지금까지 예제에서 다루었던 중요한 급수의 수렴과 발산을 요약하면 다음과 같다.

> $\sum_{n=1}^{\infty} \frac{1}{n^p}$ : (i) $p > 1$이면 수렴　　　(ii) $0 < p \le 1$이면 발산
>
> $\sum_{n=1}^{\infty} \frac{1}{n!}$ : 수렴

다음 극한비교판정법은 급수의 일반항 $a_n$이 $n$의 유리함수 형태로 주어질 때 특히 유용하게 쓰인다.

**정리 9.3.4 극한비교판정법**

$\sum_{n=1}^{\infty} a_n$과 $\sum_{n=1}^{\infty} b_n$이 모두 양항급수이고, 만약 극한

$$L = \lim_{n\to\infty} \frac{a_n}{b_n}$$

이 존재하고

$$0 < L < \infty$$

이면, 두 급수는 동시에 수렴하거나 또는 동시에 발산한다.

**증명** 두 양수 $P$와 $Q$를 $P < L < Q$되게 잡으면 극한의 정의에 의하여 충분히 큰 $n$에 대하여

$$P < \frac{a_n}{b_n} < Q$$

를 만족한다. 따라서 충분히 큰 $n$에 대하여

$$Pb_n < a_n < Qb_n$$

을 얻는다. 만약 $\sum_{n=1}^{\infty} b_n$이 수렴하면 양항급수의 비교판정법에 의하여 $\sum_{n=1}^{\infty} Qb_n$ 및 $\sum_{n=1}^{\infty} a_n$도 수렴한다. 또 만약 $\sum_{n=1}^{\infty} b_n$이 발산하면 양항급수의 비교판정법에 의하여 $\sum_{n=1}^{\infty} Pb_n$ 및 $\sum_{n=1}^{\infty} a_n$도 발산한다.

**예제 9.3.7**

$\sum_{n=1}^{\infty} \frac{2n}{n^3 - n + 1}$의 수렴, 발산을 판별하시오.

**풀이**

$a_n = \frac{2n}{n^3 - n + 1}$, $b_n = \frac{1}{n^2}$이라 두면

$$\lim_{n\to\infty}\frac{a_n}{b_n}=\frac{2n^3}{n^3-n+1}=2$$

이다. 한편 $\sum_{n=1}^{\infty} b_n = \sum_{n=1}^{\infty}\frac{1}{n^2}$ 은 수렴하므로 양항급수의 극한비교판정법에 의하여 주어진 급수는 수렴한다.

---

**예제 9.3.8**

$\sum_{n=1}^{\infty}\frac{1}{2n+\ln n}$ 의 수렴, 발산을 판별하시오.

**풀이**

$a_n = \frac{1}{2n+\ln n}$, $b_n = \frac{1}{n}$ 이라 두면

$$\lim_{n\to\infty}\frac{a_n}{b_n}=\lim_{n\to\infty}\frac{n}{2n+\ln n}=\lim_{n\to\infty}\frac{1}{2+\frac{\ln n}{n}}=\frac{1}{2}$$

이다. 한편 $\sum_{n=1}^{\infty} b_n = \sum_{n=1}^{\infty}\frac{1}{n}$ 은 발산하므로 양항급수의 극한비교판정법에 의하여 주어진 급수는 발산한다.

---

## 연습문제 9.3

**01** 다음 급수의 수렴, 발산을 양항급수 비교 판정법 및 $p$급수를 이용하여 판별하시오.

(1) $\sum_{n=1}^{\infty} \frac{5}{n}$　　(2) $\sum_{n=1}^{\infty} n^{-3}$

(3) $\sum_{n=1}^{\infty} \frac{2}{\sqrt{n}}$　　(4) $\sum_{n=1}^{\infty} \frac{\sqrt{n}+4}{n^2}$

(5) $\sum_{n=1}^{\infty} \frac{1}{n\sqrt{n}}$　　(6) $\sum_{n=1}^{\infty} \frac{\sqrt{n^3+1}}{3n^3+4n^2+2}$

(7) $\sum_{n=1}^{\infty} \frac{n+1}{n^3+n}$　　(8) $\sum_{n=1}^{\infty} \frac{\sqrt[3]{n}}{\sqrt{n^3+4n+3}}$

(9) $\sum_{n=1}^{\infty} \frac{1}{\sqrt{n^2+1}}$　　(10) $\sum_{n=1}^{\infty} \frac{\sqrt{1+n}}{2+n}$

(11) $\sum_{n=1}^{\infty} \frac{\sqrt{n+2}}{2n^2+n+1}$　　(12) $\sum_{n=1}^{\infty} \frac{1}{2^n+1}$

(13) $\sum_{n=1}^{\infty} \frac{5}{2n^2+4n+3}$　　(14) $\sum_{n=1}^{\infty} \frac{\ln n}{n}$

(15) $\sum_{n=1}^{\infty} \frac{1}{n^3+8}$　　(16) $\sum_{n=1}^{\infty} \frac{n+1}{n\sqrt{n}}$

(17) $\sum_{n=1}^{\infty} \frac{9^n}{3+10^n}$　　(18) $\sum_{n=1}^{\infty} \frac{1+\cos n}{e^n}$

(19) $\sum_{n=1}^{\infty} \frac{e^n+1}{ne^n+1}$　　(20) $\sum_{n=1}^{\infty} \frac{1}{n!}$

**02** 다음 급수의 수렴, 발산을 적분 판정법으로 판별하시오.

(1) $\sum_{n=1}^{\infty} \frac{1}{2n-1}$　　(2) $\sum_{n=1}^{\infty} \frac{2}{n+1}$

(3) $\sum_{n=1}^{\infty} \frac{n}{n^2+1}$　　(4) $\sum_{n=1}^{\infty} \frac{2}{5n-1}$

(5) $\sum_{n=1}^{\infty} \frac{1}{4n-1}$　　(6) $\sum_{n=1}^{\infty} \frac{n^3}{n^4+4}$

(7) $\sum_{n=1}^{\infty} ne^{-n}$

(8) $\sum_{n=1}^{\infty} \frac{1}{n^2+n^3}$

(9) $\sum_{n=1}^{\infty} \frac{\ln n}{n}$

(10) $\sum_{n=2}^{\infty} \frac{1}{n \ln n}$

**03** 다음 급수의 수렴, 발산을 극한 비교 판정법으로 판별하시오.

(1) $\sum_{n=1}^{\infty} \frac{n}{n^2+1}$

(2) $\sum_{n=1}^{\infty} \frac{1}{2^n-1}$

(3) $\sum_{n=1}^{\infty} \frac{2n^2+3n}{\sqrt{5+n^5}}$

(4) $\sum_{n=1}^{\infty} \sin\left(\frac{1}{n}\right)$

(5) $\sum_{n=1}^{\infty} \frac{2n+5}{(n-3)(n-2)}$

(6) $\sum_{n=1}^{\infty} \frac{n+1}{n^3+6n+3}$

(7) $\sum_{n=1}^{\infty} \frac{2^n}{3^n-1}$

(8) $\sum_{n=1}^{\infty} \frac{10^n}{7^n+11}$

## 9.4 양항급수의 수렴판정 II : 비에 의한 판정, 근판정

양항급수의 수렴판정에서 앞 절에서 다룬 판정법들을 외적 판정이라 한다. 이러한 외적 판정을 위해서 비교할 수 있는 급수나 적분할 적당한 함수를 찾지 않으면 안된다. 이 절에서는 그러한 노력없이 수렴성을 조사할 수 있는 내적 판정을 소개한다.

**정의 9.4.1 비에 의한 판정**

양항급수 $\sum_{n=1}^{\infty} a_n$에 대하여

$$\lim_{n\to\infty}\frac{a_{n+1}}{a_n}=\rho$$

일 때,

(1) $\rho<1$이면, $\sum_{n-1}^{\infty} a_n$은 수렴한다.

(2) $\rho>1$이면, $\sum_{n=1}^{\infty} a_n$은 발산한다.

(3) $\rho=1$이면, $\sum_{n=1}^{\infty} a_n$은 판정 불가능하다.

**증명** (1) $\rho<1$이면 $\rho<r<1$인 $r$을 택하면 양의 정수 $N$이 존재하여 $k\geq N$인 모든 $k$에 대하여

$$\frac{a_{k+1}}{a_k}<r$$

을 만족한다. 한편

$$a_{N+1}<ra_N,\ a_{N+2}<r^2a_N,\ \cdots,\ a_{N+j}<r^ja_N$$

이므로 $k>N$에 대하여

$$a_k=a_{N+k-N}<r^{k-N}a_N=\frac{a_N}{r^N}r^k$$

이고 $r<1$이므로

$$\sum_{k=N+1}^{\infty}\frac{a_N}{r^N}r^k=\frac{a_N}{r^N}\sum_{k=N+1}^{\infty}r^k$$

은 수렴하며 비교판정법에 의하여 $\sum_{n=1}^{\infty}a_n$도 수렴한다.

(2) $\rho>1$이면 $\lim_{n\to\infty}\frac{a_{n+1}}{a_n}=\rho$이므로 양의 정수 $N$이 존재하여 $k\geq N$인 모든 $k$에 대하여

$$1<\frac{a_{k+1}}{a_k}$$

을 만족한다. 따라서

$$a_{k+1}>a_k$$

즉, 임의의 $n>N$에 대하여

$$a_n>a_{n-1}>a_{n-2}>\cdots>a_N \quad (n>N)$$

이다. 따라서 $a_N\leq\lim_{n\to\infty}a_n\neq 0$이고 $\sum_{n=1}^{\infty}a_n$은 발산한다.

(3) $\sum_{n=1}^{\infty}\frac{1}{n}$과 $\sum_{n=1}^{\infty}\frac{1}{n^2}$을 생각해 보자. $\sum_{n=1}^{\infty}\frac{1}{n}$에 대하여

$$\lim_{n\to\infty}\frac{a_{n+1}}{a_n}=\lim_{n\to\infty}\frac{n}{n+1}=1$$

$\sum_{n=1}^{\infty}\frac{1}{n^2}$에 대하여

$$\lim_{n\to\infty}\frac{a_{n+1}}{a_n}=\lim_{n\to\infty}\frac{n^2}{(n+1)^2}=1$$

이며 두 경우 모두 $\rho=1$이지만 $\sum_{n=1}^{\infty}\frac{1}{n}$은 발산하고 $\sum_{n=1}^{\infty}\frac{1}{n^2}$은 수렴한다. 따라서 $\rho=1$이면 판정 불가능하다.

### 예제 9.4.1

$a_1 = 1$이고 $a_{n+1} = \dfrac{n}{2n+1} a_n$으로 정의된 수열로부터 얻어진 급수 $\sum_{n=1}^{\infty} a_n$의 수렴, 발산을 판별하시오.

**풀이**

$$\lim_{n\to\infty} \frac{a_{n+1}}{a_n} = \lim_{n\to\infty} \frac{n}{2n+1} = \frac{1}{2}$$

이고 $\rho < 1$이므로 비에 의한 판정에 의하여 $\sum_{n=1}^{\infty} a_n$은 수렴한다.

### 예제 9.4.2

$\sum_{n=1}^{\infty} \dfrac{n^n}{n!}$의 수렴, 발산을 판별하시오.

**풀이**

$$\lim_{n\to\infty} \frac{a_{n+1}}{a_n} = \lim_{n\to\infty} \frac{\dfrac{(n+1)^{(n+1)}}{(n+1)!}}{\dfrac{n^n}{n!}} = \lim_{n\to\infty} \frac{(n+1)^n}{n^n} = \lim_{n\to\infty} \left(1 + \frac{1}{n}\right)^n = e$$

이고 $\rho > 1$이므로 비에 의한 판정에 의하여 $\sum_{n=1}^{\infty} \dfrac{n^n}{n!}$은 발산한다.

### 예제 9.4.3

$\sum_{n=1}^{\infty} \dfrac{n!n!}{(2n)!}$의 수렴, 발산을 판별하시오.

**풀이**

$$\lim_{n\to\infty} \frac{a_{n+1}}{a_n} = \lim_{n\to\infty} \frac{\dfrac{(n+1)!(n+1)!}{(2(n+1))!}}{\dfrac{n!n!}{(2n)!}} = \lim_{n\to\infty} \frac{(n+1)(n+1)}{(2n+2)(2n+1)} = \frac{1}{4}$$

이고 $\rho < 1$이므로 비에 의한 판정에 의하여 $\sum_{n=1}^{\infty} \dfrac{n!n!}{(2n)!}$은 수렴한다.

## 예제 9.4.4

다음 급수의 수렴, 발산을 판별하시오.

$$1+\frac{1}{3}+\frac{1}{5}+\frac{1}{7}+\cdots+\frac{1}{2n-1}+\cdots$$

**풀이**

$$\lim_{n\to\infty}\frac{a_{n+1}}{a_n}=\lim_{n\to\infty}\frac{\frac{1}{2(n+1)-1}}{\frac{1}{2n-1}}=\lim_{n\to\infty}\frac{2n-1}{2n+1}=1$$

이고 $\rho=1$이므로 판정 불가능하다. 그래서 적분판정법을 이용하면

$$\begin{aligned}\int_1^{\infty}\frac{1}{2x-1}dx &= \lim_{n\to\infty}\int_1^n \frac{1}{2x-1}dx \\ &= \lim_{n\to\infty}\left[\frac{1}{2}\ln(2x-1)\right]_1^n \\ &= \lim_{n\to\infty}\frac{1}{2}\ln(2n-1)=\infty\end{aligned}$$

이므로 주어진 급수는 발산한다.

---

**정리 9.4.2 $n$-승근 판정**

양항급수 $\sum_{n=1}^{\infty}a_n$에 대하여

$$\lim_{n\to\infty}\sqrt[n]{a_n}=\rho$$

일 때,

(1) $\rho<1$이면, $\sum_{n=1}^{\infty}a_n$은 수렴한다.

(2) $\rho>1$이면, $\sum_{n=1}^{\infty}a_n$은 발산한다.

(3) $\rho=1$이면, $\sum_{n=1}^{\infty}a_n$은 판정 불가능하다.

**증명** (1) $\rho < r < 1$인 $r$을 잡으면, 양의 정수 $N$이 존재하여 모든 $n \geq N$에 대하여 $n$을 충분히 크게 잡으면 극한의 정의에 의하여

$$a_n^{\frac{1}{n}} < r \quad , \quad a_n < r^n$$

을 만족한다. 또 $\rho < r < 1$이므로 기하급수 $\sum_{n=1}^{\infty} r^n$은 수렴하고

$$\sum_{n=1}^{\infty} a_n \leq \sum_{n=1}^{\infty} r^n$$

이므로 비교판정법에 의하여 $\sum_{n=1}^{\infty} a_n$은 수렴한다.

(2) $\rho > 1$이면 충분히 큰 $n$에 대하여 $a_n > 1$을 만족하여 $\lim_{n \to \infty} a_n \neq 0$이고 $\sum_{n=1}^{\infty} a_n$은 발산한다.

(3) $\sum_{n=1}^{\infty} \frac{1}{n}$과 $\sum_{n=1}^{\infty} \frac{1}{n^2}$을 생각해 보자.

$$\lim_{n \to \infty} \sqrt[n]{\frac{1}{n}} = 1, \ \lim_{n \to \infty} \sqrt[n]{\frac{1}{n^2}} = 1$$

두 경우 모두 $\rho = 1$이지만 $\sum_{n=1}^{\infty} \frac{1}{n}$은 발산하고 $\sum_{n=1}^{\infty} \frac{1}{n^2}$은 수렴한다. 따라서 $\rho = 1$이면 판정 불가능하다.

## 예제 9.4.5

다음 급수의 수렴, 발산을 판별하시오.

(1) $\sum_{n=1}^{\infty} \frac{n^2}{2^n}$ (2) $\sum_{n=1}^{\infty} \frac{2^n}{n^2}$

**풀이**

(1) $$\lim_{n \to \infty} \sqrt[n]{\frac{n^2}{2^n}} = \lim_{n \to \infty} \frac{n^{\frac{2}{n}}}{2} = \frac{1}{2}$$

이고 $\rho < 1$이므로 $n$-승근 판정에 의하여 수렴한다.

(2)

$$\lim_{n\to\infty}\sqrt[n]{\frac{2^n}{n^2}}=\lim_{n\to\infty}\frac{2}{n^{\frac{2}{n}}}=2$$

이고 $\rho>1$이므로 $n$-승근 판정에 의하여 발산한다.

**예제 9.4.6**

다음 급수의 수렴, 발산을 판별하시오.

$$\sum_{n=1}^{\infty}\frac{1}{(\ln(n+1))^n}$$

**풀이**

$$\lim_{n\to\infty}\sqrt[n]{\frac{1}{(\ln(n+1))^n}}=\lim_{n\to\infty}\frac{1}{\ln(n+1)}=0$$

이고 $\rho<1$이므로 $n$-승근 판정에 의하여 수렴한다.

## 연습문제 9.4

**01** 다음 급수의 수렴, 발산을 판정하고 이유를 설명하시오.

(1) $\sum_{n=1}^{\infty} \frac{2^n}{3^n}$

(2) $\sum_{n=1}^{\infty} \frac{n^2}{2^n}$

(3) $\sum_{n=1}^{\infty} \frac{n!}{10^n}$

(4) $\sum_{n=1}^{\infty} \frac{n \ln n}{2^n}$

(5) $\sum_{n=1}^{\infty} n^2 e^{-n}$

(6) $\sum_{n=1}^{\infty} \frac{n^n}{n!}$

(7) $\sum_{n=1}^{\infty} n!\, e^{-n}$

(8) $\sum_{n=1}^{\infty} \frac{3!}{n^n}$

(9) $\sum_{n=1}^{\infty} \frac{3^n}{n^3}$

(10) $\sum_{n=1}^{\infty} \frac{2^n}{n!}$

(11) $\sum_{n=1}^{\infty} \left( \frac{n-1}{2n} \right)^n$

(12) $\sum_{n=1}^{\infty} \frac{7^n}{n^7}$

(13) $\sum_{n=1}^{\infty} \frac{n^3}{5^n}$

(14) $\sum_{n=1}^{\infty} \frac{n}{(\ln n)^n}$

(15) $\sum_{n=1}^{\infty} \frac{1}{(2n+1)!}$

(16) $\sum_{n=1}^{\infty} \frac{n!}{(2n+1)!}$

(17) $\sum_{n=1}^{\infty} \frac{(n+1)(n+2)}{n!}$

(18) $\sum_{n=1}^{\infty} \frac{(n+3)!}{3!\, n!\, 3^n}$

(19) $\sum_{n=1}^{\infty} \frac{n}{e^{n^2}}$

(20) $\sum_{n=1}^{\infty} \frac{1}{(\ln(3n+2))^n}$

(21) $\sum_{n=1}^{\infty} \frac{3^n n^2}{n!}$

(22) $\sum_{n=1}^{\infty} \frac{n!}{e^{n^2}}$

(23) $\sum_{n=1}^{\infty} \frac{2^n n!\, n!}{(2n)!}$

(24) $\sum_{n=1}^{\infty} \frac{1 \cdot 3 \cdot 5 \cdot \cdots \cdot (2n-1)}{2 \cdot 5 \cdot 8 \cdot \cdots \cdot (3n-1)}$

## 9.5 교대급수, 절대수렴, 조건수렴

임의의 자연수 $n$에 대하여 $a_n > 0$일 때

$$a_1 - a_2 + a_3 - a_4 + \cdots + (-1)^{n-1}a_n + \cdots$$

또는

$$-a_1 + a_2 - a_3 + a_4 - \cdots + (-1)^n a_n + \cdots$$

와 같이 일반항이 양항과 음항이 교대로 나타나는 급수를 **교대급수**(alternating series) 라고 한다.

예를 들면

$$1 - \frac{1}{2} + \frac{1}{3} - \frac{1}{4} + \frac{1}{5} - \cdots + \frac{(-1)^{n+1}}{n} + \cdots = \sum_{n=1}^{\infty} (-1)^{n+1}\frac{1}{n}$$

$$-2 + 1 - \frac{1}{2} + \frac{1}{4} - \frac{1}{8} + \cdots + \frac{(-1)^n 4}{2^n} + \cdots = \sum_{n=1}^{\infty} (-1)^n \frac{4}{2^n}$$

$$1 - 2 + 3 - 4 + 5 - 6 + \cdots + (-1)^{n-1}n + \cdots = \sum_{n=1}^{\infty} (-1)^{n-1}n$$

이 있다.

**정리 9.5.1 교대급수 수렴정리**

교대급수 $\sum_{n=1}^{\infty}(-1)^{n+1}a_n$에 대하여

(1) $a_n \geq 0$

(2) $a_n \geq a_{n+1}$

(3) $\lim_{n\to\infty} a_n = 0$

이면 주어진 교대급수는 수렴한다.

**증명** 먼저 짝수번째 부분합수열 $\{S_{2n}\}$을 생각해 보자.

$$S_{2n} = (a_1 - a_2) + (a_3 - a_4) + \cdots + (a_{2n-1} - a_{2n})$$
$$= a_1 - (a_2 - a_3) - \cdots - (a_{2n-2} - a_{2n-1}) - a_{2n}$$

이고 $a_n - a_{n+1} \geq 0 \ (n = 2, 3, \cdots)$ 이므로

$$S_2 \leq S_4 \leq S_6 \leq \cdots \leq S_{2n} \leq a_1$$

즉, $\{S_{2n}\}$은 위로 유계이므로 수렴하고 그 극한

$$\lim_{n\to\infty} S_{2n} = S$$

는 존재한다. 이번에는 홀수번째 부분합 수열 $\{S_{2n+1}\}$을 생각해보자.

$$S_{2n+1} = S_{2n} + a_{2n+1}$$

이고

$$\lim_{n\to\infty} a_{2n+1} = 0$$

이므로

$$\lim_{n\to\infty} S_{2n+1} = \lim_{n\to\infty} (S_{2n} + a_{2n+1}) = S$$

이다. 따라서 주어진 교대급수는 수렴한다.

**예제 9.5.1**

다음 급수의 수렴, 발산을 판별하시오.

$$\sum_{n=1}^{\infty} (-1)^{n+1} \frac{1}{n} = 1 - \frac{1}{2} + \frac{1}{3} - \frac{1}{4} + \cdots + (-1)^{n+1} \frac{1}{n} + \cdots$$

**풀이**

$a_n = \dfrac{1}{n}$이고 $a_n \geq 0$이고

$$a_n = \frac{1}{n} \geq \frac{1}{n+1} = a_{n+1}, \ \lim_{n\to\infty} a_n = \lim_{n\to\infty} \frac{1}{n} = 0$$

이므로 교대급수 수렴정리에 의하여 수렴한다.

**예제 9.5.2**

다음 급수의 수렴, 발산을 판별하시오.

$$\sum_{n=1}^{\infty}(-1)^{n+1}\frac{n+3}{n(n+1)}$$

**풀이**

$a_n = \dfrac{n+3}{n(n+1)}$ 이고 $a_n \geq 0$ 이다.

$$\frac{a_{n+1}}{a_n} = \frac{\dfrac{n+4}{(n+1)(n+2)}}{\dfrac{n+3}{n(n+1)}} = \frac{n(n+4)}{(n+2)(n+3)} = \frac{n^2+4n}{n^2+5n+6} < 1$$

이므로 $a_n \geq a_{n+1}$ 이다.

$$\lim_{n\to\infty} a_n = \lim_{n\to\infty}\frac{n+3}{n(n+1)} = 0$$

이므로 교대급수 수렴정리에 의하여 수렴한다.

급수 $\sum_{n=1}^{\infty} a_n$ 에 대하여 $\sum_{n=1}^{\infty}|a_n|$ 이 수렴할 때, $\sum_{n=1}^{\infty} a_n$ 은 **절대수렴**(absolute convergence) 한다고 한다. 또, $\sum_{n=1}^{\infty} a_n$ 은 수렴하나 $\sum_{n=1}^{\infty}|a_n|$ 은 수렴하지 않을 때 $\sum_{n=1}^{\infty} a_n$ 은 **조건수렴**(conditional convergence)한다고 한다.

**정리 9.5.2 절대수렴 정리**

$\sum_{n=1}^{\infty} a_n$ 이 절대수렴하면 $\sum_{n=1}^{\infty} a_n$ 은 수렴한다.

**증명**

$$p_n = \frac{|a_n| + a_n}{2},\quad q_n = \frac{|a_n| - a_n}{2}$$

이라 두면,

$$p_n \geq 0,\ q_n \geq 0,\ p_n - q_n = a_n$$

이다. 그런데

$$p_n \leq \frac{|a_n|+|a_n|}{2} = |a_n|$$

$$q_n \leq \frac{|a_n|+|a_n|}{2} = |a_n|$$

이며 $\sum_{n=1}^{\infty}|a_n|$이 수렴하므로 비교판정에 의하여 $\sum_{n=1}^{\infty}p_n$과 $\sum_{n=1}^{\infty}q_n$은 수렴한다. 따라서

$$\sum_{n=1}^{\infty}a_n = \sum_{n=1}^{\infty}p_n - \sum_{n=1}^{\infty}q_n$$

은 수렴한다.

**예제 9.5.3**

다음 급수의 수렴, 발산을 판별하시오.

$$\sum_{n=1}^{\infty}(-1)^{n+1}\frac{1}{n^2}$$

**풀이**

주어진 급수에 대응하는 절대값 급수는 $\sum_{n=1}^{\infty}\frac{1}{n^2}$이며 수렴한다. 따라서 주어진 급수는 절대수렴하므로 수렴한다.

**예제 9.5.4**

다음 급수의 수렴, 발산을 판별하시오.

$$\sum_{n=1}^{\infty}\frac{\cos n}{n^2}$$

**풀이**

$|\cos n| \leq 1$이므로

$$\left|\frac{\cos n}{n^2}\right| \leq \frac{1}{n^2}$$

이며 $\sum_{n=1}^{\infty}\frac{1}{n^2}$이 수렴하므로 양항급수의 비교판정법에 의하여 $\sum_{n=1}^{\infty}\left|\frac{\cos n}{n^2}\right|$은 수렴한다. 그러므로 주어진 급수는 절대수렴하므로 수렴한다.

**예제 9.5.5**

교대 $p$-급수

$$\sum_{n=1}^{\infty}\frac{(-1)^{n-1}}{n^p}=1-\frac{1}{2^p}+\frac{1}{3^p}-\frac{1}{4^p}+\cdots \quad (p>0)$$

(1) $p>1$이면 절대수렴하고
(2) $0<p\le 1$이면 조건수렴하는지 판별하시오.

**풀이**

(1) $p>1$이면 $p$-급수이므로 $\sum_{n=1}^{\infty}\frac{1}{n^p}$이 수렴하므로 주어진 급수는 절대수렴한다.

(2) $0<p\le 1$이면 교대급수정리에 의하여 수렴하나 $\sum_{n=1}^{\infty}\frac{1}{n^p}$은 발산하므로 절대수렴하지않고 조건수렴한다.

지금까지는 양항급수 및 교대급수의 수렴, 발산을 조사하였으나 정리 9.5.2를 응용하여 일반적인 급수의 수렴, 발산을 조사할 수 있다.

**정리 9.5.3 일반적 급수의 수렴판정**

임의의 급수 $\sum_{n=1}^{\infty}a_n$에 대하여

(1) 비교판정 : 임의의 자연수 $n$에 대하여 $|a_n|\le|b_n|$이고 $\sum_{n=1}^{\infty}|b_n|$이 수렴하면 $\sum_{n=1}^{\infty}a_n$도 (절대)수렴한다.

(2) 극한비교판정 : 만약

$$0<\rho=\lim_{n\to\infty}\left|\frac{a_n}{b_n}\right|<\infty$$

이고, $\sum_{n=1}^{\infty}|b_n|$이 수렴하면 $\sum_{n=1}^{\infty}a_n$도 (절대)수렴한다.

(3) 비에 의한 판정 : 임의의 자연수 $n$에 대하여 $a_n \neq 0$이고

$$\rho = \lim_{n\to\infty}\left|\frac{a_{n+1}}{a_n}\right| \text{일 때}$$

$\rho < 1$이면 $\sum_{n=1}^{\infty}a_n$은 (절대)수렴하고, $\rho > 1$이면 $\sum_{n=1}^{\infty}a_n$은 발산한다.

(4) $n$-승근 판정 : $\rho = \lim_{n\to\infty}\sqrt[n]{|a_n|}$ 일 때

$\rho < 1$이면 $\sum_{n=1}^{\infty}a_n$은 (절대)수렴하고, $\rho > 1$이면 $\sum_{n=1}^{\infty}a_n$은 발산한다.

**예제 9.5.6**

다음 급수의 수렴, 발산을 판별하시오.

$$\sum_{n=1}^{\infty}\frac{(-1)^n 2^n}{n!} = -2 + \frac{4}{2!} - \frac{8}{3!} + \frac{16}{4!} - \cdots$$

**풀이**

$$\lim_{n\to\infty}\left|\frac{a_{n+1}}{a_n}\right| = \lim_{n\to\infty}\frac{\dfrac{2^{n+1}}{(n+1)!}}{\dfrac{2^n}{n!}} = \lim_{n\to\infty}\frac{2}{n+1} = 0$$

이고 $\rho < 1$이므로 비에 의한 판정에 의하여 주어진 급수는 (절대)수렴한다.

## 연습문제 9.5

**01** 다음 급수의 수렴, 발산을 교대급수 수렴정리를 이용하여 판별하시오.

(1) $\sum_{n=1}^{\infty}(-1)^{n+1}\frac{1}{n^2}$

(2) $\sum_{n=1}^{\infty}(-1)^{n+1}\frac{n+1}{n^2}$

(3) $\sum_{n=1}^{\infty}(-1)^{n+1}\frac{n}{n^3+1}$

(4) $\sum_{n=1}^{\infty}(-1)^{n}\frac{n^3}{n^4+1}$

(5) $\sum_{n=1}^{\infty}(-1)^{n}\frac{3n}{4n-1}$

(6) $\sum_{n=1}^{\infty}(-1)^{n+1}\frac{n^2}{n^3+4}$

(7) $\sum_{n=1}^{\infty}(-1)^{n}\frac{2n}{n+4}$

(8) $\sum_{n=1}^{\infty}\frac{(-1)^{n-1}}{3+5n}$

(9) $\sum_{n=1}^{\infty}(-1)^{n}\frac{3n-1}{2n+1}$

(10) $\sum_{n=1}^{\infty}(-1)^{n}e^{-n}$

(11) $\sum_{n=1}^{\infty}(-1)^{n}\frac{n}{10^n}$

(12) $\sum_{n=1}^{\infty}\frac{\sin\left(n+\frac{1}{2}\right)\pi}{1+\sqrt{n}}$

(13) $\sum_{n=1}^{\infty}(-1)^{n}\sin\left(\frac{\pi}{n}\right)$

(14) $\sum_{n=1}^{\infty}(-1)^{n}\frac{n^n}{n!}$

(15) $\sum_{n=2}^{\infty}(-1)^{n+1}\frac{1}{\ln n}$

(16) $\sum_{n=2}^{\infty}\frac{(-1)^{n}}{\ln n^3}$

**02** 다음 급수의 수렴, 발산을 조사하고 그 이유를 설명하시오.

(1) $\sum_{n=1}^{\infty}\frac{(-1)^{n-1}}{n^2}$

(2) $\sum_{n=1}^{\infty}\frac{(-2)^{n+1}}{n+5}$

(3) $\sum_{n=1}^{\infty}\frac{(-1)^{n}}{1+\sqrt{n}}$

(4) $\sum_{n=1}^{\infty}(-1)^{n+1}\frac{1}{\sqrt{n}}$

(5) $\sum_{n=1}^{\infty}(-1)^{n}\frac{n^3}{3^n}$

(6) $\sum_{n=1}^{\infty}(-1)^{n}\frac{\cos n}{n^2}$

(7) $\sum_{n=2}^{\infty}\frac{(-1)^{n}}{(\ln n)^n}$

(8) $\sum_{n=2}^{\infty}(-1)^{n}\left(\frac{\ln n}{\ln n^2}\right)^n$

(9) $\sum_{n=2}^{\infty}\frac{(-1)^{n+1}}{n\ln n}$

(10) $\sum_{n=1}^{\infty}\frac{(-1)^{n+1}(n!)^2}{(2n)!}$

(11) $\sum_{n=1}^{\infty}(-1)^n \frac{n!}{2^n}$

(12) $\sum_{n=1}^{\infty}\frac{(-1)^{n+1}10^n}{n^{10}}$

(13) $\sum_{n=1}^{\infty}(-1)^n \frac{\sin n}{n^2}$

(14) $\sum_{n=1}^{\infty}\frac{\cos n\pi}{n\sqrt{n}}$

(15) $\sum_{n=1}^{\infty}\frac{\cos n\pi}{n}$

(16) $\sum_{n=1}^{\infty}(-1)^{n+1}\frac{(2n)!\,n!}{(3n)!}$

## 9.6 멱급수

$a_0, a_1, a_2, \cdots$ 및 $c$를 상수라 하고 $x$를 변수라 할 때,

$$\sum_{n=0}^{\infty} a_n(x-c)^n = a_0 + a_1(x-c) + a_2(x-c)^2 + \cdots + a_n(x-c)^n + \cdots$$

은 $c$를 중심으로 갖는 **멱급수**(power series)라고 한다. 그러면

$$\sum_{n=0}^{\infty} a_n x^n = a_0 + a_1 x + a_2 x^2 + \cdots + a_n x^n + \cdots$$

은 0을 중심으로 갖는 멱급수이다.

멱급수의 변수 $x$ 대신에 실수를 대입하면 앞 절에서 다룬 숫자로 된 급수가 되고 따라서 수렴, 발산을 조사할 수 있다. 특히 이때 비에 의한 판정법이 유용하게 쓰인다. 멱급수에 있어 중요한 문제는 $x$가 어떤 값일 때 $\sum_{n=0}^{\infty} a_n(x-c)^n$이 수렴하느냐 하는 것이다.

**예제 9.6.1**

다음 멱급수는 모든 $x$에 대하여 수렴하는지 보이시오.

$$\sum_{n=0}^{\infty} \frac{x^n}{n!} = 1 + x + \frac{1}{2}x^2 + \frac{1}{6}x^3 + \frac{1}{14}x^4 + \cdots$$

**풀이**

$x = 0$이면, 주어진 급수는 분명히 수렴한다. $x \neq 0$인 실수라면 비에 의한 판정에 의하여

$$\lim_{n\to\infty}\left|\frac{a_{n+1}}{a_n}\right| = \lim_{n\to\infty}\left|\frac{\dfrac{x^{n+1}}{(n+1)!}}{\dfrac{x^n}{n!}}\right| = \lim_{n\to\infty}\left|\frac{x}{n+1}\right| = 0$$

이고, $\rho < 1$이므로 주어진 급수는 모든 $x$에 대하여 수렴한다.

**예제 9.6.2**

다음 멱급수는 $x=0$일 때만 수렴함을 보이시오.

$$\sum_{n=0}^{\infty} n!\,x^n = 1 + x + 2!\,x^2 + 3!\,x^3 + \cdots$$

**풀이**

$x=0$이면 주어진 급수는 분명히 수렴한다.
$x \neq 0$이면 비에 의한 판정에 의하여

$$\lim_{n\to\infty}\left|\frac{a_{n+1}}{a_n}\right| = \lim_{n\to\infty}\left|\frac{(n+1)!\,x^{n+1}}{n!\,x^n}\right| = \lim_{n\to\infty}|(n+1)x| = \infty$$

이고, $\rho > 1$이므로 주어진 급수는 발산한다. 그러므로 $x=0$일 때만 수렴한다.

**예제 9.6.3**

다음 급수가

$$\sum_{n=1}^{\infty} \frac{x^n}{n} = x + \frac{1}{2}x^2 + \frac{1}{3}x^3 + \frac{1}{4}x^4 + \cdots$$

(1) $|x| < 1$일 때, 절대수렴하고
(2) $|x| > 1$ 또는 $x = 1$일 때, 발산하고
(3) $x = -1$일 때, 조건수렴함을 보이시오.

**풀이**

$x=0$이면, 주어진 급수가 절대수렴함은 분명하다.
$x \neq 0$이면 비에 의한 판정에 의하여

$$\lim_{n\to\infty}\left|\frac{a_{n+1}}{a_n}\right| = \lim_{n\to\infty}\left|\frac{\dfrac{x^{n+1}}{n+1}}{\dfrac{x^n}{n}}\right| = \lim_{n\to\infty}\left|\frac{nx}{n+1}\right| = |x|$$

이고, $\rho = |x|$이므로

(1) $|x| < 1$일 때, 절대수렴하고

(2) $|x| > 1$일 때, 발산하고, $x=1$이면 $\displaystyle\sum_{n=1}^{\infty}\frac{1}{n}$이므로 발산한다.

(3) $x = -1$이면 $\displaystyle\sum_{n=1}^{\infty}(-1)^n\frac{1}{n}$이므로 조건수렴한다.

**예제 9.6.4**

다음 급수가

$$\sum_{n=1}^{\infty} \frac{(-1)^{n+1}}{2n-1} x^{2n-1} = x - \frac{1}{3}x^3 + \frac{1}{5}x^5 - \frac{1}{7}x^7 + \cdots$$

(1) $|x| < 1$일 때, 절대수렴하고

(2) $|x| > 1$일 때, 발산하고

(3) $|x| = 1$일 때, 조건수렴함을 보이시오.

**풀이**

$x = 0$이면 주어진 급수가 절대수렴함은 분명하다.
$x \neq 0$이면 비에 의한 판정에 의하여

$$\lim_{n\to\infty} \left| \frac{a_{n+1}}{a_n} \right| = \lim_{n\to\infty} \left| \frac{\dfrac{x^{2n+1}}{2n+1}}{\dfrac{x^{2n-1}}{2n-1}} \right| = \lim_{n\to\infty} \left| \frac{2n-1}{2n+1} x^2 \right| = |x^2| = x^2$$

이고, $\rho = x^2$이므로

(1) $x^2 < 1$ 즉 $|x| < 1$일 때, 절대수렴하고

(2) $x^2 > 1$ 즉 $|x| > 1$일 때, 발산하고

(3) $x = 1$이면 $1 - \frac{1}{3} + \frac{1}{5} - \frac{1}{7} + \cdots$, $x = -1$이면 $-1 + \frac{1}{3} - \frac{1}{5} + \frac{1}{7} - \cdots$이고,
즉 $\sum_{n=1}^{\infty} \frac{(-1)^{n+1}}{2n-1}$, $\sum_{n=1}^{\infty} \frac{(-1)^{n}}{2n-1}$이므로 $a_n = \frac{1}{2n-1}$이고 $a_n \geq 0$,
$a_n = \frac{1}{2n-1} \geq \frac{1}{2n+1} = a_{n+1}$이다.

$$\lim_{n\to\infty} a_n = \lim_{n\to\infty} \frac{1}{2n-1} = 0$$

이므로 교대급수 수렴정리에 의하여 수렴한다. 하지만 $\sum_{n=1}^{\infty} \frac{1}{2n-1}$은 적분판정법에 의하여

$$\int_1^{\infty} \frac{1}{2x-1} dx = \lim_{n\to\infty} \int_1^n \frac{1}{2x-1} dx = \lim_{n\to\infty} \left[ \frac{1}{2} \ln|2x-1| \right]_1^n$$

$$= \lim_{n\to\infty} \left[ \frac{1}{2} \ln(2n-1) \right] = \infty$$

발산한다. 따라서 주어진 급수는 조건수렴한다.

**정리 9.6.1 멱급수의 수렴정리**

멱급수 $\sum_{n=0}^{\infty} a_n x^n$는

(1) $x = \alpha$에서 수렴하면 $|x| < |\alpha|$에서 절대수렴한다.

(2) $x = \alpha$에서 발산하면 $|x| > |\alpha|$에서 발산한다.

**증명** (1) $\sum_{n=0}^{\infty} a_n x^n$이 수렴하므로 $\lim_{n\to\infty} a_n \alpha^n = 0$이다. 따라서 적당한 $n_0$이 존재하여 임의의 $n \ge n_0$에 대하여

$$|a_n \alpha^n| < 1$$

을 만족한다. 즉 $n \ge n_0$에 대하여

$$|a_n| < \frac{1}{|\alpha^n|}$$

이고 $|x| < |\alpha|$일 때

$$|a_n x^n| = |a_n \alpha^n| \left|\frac{x}{\alpha}\right|^n < \left|\frac{x}{\alpha}\right|^n$$

이다. 그런데

$$\left|\frac{x}{\alpha}\right| < 1$$

이므로 $\sum_{n=1}^{\infty} \left|\frac{x}{\alpha}\right|^n$은 수렴한다. 따라서 비교판정법에 의하여 $|x| < |\alpha|$일 때 $\sum_{n=0}^{\infty} a_n x^n$은 절대수렴한다.

(2) 가정에 의하여 $\sum_{n=0}^{\infty} a_n \alpha^n$은 발산한다. 만약 $|x| > |\alpha|$인 어떤 $x$에 대하여 $\sum_{n=0}^{\infty} a_n x^n$에 수렴했다면 (1)에 의하여 반드시 $\sum_{n=0}^{\infty} a_n \alpha^n$은 수렴하여야 한다는 모순이 발생한다. 따라서 $\sum_{n=0}^{\infty} a_n x^n$은 $|x| > |\alpha|$에서 발산한다.

**정리 9.6.2 멱급수 수렴의 3가지 경우**

멱급수 $\sum_{n=0}^{\infty} a_n (x-c)^n$에서 다음 중 오직 한 가지만 성립한다.

(1) 모든 $x$값에서 수렴한다.
(2) 멱급수의 중심 $x=c$에서만 수렴한다.
(3) 어떤 수 $R(>0)$이 존재하여

$|x-c|< R$인 $x$에서 수렴하고,

$|x-c|> R$인 $x$에서 발산한다.

**정의 9.6.1 수렴반경 및 수렴구간**

(i) 정리 9.6.2의 (3)의 경우 $R$을 주어진 멱급수 $\sum_{n=0}^{\infty} a_n (x-c)^n$의 **수렴반경**(radius of convergence)이라 한다.

(ii) (1)의 경우 $R=\infty$ (모든 $x$값에 수렴)
(2)의 경우 $R=0$ ($x=c$에서만 수렴)로 정의한다.

(iii) $\sum_{n=0}^{\infty} a_n (x-c)^n$이 수렴하는 모든 $x$의 집합을 **수렴구간**(interval of convergence)이라 한다.

**주의** 모든 멱급수는 수렴반경 $R$을 가지며, $0 < R < \infty$일 경우 수렴구간은 다음 중 어느 하나가 되며

$$(c-R, c+R),\ (c-R, c+R],\ [c-R, c+R),\ [c-R, c+R]$$

끝점 $c \pm R$에서의 수렴성은 주어진 멱급수에 대입하여 결정할 수 있다.

**정리 9.6.3 수렴반경 I**

멱급수 $\sum_{n=0}^{\infty} a_n x^n$에서 극한값

$$\lim_{n\to\infty}\left|\frac{a_{n+1}}{a_n}\right| = \lambda$$

가 존재하면 수렴반경은 $R = \frac{1}{\lambda}$이다. ($\lambda = 0, \infty$이면 각각 $R = \infty, 0$이다.)

**증명**

$$\lim_{n\to\infty}\left|\frac{a_{n+1}x^{n+1}}{a_n x^n}\right| = |x|\lim_{n\to\infty}\left|\frac{a_{n+1}}{a_n}\right| = \lambda|x|$$

이므로,

$$\lambda|x| < 1$$

즉, $|x| < \frac{1}{\lambda}$일 때 주어진 급수는 수렴하고, $|x| > \frac{1}{\lambda}$일 때 주어진 급수는 발산한다. 따라서 $R = \frac{1}{\lambda}$은 주어진 급수의 수렴반경이다.

**예제 9.6.5**

$\sum_{n=1}^{\infty} \frac{x^n}{n3^n}$의 수렴반경과 수렴구간을 구하시오.

**풀이**

$$\lim_{n\to\infty}\left|\frac{a_{n+1}}{a_n}\right| = \lim_{n\to\infty}\left|\frac{\frac{1}{(n+1)3^{n+1}}}{\frac{1}{n3^n}}\right| = \lim_{n\to\infty}\left|\frac{n}{3(n+1)}\right| = \frac{1}{3}$$

이므로 $\lambda = \frac{1}{3}$이다. 따라서 수렴반경 $R = 3$이다.

$x = 3$이면 $\sum_{n=1}^{\infty}\frac{1}{n}$이 되어 발산하고, $x = -3$이면 $\sum_{n=1}^{\infty}\frac{(-1)^n}{n}$이 되어 수렴한다.
따라서 수렴구간은 $[-3, 3)$이다.

**정리 9.6.4 수렴반경Ⅱ**

멱급수 $\sum_{n=0}^{\infty} a_n x^n$에서 극한값

$$\lim_{n \to \infty} \sqrt[n]{|a_n|} = \lambda$$

가 존재하면 수렴반경은 $R = \frac{1}{\lambda}$이다. ($\lambda = 0, \infty$이면 각각 $R = \infty, 0$이다.)

**증명**

$$\lim_{n \to \infty} \sqrt[n]{|a_n x^n|} = |x| \lim_{n \to \infty} \sqrt[n]{|a_n|} = \lambda |x|$$

이므로,

$$\lambda |x| < 1$$

즉, $|x| < \frac{1}{\lambda}$일 때 주어진 급수는 수렴하고, $|x| > \frac{1}{\lambda}$일 때 주어진 급수는 발산한다. 따라서 $R = \frac{1}{\lambda}$은 주어진 급수의 수렴반경이다.

**예제 9.6.6**

$\sum_{n=1}^{\infty} n^n x^n$의 수렴반경과 수렴구간을 구하시오.

**풀이**

$$\lim_{n \to \infty} \sqrt[n]{|a_n|} = \lim_{n \to \infty} \sqrt[n]{n^n} = \lim_{n \to \infty} n = \infty$$

이므로, $\lambda = \infty$이고 수렴반경은 $R = 0$이다. 따라서 중심 $x = 0$에서만 수렴한다.

**예제 9.6.7**

$\sum_{n=1}^{\infty} (-1)^n \frac{(x-2)^n}{4^n \sqrt{n}}$의 수렴반경과 수렴구간을 구하시오.

**풀이**

$$\lim_{n \to \infty} \sqrt[n]{|a_n|} = \lim_{n \to \infty} \sqrt[n]{\frac{1}{4^n \sqrt{n}}} = \lim_{n \to \infty} \frac{1}{4} \cdot \left(\frac{1}{\sqrt{n}}\right)^{\frac{1}{n}} = \frac{1}{4}$$

이므로 $\lambda = \dfrac{1}{4}$ 이고 수렴반경 $R = 4$ 이다. $|x-2| < 4$ 즉 $-2 < x < 6$ 에서 수렴하고, $|x-2| > 4$ 즉 $x < -2$ 이거나 $x > 6$ 이면 발산한다.

$x = -2$ 이면 $\displaystyle\sum_{n=1}^{\infty} \frac{1}{\sqrt{n}}$ 은 $p = \dfrac{1}{2}$ 인 $p$-급수이므로 발산한다. 또 $x = 6$ 이면 $\displaystyle\sum_{n=1}^{\infty} \frac{(-1)^n}{\sqrt{n}}$ 이므로 수렴하는 교대급수이다. 따라서 수렴구간은 $(-2, 6]$ 이다.

## 연습문제 9.6

01 멱급수에 대하여 수렴반경과 수렴구간을 구하시오.

(1) $\sum_{n=1}^{\infty} x^n$

(2) $\sum_{n=1}^{\infty} (x+5)^n$

(3) $\sum_{n=1}^{\infty} (-1)^n (x+1)^n$

(4) $\sum_{n=1}^{\infty} \frac{(x-2)^n}{n}$

(5) $\sum_{n=1}^{\infty} \frac{(x-2)^n}{10^n}$

(6) $\sum_{n=1}^{\infty} (2x)^n$

(7) $\sum_{n=1}^{\infty} \frac{nx^n}{(n+2)}$

(8) $\sum_{n=1}^{\infty} (-1)^n (x+2)^n$

(9) $\sum_{n=1}^{\infty} \frac{x^n}{n\sqrt{n}}$

(10) $\sum_{n=1}^{\infty} \frac{(x-1)^n}{\sqrt{n}}$

(11) $\sum_{n=1}^{\infty} \frac{(-1)^n x^n}{n!}$

(12) $\sum_{n=1}^{\infty} \frac{3^n x^n}{n!}$

(13) $\sum_{n=1}^{\infty} \frac{x^{2n+1}}{n!}$

(14) $\sum_{n=1}^{\infty} \frac{(x-3)^{2n+1}}{n!}$

(15) $\sum_{n=1}^{\infty} \frac{x^n}{\sqrt{n^2+3}}$

(16) $\sum_{n=1}^{\infty} \frac{(-1)^n x^n}{\sqrt{n^2+3}}$

(17) $\sum_{n=1}^{\infty} \frac{nx^n}{(n^2+1)}$

(18) $\sum_{n=1}^{\infty} n(x-3)^n$

(19) $\sum_{n=1}^{\infty} \frac{\sqrt{n}\,x^n}{3^n}$

(20) $\sum_{n=1}^{\infty} (-1)^n \frac{(x-5)^n}{5^n \sqrt{n}}$

(21) $\sum_{n=1}^{\infty} \left(1+\frac{1}{n}\right)^n x^n$

(22) $\sum_{n=1}^{\infty} \left(1+\frac{1}{n}\right)^n (x-3)^n$

(23) $\sum_{n=1}^{\infty} n^n x^n$

(24) $\sum_{n=1}^{\infty} n!(x-4)^n$

## 9.7 함수의 멱급수전개와 Taylor 정리

이 절에서는 주어진 함수를 멱급수로 표현하는 방법을 알아보자.
함수 $f(x)$가 $x=a$ 근방에서 $n$번 미분가능할 때

$$P_n(x)= f(a)+f'(a)(x-a)+\frac{f^{(2)}(a)}{2!}(x-a)^2+\cdots+\frac{f^{(n)}(a)}{n!}(x-a)^n$$

을 $x=a$에서 함수 $f(x)$의 $n$차 Taylor **다항식**이라 하며, 특히 $a=0$일 때 함수 $f(x)$의 $n$차 Maclaurin **다항식**이라 부른다.

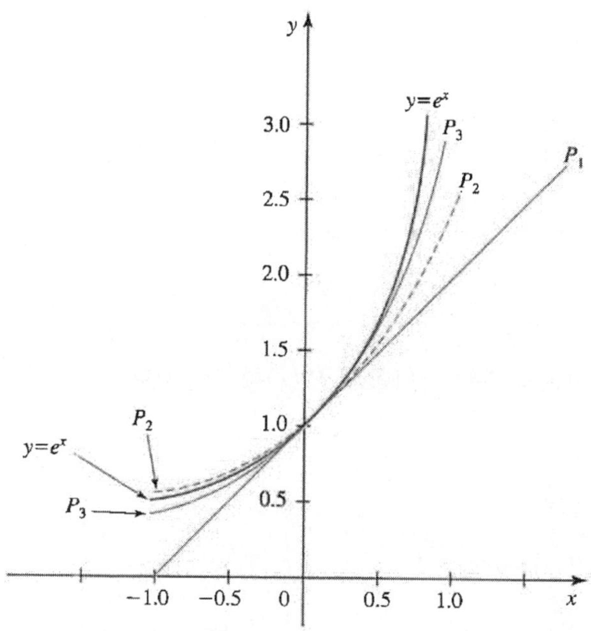


$f(x)=e^x$의 그래프와 $e^x$의 Taylor 다항식 $P_1(x)$, $P_2(x)$, $P_3(x)$의 그래프

**예제 9.7.1**

$f(x)=e^x$의 $a=0$에서 Taylor 다항식 $P_n(x)$를 구하시오.

**풀이**

$f(x)=e^x$, $f'(x)=e^x$, $\cdots$, $f^{(n)}(x)=e^x$이므로

$f(0)= f'(0)= \cdots = f^{(n)}(0)= 1$이다. 따라서

$$P_n(x)= 1+x+\frac{x^2}{2!}+\cdots+\frac{x^n}{n!}$$

이다.

---

**예제 9.7.2**

$f(x)= \sin x$의 $a=\frac{\pi}{3}$에서 Taylor 다항식 $P_3(x)$를 구하시오.

**풀이**

$f(x)= \sin x$, $f'(x)= \cos x$, $f''(x)=-\sin x$, $f'''(x)=-\cos x$이고
$f\left(\frac{\pi}{3}\right)= \frac{\sqrt{3}}{2}$, $f'\left(\frac{\pi}{3}\right)= \frac{1}{2}$, $f''\left(\frac{\pi}{3}\right)=-\frac{\sqrt{3}}{2}$, $f'''\left(\frac{\pi}{3}\right)=-\frac{1}{2}$이다. 따라서

$$P_3(x)= \frac{\sqrt{3}}{2}+\frac{1}{2}\left(x-\frac{\pi}{3}\right)-\frac{\sqrt{3}}{4}\left(x-\frac{\pi}{3}\right)^2-\frac{1}{12}\left(x-\frac{\pi}{3}\right)^3$$

이다.

---

**예제 9.7.3**

$f(x)= \cos x$의 $a=0$에서 Taylor 다항식 $P_5(x)$를 구하시오.

**풀이**

$$\begin{aligned}
&f(x)= \cos x && f'(x)=-\sin x \\
&f^{(2)}(x)=-\cos x && f^{(3)}(x)= \sin x \\
&f^{(4)}(x)= \cos x && f^{(5)}(x)=-\sin x \\
&\qquad\vdots && \qquad\vdots \\
&f^{(2n)}(x)= (-1)^n\cos x && f^{(2n+1)}(x)= (-1)^{n+1}\sin x
\end{aligned}$$

이므로 $f^{(2n)}(0)= (-1)^n$, $f^{(2n+1)}(0)= 0$이다. 따라서

$$P_5(x)= 1-\frac{x^2}{2!}+\frac{x^4}{4!}$$

이다.

---

이제부터, 무한번 미분가능한 함수를 멱급수로 표현하는 방법을 알아보고 주어진 함수의 근사로서 다항식을 취할 때 발생하는 오차에 대하여 살펴보자. 함수 $f(x)$가 $x=a$에서 무한번 미분가능할 때

$$\sum_{k=0}^{\infty}\frac{f^{k}(a)}{k!}(x-a)^{k}=f(a)+f'(a)(x-a)+\frac{f''(x)}{2!}(x-a)^{2}+\cdots$$
$$+\frac{f^{(n)}(x)}{n!}(x-a)^{n}+\cdots$$

을 $x=a$에서 $f(x)$의 Taylor **급수**(Taylor series)라 하며, 특히 $a=0$인 경우에 이 멱급수를 $f(x)$의 Maclaurin **급수**(Maclaurin series)라 한다.

**예제 9.7.4**

$f(x)=e^{x}$의 Maclaurin 급수를 구하시오.

**풀이**

$f(x)=e^{x}$의 Maclaurin 다항식은

$$1+x+\frac{x^{2}}{2!}+\cdots+\frac{x^{n}}{n!}$$

이므로 $f(x)=e^{x}$의 Maclaurin 급수는

$$1+x+\frac{x^{2}}{2!}+\cdots+\frac{x^{n}}{n!}+\cdots=\sum_{k=0}^{\infty}\frac{x^{k}}{k!}$$

이다.

**예제 9.7.5**

$f(x)=\dfrac{1}{x}$의 $x=1$에서 Taylor 급수를 구하시오.

**풀이**

$$f(x)=\frac{1}{x},\ f'(x)=-\frac{1}{x^{2}},\ f''(x)=\frac{2}{x^{3}},\ f'''(x)=\frac{-6}{x^{4}},\ \cdots$$

$$f^{(k)}(x)=(-1)^{k}\frac{k!}{x^{k+1}}$$

이므로 $x=1$에서

$$f(1)=1,\ f'(1)=-1,\ f''(1)=2,\ \cdots,\ f^{(k)}(1)=(-1)^k k!$$

이다. 따라서 Taylor 급수는

$$\sum_{k=0}^{\infty}\frac{(-1)^k k!}{k!}(x-1)^k=\sum_{k=0}^{\infty}(-1)^k(x-1)^k=1-(x-1)+(x-1)^2-\cdots$$

이다.

---

**예제 9.7.6**

$f(x)=\ln(x+1)$의 Maclaurin 급수를 구하시오.

**풀이**

$$f'(x)=\frac{1}{x+1},\ f''(x)=\frac{-1}{(x+1)^2},\ f'''(x)=\frac{2}{(x+1)^3},\ \cdots$$

$$f^{(k)}(x)=(-1)^{k+1}\frac{(k-1)!}{(x+1)^k}$$

이므로 $x=0$에서

$$f(0)=0,\ f'(0)=1,\ f''(0)=-1,\ f'''(0)=2,\ \cdots,\ f^{(k)}(0)=(-1)^{k+1}(k-1)!$$

이다. 따라서 Maclaurin 급수는

$$\sum_{k=1}^{\infty}\frac{(-1)^{k+1}}{k!}x^k=x-\frac{1}{2}x^2+\frac{1}{3}x^3-\frac{1}{4}x^4+\cdots$$

이다.

---

**정리 9.7.1 Taylor 정리**

함수 $f(x)$, $f'(x)$, $f''(x)$, $\cdots$, $f^{(n)}(x)$이 $[a, b]$에서 연속이고 $f^{(n)}(x)$가 $(a, b)$에서 미분가능하면, 적당한 $c\in(a, b)$에 존재하여 다음을 만족한다.

$$f(b)=f(a)+f'(a)(b-a)+\frac{f''(a)}{2!}(b-a)^2+\cdots$$
$$+\frac{f^{(n)}(a)}{n!}(b-a)^n+\frac{f^{(n+1)}(c)}{(n+1)!}(b-a)^{n+1}$$

**증명** $a<b$라 가정하면, $R_n$을 다음과 같이 정의되는 나머지라 하자.

$$f(b)=f(a)+f'(a)(b-a)+\cdots+\frac{f^{(n)}(a)}{n!}(b-a)^n+R_n$$

$R_n$을 결정하기 위하여 함수 $P(a,b)$를

$$R_n=\frac{(b-a)^{n+1}}{(n+1)!}P(a,b)$$

로 정의하고

$$F(x)=f(b)-f(x)-f'(x)(b-x)-\cdots-f^{(n)}(x)\frac{(b-x)^n}{n!}-\frac{(b-x)^{n+1}}{(n+1)!}P$$

로 두자. 그러면 $F(a)=F(b)$이므로 롤의 정리에 의하여 $a$와 $b$ 사이에 적당한 $c$가 존재하여 $F'(c)=0$을 만족한다. 따라서

$$F'(x)=-f^{(n+1)}(x)\frac{(b-x)^n}{n!}+\frac{(b-x)^n}{n!}P$$

이므로 $F'(c)=0$에서 $P=f^{(n+1)}(c)$를 얻는다. 따라서

$$R_n=f^{(n+1)}(c)\frac{(b-a)^{n+1}}{(n+1)!},\ (a<c<b)$$

이다. $b<a$일 때도 같은 방법으로 증명한다.

함수 $f(x)$와 $f(x)$의 $n$차 Taylor 다항식 $P_n(x)$의 차 $f(x)-P_n(x)$를 $x=a$에서 $f(x)$에 관한 $n$차 나머지(nth remainder)라 부르고 $R_n(x)$로 쓴다. 즉

$$R_n=\frac{f^{(n+1)}(c)}{(n+1)!}(x-a)^{n+1}$$

이다. 단 $c$는 $a$와 $x$사잇값이다.

$x=a$를 포함하는 어떤 구간의 모든 점에서 $R_n(x)\to 0\,(n\to\infty)$일 때 $x=a$에서 $f(x)$의 Taylor 급수가 $f(x)$에 수렴한다고 하고,

$$f(x)=\sum_{n=0}^{\infty}\frac{f^{(k)}(a)}{k!}(x-a)^k$$

로 쓰고 $f(x)$가 $f(x)$의 Taylor 급수전개와 일치할 때, $f(x)$는 $x=a$에서 Taylor 급수전개 가능하다고 말한다. 또 $a=0$일 때, Maclaurin 급수전개 가능하다고 말한다.

**예제 9.7.7**

$f(x)=e^x$은 모든 $x$에 대하여 Maclaurin 급수전개 가능함을 보이시오.

**풀이**

Taylor 정리에 의하여

$$e^x = 1 + x + \frac{x^2}{2!} + \cdots + \frac{x^n}{n!} + \frac{e^c}{(n+1)!}x^{n+1} \quad (c \in (0, x))$$

이다. 그런데 모든 실수 $x$에 대하여

$$\lim_{n\to\infty} R_n(x) = \lim_{n\to\infty} \frac{e^c}{(n+1)!}x^{n+1} = 0$$

이므로

$$e^x = \sum_{n=0}^{\infty} \frac{1}{n!}x^n$$

이다.

**정리 9.7.2 나머지 계산정리**

만약 $a$와 $x$사이에 임의의 $t$에 대하여 상수 $M$과 $r$이 존재하여

$$|f^{(n+1)}(t)| \le Mr^{(n+1)}$$

을 만족하면, $x=a$에서 $f(x)$에 관한 $n$차 다항식 $R_n(x)$는

$$|R_n(x)| \le M\frac{r^{n+1}|x-a|^{n+1}}{(n+1)!}$$

을 만족한다. 또, 만약 모든 $n$에 대하여 위의 부등식을 만족하고 $f(x)$가 Taylor 정리를 만족하면 Taylor 급수는 $f(x)$에 수렴한다.

**예제 9.7.8**

$\sin x = x - \frac{x^3}{3!} + \frac{x^5}{5!} - \frac{x^7}{7!} + \cdots$ 임을 보이시오.

**풀이**

$f(x) = \sin x$는 모든 $x$에 대하여

$$|f^{(n)}(x)| \leq 1$$

$$0 \leq |R_n(x)| = \left| \frac{f^{(n+1)}(c)}{(n+1)!} x^{n+1} \right| \leq \frac{|x|^{n+1}}{(n+1)!}$$

이다. 그런데

$$0 \leq \lim_{n \to \infty} |R_n| \leq \lim_{n \to \infty} \frac{|x|^{n+1}}{(n+1)!} = 0$$

이므로 $\lim_{n \to \infty} |R_n| = 0$이다. 따라서

$$\sin x = x - \frac{x^3}{3!} + \frac{x^5}{5!} - \frac{x^7}{7!} + \cdots$$

이다.

**예제 9.7.9**

$f(x) = \cos 2x$ 의 Maclaurin 급수를 구하고 모든 $x$에서 수렴함을 보이시오.

**풀이**

먼저 $\cos x$ 에 대하여 Maclaurin 급수를 구하면

$$\cos x = 1 - \frac{x^2}{2!} + \frac{x^4}{4!} - \frac{x^6}{6!} + \cdots = \sum_{n=0}^{\infty} \frac{(-1)^n}{(2n)!} x^{2n}$$

이다. 이 식은 모든 $x$에 대하여 성립하므로 $x$대신 $2x$를 대입하면

$$\cos 2x = \sum_{k=0}^{\infty} \frac{(-1)^k (2x)^{2k}}{(2k)!} = \sum_{k=0}^{\infty} \frac{(-4)^k}{(2k)!} x^{2k}$$

을 구할 수 있고, 모든 $x$에서 수렴함도 분명하다.

## 예제 9.7.10

$\dfrac{1}{1-2x^2}$ 의 Maclaurin 급수와 수렴구간을 구하시오.

**풀이**

$-1<x<1$일 때

$$\frac{1}{1-x}=1+x+x^2+x^3+\cdots=\sum_{n=0}^{\infty}x^n$$

이므로, $x$ 대신 $2x^2$을 대입하면

$$\frac{1}{1-2x^2}=\sum_{n=0}^{\infty}\left(2x^2\right)^n=\sum_{n=0}^{\infty}2^n x^{2n}$$

이다. 또 수렴구간은 $-\dfrac{1}{\sqrt{2}}<x<\dfrac{1}{\sqrt{2}}$ 이다.

---

### [자주 사용하는 Maclaurin 급수]

(1) $\dfrac{1}{1-x}=1+x+x^2+x^3+\cdots+x^n+\cdots=\displaystyle\sum_{n=0}^{\infty}x^n,\ |x|<1$

(2) $\dfrac{1}{1+x}=1-x+x^2-x^3+\cdots+(-x)^n+\cdots=\displaystyle\sum_{n=0}^{\infty}(-1)^n x^n,\ |x|<1$

(3) $e^x=1+x+\dfrac{x^2}{2!}+\dfrac{x^3}{3!}+\cdots+\dfrac{x^n}{n!}+\cdots=\displaystyle\sum_{n=0}^{\infty}\frac{x^n}{n!},\ |x|<\infty$

(4) $\sin x=x-\dfrac{x^3}{3!}+\dfrac{x^5}{5!}+\cdots+\dfrac{(-1)^n x^{2n+1}}{(2n+1)!}+\cdots=\displaystyle\sum_{n=0}^{\infty}\frac{(-1)^n x^{2n+1}}{(2n+1)!},\ |x|<\infty$

(5) $\cos x=1-\dfrac{x^2}{2!}+\dfrac{x^4}{4!}+\cdots+\dfrac{(-1)^n x^{2n}}{(2n)!}+\cdots=\displaystyle\sum_{n=0}^{\infty}\frac{(-1)^n x^2}{(2n)!},\ |x|<\infty$

(6) $\ln(1+x)=x-\dfrac{x^2}{2}+\dfrac{x^3}{3}+\cdots=\displaystyle\sum_{n=1}^{\infty}\frac{(-1)^{n+1}x^n}{n},\ -1<x\le 1$

(7) $\ln\dfrac{1+x}{1-x}=2\left(x+\dfrac{x^3}{3}+\dfrac{x^5}{5}+\cdots+\dfrac{x^{2n+1}}{2n+1}+\cdots\right)=2\displaystyle\sum_{n=0}^{\infty}\frac{x^{2n+1}}{2n+1},\ |x|<1$

(8) $\tan^{-1}x=x-\dfrac{x^3}{3}+\dfrac{x^3}{5}-\cdots+\dfrac{(-1)^n x^{2n+1}}{2n+1}+\cdots=\displaystyle\sum_{n=0}^{\infty}\frac{(-1)^n x^{2n+1}}{2n+1},\ |x|<1$

## 연습문제 9.7

**01** 다음 함수의 주어진 점에서 1차, 2차, 3차 Taylor 다항식을 구하시오.

(1) $f(x)=\dfrac{1}{x}$, $a=2$ (2) $f(x)=\dfrac{1}{x+1}$, $a=0$

(3) $f(x)=\sqrt{x}$, $a=4$ (4) $f(x)=\sqrt{x+4}$, $a=0$

(5) $f(x)=xe^{x}$, $a=0$ (6) $f(x)=\sin x$, $a=\dfrac{\pi}{4}$

(7) $f(x)=\cos x$, $a=\dfrac{\pi}{4}$ (8) $f(x)=\ln x$, $a=1$

**02** 다음 함수의 Maclaurin 급수를 구하시오.

(1) $f(x)=e^{-x}$

(2) $f(x)=e^{\frac{1}{2}x}$

(3) $f(x)=\ln(x+2)$

(4) $f(x)=\cos^2 x$ (단, $\cos^2 x=\dfrac{1+\cos 2x}{2}$)

**03** 주어진 점에서 Taylor 급수를 구하시오.

(1) $f(x)=\dfrac{1}{x}$, $a=-1$ (2) $f(x)=\ln x$, $a=1$

(3) $f(x)=\sin \pi x$, $a=\dfrac{1}{2}$ (4) $f(x)=e^{3x}$, $a=1$

# 연습문제 정답

# 1장 행렬

## 연습문제 1.1

1. (2),(4),(5) 차수가 1이 아니다.

2. (1) $x=1, y=2$
   (2) $x=1, y=1$
   (3) 해가 없다.
   (4) $x=\frac{1}{3}+\frac{2}{3}t, y=t$
   (5) $x=2, y=1, z=1$

3. (1) $x=2-t, y=3-2t, z=t$
   (2) $x_1=-22-2s-8t, x_2=s$
   $x_3=-6-t, x_4=2-t, x_5=t$

## 연습문제 1.2

1. (1) $x=\frac{12}{5}, y=-\frac{1}{5}$
   (2) $x=1, y=-3$

2. (1) $\begin{pmatrix} 8 & 5 & 3 \\ 3 & 10 & -5 \end{pmatrix}$
   (2) $\begin{pmatrix} -7 & 0 & -2 \\ 3 & -10 & 10 \end{pmatrix}$

3. (1) $\begin{pmatrix} -9 & 8 \\ 20 & 9 \end{pmatrix}$
   (2) $\begin{pmatrix} -\frac{8}{3} & -\frac{4}{3} \\ 0 & -4 \end{pmatrix}$

4. (1) $X=\begin{pmatrix} 2 & 1 \\ 2 & 0 \end{pmatrix}, Y=\begin{pmatrix} -1 & 5 \\ 1 & -2 \end{pmatrix}$
   (2) $X=\begin{pmatrix} -\frac{1}{5} & \frac{16}{5} \\ 1 & -\frac{6}{5} \end{pmatrix}, \quad Y=\begin{pmatrix} \frac{7}{5} & -\frac{2}{5} \\ 1 & \frac{2}{5} \end{pmatrix}$

5. (1) $5\times3$
   (2) $5\times3$
   (3) $5\times5$
   (4) 계산 불가능
   (5) 계산 불가능
   (6) $3\times4$

6. (1) $\begin{pmatrix} 7 & -1 \\ 27 & -2 \end{pmatrix}$
   (2) $\begin{pmatrix} -12 & -7 \\ 31 & 17 \end{pmatrix}$
   (3) $\begin{pmatrix} 7 & 27 \\ -1 & -2 \end{pmatrix}$
   (4) $\begin{pmatrix} 7 & 27 \\ -1 & -2 \end{pmatrix}$

7. $a=3$

8. $\begin{pmatrix} 1 & 4 \\ -2 & 10 \end{pmatrix}$

9. $\begin{pmatrix} 11 & 7 \\ 10 & 8 \end{pmatrix}$

10. $\begin{pmatrix} 0 & 2 \\ 0 & 0 \end{pmatrix}, \cdots$

## 연습문제 1.3

1. (1) $\begin{pmatrix} 5 & 3 \\ 2 & -1 \end{pmatrix}\begin{pmatrix} x \\ y \end{pmatrix}=\begin{pmatrix} 8 \\ 1 \end{pmatrix}$
   (2) $\begin{pmatrix} 7 & 2 & -3 \\ -5 & -1 & 4 \end{pmatrix}\begin{pmatrix} x \\ y \\ z \end{pmatrix}=\begin{pmatrix} 6 \\ -2 \end{pmatrix}$
   (3) $\begin{pmatrix} 2 & 3 & -1 \\ -1 & 5 & -3 \\ 5 & -1 & 5 \end{pmatrix}\begin{pmatrix} x \\ y \\ z \end{pmatrix}=\begin{pmatrix} 4 \\ 1 \\ -1 \end{pmatrix}$
   (4) $\begin{pmatrix} 1 & 0 & -3 \\ 0 & 2 & 1 \\ 0 & -5 & 7 \end{pmatrix}\begin{pmatrix} x \\ y \\ z \end{pmatrix}=\begin{pmatrix} -2 \\ 3 \\ 2 \end{pmatrix}$

2. (1) $x=1, y=1$
   (2) $x=1, y=2$
   (3) $x=2, y=1$
   (4) $x=1, y=1$

(5) $x=2,\ y=3$

(6) $x=-1,\ y=-1$

(7) $x=1,\ y=-2$

(8) $x=1,\ y=-1$

3. (1) $x=2, y=1$

(2) $x=1, y=-1$

(3) $x=2, y=1$

(4) $x=2, y=2$

(5) $x=1, y=2$

(6) $x=1, y=1$

(7) $x=1, y=3$

(8) $x=2, y=3$

4. (1) $x=1, y=1, z=1$

(2) $x=1, y=0, z=1$

(3) $x=1, y=2, z=3$

(4) $x=2, y=1, z=-1$

(5) $x=-1, y=-2, z=-3$

(6) $x=-3, y=2, z=2$

5. (1) $\mathrm{rank}=2$

(2) $\mathrm{rank}=2$

(3) $\mathrm{rank}=2$

(4) $\mathrm{rank}=3$

(5) $\mathrm{rank}=2$

(6) $\mathrm{rank}=3$

6. $A$:계수행렬 $C$:계수확대행렬

(1) $\mathrm{rank}(A)=\mathrm{rank}(C)=2$,
유일한 해를 가진다.

(2) $\mathrm{rank}(A)=1,\ \mathrm{rank}(C)=2$,
해는 존재하지 않는다.

(3) $\mathrm{rank}(A)=\mathrm{rank}(C)=1$,
해는 무수히 많다.

(4) $\mathrm{rank}(A)=2,\ \mathrm{rank}(C)=3$,
해는 존재하지 않는다.

## 연습문제 1.4

1. (1) $-16$ (2) $-16$

(3) $-14$ (4) $-280$

(5) $-29$ (6) $29$

(7) $29$ (8) $0$

(9) $0$ (10) $0$

(11) $-10$ (12) $-10$

2. (1) $10$ (2) $72$

3. (1) $a=1,2,3$

(2) $a=\pm\dfrac{1}{\sqrt{2}}$

4. $\det(kA)=k^n a$

5. (1) $\det(-A^T)=2$

(2) $\det(-2A)=16$

(3) $\det(AB^T)=-6$

(4) $\det(A^2B^2)=36$

(5) $\det(AA^T)=4$

(6) $\det(3AB)=-162$

6. (1) $-5$

(2) $10$

(3) $-5$

(4) $-10$

7. $\det(A)=a$라 두면, $A^2=A$이고,
$|A^2|=|A|$이므로 $a^2=a\rightarrow a=0,1$이다.
그러므로 $|A|=0$ 또는 $|A|=1$이다.

## 연습문제 1.5

1. (1) $\det(A)=-13(\neq 0)$이므로,

$$A^{-1}=\begin{pmatrix} -\dfrac{3}{13} & \dfrac{5}{13} \\ \dfrac{2}{13} & \dfrac{1}{13} \end{pmatrix}$$

(2) $\det(A)=8(\neq 0)$ 이므로,

$$A^{-1}=\begin{pmatrix} \frac{1}{2} & \frac{1}{4} \\ -\frac{1}{4} & \frac{1}{8} \end{pmatrix}$$

(3) $\det(A)=0$ 이므로, 역행렬은 존재하지 않는다.

(4) $\det(A)=0$ 이므로, 역행렬은 존재하지 않는다.

(5) $\det(A)=1(\neq 0)$ 이므로,

$$A^{-1}=\begin{pmatrix} 3 & -1 & 1 \\ -15 & 6 & -5 \\ 5 & -2 & 2 \end{pmatrix}$$

(6) $\det(A)=7(\neq 0)$ 이므로,

$$A^{-1}=\begin{pmatrix} \frac{2}{7} & \frac{5}{7} & \frac{2}{7} \\ 0 & 1 & 1 \\ \frac{1}{7} & -\frac{1}{7} & \frac{1}{7} \end{pmatrix}$$

2. $\begin{vmatrix} a+4 & 4 \\ 3 & a \end{vmatrix}=a^2+4a-12\neq 0$이므로

$a\neq -6, 2$인 실수

3. $\det(A)=a$라 두면, $|A|=|A^T|$이고

$|A^{-1}|=\frac{1}{|A|}$이므로 $A^T=A^{-1}$에 의하여

$a=\frac{1}{a}\rightarrow a=-1, 1$이다.

그러므로 $|A|=\pm 1$이다.

4. $\det(A)=a$라 두면, $A^k=0$에 의하여 $|A^k|=0$ $\rightarrow a^k=0$이므로 $a=0$이다.

그러므로 $|A|=0$이므로 역행렬은 존재하지 않는다.

5. $|A|=-2$이므로 $|A^{-1}|=-\frac{1}{2}$이다.

6. $|A|=-a$이므로 역행렬이 존재하기 위해서 $-a\neq 0$이다. 그러므로 $a\neq 0$인 실수이다.

$$A^{-1}=\begin{pmatrix} 0 & 1 & 0 \\ 1 & -1 & 0 \\ -\frac{2}{a} & \frac{1}{a} & \frac{1}{a} \end{pmatrix}$$

7. (1) $|(2A)^{-1}|=\frac{1}{2^n}\frac{1}{|A|}=-\frac{1}{2^{n+2}}$

(2) $|B^{-1}A|=|B^{-1}||A|=\frac{1}{|B|}|A|=-\frac{4}{3}$

8. (1) $x=-10, y=7$

(2) $x=3, y=2, z=1$

9. $A$ : 계수행렬

(1) $A^{-1}=\begin{pmatrix} \frac{1}{11} & \frac{5}{22} \\ \frac{2}{11} & -\frac{1}{22} \end{pmatrix}$

$x=1, y=-1$

(2) $A^{-1}=\begin{pmatrix} \frac{5}{19} & \frac{2}{19} \\ \frac{2}{19} & -\frac{3}{19} \end{pmatrix}$

$x=2, y=1$

(3) $A^{-1}=\begin{pmatrix} \frac{3}{58} & \frac{19}{116} & \frac{9}{116} \\ -\frac{9}{58} & \frac{1}{116} & \frac{31}{116} \\ \frac{5}{58} & -\frac{7}{116} & \frac{15}{116} \end{pmatrix}$

$x=1, y=0, z=1$

(4) $A^{-1}=\begin{pmatrix} \frac{7}{64} & \frac{13}{64} & -\frac{1}{16} \\ -\frac{19}{64} & -\frac{17}{64} & \frac{5}{16} \\ \frac{11}{64} & -\frac{7}{64} & \frac{3}{16} \end{pmatrix}$

$x=-1, y=-2, z=-3$

10. $A$ : 계수행렬

(1) $|A|=11$

$x=\frac{1}{11}(11)=1$

$y=\frac{1}{11}(11)=1$

(2) $|A|=28$

$x=\frac{1}{28}(28)=1$

$y=\frac{1}{28}(84)=3$

(3) $|A|=-19$

$x=\frac{1}{-19}(-19)=1$

$y=\frac{1}{-19}(-38)=2$

$z=\frac{1}{-19}(-57)=3$

(4) $|A|=-217$

$x=\frac{1}{-217}(651)=-3$

$y=\frac{1}{-217}(-434)=2$

$z=\frac{1}{-217}(-434)=2$

## 2장 벡터

### 연습문제 2.1

1. (1) $|\overrightarrow{AJ}|=\sqrt{5}$
   (2) $|\overrightarrow{DI}|=\sqrt{13}$
   (3) $|\overrightarrow{CI}|=\sqrt{8}=2\sqrt{2}$
   (4) $|\overrightarrow{BH}|=\sqrt{5}$
   (5) $|\overrightarrow{AC}+\overrightarrow{AF}|=\sqrt{10}$
   (6) $|\overrightarrow{IJ}+\overrightarrow{IC}|=\sqrt{13}$

2. (1) $\overrightarrow{AK}$ (2) $\overrightarrow{EC}$
   (3) $\overrightarrow{FD}$ (4) $\overrightarrow{LE}$
   (5) $\overrightarrow{AK}$ (6) $\overrightarrow{HI}$

### 연습문제 2.2

1. (1) $\overrightarrow{AB}=14\vec{i}+13\vec{j}$
   (2) $\overrightarrow{DC}=14\vec{i}-\vec{j}$

2. (1) $\overrightarrow{AB}=10\vec{i}-5\vec{j}-15\vec{k}$
   (2) $\overrightarrow{DC}=\vec{i}+2\vec{j}-12\vec{k}$

3. (1) $\vec{a}+\vec{b}+\vec{c}=-2\vec{i}+7\vec{k}$
   (2) $\vec{a}-\vec{b}-\vec{c}=4\vec{i}-4\vec{j}-\vec{k}$
   (3) $2\vec{a}-3\vec{b}+5\vec{c}=-13\vec{i}-10\vec{j}+66\vec{k}$
   (4) $-\vec{a}+2\vec{b}-3\vec{c}=8\vec{i}+6\vec{j}-40\vec{k}$
   (5) $|\vec{b}+\vec{c}|=\sqrt{29}$
   (6) $\frac{\vec{a}+\vec{b}}{|\vec{a}+\vec{b}|}=\frac{1}{\sqrt{5}}(\vec{i}-2\vec{k})$

4. $\sqrt{4+m^2+9}=5$
   $m=\pm\sqrt{12}=\pm 2\sqrt{3}$

5. $-\frac{2\vec{a}}{|\vec{a}|}=\frac{-2}{\sqrt{14}}(3\vec{i}-\vec{j}+2\vec{k})$

### 연습문제 2.3

1. (1) $\vec{a}\cdot\vec{b}=-2$
   (2) $\vec{a}\cdot\vec{b}=-22$
   (3) $\vec{a}\cdot\vec{b}=2$
   (4) $\vec{a}\cdot\vec{b}=0$

2. (1) $\vec{a}\cdot\vec{b}=7$이고 $|\vec{a}|=\sqrt{14}$, $|\vec{b}|=\sqrt{14}$이므로 $\cos\theta=\frac{1}{2}$이다. 그러므로 $\theta=\frac{\pi}{3}$이다.
   (2) $\vec{a}\cdot\vec{b}=0$이므로 $\cos\theta=0$이다. 그러므로 $\theta=\frac{\pi}{2}$이다.

3. (1) $\vec{a}\cdot\vec{b}=2+\alpha+\alpha=0$이므로 $\alpha=-1$이다.

(2) $\vec{a}\cdot\vec{b}=\alpha+\alpha+4=0$이므로 $\alpha=-2$ 이다.

4. $\text{Proj}_{\vec{a}}\vec{b}=\dfrac{\vec{a}\cdot\vec{b}}{|\vec{a}|^2}\vec{a}=\dfrac{2}{11}(3\vec{i}+\vec{j}-\vec{k})$

$\text{Proj}_{\vec{b}}\vec{a}=\dfrac{\vec{a}\cdot\vec{b}}{|\vec{b}|^2}\vec{b}=\dfrac{1}{7}(\vec{i}+2\vec{j}+3\vec{k})$

5. $\text{Proj}_{\vec{a}}\vec{b}=\dfrac{\vec{a}\cdot\vec{b}}{|\vec{a}|^2}\vec{a}=-\dfrac{1}{2}(\vec{i}-2\vec{j}+\vec{k})$

$\vec{b}-\text{Proj}_{\vec{a}}\vec{b}=-\dfrac{5}{2}\vec{i}+\dfrac{5}{2}\vec{k}$

6. $\vec{a}\cdot\vec{b}=\alpha+\alpha+1=2\alpha+1$,
$|\vec{a}|=\sqrt{\alpha^2+1+1}$, $|\vec{b}|=\sqrt{1+\alpha^2+1}$
$\cos\dfrac{\pi}{3}=\dfrac{1}{2}$이므로 $\dfrac{2\alpha+1}{\alpha^2+2}=\dfrac{1}{2}$이다.
그러므로 $\alpha=0,4$이다.

7. (1) $\vec{a}\cdot\vec{b}=2\times2\times\cos\dfrac{\pi}{6}=2\sqrt{3}$

(2) $|\vec{a}+\vec{b}|^2=(\vec{a}+\vec{b})\cdot(\vec{a}+\vec{b})$
$=\vec{a}\cdot\vec{a}+2\vec{a}\cdot\vec{b}+\vec{b}\cdot\vec{b}$
$=4+2\times2\sqrt{3}+4=8+4\sqrt{3}$

(3) $|\vec{a}-\vec{b}|^2=(\vec{a}-\vec{b})\cdot(\vec{a}-\vec{b})$
$=\vec{a}\cdot\vec{a}-2\vec{a}\cdot\vec{b}+\vec{b}\cdot\vec{b}$
$=4-2\times2\sqrt{3}+4=8-4\sqrt{3}$

## 연습문제 2.4

1. (1) $\vec{a}\times\vec{b}=-\vec{i}-\vec{j}+\vec{k}$
(2) $\vec{a}\times\vec{b}=5\vec{i}-5\vec{j}+5\vec{k}$
(3) $\vec{a}\times\vec{b}=-\vec{i}+2\vec{j}-\vec{k}$
(4) $\vec{a}\times\vec{b}=9\vec{i}-5\vec{j}+17\vec{k}$

2. $\vec{a}\times\vec{b}=-5\vec{i}+9\vec{j}+17\vec{k}$이고,
$(\vec{a}\times\vec{b})\cdot\vec{a}=0$, $(\vec{a}\times\vec{b})\cdot\vec{b}=0$이므로
$(\vec{a}\times\vec{b})\perp\vec{a}$, $(\vec{a}\times\vec{b})\perp\vec{b}$이다.

3. $\vec{a}\times\vec{b}=-11\vec{i}-17\vec{j}+25\vec{k}$

4. $\vec{a}\times\vec{b}=-9\vec{i}+12\vec{j}+15\vec{k}$이고 평행사변형의 넓이는 $|\vec{a}\times\vec{b}|=\sqrt{450}=15\sqrt{2}$ 이다.

5. $\overrightarrow{OA}=4\vec{i}-2\vec{j}+3\vec{k}$,
$\overrightarrow{OB}=-5\vec{i}+\vec{j}-2\vec{k}$이고, 삼각형의 넓이는
$\dfrac{1}{2}|\overrightarrow{OA}\times\overrightarrow{OB}|=\dfrac{1}{2}|\vec{i}-7\vec{j}-6\vec{k}|=\dfrac{\sqrt{86}}{2}$ 이다.

6. $\overrightarrow{AB}=\vec{i}-3\vec{j}-2\vec{k}$,
$\overrightarrow{AC}=-2\vec{i}-2\vec{j}-\vec{k}$이고, 삼각형의 넓이는
$\dfrac{1}{2}|\overrightarrow{AB}\times\overrightarrow{AC}|=\dfrac{1}{2}|-\vec{i}+5\vec{j}-8\vec{k}|$
$=\dfrac{\sqrt{90}}{2}=\dfrac{3\sqrt{10}}{2}$ 이다.

7. (1) $V=\|\vec{a}\cdot(\vec{b}\times\vec{c})\|=\left\|\begin{matrix}1&1&0\\0&-1&4\\2&2&2\end{matrix}\right\|=|-2|=2$

(2) $V=\|\vec{a}\cdot(\vec{b}\times\vec{c})\|=\left\|\begin{matrix}3&1&1\\1&4&1\\1&1&5\end{matrix}\right\|=|50|=50$

8. $\vec{i}=(1,0,0)$, $\vec{j}=(0,1,0)$, $\vec{k}=(0,0,1)$이므로
(1) $\vec{k}\cdot(\vec{j}\times\vec{k})=0$
(2) $\vec{i}\cdot(\vec{j}\times(-\vec{k}))=-1$
(3) $(\vec{i}\times\vec{j})\cdot(\vec{i}\times\vec{j})=1$
(4) $(\vec{i}\times\vec{k})\times(\vec{j}\times\vec{i})=(-\vec{j})\times(-\vec{k})=\vec{i}$

## 연습문제 2.5

1. (1) 벡터방정식 :
$(1+2t)\vec{i}+(2-t)\vec{j}+(3+t)\vec{k}$
매개변수방정식 :
$x=1+2t,\ y=2-t,\ z=3+t$
대칭방정식 :
$\dfrac{x-1}{2}=2-y=z-3$

(2) 벡터방정식 :

$(-1+t)\vec{i}+(1+t)\vec{j}+(5-t)\vec{k}$

매개변수방정식 :

$x=-1+t,\ y=1+t,\ z=5-t$

대칭방정식 :

$x+1=y-1=5-z$

(3) 벡터방정식 :

$(4+t)\vec{i}+(-1+t)\vec{j}+6\vec{k}$

매개변수방정식 :

$x=4+t,\ y=-1+t,\ z=6$

대칭방정식 :

$x-4=y+1,\ z=6$

(4) 벡터방정식 :

$3\vec{i}+(2+t)\vec{j}+(-1-t)\vec{k}$

매개변수방정식 :

$x=3,\ y=2+t,\ z=-1-t$

대칭방정식 :

$x=3,\ y-2=-z-1$

2. (1) $\vec{u}=2\vec{i}+3\vec{j}+\vec{k}$이므로

매개변수방정식 :

$x=2t,\ y=3t,\ z=t$

(2) $\vec{u}=4\vec{i}+2\vec{j}$이므로

매개변수방정식 :

$x=1+4t,\ y=2t,\ z=-1$

(3) $\vec{u}=3\vec{i}+\vec{k}$이므로

매개변수방정식 :

$x=-2+3t,\ y=3,\ z=1+t$

(4) $\vec{u}=3\vec{i}+3\vec{j}+\vec{k}$이므로

매개변수방정식 :

$x=-1+3t,\ y=-1+3t,\ z=2+t$

3. $\vec{u}=5\vec{i}-\vec{j}-3\vec{k}$이므로

매개변수방정식 :

$x=-1+5t,\ y=4-t,\ z=3-3t$

4. $-1(x-3)+2(y-7)-5(z+5)=0$이므로

$x-2y+5z=-36$이다.

5. $\overrightarrow{P_1P_2}=-6\vec{i}+2\vec{j}+4\vec{k}$,

$\overrightarrow{P_1P_3}=-4\vec{i}+7\vec{j}-\vec{k}$ 이고

$$\vec{n}=\begin{vmatrix}\vec{i} & \vec{j} & \vec{k}\\ -6 & 2 & 4\\ -4 & 7 & -1\end{vmatrix}=-30\vec{i}-22\vec{j}-34\vec{k}$$

이다. 구하는 평면의 방정식은

$30x+22y+34z=116$이다.

6. $\overrightarrow{n_1}$을 $\Pi_1$에 수직인 벡터,

$\overrightarrow{n_2}$를 $\Pi_2$에 수직인 벡터라 하면

$\overrightarrow{n_1}=\vec{i}+\vec{k},\ \overrightarrow{n_2}=\vec{j}+\vec{k}$이므로

$\theta=\cos^{-1}\frac{1}{2}=\frac{\pi}{3}$이다.

7. (1) $\dfrac{|1+0-1-10|}{\sqrt{1^2+1^2+1^2}}=\dfrac{10}{\sqrt{3}}$

(2) $\dfrac{|-4-5+3-2|}{\sqrt{2^2+(-1)^2+3^2}}=\dfrac{8}{\sqrt{14}}$

(3) $\dfrac{|-4+2+0-1|}{\sqrt{(-1)^2+2^2+(-4)^2}}=\dfrac{3}{\sqrt{21}}$

(4) $\dfrac{|-7+5+8-8|}{\sqrt{7^2+(-5)^2+4^2}}=\dfrac{2}{\sqrt{90}}$

## 3장 함수

### 연습문제 3.1

1. (1) 함수가 아니다.

(2) 함수이다. 정의역: $\{1,2,3,4\}$,

공역: $\{a,b,c\}$, 치역: $\{b,c\}$

(3) 함수가 아니다.

(4) 함수이다. 정의역: $\{1,2,3,4\}$,

공역: $\{a,b,c\}$, 치역: $\{a,b,c\}$

2. (1) 정의역: $X=\{-2,-1,0,1,2\}$
(2) 공역: 실수전체
(3) 치역: $\{-3,-1,1,3,5\}$
(4)
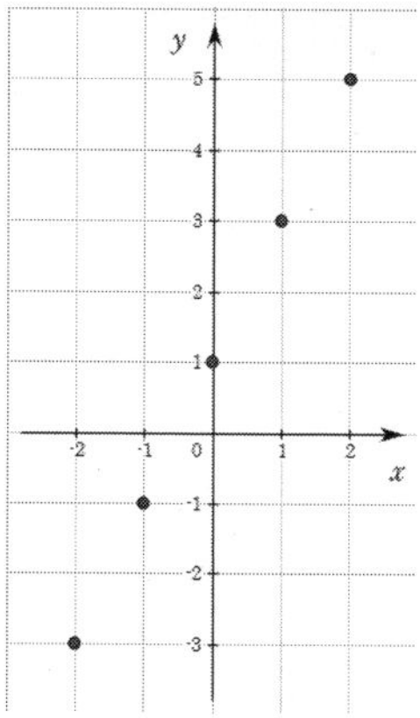


3. (1) 단사함수
(2) 전사함수
(3) 전단사함수

4. (1) $3f(2)=\dfrac{15}{2}$
(2) $(f+g)(3)=3+\sqrt{13}$
(3) $fg(6)=\dfrac{45}{2}$
(4) $\dfrac{f}{g}(1)=\dfrac{2}{\sqrt{5}}$

5. (1) $f\circ g=-3(\sqrt{x}-1)+2=-3\sqrt{x}+5$
(2) $g\circ f=\sqrt{-3x+2}-1$
(3) $f\circ f=-3(-3x+2)+2=9x-4$
(4) $g\circ g=\sqrt{\sqrt{x}-1}-1$

6. (1) $f^{-1}(x)=\dfrac{1}{5}x+\dfrac{2}{5}$
(2) $g^{-1}(x)=-\dfrac{3}{2}x+\dfrac{3}{4}$

7. (1) $g^{-1}\circ f^{-1}=-\dfrac{1}{2}x+2$
(2) $(f\circ g)^{-1}=-\dfrac{1}{2}x+2$

8. (1) $f(-x)=(-x)^2+1=f(x)$이므로 우함수이다.
(2) $f(-x)=(-x)^2+x=x^2+x$이므로 우함수도 기함수도 아니다.
(3) $f(-x)=(-x)^3+x=-f(x)$이므로 기함수이다.
(4) $f(-x)=(-x)^4+(-x)^2=f(x)$이므로 우함수이다.

## 연습문제 3.2

1. (1) $x$절편: $\left(-\dfrac{1}{2},0\right)$,
$y$절편: $(0,1)$
(2) $x$절편: $\left(-\dfrac{3}{5},0\right)$,
$y$절편: $(0,-3)$
(3) $x$절편: $(2,0)$,
$y$절편: $(0,-3)$
(4) $x$절편: $\left(-\dfrac{3}{7},0\right)$,
$y$절편: $\left(0,-\dfrac{3}{4}\right)$

2. (1) 최댓값 : 없다.
최솟값 : $-\dfrac{17}{4}$
(2) 최댓값 : $\dfrac{41}{8}$
최솟값 : 없다.
(3) 최댓값 : 5, 최솟값 : 2
(4) 최댓값 : 1, 최솟값 : $-3$

3. (1) 꼭짓점$\left(\dfrac{1}{3},-\dfrac{4}{3}\right)$, $D>0$이므로 $x$축과의 교점의 수는 2개다.
(2) 꼭짓점$(3,0)$, $D=0$이므로 $x$축과의 교점의 수는 1개다.
(3) 꼭짓점$\left(5,\dfrac{5}{2}\right)$, $D<0$이므로 $x$축과의

교점은 없다.

(4) 꼭짓점$\left(-\frac{1}{14}, -\frac{83}{28}\right)$, $D<0$이므로 $x$축과의 교점은 없다.

4. $D=(2k)^2-16>0$이므로
$k<-2$ or $k>2$이다.

5. $-x+3=-2x^2+x+4$이고
$2x^2-2x-1=0$이다. $D=12>0$이므로 두 그래프는 2개의 점에서 만난다.

6. $y=x^2-x+k$의 그래프가 $x$축과 만나지 않으면 되므로 $D=1-4k<0$이므로 $k>\frac{1}{4}$이다.

7. (1) $x<-\frac{1}{2}$ or $x>1$

(2) 해가 존재하지 않는다.

(3) $1 \le x \le 3$

(4) $x<-2$ or $x>4$

## 연습문제 3.3

1. (1) 정의역 : $x \neq 0$인 실수

치역 : $y \neq -\frac{1}{2}$인 실수

점근선 $x=0, y=-\frac{1}{2}$

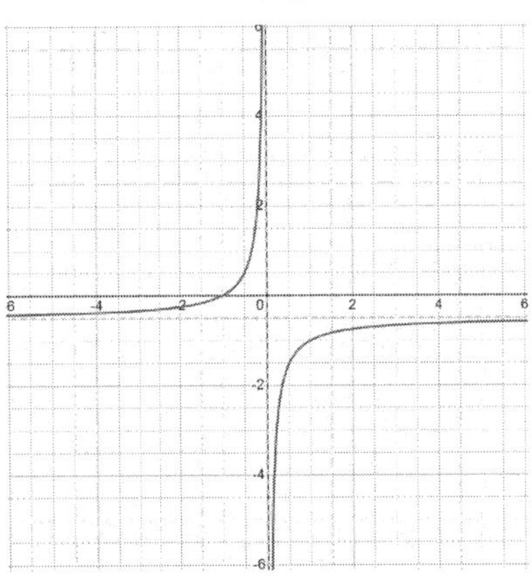

(2) 정의역 : $x \neq \frac{1}{2}$인 실수

치역 : $y \neq -2$인 실수

점근선 $x=\frac{1}{2}, y=-2$

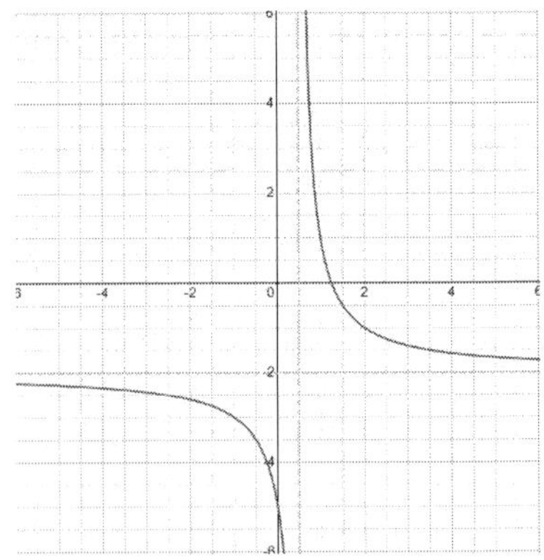

(3) 정의역 : $x \neq -1$인 실수

치역 : $y \neq 2$인 실수

점근선 $x=-1, y=2$

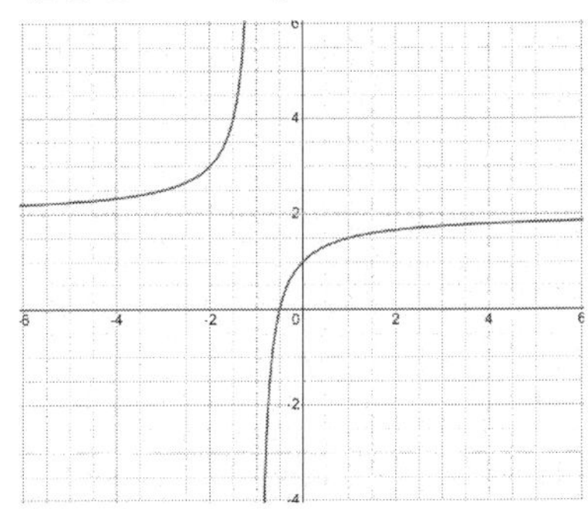

(4) 정의역 : $x \neq 2$인 실수

치역 : $y \neq -3$인 실수

점근선 $x=2, y=-3$

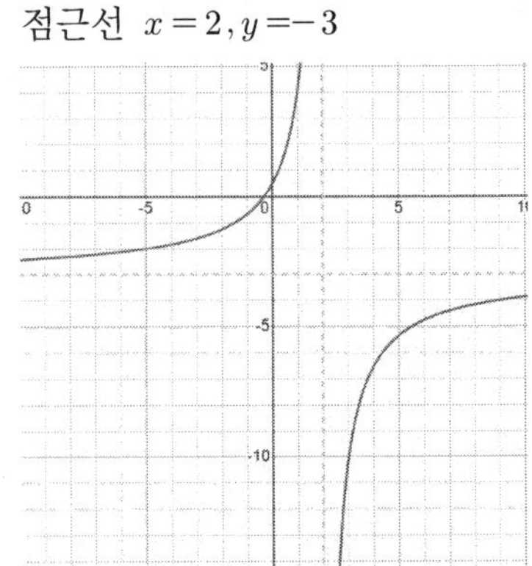

2. (1) 정의역 : $x \ge 2$인 실수
치역 : $y \ge 0$인 실수

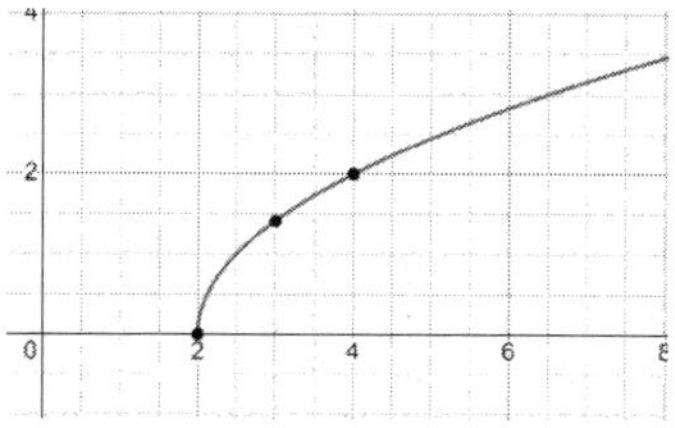

(2) 정의역 : $x \le 3$인 실수
치역 : $y \ge 2$인 실수

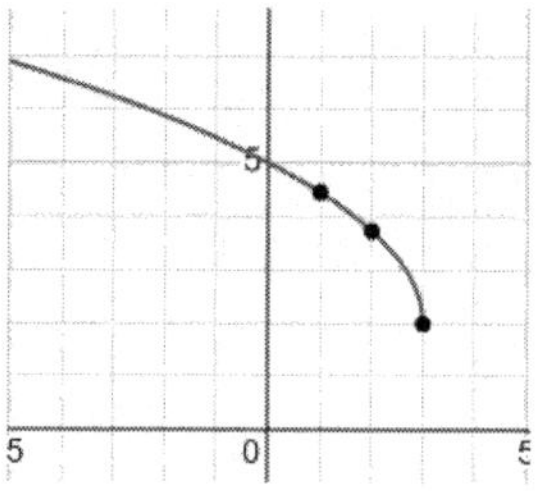

(3) 정의역 : $x \ge -2$인 실수
치역 : $y \le -1$인 실수

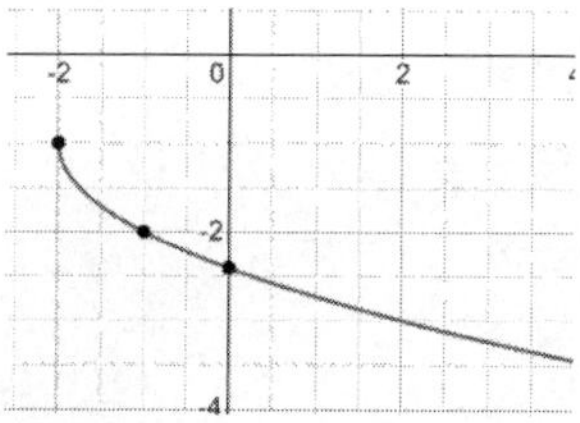

(4) 정의역 : $x \le 2$인 실수
치역 : $y \le 1$인 실수

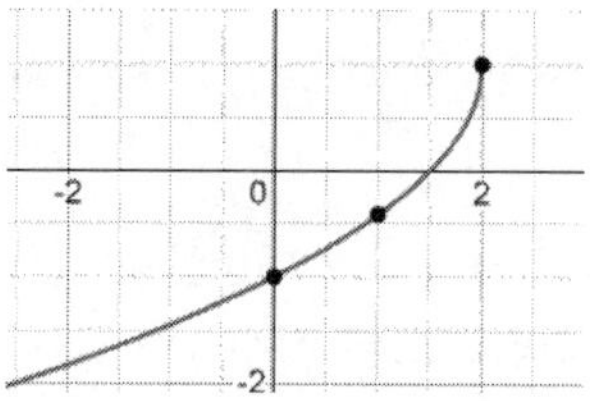

3. $y = \dfrac{x-1}{x+1}$

4. $y = \dfrac{x^2}{2} + x + \dfrac{5}{2}$

5. $x = -1$이고 $f(-3) = \sqrt{8} = 2\sqrt{2}$이다.

6. $x = -1$

7. $x^2 + (2k-1)x + (k^2-1) = 0$이고,
$D = (2k-1)^2 - 4(k^2-1) = -4k+5$이다.
$k < \dfrac{5}{4}$이면 실근 2개, $k = \dfrac{5}{4}$이면 실근 1개,
$k > \dfrac{5}{4}$이면 실근이 존재하지 않는다.

## 연습문제 3.4

1. (1) $\dfrac{1}{2}$ (2) 1
(3) $\sqrt[4]{2}$ (4) $\dfrac{3}{2}$
(5) $-2$ (6) 9
(7) 2 (8) $\sqrt[3]{3}$
(9) 12 (10) 3

2. (1) 1 (2) 2
(3) $\dfrac{3}{2}$ (4) 2
(5) 3 (6) $\dfrac{3}{4}$
(7) $\dfrac{3}{2}$ (8) 3
(9) 2 (10) $\dfrac{2}{3}$

3. $5^{\frac{1}{x}} = \sqrt{2}$, $5^{\frac{1}{y}} = \sqrt{3}$이므로
$5^{\frac{1}{x}+\frac{1}{y}} = \sqrt{6}$이다.

4. $b = a^{\frac{2}{3}}$, $c = b^{\frac{3}{4}}$, $a = c^2$이고
$\log_a \sqrt{b} + \log_b \dfrac{1}{c} + \log_c a$
$= \dfrac{1}{2}\log_a a^{\frac{2}{3}} - \log_b b^{\frac{3}{4}} + \log_c c^2$
$= \dfrac{19}{12}$이다. 따라서 $p+q = 31$이다.

5. $\sqrt[20]{2}\times\frac{\sqrt[12]{2}}{\sqrt[15]{2}}=\sqrt[15]{2}$ 이므로 $mn=15$이다. 2이상의 두 자연수 곱이 15이려면 3,5이다. 그러므로 $m+n=8$이다.

6. $a^{\frac{3}{2}}=\sqrt{2}-1$이고,

$$\frac{a^{-\frac{1}{2}}}{a+a^{-\frac{1}{2}}}+\frac{a^{\frac{1}{2}}}{a^2-a^{\frac{1}{2}}}$$

$$=\frac{1}{a^{\frac{3}{2}}+1}+\frac{1}{a^{\frac{3}{2}}-1}=-1$$ 이다.

7. $a=\frac{1}{2}\log_2\frac{1}{3}$ 이므로

$a+\frac{1}{2}\log_2 12=1$이다.

8. $\log x^a=\log\frac{y}{x}$에서

$\log y=(a+1)\log x$이고,

$b\log y=\log\frac{y}{x}$에서

$(1-b)\log y=\log x$ 이므로

$(1-b)(a+1)\log x=\log x$이고

$(a-ab-b)\log x=0$이다. $\log x\neq 0$이므로

$a-b=ab$이다. 그러므로

$\frac{a^2+b^2}{a-b}=5$에서 $ab=3$이다.

9. (1) 정의역 : 모든 실수

치역 : $y>5$인 실수

점근선 : $y=5$

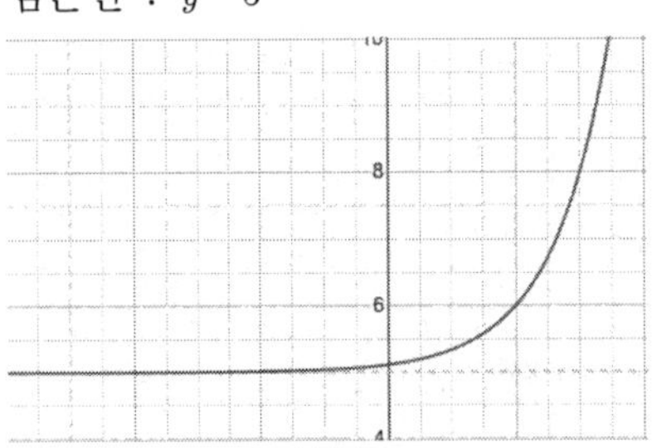


(2) 정의역 : 모든 실수

치역 : $y>-2$인 실수

점근선 : $y=-2$

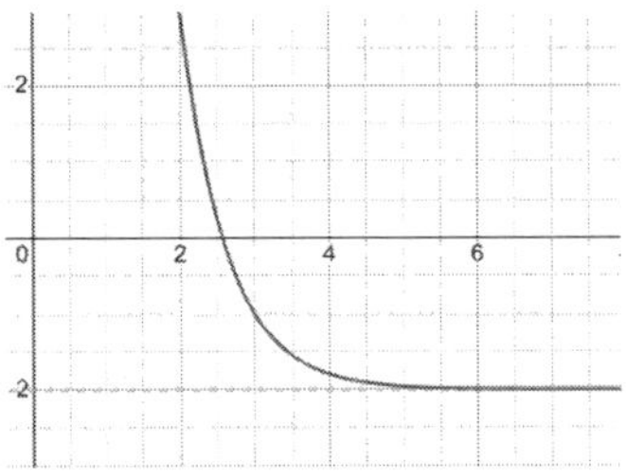


(3) 정의역 : 모든 실수

치역 : $y<1$인 실수

점근선 : $y=1$

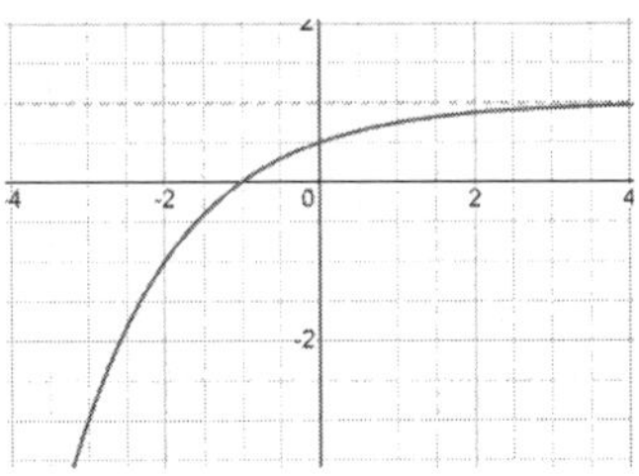


(4) 정의역 : 모든 실수

치역 : $y<2$인 실수

점근선 : $y=2$

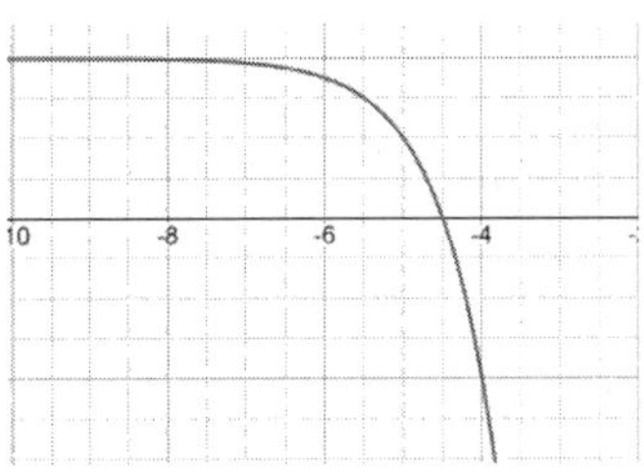


10. (1) 정의역 : $x>2$인 실수

치역 : 모든 실수

점근선 : $x=2$

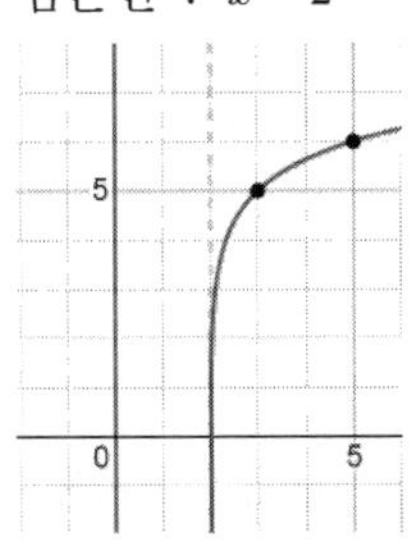

(2) 정의역 : $x<1$인 실수

치역 : 모든 실수

점근선 : $x=1$

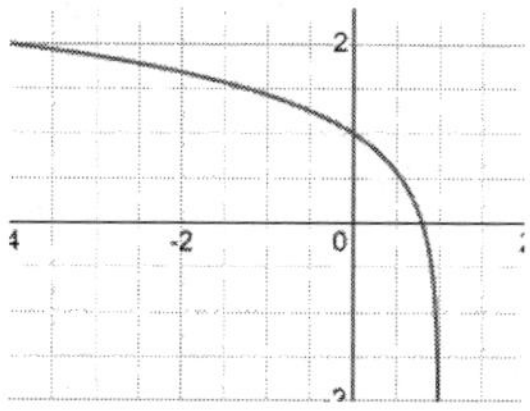

(3) 정의역 : $x>-5$인 실수

치역 : 모든 실수

점근선 : $x=-5$

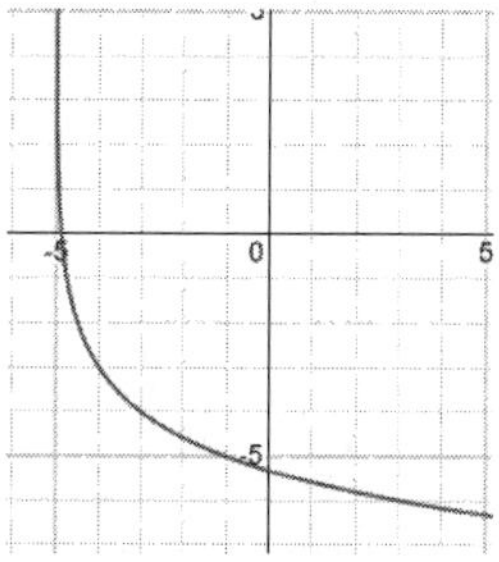

(4) 정의역 : $x<-4$인 실수

치역 : 모든 실수

점근선 : $x=-4$

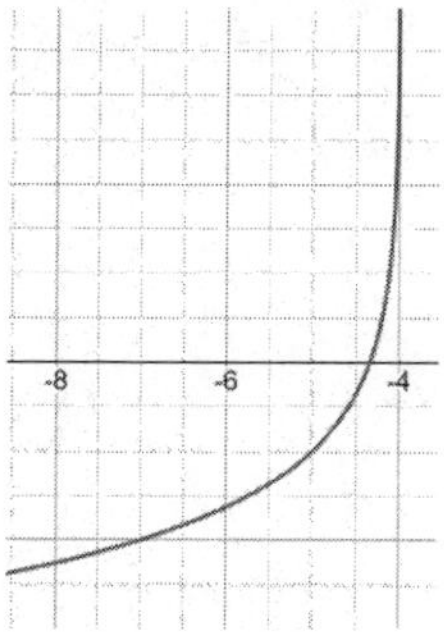

## 연습문제 3.5

1. (1) $65^\circ=\frac{13}{36}\pi$

(2) $110^\circ=\frac{11}{18}\pi$

(3) $-15^\circ=-\frac{1}{12}\pi$

(4) $\frac{2}{5}\pi=72^\circ$

(5) $\frac{7}{3}\pi=420^\circ$

(6) $-\frac{5}{12}\pi=-75^\circ$

2. $\sin\theta=-\frac{3}{\sqrt{13}}$

$\cos\theta=-\frac{2}{\sqrt{13}}$

$\tan\theta=\frac{3}{2}$

3. (1) $\sin\frac{19}{6}\pi=\sin\frac{7}{6}\pi=\sin\left(\pi+\frac{\pi}{6}\right)$

$=-\sin\frac{\pi}{6}=-\frac{1}{2}$

(2) $\cos\left(-\frac{19}{6}\pi\right)=\cos\frac{19}{6}\pi=\cos\frac{7}{6}\pi$

$=\cos\left(\pi+\frac{\pi}{6}\right)$

$=-\cos\frac{\pi}{6}=-\frac{\sqrt{3}}{2}$

(3) $\tan\frac{17}{4}\pi=\tan\frac{\pi}{4}=1$

(4) $\sin\left(-\frac{16}{3}\pi\right)=-\sin\frac{16}{3}\pi=-\sin\frac{4}{3}\pi$

$=-\sin\left(\pi+\frac{\pi}{3}\right)$

$=\sin\frac{\pi}{3}=\frac{\sqrt{3}}{2}$

(5) $\cos\frac{15}{4}\pi=-\cos\frac{\pi}{4}=-\frac{\sqrt{2}}{2}$

(6) $\tan\left(-\frac{11}{3}\pi\right)=\tan\frac{\pi}{3}=\sqrt{3}$

4. $\cos\theta=\frac{3}{5}$, $\tan\theta=-\frac{4}{3}$이므로

$\sin\left(\frac{\pi}{2}+\theta\right)+\tan(-\theta)=\cos\theta-\tan\theta=\frac{29}{15}$

이다.

5. $\cos\theta = \dfrac{12}{13}$, $\tan\theta = -\dfrac{5}{12}$ 이므로

$\cos\theta + \tan\theta = \dfrac{79}{156}$ 이다. 그러므로

$p+q=235$ 이다.

6. $4(\sin\theta+1) = -\cos\theta$ 이고 양변을

제곱하면 $\sin\theta = -\dfrac{15}{17}$ 이고 $\cos\theta = -\dfrac{8}{17}$

이다.

그러므로 $\sin\theta + \cos\theta = -\dfrac{23}{17}$ 이다.

7. $\sin(\pi-\theta) = \sin\theta = \dfrac{1}{3}$ 이고

$\theta$는 제 2사분면의 각이다.

$\cos\theta = -\dfrac{2\sqrt{2}}{3}$, $\tan\theta = -\dfrac{\sqrt{2}}{4}$ 이므로

$\left\{\sin(\pi+\theta) + \cos\left(\dfrac{\pi}{2}+\theta\right)\right\} \times \tan(\pi-\theta)$

$= (-\sin\theta - \sin\theta) \times \tan\theta = -2\sin\theta\tan\theta$

$= \dfrac{\sqrt{2}}{6}$ 이다.

8. $\sin\left(\dfrac{\pi}{2}+\theta\right) + \sin(\pi+\theta) + \sin\left(\dfrac{3}{2}\pi+\theta\right)$

$= \cos\theta - \sin\theta - \cos\theta = -\sin\theta = -\dfrac{3}{5}$

9. $\cos\theta = \dfrac{\sqrt{5}}{3}$, $\tan\theta = -\dfrac{2\sqrt{5}}{5}$ 이고

$\sin\left(\dfrac{\pi}{2}-\theta\right) + \tan(\pi+\theta) = \cos\theta + \tan\theta$

$= -\dfrac{\sqrt{5}}{15}$

10. $\sin^2\theta + \cos^2\theta = 1$에서

$\tan^2\theta + 1 = \dfrac{1}{\cos^2\theta}$ 이다. $\cos^2\theta = \dfrac{16}{25}$ 이고

$\theta$는 제 3사분면 각이므로 $\cos\theta < 0$ 이다.

그러므로 $\cos\theta = -\dfrac{4}{5}$ 이다.

11. (1) 주기 : $4\pi$

치역 : $-1 \le y \le 1$

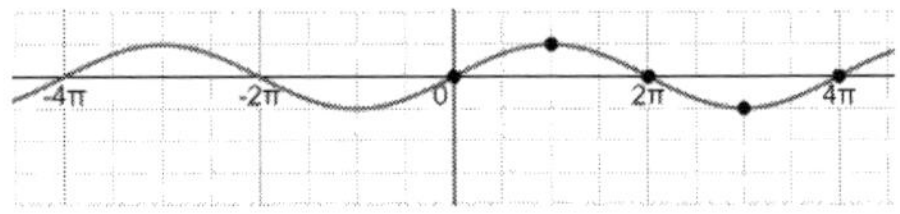


(2) 주기 : $2\pi$

치역 : $-2 \le y \le 2$

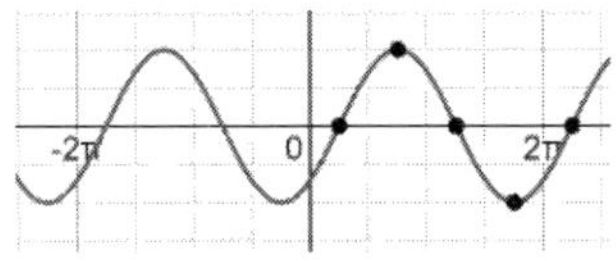


(3) 주기 : 1

치역 : $-\dfrac{1}{2} \le y \le \dfrac{1}{2}$

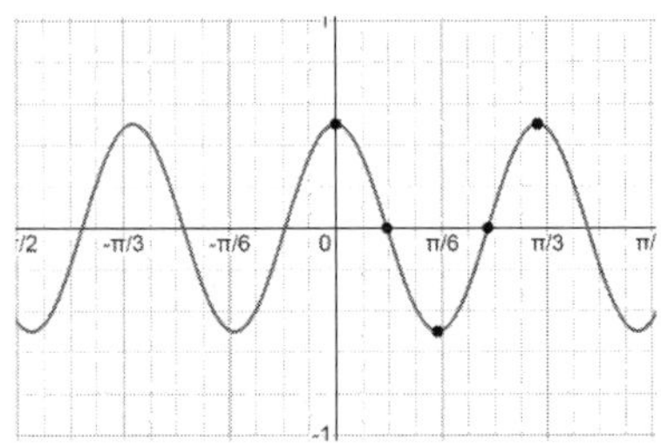


(4) 주기 : $2\pi$

치역 : $-3 \le y \le 3$

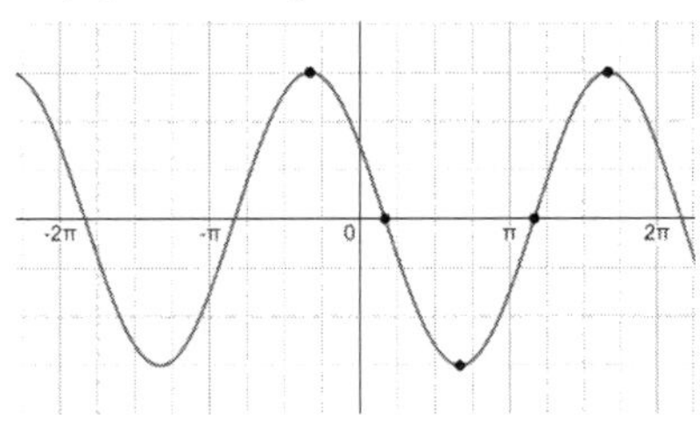


(5) 주기 : $2\pi$

치역 : $-\infty \le y \le \infty$

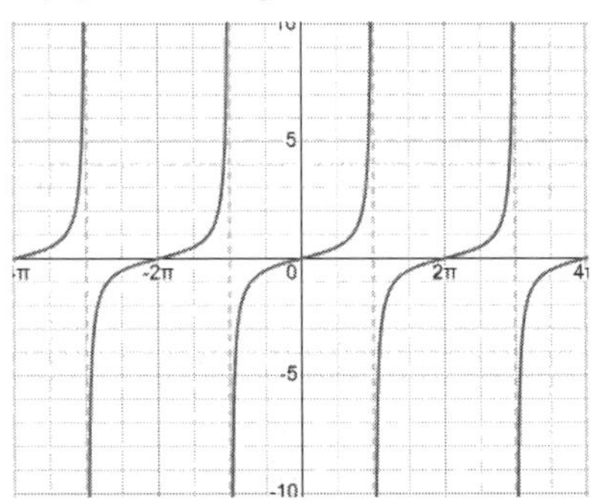

(6) 주기 : $2\pi$

치역 : $-\infty \le y \le \infty$

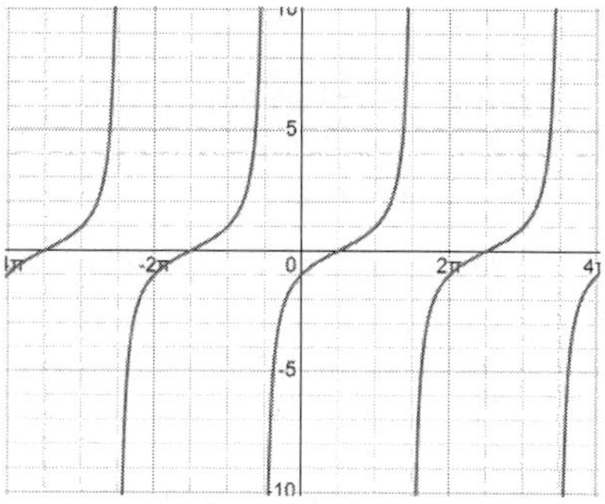

12. $\dfrac{2\pi}{a} = 6\pi$ 이므로 $a = \dfrac{1}{3}$ 이다.

$2+b=5$ 이므로 $b=3$ 이다. 그러므로

$a+b=\dfrac{10}{3}$ 이다.

13. (1) $\dfrac{\sqrt{6}-\sqrt{2}}{4}$ (2) $\dfrac{\sqrt{6}+\sqrt{2}}{4}$

(3) $\dfrac{\sqrt{6}+\sqrt{2}}{4}$ (4) $\dfrac{\sqrt{6}-\sqrt{2}}{4}$

(5) $2-\sqrt{3}$ (6) $2+\sqrt{3}$

### 연습문제 3.6

1. (1) $\dfrac{5}{6}\pi$ (2) $-\dfrac{\pi}{3}$

(3) $-\dfrac{\pi}{6}$ (4) $-\dfrac{\pi}{3}$

(5) $\dfrac{\pi}{4}$ (6) $-\dfrac{\pi}{3}$

2. (1) $\dfrac{3}{4}$ (2) $\dfrac{4}{9}\sqrt{5}$

(3) $\dfrac{3}{8}\sqrt{7}$ (4) $\dfrac{\sqrt{10}}{3}$

(5) $\dfrac{\sqrt{13}}{2}$ (6) 1

3. (1) $0 \le \alpha \le \pi$ 이고

$\sin\alpha = \dfrac{1}{2}$, $\tan\alpha = -\dfrac{1}{\sqrt{3}}$,

$\sec\alpha = -\dfrac{2}{\sqrt{3}}$, $\csc\alpha = 2$

(2) $-\dfrac{\pi}{2} < \alpha < \dfrac{\pi}{2}$ 이고

$\sin\alpha = -\dfrac{3}{\sqrt{13}}$, $\cos\alpha = \dfrac{2}{\sqrt{13}}$,

$\sec\alpha = \dfrac{\sqrt{13}}{2}$, $\csc\alpha = -\dfrac{\sqrt{13}}{3}$

4. $\sin(\cos^{-1}x) = \sqrt{1-x^2}$

5. $x = \dfrac{\sqrt{2}}{2}$

6. $\dfrac{7}{10}\pi$

7. $\alpha = \sin^{-1}\dfrac{1}{\sqrt{17}}$, $\beta = \sin^{-1}\dfrac{3}{\sqrt{34}}$ 이라 두고 삼각함수 합과 차에 관한 공식을 이용하면 $\alpha+\beta = \dfrac{\pi}{4}$ 이다.

## 4장 극한

### 연습문제 4.1

1. (1) $\lim_{x\to 3^-} f(x) = -1$

(2) $\lim_{x\to 3^+} f(x) = 3$

(3) $\lim_{x\to 3} f(x)$ 는 존재하지 않는다.

(4) $f(3) = 1$

(5) $\lim_{x\to -\infty} f(x) = -1$

(6) $\lim_{x\to \infty} f(x) = 3$

2. (1) $\lim_{x\to 2^-} f(x)=2$

(2) $\lim_{x\to 2^+} f(x)=0$

(3) $\lim_{x\to 2} f(x)$는 존재하지 않는다.

(4) $f(2)=2$

(5) $\lim_{x\to -\infty} f(x)=0$

(6) $\lim_{x\to \infty} f(x)=2$

3. (1) $\lim_{x\to 4^-} g(x)=1$

(2) $\lim_{x\to 4^+} g(x)=1$

(3) $\lim_{x\to 4} g(x)=1$

(4) $g(4)=1$

(5) $\lim_{x\to -\infty} g(x)=-\infty$

(6) $\lim_{x\to \infty} g(x)=\infty$

4. (1) $\lim_{x\to -2^-} g(x)=-\infty$

(2) $\lim_{x\to -2^+} g(x)=\infty$

(3) $\lim_{x\to -2} g(x)$는 존재하지 않는다.

(4) $g(-2)$는 존재하지 않는다.

(5) $\lim_{x\to -\infty} g(x)=2$

(6) $\lim_{x\to \infty} g(x)=0$

5. (1) $\lim_{x\to 4^-} h(x)=\infty$

(2) $\lim_{x\to 4^+} h(x)=\infty$

(3) $\lim_{x\to 4} h(x)$는 존재하지 않는다.

(4) $h(4)$는 존재하지 않는다.

(5) $\lim_{x\to -\infty} h(x)=0$

(6) $\lim_{x\to \infty} h(x)=-1$

6. $\{c \mid c\neq 4$인 실수$\}$

7. $\lim_{x\to -1} f(x)=0$이고, $-x=t$라 두면

$\lim_{x\to 0^+} f(-x)=\lim_{t\to 0^-} f(t)=2$이고,

$f(1)=-1$이므로

$\lim_{x\to -1} f(x)+\lim_{x\to 0^+} f(-x)+f(1)=1$이다.

8. $\lim_{x\to 2^-}(ax-3)=2a-3$이고,

$\lim_{x\to 2^+}(-x+a)=-2+a$이므로

$3(2a-3)-4(-2+a)=2$이다.

그러므로 $a=\frac{3}{2}$이다.

## 연습문제 4.2

1. (1) $-1$ (2) $3$

(3) $10$ (4) $12$

(5) $2$ (6) $6$

(7) $7$ (8) $-\frac{1}{4}$

(9) $\frac{1}{2}$ (10) $\frac{3}{5}$

(11) $12$ (12) $1$

(13) $8$ (14) $40$

(15) $12$ (16) $\frac{4}{3}$

(17) $-\frac{\sqrt{2}}{2}$ (18) $2$

2. $\lim_{x\to 2}\sqrt{x^2+ax+b}-3=0$에서

$b=-2a+5$이다.

$\lim_{x\to 2}\frac{\sqrt{x^2+ax+b}-3}{x-2}$

$=\lim_{x\to 2}\frac{x+a+2}{\sqrt{x^2+ax-2a+5}+3}$

$=\frac{a+4}{6}=\frac{5}{6}$이므로

$a=1$, $b=3$이다. 그러므로 $a+b=4$이다.

3. $\lim_{x \to -1}(2x^2+ax+4)=0$에서 $a=6$이다.

$$\lim_{x \to -1}\frac{x^2-4x-5}{2x^2+6x+4}=\lim_{x \to -1}\frac{(x-5)(x+1)}{2(x+1)(x+2)}=-3$$

이므로 $b=-3$이다. 그러므로 $a+b=3$이다.

4. $t=-x$라 두면

$\lim_{t \to \infty}\frac{\sqrt{t^2+3}-at}{\sqrt{9t^2-4t+1}+3t}=\frac{1-a}{6}$이고

$\frac{1-a}{6}=\frac{1}{2}$이므로 $a=-2$이다.

5. $\lim_{x \to 2}f(x)=4$이고 $\lim_{x \to 2}g(x)=6$이다.

따라서 $\lim_{x \to 2}\frac{(x^2+1)g(x)}{4f(x)-3x}=3$이다.

6. $\lim_{x \to \infty}\frac{f(x)-x^2}{x+1}=3$에서

$f(x)-x^2=3x+a$ ($a$는 상수)라 두면

$f(x)=x^2+3x+a$이므로

$\lim_{x \to 1}\frac{x+1}{x^2+3x+a}=2$이고 $a=-3$이다.

그러므로 $f(-1)=-5$이다.

7. $t=-2x$라 두면 $\lim_{t \to \infty}\frac{f(-t)-t^3}{t^2+1}=3$이므로

$f(-t)-t^3=3t^2+at+b$($a,b$는 상수)

이다. 즉, $f(x)=-x^3+3x^2-ax+b$이다.

$\lim_{x \to 0}f(x)=0$이므로 $b=0$이고

$\lim_{x \to 0}\frac{-x^3+3x^2-ax}{x^2+2x}=-\frac{a}{2}=4$이므로

$a=-8$이다. 따라서

$f(x)=-x^3+3x^2+8x$이므로

$f(2)=20$이다.

8. $\lim_{x \to 2}f(x)=\lim_{x \to 2}\frac{(x+2)f(x)}{(x+2)}=3$

이고 $\lim_{x \to 2}g(x)=\lim_{x \to 2}\frac{g(x)f(x)}{f(x)}=6$이다.

그러므로 $\lim_{x \to 2}\frac{\{f(x)\}^2-2f(x)}{(2x-1)g(x)}=\frac{1}{6}$이다.

## 연습문제 4.3

1. (1) 1 (2) 1
   (3) 5 (4) 0

2. (1) $\infty$ (2) $-\infty$
   (3) $-\infty$ (4) $-\infty$
   (5) 2 (6) 2

3. (1) $\frac{1}{2}$ (2) $-\infty$
   (3) 3 (4) $\frac{3}{\ln 2}$

4. (1) $e^6$ (2) $e^{-2}$
   (3) $e^{\frac{3}{2}}$ (4) $e^{-1}$

5. (1) $\frac{3}{2}$ (2) $\ln 3$

## 연습문제 4.4

1. (1) 4 (2) 1
   (3) $\frac{1}{2}$ (4) $\frac{1}{2}$
   (5) 2 (6) 2
   (7) 0 (8) $\frac{3}{5}$
   (9) 0 (10) $\infty$
   (11) $\frac{3}{4}$ (12) $\frac{7}{3}$
   (13) 0 (14) 1
   (15) 0 (16) 2

(17) 1 (18) $\frac{1}{4}$

(19) $\frac{1}{2}$ (20) 1

2. (1) 1 (2) 0
(3) 2 (4) 0
(5) 0 (6) 0
(7) $-2$ (8) 0
(9) $-3$ (10) 0

3. $1-\frac{x^2}{6}\le \frac{\sin x}{x}\le 1$이고

$\lim_{x\to 0}\left(1-\frac{x^2}{6}\right)=1, \lim_{x\to 0}1=1$이므로

Sandwich정리에 의하여 $\lim_{x\to 0}\frac{\sin x}{x}=1$

이다.

## 연습문제 4.5

1. (1) $\{x \mid x$는 모든 실수$\}$
(2) $\{x \mid x\neq 1,-1$인 실수$\}$
(3) $\{x \mid x\neq 4,-4$인 실수$\}$
(4) $\left\{x \mid x\neq \frac{-7\pm\sqrt{57}}{2}\text{인 실수}\right\}$
(5) $\{x \mid x\neq 0,2$인 실수$\}$
(6) $\{x \mid x\neq -2$인 실수$\}$

2. (1) $\lim_{x\to -1}\frac{x^2-3x-4}{x+1}=-5$이고
$f(-1)=k$이므로 $k=-5$이다.
(2) $\lim_{x\to 0}\frac{x^3-2x^2+3x}{x}=3$이고
$f(0)=k$이므로 $k=3$이다.
(3) $f(2)=2$, $\lim_{x\to 2^-}(3x-4)=2$이고
$\lim_{x\to 2^+}(kx^2)=4k$이므로 $k=\frac{1}{2}$이다.
(4) $\lim_{x\to 2^-}(x^2-4)=0$, $\lim_{x\to 2^+}(x-2)=0$
이므로 $\lim_{x\to 2}f(x)=0$이다.
$f(2)=k$이므로 $k=0$이다.

3. $\lim_{x\to -2^-}f(x)=-3$이고 $\lim_{x\to -2^+}f(x)=-2$이므로
$\lim_{x\to -2}f(x)$는 존재하지 않아 $x=-2$에서 불연속이다.
$\lim_{x\to 3^-}f(x)=2$이고 $\lim_{x\to 3^+}f(x)=3$이므로
$\lim_{x\to 3}f(x)$는 존재하지 않아 $x=3$에서 불연속이다.

4. $f(x)$는 유리함수이고 폐구간$[1,4]$에서 연속이므로 최댓값과 최솟값을 갖는다.

5. 꼭짓점 $(0,2)$에서 최댓값을 갖는다. 그러나, 폐구간이 아니므로 최솟값은 존재하지 않는다.

6. $f(x)=x^3+3x-2$가 폐구간 $[0,1]$에서 연속이고 $f(0)=-2$, $f(1)=2$이므로 $f(0)<0<f(1)$이다. 중간값 정리에 의하여 $f(c)=0$을 만족하는 실수 $c$가 개구간 $(0,1)$안에 적어도 하나 존재한다.

7. $f(x)=2x^3-3x^2+2x-2$가 폐구간 $[1,2]$에서 연속이고 $f(1)=-1$, $f(2)=6$이므로 $f(1)<0<f(2)$이다. 중간값 정리에 의하여 $f(c)=0$을 만족하는 실수 $c$가 개구간 $(1,2)$ 안에 적어도 하나 존재한다.

8. $f(x)=x^3-x^2+x-3$는 모든 실수에서 연속함수이고, 임의의 폐구간 $[2,3]$을 생각해보면 $f(2)=3$, $f(3)=18$이므로 $f(2)<11<f(3)$이다. 중간값 정리에 의하여 $f(c)=11$을 만족하는 실수 $c$가 개구간 $(2,3)$안에

적어도 하나 존재한다.

9. (1) $f(x)=3^x-5$라 두면 $f(x)$는 폐구간 $[0,2]$에서 연속이고 $f(0)=-4$, $f(2)=4$이므로 $f(0)<0<f(2)$이다. 중간값 정리에 의하여 $f(c)=0$을 만족하는 실수 $c$가 개구간 $(0,2)$안에 적어도 하나 존재한다. 그러므로 주어진 구간에서 실근이 존재한다.

(2) $f(x)=\log_3 x+x-2$라 두면 $f(x)$는 폐구간 $[1,3]$에서 연속이고 $f(1)=-1$, $f(3)=2$이므로 $f(1)<0<f(3)$이다. 중간값 정리에 의하여 $f(c)=0$을 만족하는 실수 $c$가 개구간 $(1,3)$안에 적어도 하나 존재한다. 그러므로 주어진 구간에서 실근이 존재한다.

# 5장 미분

## 연습문제 5.1

1. (1) $\dfrac{f(5)-f(1)}{5-1}=\dfrac{120}{4}=30$

(2) $f'(2)=\lim\limits_{h\to0}\dfrac{f(2+h)-f(2)}{h}=20$

(3) 직선의 기울기는

$f'(1)=\lim\limits_{h\to0}\dfrac{f(1+h)-f(1)}{h}=10$이고,

접선 방정식은 $y=10x-5$이다.

2. (1) $\dfrac{f(4)-f(0)}{4-0}=\dfrac{2}{4}=\dfrac{1}{2}$

(2) $f'(3)=\lim\limits_{h\to0}\dfrac{f(3+h)-f(3)}{h}=\dfrac{1}{\sqrt{7}}$

(3) 직선의 기울기는

$f'(4)=\lim\limits_{h\to0}\dfrac{f(4+h)-f(4)}{h}=\dfrac{1}{3}$이고,

접선 방정식은 $y=\dfrac{x}{3}+\dfrac{5}{3}$이다.

3. (1) $\dfrac{f(3)-f(1)}{3-1}=-\dfrac{1}{3}$

(2) $f'(2)=\lim\limits_{h\to0}\dfrac{f(2+h)-f(2)}{h}=-\dfrac{1}{4}$

(3) 직선의 기울기는

$f'(5)=\lim\limits_{h\to0}\dfrac{f(5+h)-f(5)}{h}=-\dfrac{1}{25}$이고, 접선 방정식은 $y=\dfrac{-x}{25}+\dfrac{2}{5}$이다.

4. $$\begin{aligned} f'(x) &= \lim_{h\to0}\frac{f(x+h)-f(x)}{h} \\ &= \lim_{h\to0}\frac{(x+h)^3-x^3}{h} \\ &= \lim_{h\to0}(3x^2+3xh+h^2)=3x^2 \end{aligned}$$

5. (1) $f'(1)=\lim\limits_{h\to0}\dfrac{f(1+h)-f(1)}{h}=3$

(2) $f'(2)=\lim\limits_{h\to0}\dfrac{f(2+h)-f(2)}{h}=3$

(3) $f'(3)=\lim\limits_{h\to0}\dfrac{f(3+h)-f(3)}{h}=\dfrac{1}{4}$

(4) $f'(0)=\lim\limits_{h\to0}\dfrac{f(0+h)-f(0)}{h}=-2$

6. (1) $$\begin{aligned} f'_-(1) &= \lim_{h\to0^-}\frac{(1+h)^2-1^2}{h} \\ &= \lim_{h\to0^-}(2+h)=2 \text{이고} \end{aligned}$$

$$\begin{aligned} f'_+(1) &= \lim_{h\to0^+}\frac{(1+h)^3-1^3}{h} \\ &= \lim_{h\to0^+}(3+3h+h^2)=3 \text{이므로} \end{aligned}$$

$f'(1)$은 존재하지 않는다.

(2) $f'_-(1)=\lim\limits_{h\to0^-}\dfrac{(h)^2-0^2}{h}$

$$= \lim_{h \to 0^-} h = 0 \text{이고}$$

$$f'_+(1) = \lim_{h \to 0^+} \frac{(h)^3 - 0^3}{h}$$

$$= \lim_{h \to 0^+} h^2 = 0 \text{이므로}$$

$f'(1) = 0$이다.

7. $f'(x) = \lim_{h \to 0} \frac{f(x+h) - f(x)}{h}$

$$= \lim_{h \to 0} \frac{\frac{5}{(x+h)} - \frac{5}{x}}{h}$$

$$= \lim_{h \to 0} \frac{-5}{x(x+h)} = -\frac{5}{x^2} \text{이고}$$

$$f''(x) = \lim_{h \to 0} \frac{f'(x+h) - f'(x)}{h}$$

$$= \lim_{h \to 0} \frac{-\frac{5}{(x+h)^2} + \frac{5}{x^2}}{h}$$

$$= \lim_{h \to 0} \frac{10x + 5h}{x^2(x+h)^2} = \frac{10}{x^3}$$

8. $\lim_{x \to 1} \frac{f(x^2) - 2}{x - 1} = 5$에서 $f(1) = 2$이고

$$\lim_{x \to 1} \frac{f(x^2) - 2}{x - 1} = \lim_{x \to 1} \frac{f(x^2) - f(1)}{x - 1}$$

$$= \lim_{x \to 1} \frac{f(x^2) - f(1)}{x - 1} \times \frac{(x+1)}{(x+1)}$$

$$= f'(1) \times 2 = 5$$

이므로 $f'(1) = \frac{5}{2}$이다.

$t = 2h$라 두면

$\lim_{t \to 0} \frac{f(1+t) - f(1)}{\frac{3}{2}t} = \frac{2}{3} f'(1) = \frac{5}{3}$이다.

9. $\frac{f(3) - f(1)}{3 - 1} = 4 + a = af'(1)$이고

$f'(1) = \lim_{h \to 0} \frac{f(1+h) - f(1)}{h} = 2 + a$이면

$4 + a = a(2 + a)$이다.

이차방정식 $a^2 + a - 4 = 0$의 모든 근의 합은 $-1$이다.

10. $\lim_{x \to 2} \frac{\{f(x)\}^2 - x^2}{x - 2}$

$$= \lim_{x \to 2} \frac{\{f(x) + x\}\{f(x) - x\}}{x - 2}$$

$$= \lim_{x \to 2} \{f(x) + x\} \times \lim_{x \to 2} \left\{ \frac{f(x) - f(2)}{x - 2} - 1 \right\}$$

$$= \{f(2) + 2\} \times \{f'(2) - 1\} = 8$$

11. $\lim_{h \to 0} \frac{f(x+2h) - f(x)}{f(1+h) - f(1)}$

$$= \lim_{h \to 0} \frac{\frac{f(x+2h) - f(x)}{2h} \times 2}{\frac{f(1+h) - f(1)}{h}} = \frac{2f'(x)}{f'(1)}$$

이므로 $f'(1) + \frac{2f'(x)}{f'(1)} = x^2 + 3x$이다.

$x = 1$을 대입하면 $f'(1) = 2$이고

$f'(x) = x^2 + 3x - 2$이다. 그러므로

$f''(x) = 2x + 3$이므로 $f''(3) = 9$이다.

12. $f'(x) = 3x^2 - 4x - 2$이고

$$\lim_{h \to 0} \frac{f(1-2h) - f(1)}{h}$$

$$= \lim_{h \to 0} \left\{ \frac{f(1-2h) - f(1)}{-2h} \times (-2) \right\}$$

$= -2f'(1) = 6$이다.

## 연습문제 5.2

1. (1) $f'(x) = 28x^6$

(2) $f'(x) = 12x^3 - 4x + 3$

(3) $f'(x) = -35x^{-6}$

(4) $f'(x) = 24x^{-9}$

(5) $f'(x) = 2 - \frac{1}{3x^2}$

(6) $f'(x) = -3x^{-4} - \frac{6}{x^7}$

(7) $f'(x)=30x^4-4x^3+10$

(8) $f'(x)=8x-\dfrac{5}{x^2}+\dfrac{15}{x^4}$

(9) $f'(x)=\dfrac{8}{(3x+4)^2}$

(10) $f'(x)=\dfrac{x^2+3}{2x^2}$

2. $y'=2ax+b$이고
$4a+b=4,\ 1=4a+2b$이다.
그러므로 $a=\dfrac{7}{4}, b=-3$이다.

3. $\displaystyle\lim_{x\to-1}\frac{f(x)+2}{1-x^2}=f'(-1)\times\frac{1}{2}$이므로
$f'(-1)=2$이다.
$g'(x)=(6x^2-3)f(x)+(2x^3-3x)f'(x)$
이고 $g(-1)=-2,\ g'(-1)=-4$이므로
$g(-1)\times g'(-1)=8$이다.

4. $f(x)=\dfrac{1}{3}x^3+x^2-2x$
$f'(x)=x^2+2x-2$이고
$f'(a)+f'(2a)=28$이므로 $a=2$이다.

5. $f'(2)=2$이고
$f'(x)=(x^3+ax^2+2)+(x-1)(3x^2+2ax)$
이므로 $a=-\dfrac{5}{2}$이다.
그러므로 $f'(1)=\dfrac{1}{2}$이다.

6. $y'=6x^2-4x$이고
접선의 방정식은 $y=2x+4$이므로
$a=6$이다.

## 연습문제 5.3

1. (1) $\dfrac{dy}{du}=\dfrac{1}{2\sqrt{u}},\ \dfrac{du}{dt}=1-\dfrac{1}{t^2},$

$$\frac{dy}{dt}=\frac{1}{2\sqrt{u}}\times\left(1-\frac{1}{t^2}\right)$$
$$=\frac{1}{2}\sqrt{\frac{t}{t^2+1}}\left(1-\frac{1}{t^2}\right)$$

(2) $\dfrac{dy}{dx}=2x-2,\ \dfrac{dx}{dt}=\dfrac{1}{2\sqrt{t}},$

$$\frac{dy}{dt}=(2x-2)\times\frac{1}{2\sqrt{t}}=\frac{\sqrt{t}-1}{\sqrt{t}}$$

(3) $\dfrac{dy}{du}=9u^8+2u,\ \dfrac{du}{dt}=3t^2-2,$

$$\frac{dy}{dt}=(9u^8+2u)\times(3t^2-2)$$
$$=\{9(t^3-2t)^8+2(t^3-2t)\}(3t^2-2)$$

(4) $\dfrac{dy}{dx}=2x-\dfrac{1}{x^2},\ \dfrac{dx}{dt}=2,$

$$\frac{dy}{dt}=\left(2x-\frac{1}{x^2}\right)\times 2$$
$$=2\left\{2(2t-3)-\frac{1}{(2t-3)^2}\right\}$$

2. (1) $u=x^3-2x^2+3$라 두면
$y=u^6$이고 $\dfrac{du}{dx}=3x^2-4x,\ \dfrac{dy}{du}=6u^5$
이다. 따라서
$$\frac{dy}{dx}=(3x^2-4x)\times 6u^5$$
$=6(3x^2-4x)(x^3-2x^2+3)^5$이다.

(2) $u=x-\dfrac{1}{x}$라 두면 $y=u^8$이고
$\dfrac{du}{dx}=1+\dfrac{1}{x^2},\ \dfrac{dy}{du}=8u^7$이다. 따라서
$$\frac{dy}{dx}=\left(1+\frac{1}{x^2}\right)\times 8u^7$$
$=8\left(1+\dfrac{1}{x^2}\right)\left(x-\dfrac{1}{x}\right)^7$이다.

(3) $u=x^3+2x-5$라 두면
$y=\dfrac{2}{u^4}$이고 $\dfrac{du}{dx}=3x^2+2,$
$\dfrac{dy}{du}=-\dfrac{8}{u^5}$이다. 따라서

$$\frac{dy}{dx}=(3x^2+2)\times\left(-\frac{8}{u^5}\right)$$

$$=\frac{-8(3x^2+2)}{(x^3+2x-5)^5}\text{ 이다.}$$

(4) $u=x^2+3x+4$라 두면

$y=\sqrt{u}$ 이고 $\frac{du}{dx}=2x+3$,

$\frac{dy}{du}=\frac{1}{2\sqrt{u}}$ 이다. 따라서

$$\frac{dy}{dx}=(2x+3)\times\frac{1}{2\sqrt{u}}$$

$$=\frac{2x+3}{2\sqrt{x^2+3x+4}}\text{ 이다.}$$

3. (1) $\frac{dy}{dx}=\frac{3\left(1-y^{\frac{4}{3}}\right)}{2\left(2xy^{\frac{1}{3}}+3\right)}$

(2) $\frac{dy}{dx}=\frac{y-y^2}{x(3y-2)}$

(3) $\frac{dy}{dx}=\frac{-2xy}{x^2-3y^2}$

(4) $\frac{dy}{dx}=-\frac{1+2y\sqrt{x+y}}{1+2x\sqrt{x+y}}$

4. (1) $\frac{dy}{dx}=-\frac{y(y^2+2x)}{x(x+3y^2)}$ 이고 $(1,2)$에서

접선의 기울기는 $-\frac{12}{13}$ 이다.

(2) $\frac{dy}{dx}=\frac{2x-y^2}{2y(1+x)}$ 이고, $(2,-1)$ 에서

접선의 기울기는 $-\frac{1}{2}$ 이다.

(3) $\frac{dy}{dx}=\frac{-1}{1+2\sqrt{x+y}}$ 이고, $(3,1)$ 에서

접선의 기울기는 $-\frac{1}{5}$ 이다.

(4) $\frac{dy}{dx}=\frac{\sqrt{y}}{\sqrt{x}}+2\sqrt{y}$ 이고, $(1,1)$ 에서

접선의 기울기는 3이다.

5. (1) $(f^{-1})'(x)=\frac{1}{3\sqrt[3]{(x+1)^2}}$ 이고

$(f^{-1})'(7)=\frac{1}{12}$ 이다.

(2) $(f^{-1})'(x)=\frac{1}{2\sqrt{x+1}}$ 이고

$(f^{-1})'(8)=\frac{1}{6}$ 이다.

6. (1) $\frac{dx}{dt}=2$, $\frac{dy}{dt}=3t^2$ 이고

$\frac{dy}{dx}=\frac{1}{2}\times 3t^2=\frac{3t^2}{2}$ 이다.

$t=2$에서 $\frac{dy}{dx}=6$ 이다.

(2) $\frac{dx}{dt}=3t^2-2$, $\frac{dy}{dt}=\frac{t}{\sqrt{t^2+1}}$ 이고

$\frac{dy}{dx}=\frac{t}{(3t^2-2)\sqrt{t^2+1}}$ 이다.

$t=2$에서 $\frac{dy}{dx}=\frac{1}{5\sqrt{5}}$ 이다.

## 연습문제 5.4

1. (1) $y'=\frac{2}{x+1}$

(2) $y'=\frac{1}{x\ln 3}$

(3) $y'=\frac{2x}{x^2-2}$

(4) $y'=\frac{-1}{x(x+1)\ln 10}$

(5) $y'=\frac{1}{2x\sqrt{\ln 2x}}$

(6) $y'=\frac{-4x}{(1-x^4)}$

(7) $y'=\frac{x^2+x^2\ln x+1}{x\sqrt{x^2+1}}$

(8) $y'=\frac{3-x}{x(x+3)}$

(9) $y' = \dfrac{\ln x}{(1+\ln x)^2}$

(10) $y' = \dfrac{1}{x\ln 2x}$

2. (1) $y = \dfrac{x^2\sqrt{3x+2}}{(2x+1)^3}$

$\ln y = 2\ln x + \dfrac{1}{2}\ln(3x+2) - 3\ln(2x+1)$

$\dfrac{y'}{y} = \dfrac{2}{x} + \dfrac{3}{2(3x+2)} - \dfrac{6}{2x+1}$

$y' = \dfrac{-x(6x^2-7x-8)}{2\sqrt{3x+2}\,(2x+1)^4}$

(2) $y = \sqrt[3]{\dfrac{x^2+1}{x(x+5)}}$

$\ln y = \dfrac{1}{3}\{\ln(x^2+1) - \ln x - \ln(x+5)\}$

$\dfrac{y'}{y} = \dfrac{1}{3}\left(\dfrac{2x}{x^2+1} - \dfrac{1}{x} - \dfrac{1}{x+5}\right)$

$y' = \dfrac{5x^2-2x-5}{3\sqrt[3]{x^4(x+5)^4(x^2+1)^2}}$

3. (1) $y' = 2\ln 3 \cdot 3^{2x}$

(2) $y' = \dfrac{2^{\ln x}\ln 2}{x}$

(3) $y' = 5$

(4) $y' = 3x^2 e^{x^3}$

4. (1) $y' = (2x)^{\frac{1}{x}}\dfrac{1-\ln 2x}{x^2}$

(2) $y' = x^{\sqrt{2x}}\left(\dfrac{\ln x}{\sqrt{2x}} + \dfrac{\sqrt{2x}}{x}\right)$

(3) $y' = x^{\ln(x^2+1)}\left(\dfrac{2x\ln x}{x^2+1} + \dfrac{\ln(x^2+1)}{x}\right)$

(4) $y' = (\ln x)^{x+1}\left(\dfrac{x+1}{x\ln x} + \ln(\ln x)\right)$

5. (1) $y'' = e^{x^2}(4x^3+6x)$

(2) $y'' = 2\ln x + 3$

## 연습문제 5.5

1. (1) $f'(x) = 2\cos x + 3\sin x$

(2) $f'(x) = \sin 2x - \sin x$

(3) $f'(x) = x\cos x + \sin x$

(4) $f'(x) = \sec x\tan x$

(5) $f'(x) = \dfrac{\sec x}{1+\sec x}$

(6) $f'(x) = \sec x(\tan x - \sec x)$

(7) $f'(x) = \tan^2 x\sec x + \sec^3 x$

(8) $f'(x) = -\csc^2 x$

2. (1) $y' = -(2x+2)\sin(x^2+2x)$

(2) $y' = -3\cos(2-3x)$

(3) $y' = \sec^2 x\cos(\tan x)$

(4) $y' = -\dfrac{\sqrt{3}\cos\sqrt{3x}\sin\sqrt{3x}}{\sqrt{x}}$

(5) $y' = 4\cos(2x+3)\sin(2x+3)$

(6) $y' = 4x\sec^2(1+x^2)\tan(1+x^2)$

3. (1) $y' = \dfrac{2x}{\sqrt{1-x^4}}$

(2) $y' = \dfrac{1}{\sqrt{1-(1-x)^2}}$

(3) $y' = \dfrac{x^2-1}{2\sqrt{x(1-x)}} + 2x\sin^{-1}\sqrt{x}$

(4) $y' = \cos^{-1}\sqrt{x} - \dfrac{\sqrt{x}}{2\sqrt{1-x}}$

(5) $y' = \dfrac{3x}{9x^2+1} + \tan^{-1}(3x)$

(6) $y' = \dfrac{-1}{\sqrt{1-x^2}\,(\sin^{-1})^2 x}$

4. (1) $y' = \dfrac{-1}{\sqrt{1-x^2}}$

(2) $y' = \dfrac{-1}{2x^2+2x+1}$

(3) $y' = \dfrac{1}{2x\sqrt{x-1}}$

(4) $y' = 2x\sec^{-1}(2x+1) + \dfrac{\sqrt{x^3}}{(2x+1)\sqrt{x+1}}$

5. (1) $y = -\dfrac{\sqrt{3}}{2}\left(x - \dfrac{\pi}{3}\right) + \dfrac{1}{2}$

(2) $y = 2\left(x + \dfrac{\pi}{4}\right) - 1$

## 6장 미분의 응용

### 연습문제 6.1

1. (1) 최솟값은 $f(2)=8$이고, 최댓값은 $f(4)=64$이다.
   (2) $f(x)$는 개구간 $(1,2)$에서는 최댓값, 최솟값이 존재하지 않는다.
   (3) 최솟값은 존재하지 않고, 최댓값은 $f(0)=2$이다.
   (4) 최댓값은 존재하지 않고, 최솟값은 $f(0)=2$이다.

2. (1) 최댓값 : $f(-2)=4$,
   최솟값 : $f(0)=2$
   (2) 최댓값 : $f(-1)=2$,
   최솟값 : $f(1)=0$
   (3) 최댓값 : $f(0)=\sqrt{10}$,
   최솟값 : $f(2)=\sqrt{6}$

3. $f'(x)=3x^2+6x=3x(x+2)=0$인 $x=-2, 0$이다. 구간 $\left[-\dfrac{1}{3}, 3\right]$에서 임계점은 $\left(-\dfrac{1}{3}, \dfrac{62}{27}\right)$, $(0,2)$, $(3,56)$이고 최댓값은 56, 최솟값은 2이다.

4. 최댓값 : $f(10)=17$,
   최솟값 : $f(-2)=f(5)=7$

5. 최댓값 : $f\left(\dfrac{\pi}{4}\right)=\dfrac{\sqrt{2}}{2}$,
   최솟값 : $f\left(\dfrac{5\pi}{4}\right)=-\dfrac{\sqrt{2}}{2}$

6. $x+y=30$이고 두 곱은 $xy=x(30-x)=30x-x^2$이다. $f(x)=30x-x^2$이고 $f'(x)=30-2x$이므로 $x=15$에서 최댓값을 가지므로 두 양의 정수는 15,15이다.

### 연습문제 6.2

1. (1) $f(x)$가 $[2,4]$에서 연속이고 $(2,4)$에서 미분 가능하고 $f(2)=f(4)$이면 $f'(c)=2x-6=0$이 되는 $c\in(2,4)$가 적어도 하나 존재하고 $c=3$이다.
   (2) $f(x)$가 $[0,2]$에서 연속이고 $(0,2)$에서 미분 가능하고 $f(0)=f(2)$이면 $f'(c)=3x^2-6x+2=0$이 되는 $c\in(0,2)$가 적어도 하나 존재하고 $c=\dfrac{3\pm\sqrt{3}}{3}$이다.
   (3) $f(x)$가 $\left[\dfrac{\pi}{2}, \dfrac{3\pi}{2}\right]$에서 연속이고 $\left(\dfrac{\pi}{2}, \dfrac{3\pi}{2}\right)$에서 미분 가능하고 $f\left(\dfrac{\pi}{2}\right)=f\left(\dfrac{3\pi}{2}\right)$이면 $f'(c)=-\sin x=0$이 되는 $c\in\left(\dfrac{\pi}{2}, \dfrac{3\pi}{2}\right)$가 적어도 하나 존재하고 $c=\pi$이다.
   (4) $f(x)$가 $[-1,1]$에서 연속이고 $(-1,1)$에서 미분 가능하고 $f(-1)=f(1)$이면 $f'(c)=\dfrac{x^2-4x+1}{(x-2)^2}=0$이 되는 $c\in(-1,1)$가 적어도 하나 존재하고 $c=2-\sqrt{3}$이다.

2. (1) $f(x)$가 $[-1,8]$에서 연속이지만 $(-1,8)$에서 미분 불가능하다. 평균값 정리를 만족하지 못한다.

(2) $f(x)$가 $[0,1]$에서 연속이고 $(0,1)$에서 미분 가능하고 $c\in(0,1)$가 적어도 하나 존재한다.

(3) $f(x)$가 $[1,3]$에서 연속이고 $(1,3)$에서 미분 가능하고 $c\in(1,3)$가 적어도 하나 존재한다.

(4) $f(x)$가 $\left[0,\frac{\pi}{2}\right]$에서 연속이고 $\left(0,\frac{\pi}{2}\right)$에서 미분 가능하고 $c\in\left(0,\frac{\pi}{2}\right)$가 적어도 하나 존재한다.

3. $f(x)$가 $[0,2]$에서 연속이고 $(0,2)$에서 미분 가능하기 위해서 $a=3$, $b=4$, $m=1$이다.

4. (1) $f(x)$가 $[-4,6]$에서 연속이고 $(-4,6)$에서 미분 가능하고 $c\in(-4,6)$가 적어도 하나 존재한다.

$\frac{f(6)-f(-4)}{6+4}=2c+1$이고 $c=1$이다.

(2) $f(x)$가 $[-1,2]$에서 연속이고 $(-1,2)$에서 미분 가능하고 $c\in(-1,2)$가 적어도 하나 존재한다.

$\frac{f(2)-f(-1)}{2+1}=3c^2+1$이고 $c=1$이다.

(3) $f(x)$가 $[0,1]$에서 연속이고 $(0,1)$에서 미분 가능하고 $c\in(0,1)$가 적어도 하나 존재한다.

$\frac{f(1)-f(0)}{1-0}=2c+2$이고 $c=\frac{1}{2}$이다.

(4) $f(x)$가 $[1,3]$에서 연속이고 $(1,3)$에서 미분 가능하고 $c\in(1,3)$가 적어도 하나 존재한다.

$\frac{f(3)-f(1)}{3-1}=\frac{1}{2\sqrt{c-1}}$이고 $c=\frac{3}{2}$이다.

(5) $f(x)$가 $[0,3]$에서 연속이고 $(0,3)$에서 미분 가능하고 $c\in(0,3)$가 적어도 하나 존재한다.

$\frac{f(3)-f(0)}{3-0}=\frac{1}{2\sqrt{c+1}}$이고 $c=\frac{5}{4}$이다.

(6) $f(x)$가 $[3,4]$에서 연속이고 $(3,4)$에서 미분 가능하고 $c\in(3,4)$가 적어도 하나 존재한다.

$\frac{f(4)-f(3)}{4-3}=1-\frac{1}{c^2}$이고 $c=2\sqrt{3}$이다.

5. 모든 $x$에 대하여 $f'(x)=0$이면 $f$는 상수함수이다. 그러므로 $f(x)=3$이다.

6. 평균값 정리에 의해 $f(x)=\cos x$라 두면 $[a,b]$에서 연속이고 $(a,b)$에서 미분가능하고 $c\in(a,b)$가 존재한다.

$\frac{f(b)-f(a)}{b-a}=f'(c)=-\sin x$이고

$|-\sin x|\le 1$이므로 $\left|\frac{f(b)-f(a)}{b-a}\right|\le 1$이고

$|\cos b-\cos a|\le|b-a|$이다.

## 연습문제 6.3

1. (1) $f'(x)=-2-2x$

| $x$ | $\cdots$ | $-1$ | $\cdots$ |
|---|---|---|---|
| $f'$ | $+$ | 0 | $-$ |
| $f$ | ↗ | 극대 | ↘ |

극댓값 : $f(-1)=3$

(2) $f'(x)=3x^2-1$

| $x$ | $\cdots$ | $-\frac{\sqrt{3}}{3}$ | $\cdots$ | $\frac{\sqrt{3}}{3}$ | $\cdots$ |
|---|---|---|---|---|---|
| $f'$ | $+$ | 0 | $-$ | 0 | $+$ |
| $f$ | ↗ | 극대 | ↘ | 극소 | ↗ |

극댓값 : $f\left(-\frac{\sqrt{3}}{3}\right)=5+\frac{2\sqrt{3}}{9}$

극솟값 : $f\left(\frac{\sqrt{3}}{3}\right)=5-\frac{2\sqrt{3}}{9}$

(3) $f'(x)=4x^3-12x^2-16x$

| $x$ | $\cdots$ | $-1$ | $\cdots$ | $0$ | $\cdots$ | $4$ | $\cdots$ |
|---|---|---|---|---|---|---|---|
| $f'$ | $-$ | 0 | $+$ | 0 | $-$ | 0 | $+$ |
| $f$ | ↘ | 극소 | ↗ | 극대 | ↘ | 극소 | ↗ |

극댓값 : $f(0)=1$

극솟값 : $f(-1)=-2$, $f(4)=-127$

(4) $f'(x)=-6x^2+6x+12$

| $x$ | $\cdots$ | $-1$ | $\cdots$ | $2$ | $\cdots$ |
|---|---|---|---|---|---|
| $f'$ | $-$ | 0 | $+$ | 0 | $-$ |
| $f$ | ↘ | 극소 | ↗ | 극대 | ↘ |

극댓값 : $f(2)=20$

극솟값 : $f(-1)=-7$

(5) $f'(x)=12x^2-48x+36$

| $x$ | $\cdots$ | $1$ | $\cdots$ | $3$ | $\cdots$ |
|---|---|---|---|---|---|
| $f'$ | $+$ | 0 | $-$ | 0 | $+$ |
| $f$ | ↗ | 극대 | ↘ | 극소 | ↗ |

극댓값 : $f(1)=16$

극솟값 : $f(3)=0$

(6) $f'(x)=1+\cos x$

| $x$ | $\cdots$ | $\pi$ | $\cdots$ |
|---|---|---|---|
| $f'$ | $+$ | 0 | $+$ |
| $f$ | ↗ |  | ↗ |

(7) $f'(x)=\begin{cases}-2x, & |x|\le 1\\ 2x, & |x|\ge 1\end{cases}$

| $x$ | $\cdots$ | $-1$ | $\cdots$ | $0$ | $\cdots$ | $1$ | $\cdots$ |
|---|---|---|---|---|---|---|---|
| $f'$ | $-$ | 불가 | $+$ | 0 | $-$ | 불가 | $+$ |
| $f$ | ↘ | 극소 | ↗ | 극대 | ↘ | 극소 | ↗ |

극댓값 : $f(0)=1$

극솟값 : $f(-1)=f(1)=0$

(8) $f'(x)=\begin{cases}\cos x & ,0\le x\le\pi\\ -\cos(-x) & ,-\pi\le x<0\end{cases}$

| $x$ | $\cdots$ | $-\frac{\pi}{2}$ | $\cdots$ | $0$ | $\cdots$ | $\frac{\pi}{2}$ | $\cdots$ |
|---|---|---|---|---|---|---|---|
| $f'$ | $+$ | 0 | $-$ | 불가 | $+$ | 0 | $-$ |
| $f$ | ↗ | 극대 | ↘ | 극소 | ↗ | 극대 | ↘ |

극댓값 : $f\left(-\frac{\pi}{2}\right)=f\left(\frac{\pi}{2}\right)=1$

극솟값 : $f(0)=0$

2. $f'(x)=6x^2-30x+36$

| $x$ | $\cdots$ | $2$ | $\cdots$ | $3$ | $\cdots$ |
|---|---|---|---|---|---|
| $f'$ | $+$ | 0 | $-$ | 0 | $+$ |
| $f$ | ↗ | 극대 | ↘ | 극소 | ↗ |

$f(1)=23$, $f(2)=28$, $f(3)=27$, $f(5)=55$ 이므로 최댓값은 55이고, 최솟값은 23이다.

3. $f'(x)=3x^2+3x-6$

| $x$ | $-2$ | $\cdots$ | $1$ | $\cdots$ | $2$ |
|---|---|---|---|---|---|
| $f'$ |  | $-$ | 0 | $+$ |  |
| $f$ | $a+10$ | ↘ | $a-\frac{7}{2}$ | ↗ | $a+2$ |

최댓값이 14이므로 $a+10=14$이고 $a=4$이다. 최솟값은 $a-\frac{7}{2}$이므로 $m=\frac{1}{2}$이다.

4. $f'(x)=3x^2+2ax+b$이고 $f'(-1)=f'(-3)=0$이므로

연립방정식 $\begin{cases}2a-b=3\\ 6a-b=27\end{cases}$을 풀면

$a=6$, $b=9$이다.

5. $f'(x)=12x^3-12x^2$

| $x$ | $-1$ | $\cdots$ | $0$ | $\cdots$ | $1$ | $\cdots$ | $2$ |
|---|---|---|---|---|---|---|---|
| $f'$ |  | $-$ | 0 | $-$ | 0 | $+$ |  |
| $f$ | $a+7$ | ↘ | $a$ | ↘ | $a-1$ | ↗ | $a+16$ |

최댓값 : $f(2)=a+16$

최솟값 : $f(1)=a-1$

$M+m=2a+15=18$이므로 $a=\frac{3}{2}$이다.

6. $f'(x)=1-\sin x$

임계점 : $f(0)=1$, $f\left(\frac{\pi}{2}\right)=\frac{\pi}{2}$,

$f(2\pi)=2\pi+1$

## 연습문제 6.4

1. (1) $f'(x)=6x^2-18x+12$

$f''(x)=12x-18$

| $x$ | … | 1 | … | $\frac{3}{2}$ | … | 2 | … |
|---|---|---|---|---|---|---|---|
| $f'$ | + | 0 | − |  | − | 0 | + |
| $f''$ | − | − | − | 0 | + | + | + |
| $f$ | ↗ | 극대 | ↘ | 변곡 | ↘ | 극소 | ↗ |

(2) $f'(x)=4x^3-12x$

$f''(x)=12x^2-12$

| $x$ | … | $-\sqrt{3}$ | $-1$ | 0 | 1 | $\sqrt{3}$ | … |
|---|---|---|---|---|---|---|---|
| $f'$ | − | 0 | + | 0 | − | 0 | + |
| $f''$ | + | + | 0 | − | 0 | + | + |
| $f$ | ↘ | 극소 | 변곡 | 극대 | 변곡 | 극소 | ↗ |

(3) $f'(x)=10(2x-1)^4$

$f''(x)=80(2x-1)^3$

| $x$ | … | $\frac{1}{2}$ | … |
|---|---|---|---|
| $f'$ | + | 0 | + |
| $f''$ | − | 0 | + |
| $f$ | ↗ | 변곡 | ↗ |

(4) $f'(x)=\begin{cases} 2x, & |x|>2 \\ -2x, & |x|\le 2 \end{cases}$

$f''(x)=\begin{cases} 2, & |x|>2 \\ -2, & |x|\le 2 \end{cases}$

| $x$ | … | $-2$ | … | 0 | … | 2 | … |
|---|---|---|---|---|---|---|---|
| $f'$ | − | 불가 | + | 0 | − | 불가 | + |
| $f''$ | + |  | − | − | − |  | + |
| $f$ | ↘ | 극소 | ↗ | 극대 | ↘ | 극소 | ↗ |

(5) $f'(x)=\frac{2-x^2}{(x^2+2)^2}$

$f''(x)=\frac{2x(x^2-6)}{(x^2+2)^3}$

| $x$ | … | $-\sqrt{6}$ | $-\sqrt{2}$ | 0 | $\sqrt{2}$ | $\sqrt{6}$ | … |
|---|---|---|---|---|---|---|---|
| $f'$ | − | − | 0 | + | 0 | − | − |
| $f''$ | − | 0 | + | 0 | − | 0 | + |
| $f$ | ↘ | 변곡 | 극소 | 변곡 | 극대 | 변곡 | ↘ |

(6) $f'(x)=1+\cos x$

$f''(x)=-\sin x$

| $x$ | 0 | … | $\pi$ | … | $2\pi$ |
|---|---|---|---|---|---|
| $f'$ | + | + | 0 | + | + |
| $f''$ | 0 | − | 0 | + | 0 |
| $f$ | ↗ | ↗ | 변곡 | ↗ | ↗ |

2. $f'(x)=\frac{2}{2x+1}$

$f''(x)=\frac{-4}{(2x+1)^2}$

$\lim_{h\to 0}\frac{f'(2+h)-f'(2)}{h}=f''(2)$

$f''(2)=\frac{-4}{25}$

3. $f'(x)=\frac{2\ln x}{x}-1$,

$f''(x)=\frac{2(1-\ln x)}{x^2}$,

$f''(x)=0$인 $x=e$이고 변곡점은 $(e, 2-e)$이다. 접선의 기울기는 $f'(e)=\frac{2}{e}-1$이다. 접선 방정식은

$y=\left(\frac{2}{e}-1\right)x$ 이다.

4. $y'=e^{-2x}(1-2x)$,
$y''=4e^{-2x}(x-1)$,
$y''=0$ 인 $x=1$ 이고 변곡점 $A$ 는 $(1,e^{-2})$ 이다. 접선의 기울기는 $f'(1)=-e^{-2}$ 이다. 접선 방정식은 $y=-e^{-2}x+2e^{-2}$ 이고 $x$ 축과 만나는 점 $B$ 는 $(2,0)$ 이다. 삼각형 $OAB$ 의 넓이는 $\frac{1}{2}\times 2\times e^{-2}=e^{-2}$ 이다.

## 연습문제 6.5

1. (1) 2 (2) $\sqrt{2}$
(3) $-1$ (4) $\frac{1}{6}$
(5) $\frac{7}{3}$ (6) 1
(7) $\frac{1}{6}$ (8) $\frac{1}{2}$
(9) 0 (10) 0
(11) 5 (12) $\frac{\ln 2}{2}$

2. (1) 0 (2) 0
(3) $\infty$ (4) $-\frac{1}{2}$

3. (1) 0 (2) 0
(3) $e^3$ (4) 0
(5) $-\frac{1}{4}$ (6) $e$
(7) 1 (8) 1

4. (1) 1 (2) $e^2$
(3) 1 (4) 1

## 연습문제 6.6

1. 면적 $S=r^2\pi$
$\frac{dr}{dt}=0.01$ 이고 $r=50$ 이므로
$\frac{dS}{dt}=2r\pi\frac{dr}{dt}=\pi$ 이다.

2. (1) $s=10t-5t^2=0$ 인 $t=0,2$ 이고
$\frac{ds}{dt}=10-10t$ 이다. $t=2$ 일 때
$\frac{ds}{dt}=-10$ 이다.
(2) $\frac{ds}{dt}=10-10t=0$ 일 때 $t=1$ 이다.

3. $V=\frac{4}{3}\pi r^3$, $S=4\pi r^2$, $\frac{dr}{dt}=2$ 일 때
$S=4\pi r^2=64\pi$ 이면 $r=4$ 이다.
$\frac{dV}{dt}=4\pi r^2\frac{dr}{dt}=4\pi\times 4^2\times 2=128\pi$ 이다.

4. $V=\frac{1}{3}\pi r^2h$ 이고 $2r=h$ 이므로
$V=\frac{1}{3}\pi\left(\frac{h}{2}\right)^2h=\frac{h^3}{12}\pi$ 이다.
$\frac{dV}{dt}=\frac{h^2}{4}\pi\frac{dh}{dt}$ 이고
$9=\frac{6^2}{4}\pi\frac{dh}{dt}$ 이므로 $\frac{dh}{dt}=\frac{1}{\pi}$ 이다.

5. 속도는 $P'(t)=t^2+4$, $Q'(t)=4t$ 이고 속도가 같아지는 순간은 $t^2+t=4t$ 이므로 $t=2$ 이다.
$P(2)=10$, $Q(2)=-2$ 이므로 두 점사이의 거리는 12이다.

# 7장 적분

## 연습문제 7.1

1. (1) $-\frac{1}{4x^4}+C$

(2) $-\frac{3}{x}+C$

(3) $-\frac{1}{3}e^{-3x}+C$

(4) $\frac{-1}{2^x\ln 2}+C$

(5) $\frac{1}{7}\sin 7x+C$

(6) $\frac{1}{20}\sin 10x-\frac{1}{2}x+C$

(7) $\frac{1}{9}\tan 9x+C$

(8) $\tan x-x+C$

2. (1) $\frac{1}{6}(2x+3)^3+C$

(2) $\frac{2}{5}x^{\frac{5}{2}}-2x^3+\frac{24}{7}x^{\frac{7}{2}}-2x^4+C$

(3) $\frac{1}{3}x^3-\frac{1}{2}x^2+x+C$

(4) $2\sqrt{x}+\frac{3}{x}+C$

(5) $\frac{9}{2}x+\frac{\sin 6x}{12}-\frac{4\sin 3x}{3}+C$

(6) $6\sin\frac{x}{2}+\frac{4}{3}\cos 3x+C$

(7) $\frac{1}{4}\cos 2x+x+C$

(8) $x+\frac{1}{2}\cos 2x+C$

3. (1) $\frac{2}{5}t^{\frac{5}{2}}-2t^{\frac{1}{2}}+C$

(2) $t-\frac{1}{t}-\ln|t|+C$

(3) $\frac{4}{5}t^5-\frac{1}{5}t^{-5}-4\ln|t|+C$

(4) $-\frac{1}{3}e^{-3t}-2\ln|t|+C$

(5) $-\frac{1}{2}e^{-2t}+4t+2e^{2t}+C$

(6) $\frac{1}{16}e^{4t}-e^t-\frac{1}{2}e^{-2t}+C$

(7) $\frac{1}{6}e^{6t}-\frac{9}{4}e^{4t}+\frac{27}{2}e^{2t}-27t+C$

(8) $\frac{1}{2}e^{2t}+e^t+t+C$

4. $F(x)=\frac{1}{6}e^{3x}-\sin x+C$이고,

$F\left(\frac{\pi}{2}\right)=\frac{1}{6}e^{\frac{3\pi}{2}}-1+C=0$이므로

$C=1-\frac{1}{6}e^{\frac{3\pi}{2}}$ 이다. 따라서

$F(x)=\frac{1}{6}e^{3x}-\sin x+1-\frac{1}{6}e^{\frac{3\pi}{2}}$ 이다.

5. $F(x)=2\ln|x|-\frac{1}{2}x^2+\frac{1}{2}x+C$이고,

$F(e)=2-\frac{1}{2}e^2+\frac{1}{2}e+C=3$이므로

$C=1+\frac{e^2}{2}-\frac{e}{2}$이다. 따라서

$F(x)=2\ln|x|-\frac{x^2}{2}+\frac{x}{2}+\ 1+\frac{e^2}{2}-\frac{e}{2}$이다.

## 연습문제 7.2

1. (1) $U(n)=\sum_{i=1}^{n}2(x_i)(x_i-x_{i-1})$

$$=\sum_{i=1}^{n}2\left(\frac{2i}{n}\right)\frac{2}{n}=\frac{8}{n^2}\sum_{i=1}^{n}i$$

$$=\frac{4n(n+1)}{n^2},\quad \lim_{n\to\infty}U(n)=4$$

$$L(n)=\sum_{i=1}^{n}2(x_{i-1})(x_i-x_{i-1})$$

$$=\sum_{i=1}^{n}2\left(\frac{2(i-1)}{n}\right)\frac{2}{n}=\frac{8}{n^2}\sum_{i=1}^{n}(i-1)$$

$$= \frac{4n(n-1)}{n^2}, \quad \lim_{n\to\infty} L(n) = 4$$

따라서 넓이는 4이다.

(2) $U(n) = \sum_{i=1}^{n} (2-x_i)(x_i - x_{i-1})$

$$= \sum_{i=1}^{n}\left(2-\frac{2i}{n}\right)\frac{2}{n} = \sum_{i=1}^{n}\left(\frac{4}{n}-\frac{4i}{n^2}\right)$$

$$= 4 - \frac{2n(n+1)}{n^2}, \quad \lim_{n\to\infty} U(n) = 2$$

$L(n) = \sum_{i=1}^{n} (2-x_{i-1})(x_i - x_{i-1})$

$$= \sum_{i=1}^{n}\left(2-\frac{2(i-1)}{n}\right)\frac{2}{n}$$

$$= \sum_{i=1}^{n}\left(\frac{4}{n}-\frac{4(i-1)}{n^2}\right)$$

$$= 4 - \frac{2n(n-1)}{n^2}, \quad \lim_{n\to\infty} L(n) = 2$$

따라서 넓이는 2이다.

2. (1) 15 (2) $\frac{9}{2}$

(3) $\frac{14}{3} - \frac{16\sqrt{2}}{5}$ (4) $2\pi$

(5) 0 (6) $\frac{16}{3}$

3. (1) 16 (2) $\frac{86}{3}$

(3) $4\sqrt{6} - \frac{20}{3}$ (4) 1

4. (1) 0

(2) $\frac{1}{2}$

(3) $\frac{2}{3}$

(4) $57 - 2e^{-6} + 20e^{-3}$

(5) $2e + \frac{e^2}{2} + \frac{3}{2}$

(6) $2 - \frac{1}{2e^2} + \frac{e^2}{2}$

5. $x=-1$을 대입하면 $1+a-b=0$
이고 $f(x)=4x^3+2a+b$이고
$f(1)=4+2a+b=11$이다.
연립방정식 $\begin{cases} a-b=-1 \\ 2a+b=7 \end{cases}$을 풀면
$a=2, b=3$이므로 $a+b=5$이다.

6. $x=2$을 대입하면
$$0 = 2a+4+\int_1^2 (3t^2-2t)\,dt = 2a+8$$
이므로 $a=-4$이다.
양변을 미분하면
$f(x) = a+3x^2-2x = 3x^2-2x-4$이다.
따라서 $\int_0^3 f(x)\,dx = 6$이다.

7. $\int_0^3 |x-1| f(x)\,dx$
$$= \int_0^1 (-3x^2+2x+1)\,dx + \int_1^3 (4x-4)\,dx$$
$$= 9$$

8. $f'(x) = 3x^2+2ax$이고 $f'(2)=0$이므로
$a=-3$이다. $f(x)=x^3-3x^2+4$이고 $b=-6$
이다. 따라서 $ab=18$이다.

9. $f(x)=ax^3+bx$라 두면
$f'(x)=3ax^2+b$이므로
$$\int_{-1}^1 x^2 f'(x)\,dx = \int_{-1}^1 (3ax^4+bx^2)\,dx$$
$$= 2\int_0^1 (3ax^4+bx^2)\,dx$$
$$= \frac{6}{5}a + \frac{2}{3}b = 8$$
이고 $f'(1)=3a+b=18$이므로 연립
방정식 $\begin{cases} 9a+5b=60 \\ 3a+b=18 \end{cases}$을 풀면 $a=5$,
$b=3$이므로 $f(1)=8$이다.

## 연습문제 7.3

1. (1) $\frac{1}{9}(x^9+3x^6+3x^3)+C$

 (2) $\frac{1}{3}(x^2-1)^{\frac{3}{2}}+C$

 (3) $\sqrt{x^2-3}+C$

 (4) $\tan^{-1}(\sin x)+C$

 (5) $-\frac{1}{8(e^x+3)^8}+C$

 (6) $\ln|\ln x|+C$

 (7) $\frac{2}{3}(e^x+1)^{\frac{3}{2}}+C$

 (8) $-\frac{1}{4}e^{-x^4}+C$

2. (1) $\ln 2$ (2) $\frac{\ln 17}{8}$

 (3) $\frac{15}{4}$ (4) $\frac{52}{9}$

 (5) $\frac{1}{4}$ (6) $\frac{\pi}{4}$

 (7) $\ln(e+1)-\ln 2$

 (8) $\frac{-1}{\ln 3}+\frac{1}{\ln 2}$

3. (1) $8\left\{\sin^{-1}\frac{x}{4}+\frac{1}{2}sin\left(2\sin^{-1}\frac{x}{4}\right)\right\}+C$

 (2) $-\frac{1}{2}\ln|\sqrt{1-x^2}+1|$

 $+\frac{1}{2}\ln|\sqrt{1-x^2}-1|+C$

 (3) $2\sin^{-1}\left(\frac{x}{2}-1\right)$

 $+\sin\left(2\sin^{-1}\left(\frac{x}{2}-1\right)\right)+C$

 (4) $\pi$

 (5) $\frac{\pi}{6}$

 (6) $\sqrt{3}-\frac{\pi}{3}$

## 연습문제 7.4

1. (1) $-xe^{-x}-e^{-x}+C$

 (2) $e^{-3x}\left(-\frac{x^2}{3}-\frac{2x}{9}-\frac{2}{27}\right)+C$

 (3) $e^{-x}(-2x-5)+C$

 (4) $-\frac{1}{3}x\cos 3x+\frac{1}{9}\sin 3x+C$

 (5) $x\sin x+\cos x+C$

 (6) $-x^2\cos x+2x\sin x+2\cos x+C$

 (7) $\frac{x^3}{3}\left(\ln x-\frac{1}{3}\right)+C$

 (8) $\frac{x^3}{3}(3\ln x-1)+\frac{x^2}{4}(1-2\ln x)+C$

 (9) $-\frac{e^{-x}}{2}(\cos x-\sin x)+C$

 (10) $\frac{e^x}{2}(\sin x-\cos x)+C$

2. (1) $1-\frac{2}{e}$ (2) $2-\frac{5}{e}$

 (3) $\frac{3e^4+1}{16}$ (4) $-\frac{\pi}{4}$

 (5) 0 (6) 0

 (7) $\frac{2\sin 2-\cos 2}{5e}+\frac{1}{5}$ (8) $\frac{3e^4-e^2}{4}$

 (9) $-4$ (10) $2-\frac{2}{e}$

3. (1) $2\ln 2-1$ (2) 1

## 연습문제 7.5

1. (1) $\ln|x-3|-\ln|x-2|+C$

 (2) $\ln|x-2|-\ln|x+3|+C$

 (3) $\frac{1}{2}\ln|x-1|-\frac{1}{2}\ln|x+1|+x+C$

 (4) $\frac{3}{2}\ln|x^2-8x+15|$

 $-6(\ln|x-3|-\ln|x-5|)+C$

 (5) $\ln|x|-\ln|x-1|-\frac{1}{x-1}+C$

(6) $\frac{1}{4}\left(\ln\frac{|x+1|}{|x-1|}-\frac{1}{x+1}-\frac{1}{x-1}\right)+C$

(7) $5\ln\frac{|x-1|}{|x|}+\frac{3}{x}+C$

(8) $\frac{1}{2}(\ln|x-2|-\ln|x|)+C$

(9) $\frac{1}{x}+3(\ln|x-1|+x+1)+C$

(10) $\ln|x|-\frac{1}{2}\ln|x^2+1|+C$

2. (1) $\frac{1}{3}+\frac{\ln 3}{4}$

(2) $\frac{\ln 3}{4}$

(3) $\frac{\ln 3-\ln 2}{2}$

(4) $2\ln 3$

(5) $-\frac{1}{2}\left(\ln 3+3\ln\frac{3}{4}\right)$

(6) $2\ln\frac{3}{2}+\ln 3-\ln 5$

(7) $\frac{1}{4}\ln\frac{3}{5}$

(8) $\frac{12}{7}+\ln 7-\ln 3$

(9) $2\ln 5-7\ln 2$

(10) $\frac{3}{4}+\frac{\pi}{4}$

### 연습문제 7.6

1. (1) $-\frac{1}{4}\sin^3 x\cos x+\frac{3}{8}\left(x-\frac{1}{2}\sin 2x\right)+C$

(2) $\sin x-\frac{\sin^3 x}{3}+C$

(3) $\frac{\cos^6 x}{6}-\frac{\cos^4 x}{4}+C$

(4) $\frac{\sin^7 x}{7}-\frac{2\sin^5 x}{5}+\frac{\sin^3 x}{3}+C$

(5) $-\frac{1}{3}\csc^3 x\cos x-\frac{2}{3}\cot x+C$

(6) $\frac{\tan^3(e^x+1)}{3}+\tan(e^x+1)+C$

(7) $\frac{1}{2}\left(-\ln|\sec 2x|+\frac{\sec^2 2x}{2}\right)+C$

(8) $\frac{\sin^4(\ln x)}{4}+C$

2. (1) $\frac{20\pi-27\sqrt{3}}{192}$

(2) $\frac{\pi}{16}$

(3) $\frac{11}{24}$

(4) $\frac{2}{3}-\frac{3\sqrt{3}}{8}$

(5) $\frac{10-3\pi}{8}$

(6) $\frac{\pi}{32}$

(7) $\ln(1+\sqrt{2})$

(8) $-\frac{1}{2}\ln(2+\sqrt{3})+\sqrt{3}$

3. (1) $\tan^{-1}(\sqrt{x^2-1})+C$

(2) $\frac{1}{2}\tan^{-1}(2x)+C$

(3) $\tan^{-1}(e^x)+C$

(4) $\frac{(\tan^{-1})^2 x}{2}+C$

(5) $2\sin^{-1}\sqrt{x}+C$

(6) $\tan^{-1}\left(\tan^2\frac{x}{2}\right)+C$

(7) $\frac{\pi^2}{72}$

(8) $-\frac{\pi}{2}$

### 연습문제 7.7

1. (1) 1 (2) 1

(3) 2　(4) $\frac{\pi}{2}$

(5) $\frac{1}{2}$　(6) $\frac{1}{2}$

(7) $\frac{1}{3}$　(8) $\pi$

2. (1) $-1$　(2) 2

(3) $-\frac{1}{9}$　(4) 발산

(5) 발산　(6) $3^{\frac{4}{3}}$

(7) 발산　(8) 발산

## 8장 적분의 응용

### 연습문제 8.1

1. (1) $\frac{4}{3}$　(2) $\frac{4}{3}$

(3) $\frac{1}{2}$　(4) 2

2. (1) $\frac{16}{3}$　(2) $5-\frac{1}{e^2}$

3. (1) $8\ln 2-3$　(2) $\frac{9}{2}$

(3) $\frac{4}{3}$　(4) $\frac{3}{2}-2\ln 2$

4. (1) 9　(2) $\frac{4}{3}$

5. $0 \le x \le 1$에서 $y \ge 0$이므로

$S_1 = \int_0^1 x(x-1)(x-2)dx$ 이고,

$1 \le x \le 2$에서 $y \le 0$이므로

$S_2 = -\int_1^2 x(x-1)(x-2)dx$ 이다.

따라서 $S_1 + S_2 = \frac{1}{2}$ 이다.

6. 교점 $(0,3), (-5,-2)$이고

$\int_{-2}^{3} 9-y^2\,dy = \frac{100}{3}$ 이다.

7. $x$축으로 둘러싸인 넓이는

$\int_0^a x(a-x)dx = \int_0^a (ax-x^2)dx = \frac{a^3}{6}$

이고 $\frac{a^3}{6} = \frac{2}{3}$ 이므로 $a^3 = 4$이다.

따라서 $a = \sqrt[3]{4}$ 이다.

8. $x$축으로 둘러싸인 넓이는

$\int_0^a x(x-a)^2 dx$

$= \int_0^a (x^3 - 2ax^2 + a^2x)dx = \frac{a^4}{12}$ 이고

$a^4 = 12^2$이다.

따라서 $a > 0$인 $a = 2\sqrt{3}$ 이다.

9. $\int_0^b x^2(x-a)(x-b)dx = 0$이고

$\int_0^b \{x^4 - (a+b)x^3 + abx^2\}dx$

$= \frac{b^4}{60}(-3b+5a)$ 이므로 $5a = 3b$이다.

따라서 $a:b = 3:5$이다.

10. 교점은 $x = 0, a+1$이고

$\int_0^{a+1} \{ax - (x^2 - x)\}dx$

$= 2\left\{-\int_0^1 (x^2-x)dx\right\}$

이므로 $\frac{1}{6}(a+1)^3 = \frac{1}{3}$ 이다.

따라서 $a = \sqrt[3]{2} - 1$이다.

### 연습문제 8.2

1. $V = \int_0^h r^2\pi\,dx = r^2h\pi$

2. $V=\int_0^h \left(\frac{ax}{h}\right)^2 dx = \frac{1}{3}a^2h$

3. 정사각형 넓이 : $\cos^2 x$

$$\int_0^{\frac{\pi}{2}} \cos^2 x dx = \frac{\pi}{4}$$

4. (1) $\int_0^1 \pi(2x)^2 dx = \frac{4}{3}\pi$

(2) $\int_1^3 \pi(x^2)^2 dx = \frac{242}{5}\pi$

(3) $\int_0^2 \pi(2x-x^2)^2 dx = \frac{16}{15}\pi$

(4) $\int_1^2 \pi(x^3)^2 dx = \frac{127}{7}\pi$

(5) $\int_0^2 \pi(2-x)^2 dx = \frac{8}{3}\pi$

(6) $\int_{-1}^1 \pi\left(\sqrt{1-x^2}\right)^2 dx = \frac{4}{3}\pi$

(7) $\int_{-2}^2 \pi\left(\sqrt{4-x^2}\right)^2 dx = \frac{32}{3}\pi$

(8) $\int_0^{\frac{\pi}{2}} \pi(\sin x)^2 dx = \frac{\pi^2}{4}$

(9) $\int_{-1}^0 \pi(e^{-x})^2 dx = \frac{(e^2-1)}{2}\pi$

(10) $\int_{-1}^2 \pi\{(x+4)^2-(x^2+2)^2\} dx = \frac{162}{5}\pi$

5. (1) $\int_0^3 \pi\left(\sqrt{y}\right)^2 dy = \frac{9}{2}\pi$

(2) $\int_0^1 \pi(1^2-y^2) dy = \frac{2}{3}\pi$

(3) $\int_0^2 \pi\left(\sqrt{2-y}\right)^2 dy = 2\pi$

(4) $\int_0^4 \pi\left(\sqrt{y}\right)^2 dy = 8\pi$

(5) $\int_1^2 \pi(y^2)^2 dy = \frac{31}{5}\pi$

(6) $\int_0^2 \pi(4-y^2)^2 dy = \frac{256}{15}\pi$

## 연습문제 8.3

1. $t$초 후의 속도를 $v$라고 하면

$v=\frac{dh}{dt}=20-10t$이다.

따라서 5초 동안 실제 움직인 거리를 $S$라고 하면

$$S=\int_0^5 |v| dt = \int_0^5 |20-10t| dt$$

$$=\int_0^2 (20-10t) dt + \int_2^5 (10t-20) dt = 65$$

이다.

2. $\int_0^x \left(\frac{3}{4}t^2+\frac{1}{2}t\right) dt = \frac{1}{4}x^3+\frac{1}{4}x^2 = 3$

이므로 $x=2$이다. 2분 동안 3km를 달리고, 이후의 속도는

$v(2)=\frac{3}{4}\times 2^2+\frac{1}{2}\times 2 = 4$이다.

따라서 열차가 달린 거리는

$3+12=15$km이다.

3. $v'(t)=4t(t-1)(t-2)$

증감을 조사하면 $v(t)$가 감소하는 구간은 $1\le t\le 2$ 이고, $v(t)\ge 0$ 이므로 점 $P$가 움직인 거리는

$$\int_1^2 v(t) dt = \int_1^2 (t^4-4t^3+4t^2) dt = \frac{8}{15}$$

이다.

4. (1) $y'=\frac{1}{2}(e^x-e^{-x})$이고

$L=\int_{-1}^1 \sqrt{1+(y')^2} dx = \frac{e^2-1}{e}$이다.

(2) $y'=\frac{-x}{\sqrt{1-x^2}}$이고

$L=\int_0^1 \sqrt{1+(y')^2} dx = \frac{\pi}{2}$이다.

(3) $y'=-\tan x$이고

$$L=\int_0^{\frac{\pi}{4}}\sqrt{1+(y')^2}\,dx=\ln(\sqrt{2}+1)$$

이다.

(4) $y'=2x\sqrt{x^2+1}$ 이고

$$L=\int_0^3\sqrt{1+(y')^2}\,dx=21$$ 이다.

## 9장 급수

### 연습문제 9.1

1. (1) 발산 (2) 수렴, 0
   (3) 수렴, 0 (4) 발산
   (5) 발산 (6) 수렴, −5
   (7) 수렴, $\frac{1}{2}$ (8) 수렴, 6
   (9) 수렴, 0 (10) 수렴, 0
   (11) 발산 (12) 수렴, $e^7$
   (13) 수렴, $\frac{1}{e}$ (14) 수렴, 1
   (15) 수렴, 0 (16) 수렴, 0
   (17) 수렴, 0 (18) 수렴, 0
   (19) 수렴, 1 (20) 수렴, 1
   (21) 수렴, 1 (22) 수렴, 1

### 연습문제 9.2

1. (1) $\frac{3}{2}$ (2) 발산
   (3) $\frac{1}{2}$ (4) 발산
   (5) 발산 (6) 발산
   (7) $\frac{3}{2}$ (8) $\frac{1}{4}$
   (9) 1 (10) 발산
   (11) $2+\sqrt{2}$ (12) $\frac{4}{3}$
   (13) 발산 (14) 발산
   (15) 발산 (16) 발산
   (17) $\frac{1}{7}$ (18) $\frac{1}{9}$
   (19) 2 (20) 발산
   (21) 발산 (22) 발산

2. (1) $\frac{41}{100}\left(1+\frac{1}{100}+\cdots\right)$

$$=\frac{41}{100}\cdot\frac{1}{1-\frac{1}{100}}=\frac{41}{99}$$

(2) $0.5+\frac{13}{1000}\left(1+\frac{1}{100}+\cdots\right)$

$$=0.5+\frac{13}{1000}\cdot\frac{1}{1-\frac{1}{100}}=0.5+\frac{13}{990}$$

$$=\frac{508}{990}$$

(3) $3+\frac{123}{10000}\left(1+\frac{1}{10000}+\cdots\right)$

$$=3+\frac{123}{10000}\cdot\frac{1}{1-\frac{1}{10000}}$$

$$=3+\frac{123}{9999}=\frac{30120}{9999}$$

(4) $9.2+\frac{135}{10000}\left(1+\frac{1}{1000}+\cdots\right)$

$$=9.2+\frac{135}{10000}\cdot\frac{1}{1-\frac{1}{1000}}$$

$$=9.2+\frac{135}{9990}=\frac{92043}{9990}$$

### 연습문제 9.3

1. (1) $p=1$, 발산
   (2) $p=3$, 수렴
   (3) $p=0.5(<1)$, 발산
   (4) $\sum\left(\frac{1}{n^{\frac{3}{2}}}\right)+\sum\frac{4}{n^2}$, $p=\frac{3}{2}, 2(>1)$
   수렴

(5) $p=\frac{3}{2}(>1)$, 수렴

(6) $a_n = \frac{\sqrt{n^3+1}}{3n^3+4n^2+2}$

$\le \frac{\sqrt{n^3}}{3n^3} = \frac{1}{3n^{\frac{3}{2}}} = b_n$, $p=\frac{3}{2}(>1)$

$\sum_{n=1}^{\infty} b_n$ 수렴, $\sum_{n=1}^{\infty} a_n$ 수렴

(7) $a_n = \frac{n+1}{n^3+n}$

$< \frac{n+n}{n^3} = \frac{2n}{n^3} = \frac{2}{n^2} = b_n$, $p=2(>1)$

$\sum_{n=1}^{\infty} b_n$ 수렴, $\sum_{n=1}^{\infty} a_n$ 수렴

(8) $a_n = \frac{\sqrt[3]{n}}{\sqrt{n^3+4n+3}}$

$< \frac{\sqrt[3]{n}}{\sqrt{n^3}} = \frac{1}{n^{\frac{7}{6}}} = b_n$, $p=\frac{7}{6}(>1)$

$\sum_{n=1}^{\infty} b_n$ 수렴, $\sum_{n=1}^{\infty} a_n$ 수렴

(9) $a_n = \frac{1}{\sqrt{n^2+1}}$

$> \frac{1}{\sqrt{2n^2}} = \frac{1}{\sqrt{2}\,n} = b_n, p=1$

$\sum_{n=1}^{\infty} b_n$ 발산, $\sum_{n=1}^{\infty} a_n$ 발산

(10) $a_n = \frac{\sqrt{1+n}}{2+n}$

$> \frac{\sqrt{n}}{n+n} = \frac{\sqrt{n}}{2n} = \frac{1}{2\sqrt{n}} = b_n$, $p=\frac{1}{2}$

$\sum_{n=1}^{\infty} b_n$ 발산, $\sum_{n=1}^{\infty} a_n$ 발산

(11) $a_n = \frac{\sqrt{n+2}}{2n^2+n+1} < \frac{\sqrt{n+n}}{2n^2}$

$= \frac{\sqrt{2n}}{2n^2} = \frac{1}{\sqrt{2}\,n^{\frac{3}{2}}} = b_n$, $p=\frac{3}{2}(>1)$

$\sum_{n=1}^{\infty} b_n$ 수렴, $\sum_{n=1}^{\infty} a_n$ 수렴

(12) $a_n = \frac{1}{2^n+1} < \frac{1}{2^n} = b_n$,

$\sum_{n=1}^{\infty} b_n$ 수렴, $\sum_{n=1}^{\infty} a_n$ 수렴

(13) $a_n = \frac{5}{2n^2+4n+3} < \frac{5}{2n^2} = b_n$,

$\sum_{n=1}^{\infty} b_n$ 수렴, $\sum_{n=1}^{\infty} a_n$ 수렴

(14) $a_n = \frac{\ln n}{n} > \frac{1}{n} = b_n$,

$\sum_{n=1}^{\infty} b_n$ 발산, $\sum_{n=1}^{\infty} a_n$ 발산

(15) $a_n = \frac{1}{n^3+8} < \frac{1}{n^3} = b_n$,

$\sum_{n=1}^{\infty} b_n$ 수렴, $\sum_{n=1}^{\infty} a_n$ 수렴

(16) $a_n = \frac{n+1}{n\sqrt{n}} > \frac{n}{n\sqrt{n}} = \frac{1}{\sqrt{n}} = b_n$,

$\sum_{n=1}^{\infty} b_n$ 발산, $\sum_{n=1}^{\infty} a_n$ 발산

(17) $a_n = \frac{9^n}{3+10^n} < \frac{9^n}{10^n} = b_n$,

$\sum_{n=1}^{\infty} b_n$ 수렴, $\sum_{n=1}^{\infty} a_n$ 수렴

(18) $a_n = \frac{1+\cos n}{e^n} \le \frac{2}{e^n} = b_n$,

$\sum_{n=1}^{\infty} b_n$ 수렴, $\sum_{n=1}^{\infty} a_n$ 수렴

(19) $a_n = \frac{e^n+1}{ne^n+1} > \frac{e^n+1}{ne^n+n} = \frac{1}{n} = b_n$,

$\sum_{n=1}^{\infty} b_n$ 발산, $\sum_{n=1}^{\infty} a_n$ 발산

(20) $a_n = \frac{1}{n!} < \frac{1}{2^{n-1}} = b_n$,

$\sum_{n=1}^{\infty} b_n$ 수렴, $\sum_{n=1}^{\infty} a_n$ 수렴

2. (1) $\int_1^\infty \frac{1}{2x-1}dx = \infty$, 발산

(2) $\int_1^\infty \frac{2}{x+1}dx = \infty$, 발산

(3) $\int_1^\infty \frac{x}{x^2+1}dx = \infty$, 발산

(4) $\int_1^\infty \frac{2}{5x-1}dx = \infty$, 발산

(5) $\int_1^\infty \frac{1}{4x-1}dx = \infty$, 발산

(6) $\int_1^\infty \frac{x^3}{x^4+4}dx = \infty$, 발산

(7) $\int_1^\infty \frac{x}{e^x}dx = \frac{2}{e}$, 수렴

(8) $\frac{1}{x^2+x^3} = \frac{-1}{x} + \frac{1}{x^2} + \frac{1}{x+1}$,

$\int_1^\infty f(x)dx = 1 - \ln 2$, 수렴

(9) $\int_1^\infty \frac{\ln x}{x}dx = \infty$, 발산

(10) $\int_2^\infty \frac{1}{x\ln x}dx = \infty$, 발산

3. (1) $a_n = \frac{n}{n^2+1}$, $b_n = \frac{1}{n}$

$\lim_{n\to\infty} \frac{a_n}{b_n} = \frac{n^2}{n^2+1} = 1$,

$\sum_{n=1}^\infty b_n$ 발산, $\sum_{n=1}^\infty a_n$ 발산

(2) $a_n = \frac{1}{2^n-1}$, $b_n = \frac{1}{2^n}$

$\lim_{n\to\infty} \frac{a_n}{b_n} = 1$, $\sum_{n=1}^\infty b_n$ 수렴, $\sum_{n=1}^\infty a_n$ 수렴

(3) $a_n = \frac{2n^2+3n}{\sqrt{5+n^5}}$, $b_n = \frac{2n^2}{\sqrt{n^5}} = \frac{2}{\sqrt{n}}$

$\lim_{n\to\infty} \frac{a_n}{b_n} = 1$, $\sum_{n=1}^\infty b_n$ 발산, $\sum_{n=1}^\infty a_n$ 발산

(4) $a_n = \sin\left(\frac{1}{n}\right)$, $b_n = \frac{1}{n}$

$\lim_{n\to\infty} \frac{a_n}{b_n} = 1$, $\sum_{n=1}^\infty b_n$ 발산, $\sum_{n=1}^\infty a_n$ 발산

(5) $a_n = \frac{2n+5}{(n-3)(n-2)}$, $b_n = \frac{1}{n}$

$\lim_{n\to\infty} \frac{a_n}{b_n} = 2$, $\sum_{n=1}^\infty b_n$ 발산, $\sum_{n=1}^\infty a_n$ 발산

(6) $a_n = \frac{n+1}{n^3+6n+3}$, $b_n = \frac{1}{n^2}$

$\lim_{n\to\infty} \frac{a_n}{b_n} = 1$, $\sum_{n=1}^\infty b_n$ 수렴, $\sum_{n=1}^\infty a_n$ 수렴

(7) $a_n = \frac{2^n}{3^n-1}$, $b_n = \left(\frac{2}{3}\right)^n$

$\lim_{n\to\infty} \frac{a_n}{b_n} = 1$, $\sum_{n=1}^\infty b_n$ 수렴, $\sum_{n=1}^\infty a_n$ 수렴

(8) $a_n = \frac{10^n}{7^n+11}$, $b_n = \left(\frac{10}{7}\right)^n$

$\lim_{n\to\infty} \frac{a_n}{b_n} = 1$, $\sum_{n=1}^\infty b_n$ 발산, $\sum_{n=1}^\infty a_n$ 발산

## 연습문제 9.4

1. (1) $a_n = \frac{2^n}{3^n}$, $\lim_{n\to\infty}\left|\frac{a_{n+1}}{a_n}\right| = \frac{2}{3} < 1$, 수렴

(2) $a_n = \frac{n^2}{2^n}$, $\lim_{n\to\infty}\left|\frac{a_{n+1}}{a_n}\right| = \frac{1}{2} < 1$, 수렴

(3) $a_n = \frac{n!}{10^n}$, $\lim_{n\to\infty}\left|\frac{a_{n+1}}{a_n}\right| = \infty > 1$, 발산

(4) $a_n = \frac{n\ln n}{2^n}$, $\lim_{n\to\infty}\left|\frac{a_{n+1}}{a_n}\right| = \frac{1}{2} < 1$, 수렴

(5) $a_n = \frac{n^2}{e^n}$, $\lim_{n\to\infty}\left|\frac{a_{n+1}}{a_n}\right| = \frac{1}{e} < 1$, 수렴

(6) $a_n = \frac{n^n}{n!}$, $\lim_{n\to\infty}\left|\frac{a_{n+1}}{a_n}\right| = e > 1$, 발산

(7) $a_n = \frac{n!}{e^n}$, $\lim_{n\to\infty}\left|\frac{a_{n+1}}{a_n}\right| = \infty > 1$, 발산

(8) $a_n = \frac{3!}{n^n}$, $\lim_{n\to\infty}\sqrt[n]{a_n} = 0 < 1$, 수렴

(9) $a_n = \frac{3^n}{n^3}$, $\lim_{n\to\infty}\left|\frac{a_{n+1}}{a_n}\right| = 3 > 1$, 발산

(10) $a_n = \frac{2^n}{n!}$, $\lim_{n\to\infty}\left|\frac{a_{n+1}}{a_n}\right| = 0 < 1$, 수렴

(11) $a_n = \left(\frac{n-1}{2n}\right)^n$,

$\lim_{n\to\infty}\sqrt[n]{a_n} = \frac{1}{2} < 1$, 수렴

(12) $\sum_{n=1}^{\infty}\frac{7^n}{n^7}$, $\lim_{n\to\infty}\sqrt[n]{a_n} = 7 > 1$, 발산

(13) $a_n = \frac{n^3}{5^n}$, $\lim_{n\to\infty}\sqrt[n]{a_n} = \frac{1}{5} < 1$, 수렴

(14) $a_n = \frac{n}{(\ln n)^n}$, $\lim_{n\to\infty}\sqrt[n]{a_n} = 0 < 1$, 수렴

(15) $a_n = \frac{1}{(2n+1)!}$,

$\lim_{n\to\infty}\left|\frac{a_{n+1}}{a_n}\right| = 0 < 1$, 수렴

(16) $a_n = \frac{n!}{(2n+1)!}$,

$\lim_{n\to\infty}\left|\frac{a_{n+1}}{a_n}\right| = 0 < 1$, 수렴

(17) $a_n = \frac{(n+1)(n+2)}{n!}$

$\lim_{n\to\infty}\left|\frac{a_{n+1}}{a_n}\right| = 0 < 1$, 수렴

(18) $a_n = \frac{(n+3)!}{3!n!3^n}$,

$\lim_{n\to\infty}\left|\frac{a_{n+1}}{a_n}\right| = \frac{1}{3} < 1$, 수렴

(19) $a_n = \frac{n}{e^{n^2}}$, $\lim_{n\to\infty}\left|\frac{a_{n+1}}{a_n}\right| = 0$, 수렴

(20) $a_n = \frac{1}{(\ln(3n+2))^n}$,

$\lim_{n\to\infty}\sqrt[n]{a_n} = 0 < 1$, 수렴

(21) $a_n = \frac{3^n n^2}{n!}$, $\lim_{n\to\infty}\left|\frac{a_{n+1}}{a_n}\right| = 0 < 1$, 수렴

(22) $a_n = \frac{n!}{e^{n^2}}$, $\lim_{n\to\infty}\left|\frac{a_{n+1}}{a_n}\right| = 0 < 1$, 수렴

(23) $a_n = \frac{2^n n! n!}{(2n)!}$,

$\lim_{n\to\infty}\left|\frac{a_{n+1}}{a_n}\right| = \frac{1}{2} < 1$, 수렴

(24) $a_n = \frac{1\cdot 3\cdot 5\cdot \cdots \cdot(2n-1)}{2\cdot 5\cdot 8\cdot \cdots \cdot(3n-1)}$,

$\lim_{n\to\infty}\left|\frac{a_{n+1}}{a_n}\right| = \frac{2}{3} < 1$, 수렴

## 연습문제 9.5

1. (1) $a_n = \frac{1}{n^2}$, $a_n \geq a_{n+1}$

$\lim_{n\to\infty} a_n = 0$, 수렴

(2) $a_n = \frac{n+1}{n^2}$, $a_n \geq a_{n+1}$

$\lim_{n\to\infty} a_n = 0$, 수렴

(3) $a_n = \frac{n}{n^3+1}$, $a_n \geq a_{n+1}$

$\lim_{n\to\infty} a_n = 0$, 수렴

(4) $a_n = \frac{n^3}{n^4+1}$, $a_n \geq a_{n+1}$

$\lim_{n\to\infty} a_n = 0$, 수렴

(5) $a_n = \frac{3n}{4n-1}$, $a_n \geq a_{n+1}$

$\lim_{n\to\infty} a_n = \frac{3}{4} \neq 0$, 발산

(6) $a_n = \frac{n^2}{n^3+4}$, $a_n \geq a_{n+1}$

$\lim_{n\to\infty} a_n = 0$, 수렴

(7) $a_n = \frac{2n}{n+4}$, $a_n \leq a_{n+1}$

$\lim_{n\to\infty} a_n = 2 \neq 0$, 발산

(8) $a_n = \frac{1}{3+5n}$, $a_n \geq a_{n+1}$

$\lim_{n\to\infty} a_n = 0$, 수렴

(9) $a_n = \dfrac{3n-1}{2n+1}$, $a_n \le a_{n+1}$

$\lim\limits_{n\to\infty} a_n = \dfrac{3}{2} \neq 0$, 발산

(10) $a_n = e^{-n}$, $a_n \ge a_{n+1}$

$\lim\limits_{n\to\infty} a_n = 0$, 수렴

(11) $a_n = \dfrac{n}{10^n}$, $a_n \ge a_{n+1}$

$\lim\limits_{n\to\infty} a_n = 0$, 수렴

(12) $a_n = \dfrac{1}{1+\sqrt{n}}$, $a_n \ge a_{n+1}$

$\lim\limits_{n\to\infty} a_n = 0$, 수렴

(13) $a_n = \sin\left(\dfrac{\pi}{n}\right)$, $a_n \ge a_{n+1}$

$\lim\limits_{n\to\infty} a_n = 0$, 수렴

(14) $a_n = \dfrac{n^n}{n!}$, $a_n \le a_{n+1}$

$\lim\limits_{n\to\infty} a_n = \infty \neq 0$, 발산

(15) $a_n = \dfrac{1}{\ln n}$, $a_n \ge a_{n+1}$

$\lim\limits_{n\to\infty} a_n = 0$, 수렴

(16) $a_n = \dfrac{1}{\ln n^3}$, $a_n \ge a_{n+1}$

$\lim\limits_{n\to\infty} a_n = 0$, 수렴

2. (1) $a_n = \dfrac{(-1)^{n-1}}{n^2}$,

$\sum |a_n| = \sum \dfrac{1}{n^2}$, $p=2$ 수렴,

절대수렴

(2) $a_n = \dfrac{(-2)^{n+1}}{n+5}$

$\lim\limits_{n\to\infty} \left|\dfrac{a_{n+1}}{a_n}\right| = 2 > 1$, 발산

$|a_n| \ge |a_{n+1}|$, $\lim\limits_{n\to\infty} |a_n| = 0$,

조건수렴

(3) $a_n = \dfrac{(-1)^n}{1+\sqrt{n}}$

$|a_n| > |b_n| = \dfrac{1}{2\sqrt{n}}$, $p = \dfrac{1}{2}$ 발산

$|a_n| \ge |a_{n+1}|$, $\lim\limits_{n\to\infty} |a_n| = 0$,

조건수렴

(4) $a_n = (-1)^{n+1}\dfrac{1}{\sqrt{n}}$

$p = \dfrac{1}{2}(<1)$, 발산

$|a_n| \ge |a_{n+1}|$, $\lim\limits_{n\to\infty} |a_n| = 0$,

조건수렴

(5) $a_n = (-1)^n \dfrac{n^3}{3^n}$,

$\lim\limits_{n\to\infty} \left|\dfrac{a_{n+1}}{a_n}\right| = \dfrac{1}{3} < 1$, 절대수렴

(6) $a_n = (-1)^n \dfrac{\cos n}{n^2}$

$|a_n| \le |b_n| = \dfrac{1}{n^2}$, $p=2$ 수렴,

절대수렴

(7) $a_n = \dfrac{(-1)^n}{(\ln n)^n}$,

$\lim\limits_{n\to\infty} \sqrt[n]{|a_n|} = 0 < 1$, 절대수렴

(8) $a_n = (-1)^n \left(\dfrac{\ln n}{\ln n^2}\right)^n$

$\lim\limits_{n\to\infty} \sqrt[n]{|a_n|} = \dfrac{1}{2} < 1$, 절대수렴

(9) $a_n = (-1)^{n+1} \dfrac{1}{n \ln n}$,

$b_n = \dfrac{1}{n}$, $\lim\limits_{n\to\infty} \left|\dfrac{a_n}{b_n}\right| = 0$, 발산

$|a_n| \ge |a_{n+1}|$, $\lim\limits_{n\to\infty} |a_n| = 0$,

조건수렴

(10) $a_n = \dfrac{(-1)^{n+1}(n!)^2}{(2n)!}$

$$\lim_{n\to\infty}\left|\frac{a_{n+1}}{a_n}\right|=\frac{1}{4}<1$$, 절대수렴

(11) $a_n=(-1)^n\dfrac{n!}{2^n}$

$$\lim_{n\to\infty}\left|\frac{a_{n+1}}{a_n}\right|=\infty>1$$, 발산

(12) $a_n=\dfrac{(-1)^{n+1}10^n}{n^{10}}$

$$\lim_{n\to\infty}\left|\frac{a_{n+1}}{a_n}\right|=10>1$$, 발산

(13) $a_n=(-1)^n\dfrac{\sin n}{n^2}$

$|a_n|\le|b_n|=\dfrac{1}{n^2}$, $p=2$ 수렴,

절대수렴

(14) $a_n=\dfrac{\cos n\pi}{n\sqrt{n}}=\dfrac{(-1)^{n+1}}{n^{\frac{3}{2}}}$

$\sum|a_n|=\sum\dfrac{1}{n^{\frac{3}{2}}}$, $p=\dfrac{3}{2}$ 수렴,

절대수렴

(15) $a_n=\dfrac{\cos n\pi}{n}=\dfrac{(-1)^{n+1}}{n}$

$\sum|a_n|=\sum\dfrac{1}{n}$, $p=1$ 발산,

$|a_n|\ge|a_{n+1}|$, $\lim_{n\to\infty}|a_n|=0$,

조건수렴

(16) $a_n=(-1)^{n+1}\dfrac{(2n)!\,n!}{(3n)!}$,

$$\lim_{n\to\infty}\left|\frac{a_{n+1}}{a_n}\right|=\frac{4}{27}<1$$, 절대수렴

## 연습문제 9.6

1. (1) $R=1$, $(-1,1)$
   (2) $R=1$, $(-6,-4)$
   (3) $R=1$, $(-2,0)$
   (4) $R=1$, $[1,3)$
   (5) $R=10$, $(-8,12)$
   (6) $R=\dfrac{1}{2}$, $\left(-\dfrac{1}{2},\dfrac{1}{2}\right)$
   (7) $R=1$, $(-1,1)$
   (8) $R=1$, $(-3,-1)$
   (9) $R=1$, $[-1,1]$
   (10) $R=1$, $[0,2)$
   (11) $R=\infty$, $(-\infty,\infty)$
   (12) $R=\infty$, $(-\infty,\infty)$
   (13) $R=\infty$, $(-\infty,\infty)$
   (14) $R=\infty$, $(-\infty,\infty)$
   (15) $R=1$, $[-1,1)$
   (16) $R=1$, $(-1,1]$
   (17) $R=1$, $[-1,1)$
   (18) $R=1$, $(2,4)$
   (19) $R=3$, $(-3,3)$
   (20) $R=5$, $(0,10]$
   (21) $R=1$, $(-1,1)$
   (22) $R=1$, $(2,4)$
   (23) $x=0$
   (24) $x=4$

## 연습문제 9.7

1. (1) $P_1(x)=\dfrac{1}{2}-\dfrac{1}{4}(x-2)$

$P_2(x)=\dfrac{1}{2}-\dfrac{1}{4}(x-2)+\dfrac{1}{8}(x-2)^2$

$P_3(x)=\dfrac{1}{2}-\dfrac{1}{4}(x-2)$
$\qquad+\dfrac{1}{8}(x-2)^2-\dfrac{1}{16}(x-2)^3$

(2) $P_1(x)=1-x$

$P_2(x)=1-x+x^2$

$P_3(x)=1-x+x^2-x^3$

(3) $P_1(x)=2+\dfrac{(x-4)}{4}$

$$P_2(x)=2+\frac{(x-4)}{4}-\frac{(x-4)^2}{64}$$

$$P_3(x)=2+\frac{(x-4)}{4}-\frac{(x-4)^2}{64}+\frac{(x-4)^3}{512}$$

(4) $P_1(x)=2+\frac{x}{4}$

$$P_2(x)=2+\frac{x}{4}-\frac{x^2}{64}$$

$$P_3(x)=2+\frac{x}{4}-\frac{x^2}{64}+\frac{x^3}{512}$$

(5) $P_1(x)=x$

$$P_2(x)=x+x^2$$

$$P_3(x)=x+x^2+\frac{x^3}{2}$$

(6) $P_1(x)=\frac{1}{\sqrt{2}}+\frac{1}{\sqrt{2}}\left(x-\frac{\pi}{4}\right)$

$$P_2(x)=\frac{1}{\sqrt{2}}+\frac{1}{\sqrt{2}}\left(x-\frac{\pi}{4}\right)-\frac{1}{2\sqrt{2}}\left(x-\frac{\pi}{4}\right)^2$$

$$P_3(x)=\frac{1}{\sqrt{2}}+\frac{1}{\sqrt{2}}\left(x-\frac{\pi}{4}\right)-\frac{1}{2\sqrt{2}}\left(x-\frac{\pi}{4}\right)^2-\frac{1}{6\sqrt{2}}\left(x-\frac{\pi}{4}\right)^3$$

(7) $P_1(x)=\frac{1}{\sqrt{2}}-\frac{1}{\sqrt{2}}\left(x-\frac{\pi}{4}\right)$

$$P_2(x)=\frac{1}{\sqrt{2}}-\frac{1}{\sqrt{2}}\left(x-\frac{\pi}{4}\right)-\frac{1}{2\sqrt{2}}\left(x-\frac{\pi}{4}\right)^2$$

$$P_3(x)=\frac{1}{\sqrt{2}}-\frac{1}{\sqrt{2}}\left(x-\frac{\pi}{4}\right)-\frac{1}{2\sqrt{2}}\left(x-\frac{\pi}{4}\right)^2+\frac{1}{6\sqrt{2}}\left(x-\frac{\pi}{4}\right)^3$$

(8) $P_1(x)=x-1$

$$P_2(x)=x-1-\frac{(x-1)^2}{2}$$

$$P_3(x)=x-1-\frac{(x-1)^2}{2}+\frac{(x-1)^3}{3}$$

2. (1) $1-x+\frac{1}{2}x^2-\frac{1}{6}x^3+\cdots$

(2) $1+\frac{1}{2}x+\frac{1}{8}x^2+\frac{1}{48}x^3+\cdots$

(3) $\ln 2+\frac{1}{2}x-\frac{1}{8}x^2+\frac{1}{24}x^3+\cdots$

(4) $1-x^2+\frac{1}{3}x^4-\frac{2}{45}x^6+\cdots$

3. (1) $-1-(x+1)-(x+1)^2+\cdots$

(2) $(x-1)-\frac{1}{2}(x-1)^2+\frac{1}{3}(x-1)^3\cdots$

(3) $1-\frac{\pi^2}{2}\left(x-\frac{1}{2}\right)^2+\frac{\pi^4}{24}\left(x-\frac{1}{2}\right)^4\cdots$

(4) $e^3+3e^3(x-1)+\frac{9e^3}{2}(x-1)^2+\cdots$

# 대학일반수학

인쇄 | 2025년 3월 1일
발행 | 2025년 3월 5일

지은이 | 한동환·권세계
펴낸이 | 조승식
펴낸곳 | (주)도서출판 **북스힐**

등 록 | 1998년 7월 28일 제22-457호
주 소 | 서울시 강북구 한천로 153길 17
전 화 | (02) 994-0071
팩 스 | (02) 994-0073

홈페이지 | www.bookshill.com
이메일 | bookshill@bookshill.com

정가 28,000원

ISBN 979-11-5971-647-8

Published by bookshill, Inc. Printed in Korea.